現代ベクトル解析の
原理と応用

Modern vector analysis : principles & applications

新井朝雄 著

共立出版

ギリシャ文字一覧表

A, α	アルファ	N, ν	ニュー
B, β	ベータ	Ξ, ξ	グザイ
Γ, γ	ガンマ	O, o	オミクロン
Δ, δ	デルタ	Π, π, ϖ	パイ
E, ϵ, ε	イプシロン	P, ρ, ϱ	ロー
Z, ζ	ゼータ	$\Sigma, \sigma, \varsigma$	シグマ
H, η	イータ	T, τ	タウ
$\Theta, \theta, \vartheta$	シータ(テータ)	Υ, υ	ウプシロン
I, ι	イオタ	Φ, ϕ, φ	ファイ
K, κ	カッパ	X, χ	カイ
Λ, λ	ラムダ	Ψ, ψ	プサイ
M, μ	ミュー	Ω, ω	オメガ

筆記体文字(スクリプト文字)一覧表

A	$\mathcal{A}$	N	$\mathcal{N}$
B	$\mathcal{B}$	O	$\mathcal{O}$
C	$\mathcal{C}$	P	$\mathcal{P}$
D	$\mathcal{D}$	Q	$\mathcal{Q}$
E	$\mathcal{E}$	R	$\mathcal{R}$
F	$\mathcal{F}$	S	$\mathcal{S}$
G	$\mathcal{G}$	T	$\mathcal{T}$
H	$\mathcal{H}$	U	$\mathcal{U}$
I	$\mathcal{I}$	V	$\mathcal{V}$
J	$\mathcal{J}$	W	$\mathcal{W}$
K	$\mathcal{K}$	X	$\mathcal{X}$
L	$\mathcal{L}$	Y	$\mathcal{Y}$
M	$\mathcal{M}$	Z	$\mathcal{Z}$

まえがき

　ベクトル解析の分野に関する書物のほとんどは，3次元ユークリッドベクトル空間 $\mathbb{R}^3$ あるいはその一般化である n 次元ユークリッドベクトル空間 $\mathbb{R}^n$ 上のベクトル解析に限定されている．しかも，多くの場合，一見無関係に見える個々の事実の羅列と，公式を使いこなすための具体的な計算練習に終始するのが常である．だが，これでは，ほとんどの学習者は，ベクトル解析の根底にある統一的な原理や自律的で有機的な思考の流れを把握するにはいたらないであろうし，それらの存在の予感さえもちえないかもしれない．

　本書の1章で示すように，$\mathbb{R}^n$ のベクトル構造は，普遍的な意味でのベクトル空間という理念（イデア）に昇華される．この理念の現れとして，ベクトル空間をその要素とする"無限宇宙"とでもよぶべき，数学的理念界の壮麗な領界が見出される．この観点から言えば，$\mathbb{R}^n$ は，ベクトル空間の単なる一例であり，この領界への1つの入り口にすぎない．

　本書の目的は，読者を，いま言及した，数学的理念界の壮麗な領界の一部へと案内し，ベクトル解析学を一望のもとに統一的に生き生きと俯瞰できる，より高次の視点を示唆することである．ただし，紙数の関係上，本書でできることは，そこへいたる，1つの道を提示することだけである．だが，本書が提供しようとする，ベクトル空間界に関する眺望は，そこに含まれる内容をひとたび実体験的に手にいれれば，現代数学の他の分野や現代的な数理物理学を学ぶのにも本質的な意味で役立つような，そういった実質性を有する眺望である．それは，真に哲学的な意味での自然認識あるいは宇宙認識にとっても重要な基礎の1つを提供するであろう．だが，そのためには，読者に対してもそれなりの準備が要求される．比喩的に言えば，登山をするのに，その山に応じた準備と装備が必要であるのと同じである．すなわち，本書を読むための予備知識としては，大学の理工系の2年次くらいまでに習う微分積分学（多変数関数，偏

微分, 多重積分, $\mathbb{R}^3$ における曲線や曲面, グリーン, ガウス, ストークスの定理等を含む）と線形代数学を前提とする[1]．この意味では, 本書は, ベクトル空間上の解析学の上級コースのはじめに位置するものである.

　本書の主眼は, その題が示すように, 現代的なベクトル解析学の原理的な側面を解説することにある. 応用にしても, 個別的・具体的な問題ではなく, 自然・宇宙が, ベクトル解析学の普遍的諸原理を, 物理現象の数学的諸原理として, いかに叡智に満ちた仕方で使用しているかをより高次の観点から認識するということに力点が置かれている. この点は, 誤解のないようお願いする.

　本書を読むにあたっては, $\mathbb{R}^3$ や $\mathbb{R}^n$ での経験が多ければ多いほどよい. その分だけ, 読者は, 精神的に報われるであろうし, 本書により大きな価値を見出すはずである. また, 論理的思考を十分に積んでいること, および数学における抽象的・普遍的思考にある程度慣れていることも必要である. ただし, 本書は, 数学における抽象的・普遍的思考を鍛えるという側面も備えているので, 勇気と強い意志さえあれば, 抽象的・普遍的な思考の仕方について, あまり経験がなくても問題はないと思う.

　この本の読者には言わずもがなのことであろうが, 念のために申し添えておくと, 本書だけでなく数学書を読むにあたっては, 紙と鉛筆（ペン）を傍らにおいて, 全力をつくして思考し, 本の中で主張されている事柄はすべて, 原則として, 自分の"頭"と"手"で検証しながら読むという態度で臨んでいただきたい. 数学書のよいところはそれが可能であるということにある[2]. また, 演習問題も, はじめは, 解答を見ないでやることをお勧めしたい. 演習問題を解くことは, 自分の理解度を知る上で重要であるし, 思考のよい訓練にもなる（ただし, 本書でとりあげた演習問題は簡単すぎると感じる読者もおられるかもしれない）.

　最後に, 本書の内容について, 若干の注意をうながしておきたい. 本書は, 基本的に, 第1章で提示するベクトル空間の公理系から導かれる普遍的な諸事実を論述するものである. 単一の公理系から, これほど豊かな理論——本書ではその一部しか記述できない——が展開されるというのは実に驚嘆に値する.

---

[1] 微分積分学については, たとえば, 黒田成俊『微分積分』（共立出版, 2002）と同程度の内容, 線形代数学に関しては, たとえば, 佐武一郎『線形代数』（共立出版, 1997）や同『線型代数学』（裳華房, 32版, 1976）と同程度の内容.
[2] 数学の知識は, それがいかに難しく, 高等に見える定理であっても, 各人にとって, 原理的な意味で, いつでもどこでも, 検証可能である. この意味で, 数学は, 他の諸学問と一線を画し, 万人に開かれた, 時間と物理的空間を超える, 永遠の真理の世界に関わる.

この驚きとともに崇高な感情がこみあげてくるのは筆者だけではあるまい．哲学的には，ベクトル空間という理念は，まさに，存在の源泉の1つを表す元型的理念とよぶにふさわしいものなのである[3]．

第1章から第3章までは，ベクトル空間の純代数的構造に関わる事柄を論じる．第1章で示すように，ベクトル空間は，有限次元と無限次元の2つの範疇にわけられる．本書の特色の1つは，有限次元だけでなく，無限次元の場合も扱うことである．これは，本書の先にあるヒルベルト空間論やバナッハ空間論を見越してのことである．これによって，これらの理論への参入がより容易になるであろう．

ところで，ベクトル空間がもちうる構造は，純代数的構造だけではない．純代数的構造に計量的構造が加わることにより，ベクトル空間は，一段と豊かな"響き"をもち始め，より豊饒な（形而上的）存在の次元が立ち現れてくる．だが，通常のベクトル空間論で扱う計量は，ほとんどの場合，内積とよばれる正値計量である．しかし，とらわれのない観点に立つならば，計量を正値計量に限る，アプリオリな必然性はない．そこで，本書では，不定計量のベクトル空間も扱う．ただし，ベクトル空間の位相が重要な働きをする，曲線論や場の理論（第6章から第9章）では，本書の入門的性格を考慮して，不定計量ベクトル空間の次元は有限の場合だけを扱う．

最後の章では，物理学への応用として，古典力学，特殊相対性理論，古典電磁気学，流体力学をとりあげ，本書のような，座標から自由な絶対的・普遍的アプローチが，物理学の諸原理をいかに簡潔かつ明晰にとらえることを可能にするかを示す．この章は，物理学理論の絶対的・本質的構造に興味のある人々に役立つことを願って書かれたものである．

2005年仲秋の名月の頃，札幌の寓居にて

新 井 朝 雄

---

[3] より詳しくは，拙著『物理現象の数学的諸原理』（共立出版，2003）の序章を参照．

若干の論理記号

集合論の基礎的事項については付録 A を参照のこと.
本書でしばしば使われる論理記号を以下に列挙しておく.

(1) 対象 A を B によって定義することを「$A := B$」または「$A \stackrel{\text{def}}{=} B$」と記す.
以下, P, Q は命題または事柄を表すとする.

(2) 「$P \stackrel{\text{def}}{\Longleftrightarrow} Q$」は P であることを Q で定義するという意味である.

(3) 「$P \Longrightarrow Q$」は「P ならば Q」と読む.

(4) 「$P \Longleftrightarrow Q$」は「P と Q は同値」または「P であるための必要十分条件は Q である」と読む.

(5) 集合 X の元 x ごとに定まる命題または事柄 $P(x)$ について, 「$P(x), x \in X$」は「X のすべての元 x に対して, $P(x)$ が成立」と読む.「すべての」を強調したいときは, 「$P(x), \forall x \in X$」と記す.

基本的な対象に関する標準的記号表

記号	意味
$\mathbb{N}$	自然数全体の集合
$\mathbb{Z}$	整数全体の集合
$\mathbb{R}$	実数全体の集合
$\mathbb{C}$	複素数全体の集合
$\mathbb{K}$	$\mathbb{R}$ または $\mathbb{C}$
$\mathbb{R}^d$	$\mathbb{R}$ の d 個の直積集合
$\mathbb{C}^d$	$\mathbb{C}$ の d 個の直積集合
$\mathbb{K}^d$	$\mathbb{K}$ の d 個の直積集合

目 次

第 1 章 ベクトル空間 　1
  1.1 ベクトル空間の公理系 . . . . 　1
  1.2 部分空間と直和 . . . . 　7
  1.3 線形独立性 . . . . 　11
  1.4 基底と次元 . . . . 　13
  1.5 基底によるベクトルの展開と座標系 . . . . 　19
  1.6 基底の変換と座標変換 . . . . 　21
  1.7 直和ベクトル空間 . . . . 　23
  1.8 商ベクトル空間 . . . . 　24

第 2 章 線形作用素 　28
  2.1 定義と基本概念 . . . . 　28
  2.2 線形作用素の積 . . . . 　31
  2.3 ベクトル空間の同型 . . . . 　31
  2.4 次元定理と同型定理 . . . . 　33
  2.5 線形作用素の行列表示 . . . . 　35
  2.6 線形作用素の空間 . . . . 　36
  2.7 双対空間 . . . . 　38
  2.8 双対作用素 . . . . 　43
  2.9 固有ベクトルと固有値 . . . . 　44
  2.10 線形作用素のトレース . . . . 　47
  2.11 アファイン空間 . . . . 　48

第 3 章 テンソル空間 　60
  3.1 多重線形写像 . . . . 　60

3.2	テンソル積	62
3.3	テンソルの積演算	65
3.4	テンソルの型	65
3.5	対称テンソルと反対称テンソル	70
3.6	2階のテンソル空間の性質	76
3.7	対称テンソル空間の基底	80
3.8	反対称テンソル空間の構造	81
3.9	線形作用素のテンソル積	87
3.10	ベクトル空間の向き	90

第4章 ベクトル空間の計量 93

4.1	はじめに	93
4.2	計量ベクトル空間	94
4.3	直交系と直交補空間	102
4.4	内積空間の基本的性質	106
4.5	計量の標準形	111
4.6	ミンコフスキーベクトル空間	113
4.7	計量の成分と複素計量の構造	114
4.8	有限次元ベクトル空間における計量の構造	117
4.9	展開定理と直交分解	119
4.10	同型性	121
4.11	線形汎関数に関する表現定理と同型定理	124
4.12	共役作用素,対称作用素,反対称作用素	128
4.13	テンソル空間の計量	131
4.14	対称テンソル積空間と反対称テンソル積空間の計量	134
4.15	ホッジのスター作用素	141
4.16	3次元ユークリッドベクトル空間におけるベクトル積	145
4.17	n次元計量ベクトル空間の$(n-1)$次元部分空間	147

第5章 ベクトル空間における位相と計量アファイン空間 152

5.1	内積空間における点列の収束と極限	152
5.2	距離空間としての内積空間	154
5.3	開集合,閉集合,境界集合	155

5.4	有限次元ベクトル空間における距離の同値性	160
5.5	有限次元不定計量空間の位相	161
5.6	計量アファイン空間	162

第6章 ベクトル空間における曲線論　　169

6.1	ベクトル空間上のベクトル値関数	169
6.2	曲線	174
6.3	曲線の微分	175
6.4	曲線の積分	180
6.5	曲線の長さ	182
6.6	曲線に関する幾何学的概念	187
6.7	微分方程式と流れ	190

第7章 スカラー場とベクトル場の理論　　204

7.1	スカラー場	204
7.2	微分積分学の基本定理の普遍形	215
7.3	スカラー場の高階の微分とラプラシアン	217
7.4	ベクトル場の微分	223
7.5	ベクトル場の発散	230
7.6	3次元ユークリッドベクトル空間上のベクトル解析	234
7.7	パラメータ付き図形と接空間	240
7.8	積分量	242

第8章 テンソル場の理論　　250

8.1	テンソル場	250
8.2	外微分作用素	255
8.3	反対称反変テンソル場に対する外微分作用素	259
8.4	異なる次数の外微分作用素の統一化	263
8.5	微分形式の引き戻し	264
8.6	ポアンカレの補題	266
8.7	余微分作用素	269

第9章 ストークスの定理　　275

9.1	曲方体と鎖体	275

9.2	境鎖体	279
9.3	p 鎖体上の p 次微分形式の積分	284
9.4	ストークスの定理	287
9.5	応用——古典的積分定理の導出	289

第 10 章　物理学への応用　　294

10.1	古典力学	294
10.2	特殊相対性理論	303
10.3	古典電磁気学	309
10.4	流体力学	310

付録 A　集合と写像　　317

A.1	基本的概念	317
A.2	直積	321
A.3	同値関係と商集合	322
A.4	写像	325
A.5	集合の写像特性	331
A.6	集合の対等と濃度	333

参考文献　　335
演習問題の解答（略解）　　337
索　引　　359

1

ベクトル空間

　和の演算と，スカラー（実数あるいは複素数）を作用させる演算が定義され，これらの演算に関して"自然な"法則が成立するような集合をベクトル空間または線形空間といい，その元（要素）をベクトルとよぶ．この章では，ベクトル空間の理論の基礎を論述する．

1.1　ベクトル空間の公理系

　数学ないし物理学の初等課程（大学の 2 年次くらいまでの課程）で学ぶように，私たちの周囲に知覚（観測）される物体の位置や物体に働く力，物体の速度あるいは加速度といった量は，概念的には，ベクトルとしてとらえられる．ただし，この場合のベクトルというのは"大きさ"と"向き"をもった対象の謂いである．だが，この把握の仕方は，より高次の観点から見ると，感覚的であり，概念としての独立性と普遍性に欠ける．もちろん，入門的段階ではそれでよい．だが，この素朴な段階を超脱し，より高い次元へと歩を進めようと思うならば，ベクトルの普遍的本質——個別の対象に現れているベクトルの概念を包括し統一する性質あるいは構造——を探究しなければならない．このような探究により明らかにされる普遍的構造が次に述べるベクトル空間の公理系である：

【定義 1.1】（ベクトル空間の公理系）　$\mathbb{R}$ を実数全体の集合，$\mathbb{C}$ を複素数全体の集合とし，$\mathbb{K}$ は $\mathbb{R}$ または $\mathbb{C}$ を表すとする．以下の性質 (I)，(II) をもつ集合 V を $\mathbb{K}$ 上の**ベクトル空間** (vector space) または**線形空間** (linear space) といい，その元を**ベクトル**とよぶ．$\mathbb{K}$ をベクトル空間 V の**係数体** (field of scalars) といい，$\mathbb{K}$ の元を**スカラー** (scalar) とよぶ[1]．

---

[1] 余談であるが，英語の scalar の発音は"スカラー"ではなく"スケイラ"に近い．一方，scalar に対応するドイツ語 skalar の発音は"スカラー"に似ている．

(I) 任意の 2 つの元 $u, v \in V$ に対して，V の 1 つの元 $u + v$ ——これを u と v の**和**とよぶ——が定まり，次の (I.1)〜(I.4) が成り立つ．

- (I.1) （**交換法則**）$u + v = v + u, \quad u, v \in V$.
- (I.2) （**結合法則**）$u + (v + w) = (u + v) + w, \quad u, v, w \in V$.
- (I.3) （**零ベクトルの存在**）$u + 0_V = u, \quad u \in V$ となる元 $0_V \in V$ がある．ベクトル 0_V を**零ベクトル** (zero vector) あるいは**ゼロベクトル**という．
- (I.4) （**逆ベクトルの存在**）各 $u \in V$ に対して，$u + (-u) = 0_V$ となるベクトル $-u \in V$ が存在する．これを u の**逆ベクトル** (inverse vector) とよぶ．

V の任意の 2 つの元の組 (u, v) に元 $u + v$ を対応させる演算を V の**加法**という．

(II) 任意の元 $u \in V$ と任意の $\alpha \in \mathbb{K}$ に対して，V の 1 つの元 αu ——これを u の α 倍 (u の**スカラー倍** (scalar multiple)) という——が定まり，次の (II.1)〜(II.3) が成り立つ（$\alpha, \beta \in \mathbb{K}, u, v \in V$ は任意）：

- (II.1) （**スカラーの結合法則**）$\alpha(\beta u) = (\alpha \beta) u$.
- (II.2) $1u = u$.
- (II.3) （**分配法則**）$\alpha(u + v) = \alpha u + \alpha v, \ (\alpha + \beta) u = \alpha u + \beta u$.

$\mathbb{K}$ の元 α と $u \in V$ に対して，ベクトル $\alpha u \in V$ を対応させる演算を**スカラー乗法** (scalar multiplication) または**スカラー倍**とよぶ．

$\mathbb{K} = \mathbb{R}$ のとき，V を**実ベクトル空間** (real vector space)，$\mathbb{K} = \mathbb{C}$ のとき，V を**複素ベクトル空間** (complex vector space) という．

ベクトル空間 V の零ベクトル 0_V について，それが V の零ベクトルであることが文脈から明らかな場合には，0_V を単に 0 と記す場合が多い．ベクトル空間の零ベクトルは幾何学的には**原点** (origin) とよばれる．V を幾何学的に考察するような場合，V の元を**点**ともよぶことにする．

ベクトルに関する上の定義においては，最初にふれた，ベクトルの素朴なレヴェルでの把握に際して使用される "大きさ" とか "向き" といった表象は現れていないことに注意しよう．

定義 1.1 の真の意義は，これによって，ベクトルの概念が一挙に拡大することにある．実際，以下で見るように，数限りなく多くの集合をベクトル空間として認識し，その集合を構成する要素をベクトルとしてとらえることが可能になるのである．

ベクトル空間の例はあとで見ることにして，まず，その公理系からしたがう基本的な事実を証明しておこう．

【命題 1.2】 V を $\mathbb{K}$ 上のベクトル空間とする．

(i) （零ベクトルの一意性） V の零ベクトルはただ 1 つである．

(ii) （逆ベクトルの一意性） 各 $u \in V$ の逆ベクトルはただ 1 つである．

(iii) すべての $u \in V$ に対して，$0u = 0_V$．

(iv) すべての $\alpha \in \mathbb{K}$ に対して，$\alpha 0_V = 0_V$．

(v) $\alpha \in \mathbb{K}, u \in V$ が $\alpha u = 0_V$ をみたすならば，$\alpha = 0$ または $u = 0_V$．

(vi) すべての $\alpha \in \mathbb{K}$ と $u \in V$ に対して，$(-\alpha)u = -(\alpha u)$．特に，$(-1)u$ は u の逆ベクトルである．

証明 (i) $0' \in V$ を零ベクトルとすれば，$u + 0' = u, u \in V$. 特に，$0_V + 0' = 0_V \cdots (*)$．一方，(I.3) において，$u = 0'$ とすれば，$0' + 0_V = 0' \cdots (**)$．加法の交換法則 (I.1) により，$(*)$ の左辺と $(**)$ の左辺は等しい．したがって，$0_V = 0'$．よって，零ベクトルはただ 1 つである．

(ii) u' を u の逆ベクトルとすれば，$u + u' = 0_V$．したがって，$(-u) + (u + u') = (-u) + 0_V = (-u)$．左辺は，(I.2), (I.4), (I.3) を用いると u' に等しいことがわかる．ゆえに $u' = (-u)$．よって，u の逆ベクトルはただ 1 つである．

(iii) (II.3) の第 2 式によって，$0u + 0u = (2 \times 0)u = 0u$．両辺に $(-0u)$ を加え，(I.2), (I.3), (I.4) を用いると $0u = 0_V$ を得る．

(iv) $\alpha = 0$ の場合は，(iii) の結果により，$00_V = 0_V$．$\alpha \neq 0$ とし，$u \in V$ を任意にとる．$v = u/\alpha$ とおく．このとき，(II.1) によって，$\alpha v = u$．したがって，(II.3) の第 1 式と (I.3) を用いることにより，$u + \alpha 0_V = \alpha(v + 0_V) = \alpha v = u$．これがすべての $u \in V$ について成り立つから，零ベクトルの一意性により，$\alpha 0_V = 0_V$．

(v) 対偶を証明する．$\alpha \neq 0$ かつ $u \neq 0$ としよう．いま仮に $\alpha u = 0_V \cdots (\dagger)$ が成り立つとする．すると，$(\dagger)$ の左から $1/\alpha$ をかけて，(II.1), (II.2) および (iv)

の事実を用いることにより，$u = 0$ が得られる．だが，これは矛盾である．したがって，$\alpha u \neq 0_V$ でなければならない．

(vi) (II.3) の第 2 式によって，$\alpha u + (-\alpha)u = (\alpha + (-\alpha))u = 0u = 0_V$．すでに証明した逆ベクトルの一意性 (ii) により，$(-\alpha)u = -(\alpha u)$. ∎

命題 1.2 の証明には——その証明からわかるように——，ベクトル空間の公理系のすべてが使われている．したがって，この命題に述べられた演算法則のすべてを保証するためには，ベクトル空間の公理系の条件をこれ以上少なくすることはできない．

命題 1.2(vi) によって，$-(\alpha u)$ を $-\alpha u$ と書いても曖昧さはない．以後，この種の記法を用いる．

各 $n \geq 3$ と n 個の任意のベクトル $u_1, \cdots, u_n \in V$ に対して，和 $\sum_{j=1}^n u_j := u_1 + \cdots + u_n$ を次のように帰納的に定義する[2]:

$$\sum_{j=1}^n u_j := \left(\sum_{j=1}^{n-1} u_j\right) + u_n$$

和に関する交換法則と結合法則により，$u_1, \cdots, u_n$ の任意の並べ換え $u_{i_1}, \cdots, u_{i_n}$ に対して，$\sum_{j=1}^n u_j = \sum_{j=1}^n u_{i_j}$ が成立する．したがって，有限個のベクトルを加える順序は任意でよい．

ベクトル $u \in V$ と $v \in V$ の**差** (difference) $u - v$ を

$$u - v := u + (-v) \tag{1.1}$$

によって定義する．

以上によって，ベクトル空間というのは，それに属する任意の元どうしの和と差の演算および任意の元に対するスカラー倍の演算が定義され，これらについて，上述の意味において"自然な"演算規則が成立するような集合であることがわかる．

定義 1.1 で特徴づけられる普遍的理念としてのベクトル空間は，具象的・個別的なベクトル空間と区別する意味においては，**抽象ベクトル空間** (abstract vector space) とよばれる[3]．抽象ベクトル空間の構造——**線形構造**とよぶ——が具体的な対象（数の組や関数等）を用いて実現されたものが具象的なベクトル空間であ

---

[2] 「$A := B$」は「A を B によって定義する」ということを指示する記法である（このことを $A \stackrel{\text{def}}{=} B$ と記す場合もある）．これは，等号が定義であることを強調したいときに用いられる．
[3] ここでいう理念とは，概念論の範疇で言えば，より包括的な概念のことである．哲学的には，現象の原型的本質をなす形而上的存在を指す．

る（以下の諸例を参照）．この意味で，抽象ベクトル空間の理念は，あらゆる具象的ベクトル空間がそこに帰一する絶対的根源である．

抽象ベクトル空間の理論はベクトル空間の公理系の定める構造が内蔵する普遍的諸性質を探究するものである．これは，象徴的に言えば，あらゆる個別的・具象的ベクトル空間の"上位"に存在する理念的階層に関する探究である．本書の大部分は，この探究に捧げられる．この理念的階層の在り方——それは，一般性の高い諸定理，諸命題として表現される——は，す̇べ̇て̇の̇個別的・具象的ベクトル空間に適用される．この意味において，この認識方法は極めて強力である．以下の諸例によって，具象的ベクトル空間の多様さの一端が示唆されるであろう[4]．

■ **例 1.1** ■ $n \in \mathbb{N}$（自然数全体の集合）とし，$\mathbb{K}$ の n 個の直積集合

$$\mathbb{K}^n := \underbrace{\mathbb{K} \times \cdots \times \mathbb{K}}_{n \text{ 個}} = \{\mathbf{x} = (x_1, \cdots, x_n) \mid x_i \in \mathbb{K}, i = 1, \cdots, n\} \quad (1.2)$$

の任意の2つの元 $\mathbf{x} = (x_1, \cdots, x_n), \mathbf{y} = (y_1, \cdots, y_n)$ の和とスカラー倍 $\alpha x \, (\alpha \in \mathbb{K})$ を

$$\mathbf{x} + \mathbf{y} := (x_1 + y_1, \cdots, x_n + y_n), \quad \alpha \mathbf{x} := (\alpha x_1, \cdots, \alpha x_n)$$

によって定義すれば，$\mathbb{K}^n$ は $\mathbb{K}$ 上のベクトル空間である．このベクトル空間も同一の記号 $\mathbb{K}^n$ で表す．この場合，零ベクトル $0_{\mathbb{K}^n}$ は $\mathbf{0} := (0, \cdots, 0)$ （すべての成分が 0）であり，$\mathbf{x}$ の逆ベクトルは $(-1)\mathbf{x} = (-x_1, \cdots, -x_n)$ である．

$\mathbb{R}^n$ は実ベクトル空間，$\mathbb{C}^n$ は複素ベクトル空間である．$\mathbb{R}^1 = \mathbb{R}$ は実数の集合で通常の乗法と加法を考えたものである．ベクトル空間としての $\mathbb{K}^n$ の元を n 次元の**数ベクトル**とよび，$\mathbb{K}^n$ を $\boldsymbol{n}$ **次元数ベクトル空間**という．ベクトル $\mathbf{x} = (x_1, \cdots, x_n) \in \mathbb{K}^n$ における x_i を $\mathbf{x}$ の**第 $\boldsymbol{i}$ 成分**（i-th component）という．

ベクトル空間としての $\mathbb{R}^n$, $\mathbb{C}^n$ をそれぞれ，**実 $\boldsymbol{n}$ 次元数ベクトル空間**，**複素 $\boldsymbol{n}$ 次元数ベクトル空間**とよぶ．なお，文献によっては，$\mathbb{R}^n$ を $\boldsymbol{n}$ **次元実座標空間**（n-dimensional real coordinate space），$\mathbb{C}^n$ を $\boldsymbol{n}$ **次元複素座標空間**（n-dimensional complex coordinate space）とよぶ場合もある．この場合，ベクトル $\mathbf{x} \in \mathbb{K}^n$ の第 i 成分 x_i を $\mathbf{x}$ の**第 $\boldsymbol{i}$ 座標**（i-th coordinate）ともいう．

■ **例 1.2** ■ $n, m \in \mathbb{N}$ に対して，nm 個の数の組 $A = (A_{ij})_{i=1,\cdots,n; j=1,\cdots,m} \in \mathbb{K}^{nm}$ を $\boldsymbol{n} \times \boldsymbol{m}$ **行列**（matrix）あるいは $\boldsymbol{n}$ **行 $\boldsymbol{m}$ 列の行列**という．A_{ij} は A の**行列要素**または**行列成分**とよばれる．成分を指定するときは，A_{ij} を A の (i, j) 成分と

---

[4] 本書に限らず，抽象的な数学の理論を読むときには，当該の内容が具体的な例ではどうなるかをつねに確かめながら読み進めることをお勧めする．この観点から，本書では，可能な限り，多くの例をとりあげる予定である．

いう．n を行の次数，m を列の次数という．行と列の次数が文脈から明らかなときは，単に $A = (A_{ij})$ のように書く．$\mathbb{K} = \mathbb{R}$ のとき，A を**実行列**，$\mathbb{K} = \mathbb{C}$ のとき，A を**複素行列**という．$n \times m$ 行列の全体を $\mathsf{M}_{nm}(\mathbb{K})$ で表す．$\mathsf{M}_n(\mathbb{K}) := \mathsf{M}_{nn}(\mathbb{K})$ とおき，この集合の元を ***n* 次の（正方）行列**という．

2つの対象 a, b に対して「$a = b$ ならば $\delta_{ab} = 1$；$a \neq b$ ならば $\delta_{ab} = 0$」をみたす記号 δ_{ab} を**クロネッカーのデルタ**という[5]．

$(I_n)_{ij} = \delta_{ij}, i, j = 1, \cdots, n$，をみたす n 次正方行列 I_n を ***n* 次の単位行列**という．

任意の $A = (A_{ij}), B = (B_{ij}) \in \mathsf{M}_{nm}(\mathbb{K})$ に対して，和 $A + B \in \mathsf{M}_{nm}(\mathbb{K})$ とスカラー倍 $\alpha A \in \mathsf{M}_{nm}(\mathbb{K})$ $(\alpha \in \mathbb{K})$ が

$$A + B = (A_{ij} + B_{ij}), \quad \alpha A := (\alpha A_{ij})$$

によって定義される．これらの和とスカラー倍によって $\mathsf{M}_{nm}(\mathbb{K})$ は $\mathbb{K}$ 上のベクトル空間である．零ベクトルはすべての成分が 0 の行列 O——これを**零行列**という——であり，A の逆ベクトルは $(-1)A = (-A_{ij})$ である．

■ **例1.3** ■ 集合 $X \neq \emptyset$ から $\mathbb{K}$ への写像——***X* 上の $\mathbb{K}$ 値関数**（$\mathbb{K}$-valued function）——の全体を $\mathsf{Map}(X; \mathbb{K})$ で表す．これを $\mathbb{K}^X$ という記号で表す場合もある．任意の $f, g \in \mathsf{Map}(X; \mathbb{K})$ と $\alpha \in \mathbb{K}$ に対して，和 $f + g$ とスカラー倍 αf を

$$(f + g)(x) := f(x) + g(x), \quad (\alpha f)(x) := \alpha f(x), \quad x \in X, \tag{1.3}$$

によって定義すれば，$\mathsf{Map}(X; \mathbb{K})$ はこれらの和とスカラー倍に関して $\mathbb{K}$ 上のベクトル空間になる．この場合，零ベクトルは，すべての $x \in X$ に対して，$\hat{0}(x) = 0$ となる写像 $\hat{0}$ ——**零写像**（zero-mapping）という——であり，$f \in \mathsf{Map}(X; \mathbb{K})$ の逆ベクトルは $(-1)f$ である．通常，$\hat{0}$ も 0 と記す．

■ **例1.4** ■ 実数 $a, b \in \mathbb{R}$ $(a < b)$ に対して，$\mathbb{R}$ の閉区間 $[a, b] := \{t \mid a \leq t \leq b\}$ 上の $\mathbb{K}$ 値連続関数の全体を $C_{\mathbb{K}}[a, b]$ と記す．$C_{\mathbb{K}}[a, b]$ は関数の和とスカラー倍（$X = [a, b]$ の場合の (1.3)）で $\mathbb{K}$ 上のベクトル空間になる（まず，2つの連続関数の和は連続関数であり，連続関数のスカラー倍も連続関数であることを示せ）．$\mathbb{K} = \mathbb{C}$ の場合の $C_{\mathbb{C}}[a, b]$，すなわち，$[a, b]$ 上の複素数値連続関数の全体は，通常，$C[a, b]$ と記される場合が多い．

■ **例1.5** ■ D を $\mathbb{R}^n$ の開集合とし，D 上の $\mathbb{K}$ 値連続関数の全体を $C_{\mathbb{K}}(D)$ で表す．$C_{\mathbb{K}}(D)$ は関数の和とスカラー倍（$X = D$ の場合の (1.3)）で $\mathbb{K}$ 上のベクトル空間になる．前例の場合と同様，$C_{\mathbb{C}}(D)$（D 上の複素数値連続関数の全体）を $C(D)$ と記す．

---

[5] Leopold Kronecker (1823–1891)，ドイツの数学者．代数的整数論の建設者の一人．

■ **例 1.6** ■　$r \in \mathbb{N}$ に対して，D 上の $\mathbb{K}$ 値 r 回連続微分可能な関数の全体を $C_{\mathbb{K}}^r(D)$ で表す[6]．$C_{\mathbb{K}}^r(D)$ も関数の和とスカラー倍（$X = D$ の場合の (1.3)）で $\mathbb{K}$ 上のベクトル空間になる（$f, g \in C_{\mathbb{K}}^r(D), \alpha \in \mathbb{K}$ ならば $f + g, \alpha f \in C_{\mathbb{K}}^r(D)$ を示せ）．$C_{\mathbb{C}}^r(D) = C^r(D)$ と記す．

$C_{\mathbb{K}}^\infty(D) := \bigcap_{r=0}^\infty C_{\mathbb{K}}^r(D)$ とすれば，これは，D 上の無限回微分可能な **$\mathbb{K}$ 値関数の全体**を表す．これも関数の和とスカラー倍に関して $\mathbb{K}$ 上のベクトル空間である．$C_{\mathbb{C}}^\infty(D) = C^\infty(D)$ と記す．

■ **例 1.7** ■　（例 1.3 の一般化）X を集合とし，V を $\mathbb{K}$ 上のベクトル空間とする．X から V への写像 $F : X \to V$ を X 上の **V 値ベクトル場** (V-valued vector field) または **V 値関数** (V-valued function) という．このような写像の全体を $\mathsf{Map}(X; V)$ で表す．任意の $F, G \in \mathsf{Map}(X; V)$ と $\alpha \in \mathbb{K}$ に対して，V が $\mathbb{K}$ 上のベクトル空間であることにより，和 $F + G$ とスカラー倍 αF を

$$(F + G)(x) := F(x) + G(x), \quad (\alpha F)(x) := \alpha F(x), \quad x \in X, \tag{1.4}$$

によって定義できる．このとき，$\mathsf{Map}(X; V)$ は，これらの和とスカラー倍に関して，$\mathbb{K}$ 上のベクトル空間になる．この場合，零ベクトルは，すべての $x \in X$ に対して，$0(x) = 0_V$ となる写像 0——**零写像**という——であり，$F \in \mathsf{Map}(X; V)$ の逆ベクトルは $(-1)F$ である．

1.2　部分空間と直和

これから，抽象ベクトル空間が内蔵している基本的な構造ないし性質を調べていく．以下，ベクトル空間と言えば，特に断らない限り，$\mathbb{K}$ 上のベクトル空間を指す．

1.2.1　部分空間

V をベクトル空間，W を V の空でない部分集合とする（$W \subset V$）．任意の $u, v \in W$ と $\alpha, \beta \in \mathbb{K}$ に対して対して，$\alpha u + \beta v \in W$ が成立するとき——このことを「W は V の和とスカラー倍で閉じている」という——，W を V の**線形部分空間** (linear subspace) または単に**部分空間** (subspace) とよぶ．

---

[6] $f \in C_{\mathbb{K}}^r(D)$ であるとは，任意の $\mathbf{x} \in D$ に対して，$f(\mathbf{x}) \in \mathbb{K}$ であり，f の r 階までのすべての偏導関数 $\partial^{\alpha_1 + \cdots + \alpha_n} f(\mathbf{x}) / \partial x_1^{\alpha_1} \cdots \partial x_n^{\alpha_n}$（$\alpha_j = 0, \cdots, r, \alpha_1 + \cdots + \alpha_n \leq r$）が D 上で存在して連続であるときをいう．この場合，f は D 上で C^r **級**であるという．便宜上，$C_{\mathbb{K}}^0(D) := C_{\mathbb{K}}(D)$ とする．詳しくは，微分積分学の本（たとえば，黒田成俊『微分積分』（共立講座 21 世紀の数学 1），共立出版，2002 の 8.4 節）を参照のこと．

容易に確かめられるように，V の部分空間は，V の加法とスカラー倍でベクトル空間になる．したがって，V の部分空間は，V の部分集合のうち，V の線形構造を受け継いでいるような部分集合のことである．V の構造を解析するにあたっては，まずは，このような，V の構造と調和する構造をもつ部分集合に注目するのは自然である．

!注意 1.1 V の部分空間は必ず零ベクトル 0_V を含む．したがって，V の零ベクトルを含まない部分集合は部分空間ではない．

V 自体および $\{0_V\}$ は V の部分空間である．これらを V の**自明な部分空間**という．

■ **例 1.8** ■ (i) $\mathbb{R}^2 = \{(x,y) \mid x,y \in \mathbb{R}\}$ における x 軸 $\{(x,0) \mid x \in \mathbb{R}\}$ および y 軸 $\{(0,y) \mid y \in \mathbb{R}\}$ は $\mathbb{R}^2$ の部分空間である．(ii) 任意の $a \in \mathbb{R}$ に対して，原点を通る直線 $\{(x,ax) \mid x \in \mathbb{R}\}$ $(y = ax)$ は部分空間である．だが，任意の $a \neq 0, b \neq 0, a, b \in \mathbb{R}$，に対して，$\{(x+b, ax) \mid x \in \mathbb{R}\}$ は部分空間ではない（∵ 注意 1.1）．

■ **例 1.9** ■ (i) $\mathbb{R}^3 = \{(x,y,z) \mid x,y,z \in \mathbb{R}\}$ における x 軸:$\{(x,0,0) \mid x \in \mathbb{R}\}$，$y$ 軸:$\{(0,y,0) \mid y \in \mathbb{R}\}$ および z 軸:$\{(0,0,z) \mid z \in \mathbb{R}\}$ は部分空間である．(ii) 任意の $a, b \in \mathbb{R}$ に対して，$\mathbb{R}^3$ の部分集合 $\{(x,y,ax+by) \mid x,y \in \mathbb{R}\}$ は部分空間である．これは，幾何学的には，原点を通る平面 $z = ax+by$ を表す．だが，部分集合 $\{(x,y,ax+by+1) \mid x,y \in \mathbb{R}\}$ は部分空間ではない（∵ 注意 1.1）．

■ **例 1.10** ■ (i) $\mathbb{K}^n$ における部分集合 $\{(0, \cdots, 0, \overset{i\,\text{番目}}{x_i}, 0, \cdots, 0) \mid x_i \in \mathbb{K}\}$ ──これを $\mathbb{K}^n$ の $\boldsymbol{x_i}$ **軸**とよぶ──は部分空間である．(ii) 任意の $k = 1, \cdots, n-1$ $(n \geq 2)$ に対して，$\mathbb{K}^n$ の部分集合 $\{(x_1, \cdots, x_n) \mid x_i = 0, i = k+1, \cdots, n\}$ は $\mathbb{K}^n$ の部分空間である．(iii) 任意の $\alpha_1, \cdots, \alpha_{n-1} \in \mathbb{K}$ に対して，$\{(x_1, \cdots, x_{n-1}, \sum_{i=1}^{n-1} \alpha_i x_i) \in \mathbb{K}^n \mid x_1, \cdots, x_{n-1} \in \mathbb{K}\}$ は $\mathbb{K}^n$ の部分空間である．これは，方程式 $x_n = \sum_{i=1}^{n-1} \alpha_i x_i$ をみたす点の集合であり，$\mathbb{R}^3$ における，原点を通る平面の一般化である．

■ **例 1.11** ■ n 次の行列 $A \in \mathsf{M}_n(\mathbb{K})$ の転置行列 ${}^t\!A$ は $({}^t\!A)_{ij} := A_{ji}$, $i, j = 1, \cdots, n$ によって定義される．

${}^t\!A = A$ をみたす行列 $A \in \mathsf{M}_n(\mathbb{K})$ （したがって，$A_{ij} = A_{ji}$, $i, j = 1, \cdots, n$）を n 次の**対称行列** (symmetric matrix) という．$\mathbb{K} = \mathbb{R}$ のときの対称行列を**実対称行列**，$\mathbb{K} = \mathbb{C}$ のときの対称行列を**複素対称行列**とよぶ．

n 次の対称行列の全体を $\mathsf{SM}_n(\mathbb{K})$ とすれば，これは $\mathsf{M}_n(\mathbb{K})$ の部分空間である（問題 1）．

行列 $A \in \mathsf{M}_n(\mathbb{K})$ が ${}^tA = -A$ をみたすとき(したがって,$A_{ij} = -A_{ji}, i,j = 1,\cdots,n$),$A$ を**反対称行列** (anti-symmetric matrix) または**交代行列**とよぶ[7].$\mathbb{K} = \mathbb{R}$ のときの反対称行列を**実反対称行列**,$\mathbb{K} = \mathbb{C}$ のときの対称行列を**複素反対称行列**とよぶ.

n 次の反対称行列の全体を $\mathsf{AM}_n(\mathbb{K})$ とすれば,これは $\mathsf{M}_n(\mathbb{K})$ の部分空間である(問題 2).

■ **例 1.12** ■ 行列 $A \in \mathsf{M}_n(\mathbb{C})$ に対して,$\bar{A} \in \mathsf{M}_n(\mathbb{C})$ を $(\bar{A})_{ij} := A_{ij}^*$ (A_{ij} の共役複素数),$i,j = 1,\cdots,n$ によって定義し,これを A の**複素共役** (complex conjugate) とよぶ.

$A^* := {}^t\bar{A}$ によって定義される行列 $A^* \in \mathsf{M}_n(\mathbb{C})$ を A の**エルミート共役**という.次の性質は容易に証明される:

$$(A+B)^* = A^* + B^*, \quad (\alpha A)^* = \alpha^* A^*, \quad A,B \in \mathsf{M}_n(\mathbb{C}), \alpha \in \mathbb{C}. \tag{1.5}$$

$A = A^*$ をみたす行列 A を**エルミート行列** (Hermitian matrix) という.

n 次のエルミート行列の全体を H_n とすれば,これは実ベクトル空間である($\because$ (1.5) を用いよ).だが,複素ベクトル空間にはならない.

■ **例 1.13** ■ $A \in \mathsf{M}_n(\mathbb{K})$ に対して,$\mathrm{Tr}\,A := \sum_{i=1}^n A_{ii}$ によって定義される数を A の**トレース** (trace) または**跡**という.トレースが 0 である行列の集合 $\mathsf{T}_0(\mathbb{K}) := \{A \in \mathsf{M}_n(\mathbb{K}) \mid \mathrm{Tr}\,A = 0\}$ は $\mathsf{M}_n(\mathbb{K})$ の部分空間である(問題 3).

■ **例 1.14** ■ $n \in \{0\} \cup \mathbb{N}$ に対して,n 次の単項式を p_n とする:$p_0(t) = 1$,$p_n(t) = t^n$,$t \in \mathbb{R}, n \geq 1$.閉区間 $[a,b]$ 上の高々 n 次の多項式の全体 $\mathsf{P}_n := \{\sum_{i=0}^n a_i p_i \mid a_i \in \mathbb{K}, i = 0,\cdots,n\}$ は $C_\mathbb{K}[a,b]$ の部分空間である.

■ **例 1.15** ■ $r,s \in \{0\} \cup \mathbb{N}, r < s \leq \infty$ のとき,$C_\mathbb{K}^s(D)$ は $C_\mathbb{K}^r(D)$(例 1.6)の部分空間である.

ベクトル $u_1,\cdots,u_k \in V$ に対して,$\sum_{i=1}^k a_i u_i$ ($a_i \in \mathbb{K}$) という形のベクトルを $u_1,\cdots,u_k$ の **1 次結合** (linear combination) または**線形結合**という.

V をベクトル空間とし,D を V の空でない部分集合とする.このとき,D の元の線形結合の全体からなる部分集合

$$\mathcal{L}(D) := \left\{ \sum_{i=1}^k a_i u_i \;\middle|\; k \in \mathbb{N}, u_i \in D, a_i \in \mathbb{K}, i = 1,\cdots,k \right\}$$

---

[7] **歪対称行列**という場合もある.

は V の部分空間になる（確かめよ）．これを **D によって生成される部分空間** (subspace generated by D) という．D が有限集合，すなわち，有限個の元からなる集合のとき，部分空間 $\mathcal{L}(D)$ は**有限生成**であるという．

$D \subset V$ に対して，$V = \mathcal{L}(D)$ が成り立つとき，**V は D によって生成される**という．

■ **例 1.16** ■ （**任意の空でない集合から生成されるベクトル空間**）X を任意の空でない集合とする．各 $x \in X$ に対して，$E_x \in \mathsf{Map}(X; \mathbb{K})$ を

$$E_x(y) := \delta_{xy}, \quad y \in X \tag{1.6}$$

によって定義する．このとき，$\{E_x \mid x \in X\}$ によって生成される，$\mathsf{Map}(X; \mathbb{K})$ の部分空間

$$\mathrm{Vec}(X) := \mathcal{L}(\{E_x \mid x \in X\}) \tag{1.7}$$

をつくることができる．これを **X によって生成される，$\mathbb{K}$ 上のベクトル空間**という．定義から，任意の $f \in \mathrm{Vec}(X)$ に対して，番号 $n \in \mathbb{N}$ と定数 $a_i \in \mathbb{K}$ および $x_1, \cdots, x_n \in X$ があって

$$f = \sum_{i=1}^n a_i E_{x_i}$$

が成り立つ（n, a_i, x_i は f に依存しながら決まる）．これから，f は，X の有限個の点を除いては，その値が 0 となるような X 上の関数として特徴づけられることがわかる．写像 $T : X \to \{E_x \mid x \in X\}$ を $T(x) := E_x$ によって定義すれば，これは全単射である．そこで，通常，x と E_x を同一視して，$f = \sum_{i=1}^n a_i x_i$ のように記す．

1.2.2 部分空間の直和

ベクトル空間 V の任意の部分空間 $W_1, \cdots, W_m$ に対して，これらの**和** $W_1 + \cdots + W_m \subset V$ を

$$W_1 + \cdots + W_m := \{w_1 + \cdots + w_m \mid w_j \in W_j, j = 1, \cdots, m\} \tag{1.8}$$

によって定義する．これが V の部分空間であることは容易にわかる．$W_1 + \cdots + W_m$ を $\sum_{j=1}^m W_j$ とも記す．したがって，複数の部分空間の和をとる演算は，部分空間を生み出す演算の 1 つを与える．

【**命題 1.3**】 各 $j = 1, \cdots, m-1$ に対して

$$W_j \cap \left(\sum_{k=j+1}^m W_k \right) = \{0_V\} \tag{1.9}$$

が成り立っているとしよう．このとき，任意の $w \in \sum_{j=1}^{m} W_j$ に対して，各 W_j の中にただ1つのベクトル w_j があって，$w = \sum_{j=1}^{m} w_j$ と一意的に表される．

証明 別に $w'_j \in W_j$ があって，$w = \sum_{j=1}^{m} w'_j$ とすれば，$\sum_{j=1}^{m} w_j = \sum_{j=1}^{m} w'_j$ であるから，$w_1 - w'_1 = \sum_{j=2}^{m} (w'_j - w_j) \cdots (*)$ と書ける．左辺は W_1 に属し，右辺は $\sum_{j=2}^{m} W_j$ に属する．したがって，$w_1 - w'_1 \in W_1 \cap \sum_{j=2}^{m} W_j$．これと条件 (1.9) によって，$w_1 = w'_1$ でなければならない．これを $(*)$ に代入すれば，$w_2 - w'_2 = \sum_{j=3}^{m} (w'_j - w_j)$ が得られる．したがって，w_1, w'_1 の場合と同様の議論により，$w_2 = w'_2$ を得る．以下，同様にして，順次，$w_j = w'_j$ が証明される（より厳密には j に関する帰納法による）． ∎

条件 (1.9) が成り立っているとき，$\sum_{j=1}^{m} W_j$ を $W_1, \cdots, W_m$ の**直和**とよび，記号的に $W_1 \dotplus W_2 \dotplus \cdots \dotplus W_m$ と表す．$V = W_1 \dotplus \cdots \dotplus W_m$ のとき，「V は $W_1, \cdots, W_m$ の直和である」あるいは「V は $W_1, \cdots, W_m$ の直和に分解される」という言い方をする．

■ **例 1.17** ■ $\mathbb{K}^n$ において，$M_j = \{(0, \cdots, 0, \overset{j \text{番目}}{x_j}, 0, \cdots, 0) \mid x_j \in \mathbb{K}\}$ とおくと

$$M_j + \cdots + M_n = \{(0, \cdots, 0, x_j, x_{j+1}, \cdots, x_n) \mid x_k \in \mathbb{K}, k = j, \cdots, n\}.$$

したがって，$M_1, \cdots, M_n$ は，$m = n, W_j = M_j$ の場合の条件 (1.9) をみたす．さらに，$\mathbb{K}^n = M_1 \dotplus M_2 \dotplus \cdots \dotplus M_n$ が成り立つ．

1.3 線形独立性

$\mathbb{K}$ 上のベクトル空間 V において複数からなるベクトルの集合を考えることができる．そのようなベクトルの集合を2つの範疇に分類する概念を導入する．

V のベクトル $u_1, \cdots, u_k$ について，$a_1 u_1 + \cdots + a_k u_k = 0_V$ $(a_i \in \mathbb{K}, i = 1, \cdots, k)$ となるのが $a_i = 0, i = 1, \cdots, k$ のときに限るとき（すなわち，$a_1 u_1 + \cdots + a_k u_k = 0_V$ ならば，つねに $a_i = 0, i = 1, \cdots, k$），$u_1, \cdots, u_k$ は**線形独立** (linearly independent) または **1次独立**であるという．部分集合 $\{u_i\}_{i=1,\cdots,k} := \{u_1, \cdots, u_k\}$ が線形独立であるとは，$u_1, \cdots, u_k$ が線形独立のときをいう．

$u_1, \cdots, u_k$ が線形独立でないとき，これらは**線形従属** (linearly dependent) または **1次従属**であるという．

$D \subset V$ が無限集合の場合，D が線形独立であるとは，その任意の有限部分集

合 ($\neq \emptyset$) が線形独立であるときをいう．そうでない場合，すなわち，D の有限部分集合で線形従属となるものがある場合，D は線形従属であるという．

■ **例 1.18** ■ $u \in V, u \neq 0_V$ とすれば，$\{u\}$ は線形独立である．なぜなら，$au = 0_V$ ($a \in \mathbb{K}$) ならば，命題 1.2(v) によって，$a = 0$ だからである．

■ **例 1.19** ■ 線形独立な集合の任意の空でない部分集合は線形独立である（問題 4）．

■ **例 1.20** ■ 数ベクトル空間 $\mathbb{K}^n$ において，ベクトル

$$\mathbf{e}_i := (0, \cdots, 0, \overset{i\text{番目}}{1}, 0, \cdots, 0) \tag{1.10}$$

(i 成分が 1 で他の成分は 0）の集合 $\{\mathbf{e}_i\}_{i=1,\cdots,n}$ は線形独立である（問題 5）．

■ **例 1.21** ■ 例 1.14 において，任意の $n \in \mathbb{N}$ に対して，$p_0, \cdots, p_n$ は線形独立である．

証明 n に関する帰納法によって証明する．$n = 0$ のとき，$p_0 \neq 0$ であるから，p_0 は線形独立である（例 1.18 の応用）．次に，$p_0, \cdots, p_{n-1}$ ($n \geq 1$) は線形独立であるとし，$\sum_{i=0}^{n} a_i p_i = 0$ とする ($a_i \in \mathbb{K}$)．したがって，任意の $t \in [a, b]$ に対して，$\sum_{i=0}^{n} a_i t^i = 0$．両辺を t について n 回微分することにより，$a_n = 0$ がしたがう．したがって，$\sum_{i=0}^{n-1} a_i t^i = 0$, $t \in [a, b]$．ゆえに，$\sum_{i=0}^{n-1} a_i p_i = 0$．帰納法の仮定により，$a_i = 0, i = 0, \cdots, n-1$．よって，$p_0, \cdots, p_n$ は線形独立である． ∎

以後，V の零ベクトル 0_V をしばしば単に 0 と記す．

次の命題は線形従属性を特徴づける：

【命題 1.4】 $u_1, \cdots, u_k \in V$ が線形従属であるための必要十分条件は，ある番号 i と $(k-1)$ 個の定数 $c_1, \cdots, c_{i-1}, c_{i+1}, \cdots, c_k \in \mathbb{K}$ が存在して $u_i = \sum_{j \neq i} c_j u_j$ が成り立つことである．

証明 （必要性） $u_1, \cdots, u_k \in V$ は線形従属であるとしよう．したがって，数の組 $(a_1, \cdots, a_k) \neq \mathbf{0} \cdots (*)$ で $\sum_{i=1}^{k} a_i u_i = 0$ をみたすものが存在する．$(*)$ により，ある番号 i があって，$a_i \neq 0$．そこで，$c_j := -a_j/a_i$ とすれば，$u_i = \sum_{j \neq i} c_j u_j$ が成り立つ．

（十分性） $u_i = \sum_{j \neq i} c_j u_j$ が成り立つとしよう．このとき，$d_i := -1, d_j := c_j, j \neq i$ とおけば，$\sum_{i=1}^{n} d_i u_i = 0$．だが，$(d_1, \cdots, d_n) \neq \mathbf{0}$ であるから，これ

は $u_1, \cdots, u_k$ の線形従属性を意味する.

　一般に, ベクトル u が $u_1, \cdots, u_p \in V$ (線形独立とは限らない) の線形結合で表されるとき, u は $u_1, \cdots, u_p$ に**従属する**という.

　線形独立性の概念の重要性の一面が次の命題によって示される:

【命題 1.5】 ベクトル空間 V の任意の空でない有限部分集合 $F \neq \{0\}$ に対して, F の線形独立なベクトルの集合 $F' \subset F$ があって, $\mathcal{L}(F) = \mathcal{L}(F')$ が成り立つ.

証明 F の元の個数を $\#F$ で表し, $\#F$ に関する帰納法で証明する. まず, $\#F = 1$ の場合, $F = \{u_1\}$ となるベクトル $u_1 \in V$ $(u_1 \neq 0)$ がある. したがって, $F' = \{u_1\} = F$ とすれば, F' は線形独立であり, $\mathcal{L}(F) = \mathcal{L}(F')$ が成り立つ.

　与えられた有限部分集合の元の個数が n 以下のとき, 主張が成り立つとしよう. $\#F = n+1$ とする. F の任意の零でない元を u として, $G = F \setminus \{u\}$ とすれば, $F = G \cup \{u\}$ であり, $\#G = n$ であるから, 帰納法の仮定により, G の線形独立な部分集合 $G' = \{w_1, \cdots, w_k\}$ $(k \leq n)$ があって, $\mathcal{L}(G) = \mathcal{L}(G')$ が成り立つ. したがって, $\mathcal{L}(F) = \mathcal{L}(G' \cup \{u\})$. もし, $w_1, \cdots, w_k, u$ が線形独立ならば, $F' = G' \cup \{u\}$ とすることにり, $F' \subset F$ であり, $\mathcal{L}(F) = \mathcal{L}(F')$ が成り立つから, 主張は $n+1$ のときも成立する.

　$w_1, \cdots, w_k, u$ が線形独立でない場合には, $u = w_{k+1}$ とすれば, 命題 1.4 によって, ある番号 i があって, w_i は他の w_j $(j \neq i)$ の線形結合として表される. したがって, $F'' = \{w_1, \cdots, w_{i-1}, w_{i+1}, \cdots, w_{k+1}\}$ とおけば, $\mathcal{L}(F) = \mathcal{L}(F'')$. $\#F'' = k$ であり, $k \leq n$ であるから, 帰納法の仮定により, 線形独立な集合 $E \subset F''$ があって, $\mathcal{L}(F'') = \mathcal{L}(E)$ が成り立つ. $E \subset F$ であるから, 主張は $n+1$ のときも成り立つ.

1.4　基底と次元

　命題 1.5 から次の重要な事実が導かれる:

【定理 1.6】 $V \neq \{0\}$ は有限生成であるとしよう. すなわち, 有限部分集合 $D \subset V$ があって, $V = \mathcal{L}(D)$ が成り立つとする. このとき, 線形独立な集合 $E \subset D$ で $V = \mathcal{L}(E)$ となるものが存在する.

証明 命題 1.5 を，$D = F$ として応用し，$E = F'$ にとればよい． ∎

この定理に基づいて，次の定義を設ける．

【定義 1.7】 線形独立な集合 $E = \{e_i\}_{i=1,\cdots,n} \subset V$ があって $V = \mathcal{L}(E)$ が成り立つとき，E を V の**基底** (basis) または単に**底**とよぶ．E を $\{e_i\}_{i=1}^n$ と記す場合や単に $\{e_i\}_i$ と略記することもある[8]．

ところで，V の基底は 1 つとは限らない．そこで，E, F を V の 2 つの基底とするとき，E と F の間にどのような関係があるかが問題となる．次にこの問題を考察する．準備として，まず，次の命題を証明する．

【命題 1.8】 $u_1, \cdots, u_k \in V$ が線形従属ならば，$u_1 = 0$ またはある番号 i ($2 \leq i \leq k$) があって，u_i は $u_1, \cdots, u_{i-1}$ に従属する．

証明 仮定により，数の組 $\mathbf{c} = (c_1, \cdots, c_k) \neq \mathbf{0}$ で $\sum_{j=1}^k c_j u_j = 0$ をみたすものがある．c_j が零とならない番号 j のうち最大のものを i とする．もし，$i = 1$ ならば，$c_1 u_1 = 0$ である．したがって，命題 1.2(v) によって，$u_1 = 0$．$i \geq 2$ の場合は，$u_i = \sum_{j=1}^{i-1}(-c_j/c_i)u_j$ と書けるので，題意が成立する． ∎

次の定理は，ベクトル空間の重要な基本構造の 1 つを述べたものである：

【定理 1.9】 $u_1, \cdots, u_k \in V$ から生成される部分空間 $\mathcal{L}(\{u_i\}_{i=1,\cdots,k})$ が線形独立な集合 D を含むならば，D は有限集合であり，$\#D \leq k$ が成り立つ．

証明 背理法による．そこで，仮に $\#D \geq k+1$ としてみる．このとき，D は $(k+1)$ 個の線形独立なベクトル——$v_1, \cdots, v_{k+1}$ としよう——を含む．$W = \mathcal{L}(\{u_i\}_{i=1,\cdots,k})$ とおくと，仮定により，$D \subset W$ であるから，$v_j \in W$ ($j = 1, \cdots, k+1$)．したがって，特に，$v_1, u_1, \cdots, u_k$ は線形従属である．$v_1 \neq 0$ であるから，命題 1.8 によって，ある番号 i ($1 \leq i \leq k$) があって，u_i は $v_1, u_1, \cdots, u_{i-1}$ に従属する．したがって，$W = \mathcal{L}(\{v_1, u_1, \cdots, \widehat{u_i}, \cdots, u_k\})$ が成り立つ．ただし，

---

[8] 文献によっては，$E = (e_i)_i, (e_i), (e_i)_{i=1}^n$ という記法を用いる場合もある．しかし，E は，ベクトルの集合であって，直積集合 V^n の元ではないことに注意．

$\widehat{u_i}$ は u_i を除くことを表す記号である.必要ならば,$u_1, \cdots, u_k$ の添え字をつけかえることにより,$W = \mathcal{L}(\{v_1, u_1, \cdots, u_{k-1}\})$ として一般性を失わない[9].

次に $v_2 \in W$ と前段の結果により,$v_2, v_1, u_1, \cdots, u_{k-1}$ は線形従属である.このベクトルの組において,v_2, v_1 は線形独立である.そこで,再び,命題 1.8 を応用すれば,ある番号 $i\,(1 \leq i \leq k-1)$ があって,u_i は $v_2, v_1, u_1, \cdots, u_{k-2}$ に従属することがわかる.したがって,$W = \mathcal{L}(\{v_2, v_1, u_1, \cdots, \widehat{u_i}, \cdots, u_{k-2}\})$ を得る.前段と同様,必要ならば,u_j の添え字をつけかえることにより,$W = \mathcal{L}(\{v_2, v_1, u_1, \cdots, u_{k-2}\})$ として一般性を失わない.

以上の手続きは,逐次繰り返すことができ,第 k ステップ後には,$W = \mathcal{L}(\{v_k, v_{k-1}, \cdots, v_1\})$ が導かれる.$v_{k+1} \in W$ であったから,これは,v_{k+1} が $v_1, \cdots, v_k$ に従属することを意味する.だが,これは,矛盾である.よって,$\#D \leq k$. ■

定理 1.9 から,次の重要な結論が導かれる:

【系 1.10】 D_1, D_2 を V の線形独立なベクトルの有限集合とし,$\mathcal{L}(D_1) = \mathcal{L}(D_2)$ が成り立つとする.このとき,$\#D_1 = \#D_2$.

証明 仮定から,$D_1 \subset \mathcal{L}(D_2)$ である.これと定理 1.9 の応用により,$\#D_1 \leq \#D_2$ が出る.同様に,$D_2 \subset \mathcal{L}(D_1)$ から,$\#D_2 \leq \#D_1$ が導かれる.したがって,題意が成立する. ■

次の定理は,上述の問題に関わる 1 つの事実を明らかにする:

【定理 1.11】 $V \neq \{0\}$ が有限生成であるならば,V はつねに基底をもち,どの基底の元の個数も同じである.

証明 基底の存在はすでに見た(定理 1.6).E, F を V の任意の 2 つの基底とすれば,$\mathcal{L}(E) = V = \mathcal{L}(F)$ であるから,系 1.10 により,$\#E = \#F$. ■

定理 1.11 に基づいて,次の定義が可能となる.

【定義 1.12】 V を $\mathbb{K}$ 上のベクトル空間とする.

---

[9] $u_i \neq u_k$ の場合には,添え字に関して次のつけかえを行えばよい:$u_j \to u_j\,(j = 1, \cdots, i-1)$; $u_j \to u_{j-1}\,(j = i+1, \cdots, k)$; $u_i \to u_k$.

(i) $V = \{0\}$ のとき，V は **0 次元**であるといい，$\dim V = 0$ と記す．

(ii) V が有限生成で n 個 $(n \in \mathbb{N})$ の元からなる基底をもつとき，V は n 次元であるといい，$\dim V = n$ と記す．

(iii) V が有限生成でないとき，V は**無限次元**であるといい，$\dim V = \infty$ と記す．

V が**有限次元**であることの特徴づけを与えておこう．

【命題 1.13】 $\dim V = n < \infty$ であるための必要十分条件は，V の中に n 個の線形独立なベクトルが存在し，かつ V に属する，どの $(n+1)$ 個のベクトルの組も線形従属になることである．

証明 （必要性） $\dim V = n$ とする．$n = 0$ の場合は自明であるから，$n \geq 1$ とする．このとき，線形独立なベクトルの集合 $E = \{e_i\}_{i=1,\cdots,n}$ で $V = \mathcal{L}(E)$ となるものがある．仮に，$u_1, \cdots, u_{n+1} \in V$ が線形独立であるとし，$D = \{u_1, \cdots, u_{n+1}\}$ とおく．このとき，$D \subset \mathcal{L}(E)$ であるから，定理 1.9 によって，$n+1 \leq n$ でなければならない．だが，これは矛盾である．したがって，V に属する，どの $(n+1)$ 個のベクトルの組も線形従属でなければならない．

（十分性） 条件にいう，n 個の線形独立なベクトルを $e_1, \cdots, e_n$ とし，$E = \{e_i\}_{i=1,\cdots,n}$ とおく．仮定により，任意の $u \in V$ に対して，$u, e_1, \cdots, e_n$ は線形従属である．したがって，$\mathbf{c} = (c_0, c_1, \cdots, c_n) \neq \mathbf{0}$ があって，$c_0 u + \sum_{i=1}^n c_i e_i = 0$ が成立する．もし，$c_0 = 0$ ならば，$\sum_{i=1}^n c_i e_i = 0$ であるから，E の線形独立性により，$c_i = 0, i = 1, \cdots, n$．これは $\mathbf{c} = \mathbf{0}$ を意味するので，矛盾である．したがって，$c_0 \neq 0$．ゆえに，$u = \sum_{i=1}^n (-c_i/c_0) e_i$．これは，$V = \mathcal{L}(E)$ を意味する．したがって，E は V の基底であり，$\dim V = n$. ∎

【定理 1.14】 W を有限次元ベクトル空間 V の任意の部分空間とする．このとき：

(i) W は有限次元であり $\dim W \leq \dim V$ が成り立つ．

(ii) $\dim W = \dim V$ ならば，$W = V$．

証明 (i) $\dim V = n$ とする．仮に，$\dim W \geq n+1$ とすれば，W には $(n+1)$ 個の線形独立なベクトルがあることになる．だが，これは，命題 1.13 に反する．したがって，$\dim W \leq n$．

(ii) V の基底を $\{e_i\}_{i=1,\cdots,n}$, W の基底を $\{f_i\}_{i=1,\cdots,n}$ とすれば,命題 1.13 によって,各 $i=1,\cdots,n$ に対して,$e_i, f_1,\cdots,f_n$ は線形従属である.したがって,命題 1.13 の十分性の証明と同様の議論により,e_i は $f_1,\cdots,f_n$ に従属することがわかる.ゆえに,$V = \mathcal{L}(\{f_i\}_{i=1,\cdots,n}) = W$. ∎

ベクトル空間 V が無限次元であるための特徴づけは次の命題によって与えられる.

【命題 1.15】 V が無限次元であるための必要十分条件は,各 $n \in \mathbb{N}$ に対して,n 個の線形独立なベクトルが存在することである.

証明 (必要性) $\dim V = \infty$ とし,題意を n に関する帰納法で証明する.明らかに,$V \neq \{0\}$ であるから,零でないベクトル $u \in V$ がある.したがって,$n=1$ のとき,題意は成立する.n のとき,題意が成立するとし,$u_1,\cdots,u_n$ を線形独立なベクトルとする.V は有限生成ではないから,$V \neq \mathcal{L}(\{u_1,\cdots,u_n\})$.したがって,ベクトル $u_{n+1} \in V$ で,$u_1,\cdots,u_n, u_{n+1}$ が線形独立となるものがある.ゆえに,題意は $n+1$ のときも成立する.

(十分性) 対偶を証明する.$\dim V = n < \infty$ ならば,命題 1.13 によって,どの $(n+1)$ 個のベクトルも線形従属である.ゆえに,題意が成立する. ∎

■ **例 1.22** ■ 任意の $\mathbf{x} = (x_1,\cdots,x_n) \in \mathbb{K}^n$ は $\mathbf{x} = \sum_{i=1}^n x_i \mathbf{e}_i$ と表される.したがって,$\mathbb{K}^n = \mathcal{L}(\{\mathbf{e}_i\}_{i=1,\cdots,n})$.$\mathbf{e}_1,\cdots,\mathbf{e}_n$ が線形独立であることはすでに知っている (例 1.20).ゆえに,$\{\mathbf{e}_i\}_{i=1,\cdots,n}$ は $\mathbb{K}^n$ の基底である.この基底を $\mathbb{K}^n$ の**標準基底** (standard basis) という.いま示した事実により,$\dim \mathbb{K}^n = n$.

■ **例 1.23** ■ 各 $i=1,\cdots,n, j=1,\cdots,m$ に対して,$n \times m$ 行列 $E_{ij} \in \mathsf{M}_{nm}(\mathbb{K})$ を

$$(E_{ij})_{kl} := \delta_{ik}\delta_{jl} \tag{1.11}$$

によって定義する.つまり,E_{ij} は (i,j) 成分が 1 で他の成分はすべて 0 である行列である.この行列を用いると,任意の $A = (A_{ij}) \in \mathsf{M}_{nm}(\mathbb{K})$ は

$$A = \sum_{i=1}^n \sum_{j=1}^m A_{ij} E_{ij}$$

と表される.また,$\{E_{ij} \mid i=1,\cdots,n, j=1,\cdots,m\}$ は線形独立であることも容易にわかる (問題 6).したがって,$\{E_{ij} \mid i=1,\cdots,n, j=1,\cdots,m\}$ は $\mathsf{M}_{nm}(\mathbb{K})$ の

基底であり，$\dim \mathsf{M}_{nm}(\mathbb{K}) = nm$ が成り立つ．$\{E_{ij} \mid i = 1, \cdots, n, j = 1, \cdots, m\}$ を $\mathsf{M}_{nm}(\mathbb{K})$ の標準基底とよぶ．

■ **例 1.24** ■ 例 1.14 において，$p_0, \cdots, p_n$ はベクトル空間 P_n の基底である．したがって，$\dim \mathsf{P}_n = n + 1$．

証明 任意の $f \in \mathsf{P}_n$ は $f(t) = \sum_{i=0}^{n} c_i t^i$, $t \in [a, b]$ と書ける．ただし，c_i は定数である．右辺は $\left(\sum_{i=0}^{n} c_i p_i\right)(t)$ に等しいから，関数の等式 $f = \sum_{i=0}^{n} c_i p_i$ を得る．したがって，$\mathsf{P}_n = \mathcal{L}(\{p_i\}_{i=0, \cdots, n})$．他方，$p_0, \cdots, p_n$ が線形独立であることはすでに示した（例 1.21）． ∎

■ **例 1.25** ■ $C_{\mathbb{K}}[a, b]$ は無限次元である．実際，$p_n \in C_{\mathbb{K}}[a, b]$ であり，各 $n \in \mathbb{N}$ に対して，$p_0, \cdots, p_{n-1}$ は線形独立である．

■ **例 1.26** ■ 空でない集合 X によって生成されるベクトル空間 $\mathrm{Vec}(X)$（例 1.16）について次の事実が成立する：

(i) 互いに異なる $x_1, \cdots, x_k \in X$ に対して，$E_{x_1}, \cdots, E_{x_n}$ は線形独立である．

(ii) X が有限集合で $\#X = n$ ならば，$\dim \mathrm{Vec}(X) = n$．

(iii) X が無限集合ならば，$\mathrm{Vec}(X)$ は無限次元である．

証明 (i) $\sum_{i=1}^{k} a_i E_{x_i} = 0$ としよう ($a_i \in \mathbb{K}$)．両辺の，$x = x_j$ ($j = 1, \cdots, k$) における値を考えると $a_j = 0$ がしたがう．したがって，題意が成立する．

(ii) $X = \{x_1, \cdots, x_n\}$ とすれば，$E_{x_i}(x) = \delta_{x_i x}, x \in X$ であるから，任意の $f \in \mathrm{Vec}(X)$ は，$f(x) = \sum_{i=1}^{n} f(x_i) E_{x_i}(x), x \in X$ と表される．したがって，$f = \sum_{i=1}^{n} f(x_i) E_{x_i}$．ゆえに $\mathrm{Vec}(X) = \mathcal{L}(\{E_{x_i} \mid i = 1, \cdots, n\})$．これと (i) により，$\{E_{x_i} \mid i = 1, \cdots, n\}$ は $\mathrm{Vec}(X)$ の基底であることが結論される．よって，$\dim \mathrm{Vec}(X) = n$．

(iii) X は無限集合であるので，$D := \{x_i \mid i \in \mathbb{N}\} \subset X$ となる部分集合 D がとれる．ただし，$i \neq j \implies x_i \neq x_j$ とする．このとき，(i) によって，任意の $n \in \mathbb{N}$ に対して，$E_{x_1}, \cdots, E_{x_n}$ は線形独立である．したがって，$\mathrm{Vec}(X)$ は無限次元である． ∎

次の定理は，有限次元ベクトル空間の基底の構成に関する重要な事実である．

【定理 1.16】 V を n 次元ベクトル空間とし $(n < \infty)$，$u_1, \cdots, u_l \in V$ $(l \in \mathbb{N})$

を線形独立なベクトルの集合とする．このとき，$l \leq n$ であり，もし，$l < n$ ならば，$(n-l)$ 個のベクトル $u_{l+1}, \cdots, u_n$ で $\{u_i\}_{i=1,\cdots,n}$ が V の基底になるものが存在する．

証明 $l \leq n$ は命題 1.13 からしたがう．$l = n$ ならば，$u_1, \cdots, u_l$ が V の基底の 1 つである．$l < n$ としよう．このとき，$\{u_1, \cdots, u_l\}$ は V の基底ではないから，$u_1, \cdots, u_l$ の線形結合で表せないベクトルが V の中に存在する．その 1 つを u_{l+1} とすれば，$u_{l+1} \neq 0$ であり，$u_1, \cdots, u_l, u_{l+1}$ は線形独立である（$\because \sum_{i=1}^{l+1} a_i u_i = 0$ $(a_i \in \mathbb{K})$ とする．もし，$a_{l+1} \neq 0$ とすると $u_{l+1} = -\sum_{i=1}^{l}(a_i/a_{l+1})u_i$ と書けるから，u_{l+1} の取り方に矛盾．したがって，$a_{l+1} = 0$. すると $\sum_{i=1}^{l} a_i u_i = 0$ であるから，$\{u_1, \cdots, u_l\}$ の線形独立性により，$a_i = 0, i = 1, \cdots, l$. したがって，$a_i = 0 (i = 1, \cdots, l+1)$）．$n = l+1$ ならば，$u_1, \cdots, u_l, u_{l+1}$ は V の基底である．$l+1 < n$ ならば，上と同様にして，$u_1, \cdots, u_l, u_{l+1}, u_{l+2}$ が線形独立になる $u_{l+2} \in V$ があることがわかる．$l+2 = n$ ならば $u_1, \cdots, u_l, u_{l+1}, u_{l+2}$ は V の基底である．以下，同様にして，同じ手続きを繰り返せば，$r = n - l$ とするとき，r 個のベクトル $u_{l+1}, \cdots, u_{l+r} \in V$ で $u_1, \cdots, u_l, u_{l+1}, u_{l+2}, \cdots, u_{l+r}$ が V の基底になるものがとれる． ∎

1.5 基底によるベクトルの展開と座標系

次の定理は，基底の根源的重要性を語る：

【定理 1.17】 $E = \{e_i\}_{i=1,\cdots,n}$ を V の基底とする．このとき，任意の $u \in V$ に対して，n 個の数の組 $(u^1, \cdots, u^n) \in \mathbb{K}^n$ がただ 1 つ定まり

$$u = \sum_{i=1}^{n} u^i e_i \tag{1.12}$$

と表される[10]．

証明 仮定により，$V = \mathcal{L}(E)$ であるから，任意の $u \in V$ は $e_1, \cdots, e_n$ の線形結合として表される．すなわち，(1.12) をみたす $u^i \in \mathbb{K}$ が存在する．そのよう

---

[10] ここでの「u^i」は「u の i 乗」ではなく，ベクトル u に応じて定まる数を表す記号である（そもそも，ベクトルの冪乗は，この段階では定義されていない！）．添え字を右肩につける便宜的理由は後に明らかになる．

な u^i の組の一意性を示すために，別に $u = \sum_{i=1}^{n} a^i e_i$ $(a^i \in \mathbb{K})$ と表されたとする．このとき，$\sum_{i=1}^{n} u^i e_i = \sum_{i=1}^{n} a^i e_i$ であるから，$\sum_{i=1}^{n}(u^i - a^i)e_i = 0$. $\{e_i\}_{i=1,\cdots,n}$ は線形独立であるから，$u^i - a^i = 0$，すなわち，$u^i = a^i$ $(i = 1, \cdots, n)$ でなければならない． ∎

(1.12) をベクトル $u \in V$ の，基底 E による**展開** (expansion) とよび，$u^1, \cdots, u^n$ をその**展開係数**という．展開係数の組 $(u^1, \cdots, u^n) \in \mathbb{K}^n$ をベクトル u の，基底 E に関する**成分表示**または単に**成分**とよぶ．

基底 E を 1 つ固定したときに得られる，ベクトルから数の組への対応：$u \mapsto (u^1, \cdots, u^n)$ は，幾何学的には，具象的な空間 $\mathbb{R}^3$ でおなじみの直線座標系（直交座標系，斜交座標系）の普遍的本質をとらえたものと見ることができる．こうして，次の定義に到達する：

【定義 1.18】 V と基底 E の組 (V, E) を V における**線形座標系**(linear coordinate system) または**直線座標系**という．しばしば単に**座標系** (coordinate system) ともいう．この場合，ベクトル u の（基底 E に関する）成分 $(u^1, \cdots, u^n)$ を座標系 (V, E) における u の**座標表示**または単に**座標**という．

$E = \{e_i\}_{i=1,\cdots,n}$ のとき，ベクトル e_i から生成される 1 次元部分空間 $\mathcal{L}(\{ae_i \mid a \in \mathbb{K}\})$ を**第 i 座標軸** (i-th axis of coordinates) とよぶ．

V に基底を 1 つ定めることを「V に線形座標系を定める」という．

この定義から明らかなように，線形座標系は，基底の数だけ存在する．したがって，$\dim V \neq \{0\}$ ならば，それは無限に多く存在する[11]．これは，V の同一の点を座標で表す方法（成分表示）が無数に存在することを意味する．だが，この段階では，どれか特定の座標系が他より優れている，あるいは重要であるということは言えず，意味論的に言えば，どれも完全に"平等"である．この意味において，本質的観点から見れば，座標系というのはまったく相対的なものである．この点はしっかりと認識しておく必要がある．とはいえ，座標系の概念にはそれ相応の役割がある．たとえば，具象的なベクトル空間において個別的・具体的な問題を考察する際には，適切な座標系をとることにより，問題をより簡単に解くことができるという場合がある[12]．そのような場合には，座標系を使用することの

---

[11] $\{e_i\}_{i=1,\cdots,n}$ が V の基底ならば，容易にわかるように，任意の $c_i \in \mathbb{K}, c_i \neq 0$ $(i = 1, \cdots, n)$ に対して，$\{c_i e_i\}_{i=1,\cdots,n}$ も V の基底である．$n \geq 2$ のときは，この型の基底以外にも，E からつくられる基底は無数に存在する（この点については，次の節で論じる）．

[12] 初等的な例として，解析幾何学がある．本書でも，後に，そのような例を扱う．

有用性——ただし，問題を解く上での便法としての——が示されたことになる．

ところで，抽象論ないし一般論のレヴェルにおいては，座標系に関して，まず，問題となるのは，異なる座標系どうしの関係がどうなっているかである．この点を次に考察しよう．

1.6 基底の変換と座標変換

1.6.1 基底の変換の構造

準備として，行列論における重要な概念の1つを復習しておく．一般にn次の行列 $A = (A_{ij})$ が**正則** (regular) または**可逆** (invertible) であるとは，$AX = I_n, XA = I_n \cdots (*)$ (I_nはn次の単位行列) となる，n次の行列Xが存在するときをいう．この場合，XはAから一意的に定まる．XをAの**逆行列**とよび，$X = A^{-1}$と表す．

!注意 1.2 実は，n次の行列Aに対して，$(*)$のどちらか一方を成立させるn次の行列Xが存在すれば，Aは正則であり，$X = A^{-1}$が成り立つ[13]．この事実は有用である．

さて，Vを$\mathbb{K}$上のn次元ベクトル空間とし，$E = \{e_i\}_{i=1,\cdots,n}, F = \{f_i\}_{i=1,\cdots,n}$を$V$の2つの基底とする．基底$E$に関する，ベクトル$f_j$の成分表示を$(P_j^1, \cdots, P_j^n)$ $\in \mathbb{K}^n$とすれば，

$$f_j = \sum_{i=1}^{n} P_j^i e_i. \tag{1.13}$$

同様に，基底Fに関する，ベクトルe_iの成分表示を$(Q_i^1, \cdots, Q_i^n)$とすれば，

$$e_i = \sum_{j=1}^{n} Q_i^j f_j. \tag{1.14}$$

これを (1.13) に代入すると $f_j = \sum_{i,k=1}^{n} P_j^i Q_i^k f_k$. したがって，$f_1, \cdots, f_n$の線形独立性により，$\sum_{i=1}^{n} P_j^i Q_i^k = \delta_j^k \cdots (**)$. ただし

$$\delta_j^k := \delta_{jk} \quad （クロネッカーのデルタ）. \tag{1.15}$$

(i,j)成分がP_j^i, Q_j^iであるn次の行列をそれぞれ，$P = (P_j^i), Q = (Q_j^i)$とすれば，$(**)$は$QP = I_n$を意味する[14]．したがって，上の注意1.2によって，P, Q

---

[13] たとえば，佐武一郎『線型代数学』（裳華房，1976）のp.66を参照．
[14] 通常，行列Aの(i,j)成分はA_{ij}と書かれるが（例1.2），これは単に便宜上の問題にすぎない．

は正則であって
$$P = Q^{-1}, \quad Q = P^{-1} \tag{1.16}$$
が成り立つことになる.

(1.13), (1.14) は 2 つの基底 E, F の間の関係を与える. それらを司る行列 P, Q は正則であって, 互いに逆の関係にあること, すなわち, (1.16) が成り立つことがわかった.

行列 P を基底の変換: $E \mapsto F$ に対する**底変換の行列**という. したがって, 行列 Q は基底の変換: $F \mapsto E$ に対する底変換の行列である.

線形座標系の観点からは, P を線形座標系 $(V; E)$ から線形座標系 $(V; F)$ への**座標系の変換行列**と呼ぶ.

上とは逆に, 任意の n 次の正則行列 P が与えられたとき, 基底 $E = \{e_i\}_{i=1,\cdots,n}$ に対して, ベクトルの集合 $F = \{f_1, \cdots, f_n\}$ を (1.13) によって定義すれば, F は V の基底になる. 実際, スカラー $a_1, \cdots, a_n \in \mathbb{K}$ が $\sum_{j=1}^n a_j f_j = 0$ をみたすとすれば, $\sum_{i=1}^n \left(\sum_{j=1}^n a_j P_j^i \right) e_i = 0$. したがって, $\sum_{j=1}^n a_j P_j^i = 0$. 両辺に $(P^{-1})_i^k$ をかけて i について, 1 から n まで加えて, $(P^{-1}P)_j^k = \delta_j^k$ を使えば, $a_k = 0, k = 1, \cdots, n,$ を得る. ゆえに, F は線形独立である.

以上から, **底変換の行列と n 次の正則行列は 1 対 1 に対応する**ことがわかる.

1.6.2 座標変換

任意のベクトル $u \in V$ は
$$u = \sum_{i=1}^n u^i e_i = \sum_{i=1}^n v^i f_i \tag{1.17}$$
と 2 通りに展開される. (1.14) を (1.17) に代入すると, $\sum_{i,j=1}^n u^j Q_j^i f_i = \sum_{i=1}^n v^i f_i$. したがって
$$v^i = \sum_{j=1}^n Q_j^i u^j = \sum_{j=1}^n (P^{-1})_j^i u^j. \tag{1.18}$$
これが, 基底の変換: $E \mapsto F$——座標系の変換: $(V; E) \to (V; F)$——に伴う, ベクトル $u \in V$ の座標変換の法則を記述する式——**座標変換公式**——である.

同様に (あるいは, (1.18) を u^i について解くことにより)
$$u^i = \sum_{j=1}^n (Q^{-1})_j^i v^j = \sum_{j=1}^n P_j^i v^j \tag{1.19}$$

が得られる．こちらは，座標系の逆変換：$(V;F) \to (V;E)$ に伴う，ベクトル $u \in V$ の座標変換公式を与える．

!注意 1.3 誤解のおそれはないと思うが，念のために述べておくと，座標系の変換というのは，ベクトルの成分表示を変えるだけであって，ベクトル自体を変えるものではない（これは (1.17) を見れば明らか）．

1.7 直和ベクトル空間

複数のベクトル空間が与えられたとき，これらから新たなベクトル空間をつくる構造の 1 つを述べる．

V, W を $\mathbb{K}$ 上のベクトル空間とする．V と W の直積集合 $V \times W = \{(v, w) \mid v \in V, w \in W\}$ の任意の 2 つの元 $(v, w), (v', w')$ に対して，これらの和 $(v, w) + (v', w') \in V \times W$ とスカラー倍 $\alpha(v, w) \in V \times W$ ($\alpha \in \mathbb{K}$) を

$$(v, w) + (v', w') := (v + v', w + w'), \quad \alpha(v, w) := (\alpha v, \alpha w) \qquad (1.20)$$

によって定義する．このとき，$V \times W$ は，これらの和とスカラー倍に関して，$\mathbb{K}$ 上のベクトル空間になることがわかる（問題 12）．この場合，その零ベクトルは $(0_V, 0_W)$ であり，(v, w) の逆ベクトルは $(-v, -w)$ である．このようにして構成されるベクトル空間を V と W の**直和ベクトル空間**とよび，記号的に $V \oplus W$ と表す．

直和ベクトル空間の基底に関する次の事実は基本的である：

【定理 1.19】 V, W は有限次元であるとし，$\{e_1, \cdots, e_n\}, \{f_1, \cdots, f_m\}$ をそれぞれの基底とする（$\dim V = n, \dim W = m$）．このとき，$(n + m)$ 個のベクトル $(e_i, 0_W), (0_V, f_j), i = 1, \cdots, n, j = 1, \cdots, m$ は $V \oplus W$ の基底である．したがって，特に $\dim V \oplus W = \dim V + \dim W$．

証明 任意の $v \in V, w \in W$ を $v = \sum_{i=1}^{n} v^i e_i, w = \sum_{j=1}^{m} w^j f_j$ と展開する．このとき，$(v, w) = (v, 0_W) + (0_V, w) = \sum_{i=1}^{n} v^i (e_i, 0_W) + \sum_{j=1}^{m} w^j (0_V, f_j)$. したがって，$(e_i, 0_W), (0_V, f_j), i = 1, \cdots, n, j = 1, \cdots, m$ の線形独立性を示せば題意がしたがう．そこで，c_i, d_j を定数として，$\sum_{i=1}^{n} c_i (e_i, 0_W) + \sum_{j=1}^{m} d_j (0_V, f_j) = 0_{V \oplus W} = (0_V, 0_W)$ としよう．左辺は $(\sum_{i=1}^{n} c_i e_i, \sum_{j=1}^{m} d_j f_j)$ に等しい．したがって，$\sum_{i=1}^{n} c_i e_i = 0_V, \sum_{j=1}^{m} d_j f_j = 0_W$. ゆえに $c_i = 0, d_j = 0$ ($i = $

$1,\cdots,n, j=1,\cdots,m$)．よって，$(e_i,0_W),(0_V,f_j),i=1,\cdots,n,j=1,\cdots,m$ は線形独立である． ∎

2つのベクトル空間の直和ベクトル空間の概念は，任意の複数個のベクトル空間の場合へと自然な拡張をもつ．$V_1,\cdots,V_n$ ($n\geq 2$) を $\mathbb{K}$ 上のベクトル空間とし，これらの直積集合

$$V = V_1 \times \cdots \times V_n = \{u=(u_1,\cdots,u_n) \mid u_i \in V_i, i=1,\cdots,n\}$$

を考える．V の任意の2つの元 u,v に対して，和 $u+v$ とスカラー倍 au ($a\in\mathbb{K}$) を

$$u+v := (u_1+v_1,\cdots,u_n+v_n), \quad au := (au_1,\cdots,au_n) \tag{1.21}$$

によって定義する．V は，これらの和とスカラー倍に関して $\mathbb{K}$ 上のベクトル空間になることは，上の場合と同様にして証明される．零ベクトルは $(0_{V_1},\cdots,0_{V_n})$ であり，u の逆ベクトルは $(-1)u$ である．このベクトル空間を $V_1,\cdots,V_n$ の**直和ベクトル空間** (direct sum) とよび，記号的に $V_1\oplus\cdots\oplus V_n$ あるいは $\bigoplus_{i=1}^n V_i$ のように表す．

定理 1.19 を用いて，帰納的に次の定理が証明される（問題 13）：

【定理 1.20】 $\dim V_i = r_i < \infty$ ($i=1,\cdots,n$) とし，$\{e_1^{(i)},\cdots,e_{r_i}^{(i)}\}$ を V_i の基底とする．このとき，$\sum_{i=1}^n r_i$ 個のベクトル $(0_{V_1},\cdots,0_{V_{i-1}},e_{k_i}^{(i)},0_{V_{i+1}},\cdots,0_{V_n})$ ($i=1,\cdots,n, k_i=1,\cdots,r_i$) は $\bigoplus_{i=1}^n V_i$ の基底である．したがって，特に $\dim\bigoplus_{i=1}^n V_i = \sum_{i=1}^n \dim V_i$．

複数のベクトル空間に対して，それらの直和ベクトル空間を対応させる演算は，複数のベクトル空間から，新たなベクトル空間を生み出す演算の1つである．

1.8 商ベクトル空間

M を V の部分空間とする．$u,v\in V$ に対して，$u-v\in M$ が成り立つとき，$u\sim v$ と記す．これは V における1つの関係を与える[15]．しかも，同値関係であることがわかる（問題 14）．$u\in V$ の属する同値類を $[u]$ で表せば

$$[u] = \{v \in V \mid u-v \in M\} \tag{1.22}$$

---

[15] 関係の概念および以下に出てくる同値関係，商集合の定義については，付録 A，A.3 節を参照．

である．したがって，特に，任意の $w \in M$ に対して

$$[w] = M \tag{1.23}$$

である．この同値関係による商集合を V_M としよう：

$$V_M := V/\sim\, = \{[u] \mid u \in V\} \tag{1.24}$$

V_M に和とスカラー乗法を導入することを考える．そのために，次の事実に注意する（M が部分空間であることを使えば，容易に証明される）：

$$u \sim u', v \sim v'\ (u, u', v, v' \in V) \implies u + v \sim u' + v',\ \alpha u \sim \alpha u'\ (\alpha \in \mathbb{K}).$$

この特性を用いると，2つの同値類 $[u], [v]\ (u, v \in V)$ に対して，和 $[u] + [v]$ とスカラー倍 $\alpha[u]$ を

$$[u] + [v] := [u + v] \in V_M, \quad \alpha[u] := [\alpha u] \in V_M \tag{1.25}$$

によって定義することができる（上の事実のおかげで，この定義は，$[u], [v]$ の代表元の選び方によらない）．この和とスカラー乗法によって，V_M が $\mathbb{K}$ 上のベクトル空間になることは容易に確かめられる．この場合，零ベクトルは，同値類としての M であり，$[u]$ の逆ベクトルは，$[-u]$ である．このようにして構成されるベクトル空間を V の M による**商ベクトル空間** (quotient vector space) または**商線形空間**といい，記号的に V/M と表す．

こうして，V の各部分空間 M に対して，新しいベクトル空間 V/M が付随していることがわかる．ここにベクトル空間の存在秩序の1つが明るみに出されたことになる．

商ベクトル空間の次元については次の定理が成り立つ．

【定理 1.21】 V を有限次元ベクトル空間とし，M を V の部分空間とする．このとき

$$\dim V/M = \dim V - \dim M. \tag{1.26}$$

証明 $\dim V = n, \dim M = m$ とすれば，$m \leq n$．$m = n$ ならば，定理 1.14(ii) によって，$V = M$ であるから，$V/M = [0_V]$ となり，$\dim V/M = 0$．したがって，(1.26) が成立する．

次に $m<n$ の場合を考え, $\{f_i\}_{i=1,\cdots,m}$ を M の基底とする. このとき, 定理 1.16 により, $(n-m)$ 個のベクトル $u_1,\cdots,u_{n-m}\in V$ で $f_1,\cdots,f_m,u_1,\cdots,u_{n-m}$ が V の基底となるものが存在する. 容易にわかるように, $u_j\notin M\ (j=1,\cdots,n-m)$. 任意の $u\in V$ に対して, 定数 $a_i, b_j\ (i=1,\cdots,m, j=1,\cdots,n-m)$ があって $u=\sum_{i=1}^m a_i f_i + \sum_{j=1}^{n-m} b_j u_j$ と表される. したがって, $[u]=\sum_{j=1}^{n-m} b_j [u_j]$ ($[f_i]$ は V/M の零ベクトルであることに注意). 他方, $[u_1],\cdots,[u_{n-m}]$ は V/M において線形独立である ($\because c_j$ を定数として, $\sum_{j=1}^{n-m} c_j [u_j]=0$ とすれば, $[\sum_{j=1}^{n-m} c_j u_j]=0_{V/M}$. したがって, $\sum_{j=1}^{n-m} c_j u_j \in M$. ゆえに $\sum_{j=1}^{n-m} c_j u_j = \sum_{i=1}^n d_i f_i$ となる定数 d_i がある. $f_1,\cdots,f_n,u_1,\cdots,u_{n-m}$ の線形独立性により, $c_j=0\ (j=1,\cdots,n-m), d_i=0\ (i=1,\cdots,n)$). ゆえに, $[u_1],\cdots,[u_{n-m}]$ は V/M の基底であるから, $\dim V/M = n-m$. ∎

演習問題

V, W は $\mathbb{K}$ 上のベクトル空間であるとする.

1. 対称行列の集合 $\mathsf{SM}_n(\mathbb{K})$ (例 1.11) は $\mathsf{M}_n(\mathbb{K})$ の部分空間であることを証明せよ.

2. 反対称行列の集合 $\mathsf{AM}_n(\mathbb{K})$ (例 1.11) は $\mathsf{M}_n(\mathbb{K})$ の部分空間であることを証明せよ.

3. トレースが 0 となる行列の集合 $\mathsf{T}_0(\mathbb{K})$ (例 1.13) は $\mathsf{M}_n(\mathbb{K})$ の部分空間であることを証明せよ.

4. S を V の線形独立な有限集合とするとき, 任意の $M\subset S\ (M\neq\emptyset)$ は線形独立であることを証明せよ.

5. 例 1.20 で定義した集合 $\{\mathbf{e}_i\}_{i=1,\cdots,n}$ は線形独立であることを証明せよ.

6. 例 1.23 で導入した行列 E_{ij} からなる集合 $\{E_{ij}\mid i=1,\cdots,n, j=1,\cdots,m\}\subset \mathsf{M}_{nm}(\mathbb{K})$ は線形独立であることを示せ.

7. X を空でない集合とする.

    (i) $\#X=m<\infty$ のとき, $\mathsf{Map}(X;\mathbb{K})$ の基底を 1 つ求め, $\dim\mathsf{Map}(X;\mathbb{K})=m$ を証明せよ.

(ii) X が無限集合のときは，$\mathsf{Map}(X;\mathbb{K})$ は無限次元であることを証明せよ．

8. X を空でない集合とし，$1 \leq \dim V < \infty$ とする．

    (i) $\#X = m < \infty$ のとき，$\mathsf{Map}(X;V)$ の基底を 1 つ求め，$\dim \mathsf{Map}(X;V) = m \dim V$ を証明せよ．ただし，V が無限次元の場合は，右辺は ∞ と読む[16]．

    (ii) X が無限集合のときは，$\mathsf{Map}(X;V)$ は無限次元であることを証明せよ．

9. 実対称行列のなす部分空間 $\mathsf{SM}_n(\mathbb{R})$（例 1.11）の基底を 1 つ求めよ．$\dim \mathsf{SM}_n(\mathbb{R})$ はいくらか．

10. 実反対称行列のなす部分空間 $\mathsf{AM}_n(\mathbb{R})$（例 1.11）の基底を 1 つ求めよ．$\dim \mathsf{AM}_n(\mathbb{R})$ はいくらか．

11. $\mathsf{T}_0(\mathbb{K})$ の次元を求めよ．

12. $V \times W$ が (1.20) によって定義される和とスカラー倍の演算に関して，$\mathbb{K}$ 上のベクトル空間になることを証明せよ．

13. 定理 1.20 の証明を与えよ．

14. M を V の部分空間とし，$u, v \in V$ に対して，$u - v \in M$ が成り立つとき，$u \sim v$ と記す．この関係 $\sim$ は同値関係であることを証明せよ．

---

[16] 任意の正の実数 a に対して，$a \cdot \infty = a \times \infty := \infty, (-a) \cdot \infty = (-a) \times \infty := -\infty$ と規約する．

2

線形作用素

ベクトル空間からベクトル空間への写像で線形作用素とよばれるものの基本的性質を論じる[1].

2.1 定義と基本概念

V, W を $\mathbb{K}$ 上のベクトル空間とする（有限次元であるとは限らない）. V から W への写像で V, W の線形構造と調和するものを定義する:

【定義 2.1】 写像 $T : V \to W$ が, 任意の $a, b \in \mathbb{K}$ と $u, v \in V$ に対して

$$T(au + bv) = aT(u) + bT(v) \tag{2.1}$$

をみたすとき, T を V から W への**線形作用素** (linear operator) または**線形写像** (linear mapping) という[2]. 性質 (2.1) を写像 T の**線形性** (linearity) という. $T(u) = Tu$ とも記す.

線形性 (2.1) は, すべてのベクトル u と v の任意の線形結合が, T によって, $T(u)$ と $T(v)$ の, 同じ係数による線形結合に写されること——これを「T は V の線形構造を保存する」という——を意味する. この意味で, 線形作用素という写像のクラスは, ベクトル空間からベクトル空間への写像の中にあって, ベクトル空間の線形構造と調和する, 自然な写像の範疇を形成するのである.

■ **例 2.1** ■ V 上の恒等写像 I_V は線形である. I_V を**恒等作用素**ともいう. 以後, しばしば, I_V を単に I と記す場合がある.

---

[1] 集合に付随する写像の一般概念については付録 A を参照.
[2] **線形演算子**ともいう.

■ **例 2.2** ■ $M = (M_{ij})_{i,j=1,\cdots,n}$ を n 次の行列とする ($M_{ij} \in \mathbb{K}$). これから写像 $\hat{M} : \mathbb{K}^n \to \mathbb{K}^n; \boldsymbol{x} \mapsto \hat{M}\boldsymbol{x}$ を $(\hat{M}\boldsymbol{x})_i := \sum_{j=1}^n M_{ij} x_j$, $\boldsymbol{x} = (x_1, \cdots, x_n) \in \mathbb{K}^n$ によって定義する. これは線形作用素である. $\hat{M}$ を**行列 M から定まる線形作用素**といい, 通常, これも単に M と記す場合が多い.

$T : V \to W$ を線形作用素としよう. (2.1) において, $a = b = 0$ の場合を考えると

$$T(0_V) = 0_W \tag{2.2}$$

が導かれる. つまり, 線形作用素はゼロベクトルをゼロベクトルに写す.

線形性 (2.1) を繰り返し使うことにより, 任意の $N \in \mathbb{N}$ と $u_i \in V, a_i \in \mathbb{K}$ ($i = 1, \cdots, N$) に対して

$$T\left(\sum_{i=1}^N a_i u_i\right) = \sum_{i=1}^N a_i T(u_i) \tag{2.3}$$

が成り立つことが示される (問題 1). これは線形作用素の計算で頻繁に使われる基本公式である.

一般の写像の分類において, 単射, 全射, 全単射なる概念が定義された (付録の A.4 節を参照). これらの概念は, もちろん, 線形作用素にも適用される. 線形作用素の場合には, その線形性という特殊性によって, これらの性質について, より詳しい解析が可能になる. 次に, そのような解析のために役立つ概念を導入しよう.

V の部分集合

$$\ker T := \{u \in V \mid T(u) = 0_W\} \tag{2.4}$$

を T の**核** (kernel) という. これは, T によって W のゼロベクトルに写される, V のベクトルの全体である. T の線形性を使うと, $\ker T$ は V の部分空間であることがわかる (問題 2).

V に対する T の像

$$\mathrm{Ran}(T) := T(V) := \{T(u) \mid u \in V\} \tag{2.5}$$

を T の**値域** (range) という. これは W の部分空間になる (問題 3). T の値域の次元

$$\mathrm{rank}\, T := \dim T(V) \tag{2.6}$$

を T の**階数** (rank) という.

【定理 2.2】 $T: V \to W$ を線形作用素とする.

(i) T が単射であるための必要十分条件は $\ker T = \{0_V\}$ となることである.

(ii) T が単射であるとき, 逆写像 T^{-1} は $T(V)$ から V への線形作用素であり, 全単射である.

証明 (i)(必要性) T は単射であるとする. $u \in \ker T$ とすれば, $Tu = 0_W$. 一方, (2.2) によって, $0_W = T0_V$. したがって, $Tu = T0_V$. T の単射性により, $u = 0_V$. ゆえに, $\ker T = \{0_V\}$.

(十分性) $\ker T = \{0_V\}$ とする. $Tu = Tv$ $(u, v \in V)$ とすれば, T の線形性により, $T(u - v) = 0_W$. したがって, $u - v \in \ker T$. ゆえに, $u - v = 0_V$, すなわち, $u = v$. よって, T は単射.

(ii) $T^{-1} : T(V) \to X$ の全単射性は写像の一般論による(付録 A の A.4.3 項を参照). そこで, T^{-1} の線形性だけを示せばよい. T の単射性により, 任意の $w_1, w_2 \in T(V)$ に対して, $Tu_1 = w_1, Tu_2 = w_2$ をみたす $u_1, u_2 \in V$ がそれぞれ, ただ 1 つある. したがって, 任意の $a, b \in \mathbb{K}$ に対して, $aTu_1 + bTu_2 = aw_1 + bw_2$. 左辺は, T の線形性によって, $T(au_1 + bu_2)$ に等しい. したがって, $T^{-1}(aw_1 + bw_2) = au_1 + bu_2 = aT^{-1}w_1 + bT^{-1}w_2$. ゆえに, T^{-1} は線形である. ∎

上の定理の (ii) に基づいて, 線形作用素 $T: V \to W$ が単射であるとき, その逆写像 T^{-1} を T の**逆作用素**という.

次の命題は, V が有限次元の場合には, V から W への線形作用素は, 基底の各要素に対する作用によって一意的に定まることを示すものであり, しばしば有用である.

【命題 2.3】(**線形作用素の一意性定理**) $\dim V = n < \infty$, $\{e_i\}_{i=1,\cdots,n}$ を V の基底とし, $S, T: V \to W$ を線形作用素とする. もし, $Se_i = Te_i, i = 1, \cdots, n$ ならば $S = T$ である.

証明 任意の $u \in V$ は $u = \sum_{i=1}^{n} u^i e_i$ と展開できる $(u^i \in \mathbb{K})$. S, T は線形であるから, $Su = \sum_{i=1}^{n} u^i Se_i = \sum_{i=1}^{n} u^i Te_i = Tu$. これと写像の相等の定義により, $S = T$. ∎

2.2 線形作用素の積

V, W, X を $\mathbb{K}$ 上のベクトル空間,$T : V \to W, S : W \to X$ を線形作用素とする.このとき,合成写像 $S \circ T : V \to X$ は線形である(問題 4)[3].そこで

$$ST := S \circ T \tag{2.7}$$

と記し,これを T と S の**積**とよぶ.同様に,$V_1, \cdots, V_{n+1}$ を $\mathbb{K}$ 上のベクトル空間とし,$T_i : V_i \to V_{i+1}$ ($i = 1, \cdots, n$) を線形作用素とするとき,これらの合成写像

$$T_n \cdots T_1 := T_n \circ T_{n-1} \circ \cdots \circ T_1 : V_1 \to V_{n+1} \tag{2.8}$$

は線形である.この線形作用素を $T_1, \cdots, T_n$ の**積**という.

2.3 ベクトル空間の同型

ベクトル空間を分類するための概念を導入する.

【定義 2.4】 線形作用素 $T : V \to W$ が全単射であるとき,T を V から W への**同型写像** (isomorphism) とよぶ.

V から W への同型写像というのは,平たく言えば,W の任意の元に V の元をもれなく 1 対 1 に対応させる写像でしかも線形構造を保存する写像のことである.この意味で W を V と同じ型のベクトル空間と見るのである.この見方は,次の事実によって,実際に数学的根拠をもつことがわかる:

【補題 2.5】 線形作用素 $T : V \to W$ が同型写像ならば,その逆作用素 T^{-1} は W から V への同型写像である.

証明 定理 2.2 と $T(V) = W$ によって,T^{-1} は W から V への線形かつ全単射な写像である. ■

この補題の事実によって,次の定義が可能である.

---

[3] 合成写像については付録 A の A.4.2 項を参照.

【定義 2.6】 V から W への同型写像 T が存在するとき，V と W は**同型** (isomorhpic) であるという．このことを記号的に $V \stackrel{T}{\cong} W$ と表す．T が文脈から明らかなときには，単に $V \cong W$ と表す場合がある．

!注意 2.1 $\mathbb{K}$ 上のベクトル空間の全体を $\mathcal{V}_\mathbb{K}$ とする．$V, W \in \mathcal{V}_\mathbb{K}$ に対して，関係 $V \sim W$ を「$V \sim W \stackrel{\text{def}}{\Longleftrightarrow} V$ と W は同型」によって定義する．このとき，この関係は，$\mathcal{V}_\mathbb{K}$ における同値関係であることがわかる[4]．この意味で，ベクトル空間の同型は，ベクトル空間に関する同一性の概念の 1 つを提供する．

上の注意 2.1 によって，同型なベクトル空間たちはすべて，ベクトル空間としては，本質的に同じものとみなせる（同じ同値類に属する）．ただし，それらを同じものとみなす仕方（同一視する仕方），すなわち，どういう同型写像のもとで同じとみなすかということは，一般には，一意的ではない．この点は注意を要する．

さらに，ベクトル空間どうしの同型には大きく分けて 2 つの型があることを注意しておこう．1 つは，同型がベクトル空間の基底の取り方に依存するような場合である．この種の同型は，まさに，基底の取り方に対する依存性のために，ベクトル空間を特殊な観点から眺めた同型であるので特殊的・相対的である．そこで，この型の同型を**相対的同型**とよぶ[5]．

もう 1 つの同型の型は，基底の取り方によらない同型である．この型の同型を**規準的（標準的）同型**または**絶対的同型**とよぶ[6]．この同型のほうがより本質的であり，重要である．

■ **例 2.3** ■ V 上の恒等写像 I_V（例 2.1）は同型写像である．

■ **例 2.4** ■ $\dim V = n$ として，V の基底 $E = \{e_i\}_{i=1,\cdots,n}$ を 1 つ選んで固定する．このとき，任意の $u \in V$ は $u = \sum_{i=1}^n u^i e_i$ ($u^i \in \mathbb{K}$) と展開される．したがって，写像 $i_E : V \to \mathbb{K}^n$ を

$$i_E(u) := (u^1, \cdots, u^n), \quad u \in V$$

によって定義できる．このとき，i_E は同型写像である．したがって，$V \cong \mathbb{K}^n$．この同型では，i 番目の基底ベクトル e_i に対して，$\mathbb{K}^n$ の標準基底の i 番目のベクトル $\mathbf{e}_i$ が対応する：$i_E(e_i) = \mathbf{e}_i$, $i = 1, \cdots, n$．この同型は基底の取り方に依存してい

---

[4] 証明は，集合の対等の関係の場合と同様（付録 A の演習問題 7 を参照）．
[5] この用語は標準的でない．筆者が『物理現象の数学的諸原理』（共立出版，2003）において試みに導入したものである．
[6] 最後の呼称も標準的ではなく，筆者によるものである．

ること，すなわち，相対的同型であることに注意しよう．これは要するに，描像的に言えば，V の中に，座標軸を設定して，座標軸に対するベクトルの"投影"を通してベクトルを"眺める"ということである．

2.4 次元定理と同型定理

$T: V \to W$ を線形作用素とする．すでに見たように，T の核 $\ker T$ は V の部分空間であるから，商ベクトル空間 $V/\ker T$ が定義される (1.8 節)．各 $u \in V$ に対して，u の同値類を $[u]$ で表す ($[u] \in V/\ker T$)．写像 $J_T: V/\ker T \to \mathrm{Ran}(T)$ を

$$J_T([u]) := Tu, \quad u \in V \tag{2.9}$$

によって定義する．この定義は同値類 $[u]$ の代表元の選び方によらない（問題 5）．したがって，定義は意味をもつ (well-defined)．

【定理 2.7】 J_T は同型写像である：$V/\ker T \stackrel{J_T}{\cong} \mathrm{Ran}(T)$．

証明 J_T の線形性は容易に示すことができる．全射性は自明．単射性を示すために，$J_T([u]) = 0$ としよう．したがって，$Tu = 0$．すなわち，$u \in \ker T$．ゆえに，$[u] = 0_{V/\ker T}$．よって，J_T は単射である． ∎

定理 2.7 にいう，$V/\ker T$ と $\mathrm{Ran}(T)$ との同型は，J_T の定義からわかるように，基底の取り方にはよらない．すなわち，それは，絶対的同型である．そこで，通常，単に $V/\ker T \cong \mathrm{Ran}(T)$ と書かれることが多い．．

次の定理を述べる前に補題を 1 つ用意する．

【補題 2.8】 $T: V \to W$ は線形作用素で，単射であるとする．このとき：

(i) V の線形独立なベクトルの任意の組 $\{u_1, \cdots, u_n\} \subset V$ ($n \leq \dim V$) に対して，$Tu_1, \cdots, Tu_n$ は線形独立である．特に，V が無限次元ならば W も無限次元である．

(ii) $\dim V < \infty$ ならば，$\dim V \leq \dim W$．

証明 (i) c_i ($i = 1, \cdots, n$) を定数として，$\sum_{i=1}^{n} c_i Tu_i = 0$ とする．T の線形性により，左辺は $T\left(\sum_{i=1}^{n} c_i u_i\right)$ に等しい．したがって，$\sum_{i=1}^{n} c_i u_i \in \ker T$．こ

れと T の単射性により,$\sum_{i=1}^{n} c_i u_i = 0$. ゆえに,$c_i = 0, i = 1, \cdots, n$.

(ii) $\dim V = n$ とし,$e_1, \cdots, e_n$ を V の基底の1つとすれば,(i) によって,$n = \dim \mathcal{L}(\{Te_i\}_{i=1,\cdots,n}) \leq \dim W$. ∎

【定理 2.9】 V と W が同型ならば,$\dim V = \dim W$.

証明 $\dim V = n, \dim W = m$ とし,$T : V \to W$ を同型写像とする.このとき,補題 2.8(ii) によって,$n \leq m$.すでに示したように,$T^{-1} : W \to V$ も同型写像であるから,同様に,$m \leq n$.ゆえに,$n = m$.V または W が無限次元のときは,補題 2.8(i) による. ∎

【定理 2.10】(次元定理) V が有限次元のとき,任意の線形作用素 $T : V \to W$ に対して

$$\dim V = \dim \ker T + \operatorname{rank} T \tag{2.10}$$

が成り立つ.

証明 定理 2.7 と定理 2.9 によって,$\dim V/\ker T = \operatorname{rank} T$.一方,定理 1.21 によって,$\dim V/\ker T = \dim V - \dim \ker T$.したがって,(2.10) が導かれる. ∎

次の定理は有用である.

【定理 2.11】 $\dim V = \dim W < \infty$,$T : V \to W$ を線形作用素とする.このとき,T が全射であるか,または単射のどちらかであれば,T は同型写像である.

証明 T が全射の場合,$\dim T(V) = \dim W = \dim V$.これと定理 2.10 により,$\dim \ker T = 0$.したがって,$\ker T = \{0\}$.ゆえに,定理 2.2(i) によって,$T$ は単射である.よって,T は全単射である.

T が単射の場合には,$\ker T = \{0\}$(定理 2.2(i))であるから,定理 2.10 により,$\dim V = \dim T(V)$.したがって,$\dim W = \dim T(V)$.これと定理 1.14(そこでの V, W をそれぞれ,$W, T(V)$ として応用する)は,$W = T(V)$ を意味する.ゆえに,T は全射である.よって,T は全単射である. ∎

次の定理は，ベクトル空間の同型に関する基本的定理であり，理論上も応用上も極めて重要である[7]：

【定理 2.12】(同型定理) $\dim V = \dim W = n < \infty$ とし，$\{e_i\}_{i=1,\cdots,n}$，$\{f_i\}_{i=1,\cdots,n}$ をそれぞれ，V, W の基底とする．このとき，同型写像 $T : V \to W$ で $T(e_i) = f_i, i = 1, \cdots, n$ をみたすものがただ 1 つ存在する．したがって，特に，V と W は同型である．

証明 任意の $u \in V$ は $u = \sum_{i=1}^n u^i e_i$ ($u^i \in \mathbb{K}$) と展開できるから，写像 $T : V \to W$ を $T(u) = \sum_{i=1}^n u^i f_i$ によって定義できる．これは線形かつ全単射であり，$T(e_i) = f_i, i = 1, \cdots, n$ をみたす．一意性の証明も容易である． ■

！注意 2.2 定理 2.12 にいう同型は，相対的な同型になる場合もあれば絶対的同型になる場合もある．それは，個々の場合に依存する．

2.5 線形作用素の行列表示

V, W を $\mathbb{K}$ 上の有限次元ベクトル空間とし，$\dim V = n, \dim W = m$ とする．V, W のそれぞれに基底を 1 つ固定し，それらを $E = \{e_i\}_{i=1,\cdots,n} \subset V, F = \{f_j\}_{j=1,\cdots,m} \subset W$ とする．$T : V \to W$ を線形作用素としよう．基底 $\{f_j\}$ に関する，ベクトル $Te_i \in W$ の成分表示を $(T_i^1, \cdots, T_i^m)$ とすれば

$$Te_i = \sum_{j=1}^m T_i^j f_j. \tag{2.11}$$

したがって，任意の $u = \sum_{i=1}^n u^i e_i \in V$ に対して，$Tu = \sum_{i=1}^n \sum_{j=1}^m T_i^j u^i f_j$．ゆえに，$Tu$ の，基底 $\{f_j\}_j$ に関する第 j 成分 $(Tu)^j$ は

$$(Tu)^j = \sum_{i=1}^n T_i^j u^i \tag{2.12}$$

で与えられる．そこで，(j, i) 成分が T_i^j である $m \times n$ 行列を

$$T_{F,E} := (T_i^j) \tag{2.13}$$

---

[7] さまざまなベクトル空間の同型を確立するためによく使われる．

によって定義すれば
$$i_F(Tu) = T_{F,E}\, i_E(u). \tag{2.14}$$
ただし，i_E は例 2.4 における，V から $\mathbb{K}^n$ への同型写像である（i_F についても同様）．ゆえに，
$$T = i_F^{-1}\, T_{F,E}\, i_E. \tag{2.15}$$

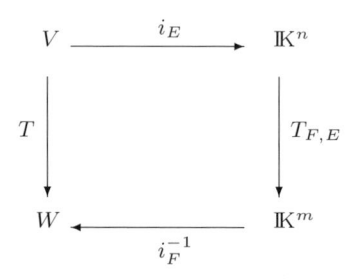

図 2.1 線形作用素とその行列表示の関係

基底 E, F を固定し，V, W をそれぞれ，同型写像 i_E, i_F のもとで $\mathbb{K}^n, \mathbb{K}^m$ と同一視すれば，T は行列 $T_{F,E}$ による，$\mathbb{K}^n$ から $\mathbb{K}^m$ への線形作用素と同一視できる．行列 $T_{F,E}$ を，基底 E, F に関する，T の**行列表示** (matrix representation) とよぶ．言うまでもなく，T の行列表示は基底の取り方に依存している．

2.6 線形作用素の空間

線形作用素を研究する上での重要な観点の 1 つは，それを全体的に考察することである．すなわち，ベクトル空間からベクトル空間への線形作用素の全体を考え，これがいかなる構造をもつかを探究するのである．

ベクトル空間 V, W に対して，V から W への線形作用素の全体を $\mathsf{L}(V, W)$ で表す：
$$\mathsf{L}(V, W) := \{T : V \to W \mid T \text{ は線形}\}. \tag{2.16}$$
特に，$V = W$ の場合
$$\mathsf{L}(V) := \mathsf{L}(V, V) \tag{2.17}$$
とおく．$\mathsf{L}(V)$ の元は，V 上の**自己準同型写像** (endmorphism) ともよばれる[8]．

---
[8] $\mathsf{L}(V) = \mathrm{End}(V)$ と書かれる場合もある．

任意の $T, S \in \mathsf{L}(V, W)$ に対して，和 $T + S$ およびスカラー倍 aT $(a \in \mathbb{K})$ を

$$(T + S)(u) := T(u) + S(u), \quad (aT)(u) := aT(u), \quad u \in V,$$

によって定義すれば，$T + S, aT \in \mathsf{L}(V, W)$ である．$\mathsf{L}(V, W)$ はこの和とスカラー倍に関して，$\mathbb{K}$ 上のベクトル空間になる．零ベクトルは，V のすべての元を W の零ベクトルに写す写像——**零写像**——であり，T の逆ベクトルは $(-1)T$ である．こうして，線形作用素の空間 $\mathsf{L}(V, W)$ に対しても，ベクトル空間の一般論を適用することができる．

!注意 2.3 上述の事実は，ベクトル空間の存在に関する1つの構造を示している．すなわち，与えられた2つのベクトル空間 V, W に対して，ベクトル空間 $\mathsf{L}(V, W)$ および $\mathsf{L}(W, V)$ がつくられるわけであるが，これは，ベクトル空間を生成する1つのアルゴリズムと見ることができる．このアルゴリズムを繰り返せば，次に

$\mathsf{L}(V, \mathsf{L}(V, W))$, $\mathsf{L}(W, \mathsf{L}(V, W))$, $\mathsf{L}(\mathsf{L}(V, W), V)$, $\mathsf{L}(\mathsf{L}(V, W), W)$,
$\mathsf{L}(V, \mathsf{L}(W, V))$, $\mathsf{L}(W, \mathsf{L}(W, V))$, $\mathsf{L}(\mathsf{L}(W, V), V)$, $\mathsf{L}(\mathsf{L}(W, V), W)$,
$\mathsf{L}(\mathsf{L}(V, W))$, $\mathsf{L}(\mathsf{L}(W, V))$, $\mathsf{L}(\mathsf{L}(V, W), \mathsf{L}(W, V))$, $\mathsf{L}(\mathsf{L}(W, V), \mathsf{L}(V, W))$

というベクトル空間がつくられる．するとまた

$\mathsf{L}(V, \mathsf{L}(V, \mathsf{L}(V, W)))$, $\mathsf{L}(W, \mathsf{L}(V, \mathsf{L}(V, W)))$, $\mathsf{L}(\mathsf{L}(V, W), \mathsf{L}(\mathsf{L}(V, W)))$, $\cdots$

という仕方でベクトル空間が構成される．この手続きは，帰納的な意味で，無限に繰り返すことができ，ベクトル空間の対 (V, W) から決まる，ベクトル空間を要素とする無限集合を生み出す．このように，たった2つのベクトル空間 V, W ($V = W$ の場合は1つ) を考えただけでも，実は，その"背後"には途方もなく広く大きな領界が存在していることがわかる．さらに，V, W を任意に"動かす"ことにより，もっと広大な領域が視野に入ってくる．ここに，数学の世界の広大さと深さ，そして美と崇高さの一端が示唆される．こうした，通常の意識（日常的・悟性的意識）のおよばない領域の存在を認識できるのも抽象的・普遍的アプローチの利点の1つなのである．

以後，$\mathsf{L}(V)$ に属する元を V 上の線形作用素とよぶ．また，V 上の恒等作用素 I_V と任意のスカラー $a \in \mathbb{K}$ との積 aI_V を単に a と記す場合がある．

次の定理は基本的である：

【定理 2.13】 V, W は有限次元で，$\dim V = n, \dim V = m$ であるとし，$\{e_1, \cdots, e_n\}$, $\{f_1, \cdots, f_m\}$ をそれぞれ，V, W の基底とする．各 $i = 1, \cdots, n$ と $j =$

$1,\cdots,m$ に対して，写像 $E_j^i : V \to W$ を

$$E_j^i(u) := u^i f_j, \quad u = \sum_{i=1}^n u^i e_i \in V \tag{2.18}$$

によって定義する．このとき，$\{E_j^i | i = 1,\cdots,n, j = 1,\cdots,m\}$ は $\mathsf{L}(V,W)$ の基底である．したがって，特に

$$\dim \mathsf{L}(V,W) = \dim V \cdot \dim W. \tag{2.19}$$

証明 E_j^i の線形性は，その定義から容易に確かめられる．したがって，$E_j^i \in \mathsf{L}(V,W)$．任意の $T \in \mathsf{L}(V,W)$ と $u = \sum_{i=1}^n u^i e_i \in V$ に対して，$T(u) = \sum_{i=1}^n u^i T(e_i)$．ベクトル $T(e_i) \in W$ の $\{f_j\}$ による展開を $T(e_i) = \sum_{j=1}^m T_i^j f_j$ と書こう ($T_j^i \in \mathbb{K}$)．したがって，$T(u) = \sum_{i=1}^n \sum_{j=1}^m T_i^j E_j^i(u)$ が成り立つ．$u \in V$ は任意であったから，これは，$T = \sum_{i=1}^n \sum_{j=1}^m T_i^j E_j^i$ を意味する．したがって，$\mathsf{L}(V,W) = \mathcal{L}(\{E_j^i | i = 1,\cdots,n, j = 1,\cdots,m\})$．そこで，あとは，$\{E_j^i | i = 1,\cdots,n, j = 1,\cdots,m\}$ の線形独立性を示せばよい．

$\sum_{i=1}^n \sum_{j=1}^m a_i^j E_j^i = 0$ としよう ($a_i^j \in \mathbb{K}$)．両辺をベクトル $u \in V$ に作用させると $\sum_{j=1}^m (\sum_{i=1}^n a_i^j u^i) f_j = 0$．したがって，$\sum_{i=1}^n a_i^j u^i = 0, j = 1,\cdots,m$．$u^i$ は任意であるから，$a_i^j = 0$．ゆえに $\{E_j^i | i = 1,\cdots,n, j = 1,\cdots,m\}$ は線形独立である． ∎

定理 2.13 における $\mathsf{L}(V,W)$ の部分集合 $\{E_j^i | i = 1,\cdots,n, j = 1,\cdots,m\}$ を V の基底 $\{e_1,\cdots,e_n\}$ と W の基底 $\{f_1,\cdots,f_m\}$ に**同伴する，$\mathsf{L}(V,W)$ の基底**とよぶ．

2.7 双対空間

線形作用素の空間の研究においても，扱いやすい場合から考察するのが自然である[9]．そのような場合の1つは，線形作用素の終域が1次元ベクトル空間 $\mathbb{K}$（スカラー空間）の場合によって与えられる．そこで，次の定義を設ける．

【定義 2.14】 $\mathbb{K}$ 上のベクトル空間 V から $\mathbb{K}$ への線形作用素，すなわち，$\mathsf{L}(V,\mathbb{K})$ の元を V 上の**線形汎関数** (linear functional) または **1 次形式** (linear form) とい

---

[9] 一般的な範疇の対象を研究する場合，まず，扱いやすいと思われる場合を考察の対象とすることは研究を遂行する上での基本的姿勢の1つである．

う[10]．V 上の線形汎関数の全体

$$V^* := \mathsf{L}(V, \mathbb{K}) \tag{2.20}$$

を V の**双対空間** (dual space) とよぶ．$\mathbb{K} = \mathbb{R}$ のとき，V^* の元を**実線形汎関数** (real linear functional)，$\mathbb{K} = \mathbb{C}$ のとき，V^* の元を**複素線形汎関数** (complex linear functional) という．

2.7.1 双対基底

双対空間 V^* の基本的な要素としてどんなものがあるかを見よう．$\dim V = n < \infty$ とし，$E = \{e_i\}_{i=1,\cdots,n}$ を V の基底とする．したがって，任意の $u \in V$ は

$$u = \sum_{i=1}^{n} u^i e_i \tag{2.21}$$

と展開される ($u^i \in \mathbb{K}$)．そこで，写像 $\phi^i : V \to \mathbb{K}$ を

$$\phi^i(u) := u^i, \quad u \in V \tag{2.22}$$

によって定義すれば，容易にわかるように，ϕ^i は線形である．すなわち，$\phi^i \in V^*$．さらに

$$\phi^i(e_j) = \delta^i_j, \quad i,j = 1, \cdots, n \tag{2.23}$$

が成り立つ（$\because e_j = \sum_{i=1}^{n} \delta^i_j e_i$）．次の事実に注目する：

【補題 2.15】 $\{\phi^i\}_{i=1,\cdots,n}$ は V^* において線形独立である．

証明 $\sum_{i=1}^{n} a_i \phi^i = 0$ とすれば，任意の $u \in V$ に対して，$\sum_{i=1}^{n} a_i \phi^i(u) = 0$．特に，$u = e_j$ とすれば，(2.23) によって，$a_j = 0 \, (j = 1, \cdots, n)$ が得られる．ゆえに題意が成立する． ∎

この補題は，$\dim V^* \geq n$ を意味する．実は次の事実が見出される：

【定理 2.16】 $\{\phi^i\}_{i=1,\cdots,n}$ は V^* の基底である．したがって，特に

$$\dim V^* = \dim V. \tag{2.24}$$

---
[10] 線形形式ともいう．

証明 任意の $u \in V$ を (2.21) のように展開するとき,各 $\omega \in V^*$ に対して
$$\omega(u) = \sum_{i=1}^{n} u^i \omega(e_i) = \sum_{i=1}^{n} \phi^i(u) \omega(e_i)$$
が成り立つ.そこで,$\omega_i = \omega(e_i) \in \mathbb{K}$ とおけば
$$\omega = \sum_{i=1}^{n} \omega_i \phi^i \tag{2.25}$$
が導かれる.これは,$V^* = \mathcal{L}(\{\phi^i\}_{i=1,\cdots,n})$ を意味する.これと補題 2.15 によって,$\{\phi^i\}_{i=1,\cdots,n}$ は V^* の基底であることが結論される.したがって,特に,$\dim V^* = n = \dim V$. ■

定理 2.16 に基づいて,次の定義を設ける:

【定義 2.17】 V^* の基底 $\{\phi^i\}_{i=1,\cdots,n}$ を E の**双対基底** (dual basis) という.

❗注意 2.4 E の双対基底は次の意味でただ 1 つである:V^* の基底 $\{\eta^i\}_{i=1,\cdots,n}$ が $\eta^i(e_j) = \delta^i_j, i, j = 1, \cdots, n$ をみたすならば,$\eta^i = \phi^i, i = 1, \cdots, n$($\because$ i を任意に固定するとき,$\eta^i(e_j) = \phi^i(e_j), j = 1, \cdots, n$.これと線形作用素の一意性定理(命題 2.3)によって,$\eta^i = \phi^i$).

■ 例 2.5 ■ $\mathbb{K}^n$ の標準基底 $\{\mathbf{e}_i\}_{i=1,\cdots,n}$ の双対基底を $\{\mathbf{f}^i\}_{i=1,\cdots,n}$ としよう.任意の $\mathbf{x} = (x_1, \cdots, x_n) \in \mathbb{K}^n$ は $\mathbf{x} = \sum_{j=1}^{n} x_j \mathbf{e}_j$ と書けることおよび $\mathbf{f}^i(\mathbf{e}_j) = \delta^i_j$ を用いると $\mathbf{f}^i(\mathbf{x}) = x_i$ が得られる.したがって,$\mathbf{f}^i$ は $\mathbb{K}^n$ 上の第 i 座標関数,すなわち,$\mathbb{K}^n$ の各点にその第 i 座標を対応させる写像(例 1.1)である.

【命題 2.18】 $\{\psi^i\}_{i=1,\cdots,n}$ を V^* の任意の基底とする.このとき,V の基底 $\{f_i\}_{i=1,\cdots,n}$ で $\psi^i(f_j) = \delta^i_j, i, j = 1, \cdots, n$ となるものがただ 1 つ存在する.

証明 V^* における基底の変換:$\{\phi^i\} \mapsto \{\psi^i\}$ の行列を $Q = (Q^i_l)$ とする:$\psi^i = \sum_{l=1}^{n} Q^i_l \phi^l$.そこで,$f_j := \sum_{k=1}^{n} (Q^{-1})^k_j e_k$ とおけば,$\{f_j\}_{j=1,\cdots,n}$ は V の基底であり,$\psi^i(f_j) = \delta^i_j$ がわかる.$\{f_j\}_{j=1,\cdots,n}$ の一意性は容易に示される(注意 2.4 と同様). ■

次の事実も基本的である:

【命題 2.19】 $\dim V = n < \infty$ とする.

(i) ベクトル $u \in V$ がすべての $\phi \in V^*$ に対して，$\phi(u) = 0$ をみたすならば，$u = 0$ である．

(ii) $\{\psi^i\}_{i=1,\cdots,n}$ を V^* の基底とする．ベクトル $u \in V$ がすべての $i = 1, \cdots, n$ に対して，$\psi^i(u) = 0$ をみたすならば，$u = 0$ である．

証明 (i) $e_1, \cdots, e_n$ を V の基底とし，その双対基底を $\phi^1, \cdots, \phi^n$ とする．$u = \sum_{i=1}^n u^i e_i$ と展開する．このとき，仮定により，$\phi^i(u) = 0, i = 1, \cdots, n$．左辺は u^i であるから，$u^i = 0, i = 1, \cdots, n$．したがって，$u = 0$．

(ii) 任意の $\phi \in V^*$ は $\psi^1, \cdots, \psi^n$ の線形結合で表されるので，仮定は，$\phi(u) = 0, \forall \phi \in V^*$ を意味する．したがって，(i) より，$u = 0$．■

2.7.2 基底の変換に伴う双対基底の変換

V の基底の変換のもとで，双対基底および V^* の元の双対基底による成分表示がどのように変換するかを見ておく．

$\bar{E} = \{\bar{e}_i\}_i$ を V の基底として，基底の変換：$E \mapsto \bar{E}$ の行列を $P = (P_j^i)$ とする[11]．したがって

$$\bar{e}_i = \sum_{j=1}^n P_i^j e_j. \tag{2.26}$$

$\bar{E}$ の双対基底を $\{\bar{\phi}^i\}_i$ としよう．このとき，任意の $u \in V$ に対して，$u = \sum_{i=1}^n u^i e_i = \sum_{i=1}^n \bar{u}^i \bar{e}_i$ と展開すれば，座標変換公式 (1.19) を用いることにより，$\phi^i(u) = u^i = \sum_{j=1}^n P_j^i \bar{u}^j = \sum_{j=1}^n P_j^i \bar{\phi}^j(u)$ を得る．これはすべての $u \in V$ に対して成り立つから，写像の等式

$$\phi^i = \sum_{j=1}^n P_j^i \bar{\phi}^j \tag{2.27}$$

が得られる．式 (2.27) は，V の基底の変換：$E \to \bar{E}$ から誘導される，**双対基底の変換則**を表す式である．

任意の $\omega \in V^*$ は

$$\omega = \sum_{i=1}^n \omega_i \phi^i = \sum_{j=1}^n \bar{\omega}_j \bar{\phi}^j \tag{2.28}$$

---

[11] 本書では，特に断らない限り，文字 A にバーをつけたもの $\bar{A}$ も 1 つの記号として使用する（複素共役と混同しないように注意）．本書では，複素数 z の共役複素数は z^* で表す（ただし，行列の複素共役（例 1.12）は例外とする）．

と 2 通りに成分表示できる．これに (2.27) を代入すれば，$\sum_{j=1}^n \left(\sum_{i=1}^n \omega_i P_j^i\right) \bar{\phi}^j = \sum_{j=1}^n \bar{\omega}_j \bar{\phi}^j$．したがって

$$\bar{\omega}_j = \sum_{i=1}^n P_j^i \omega_i. \tag{2.29}$$

これが V の基底の変換：$E \mapsto \bar{E}$ に伴う，V^* のベクトルの成分の変換を表す式である．

(2.29) を見ればわかるように，双対基底に関する $\omega \in V^*$ の成分は，その添え字に関して，基底の変換：$E \mapsto \bar{E}$ と同じ仕方で変換する [(2.26) を参照]．このため，通常，V^* の元は**共変ベクトル**とよばれる．これとは対照的に，V の元は，その添え字に関して，基底の逆変換：$\bar{E} \mapsto E$ と同じ仕方で変換するので [(1.18) を参照]，**反変ベクトル**とよばれる．だが，いずれの場合も，ベクトルが変わるわけではない．この点は，特に，強調しておきたい[12]．"共変"および"反変"は，あくまで，基底の変換に伴う成分（座標）の変換の仕方に言及する言葉である．名称にとらわれないように留意されたい（ただし，基底の変換に伴う成分の変換の式を覚えるのには役立つ名称かもしれない）．

2.7.3 第 2 双対空間

V^* もベクトル空間であるから，V^* の双対空間

$$V^{**} := (V^*)^* = \mathcal{L}(V^*, \mathbb{K}) \tag{2.30}$$

が考えられる．これを V の**第 2 双対空間** (second dual space) という．

任意の $u \in V$ に対して，写像 $\iota_u : V^* \to \mathbb{K}$ を

$$\iota_u(\phi) := \phi(u), \quad \phi \in V^*, \tag{2.31}$$

によって定義すれば，$\iota_u \in V^{**}$ である．これから，写像 $\iota : V \to V^{**}$ が

$$\iota(u) := \iota_u, \quad u \in V, \tag{2.32}$$

によって定義される．

【**定理 2.20**】 V は有限次元であるとする．このとき，ι は同型写像である．したがって，$V \stackrel{\iota}{\cong} V^{**}$．

---

[12] というのは，物理の教科書などでは，座標変換とベクトルの変換の混同が見られるからである．

証明 仮定により，$\dim V = \dim V^* = \dim V^{**}$．$\iota(u) = 0$ とすれば，すべての $\phi \in V^*$ に対して，$\phi(u) = 0$．したがって，命題 2.19(i) によって，$u = 0$．ゆえに，ι は単射である．これと定理 2.11 によって，ι は全単射，すなわち，同型写像であることが結論される． ∎

線形作用素 ι の定義から明らかなように，定理 2.20 にいう V と V^{**} の同型 $V \overset{\iota}{\cong} V^{**}$ は規準的同型である．この事実に基づいて，通常，$u \in V$ と $\iota_u \in V^{**}$ を同一視して，$V = V^{**}$ と記す場合が多い．

2.8 双対作用素

V, W を $\mathbb{K}$ 上のベクトル空間とし，$T \in \mathsf{L}(V, W)$ とする．各 $\phi \in W^*$ に対して，合成写像 $\phi \circ T : V \to \mathbb{K}$ $((\phi \circ T)(u) = \phi(Tu), u \in V)$ は線形である．すなわち，$\phi \circ T \in V^*$．したがって，写像 $T' : W^* \to V^*$ を

$$T'(\phi) := \phi \circ T, \quad \phi \in W^* \tag{2.33}$$

によって定義できる．ただちにわかるように，$T' \in \mathsf{L}(W^*, V^*)$ である．線形作用素 T' を T の**双対作用素**あるいは**双対写像**という．こうして，各線形作用素には双対空間で働く線形作用素が同伴していることがわかる．

線形作用素とその双対線形作用素の関わりを見るために，ある概念を導入する．V の部分空間 M に対して，V^* の部分集合 $M_*^\perp$ を

$$M_*^\perp := \{\phi \in V^* \mid \phi(u) = 0, \forall u \in M\} \tag{2.34}$$

によって定義する．これが部分空間であることは容易に確かめられる．この部分空間を M の**双対直交補空間**という．同様に，V^* の部分空間 N に対して，V の部分空間

$$N_*^\perp := \{u \in V \mid \phi(u) = 0, \forall \phi \in N\} \tag{2.35}$$

が定義される．

【補題 2.21】 V が有限次元ならば，V の任意の部分空間 M に対して，$(M_*^\perp)_*^\perp = M$．さらに

$$\dim V = \dim M + \dim M_*^\perp. \tag{2.36}$$

証明 $\dim V = n$ とする．$V = M$ の場合は，$V_*^\perp = \{0_{V^*}\}$ であるから，$(V_*^\perp)_*^\perp = V$ となって，題意が成立する．また，$M = \{0_V\}$ の場合は，$M_*^\perp = V^*$ であるから，$(M_*^\perp)_*^\perp = (V^*)_*^\perp = \{0_V\}$ であるので，題意が成立する．

次に，$1 \leq m := \dim M < n$ の場合を考える．包含関係 $M \subset (M_*^\perp)_*^\perp \cdots (\dagger)$ は定義から容易にわかる．逆の包含関係を示すために，$u \in (M_*^\perp)_*^\perp$ としよう．したがって，$\phi(u) = 0, \forall \phi \in M_*^\perp \cdots (\dagger\dagger)$．$M$ の基底を $e_1, \cdots, e_m$ とする．すると，ベクトル $e_{m+1}, \cdots, e_n$ で $e_1, \cdots, e_n$ が V の基底となるものがとれる．この基底の双対基底を $\phi^1, \cdots, \phi^n$ とする．$u = \sum_{i=1}^n u^i e_i$ と展開しよう．$M_*^\perp = \mathcal{L}(\{\phi^{m+1}, \cdots, \phi^n\}) \cdots (\dagger\dagger\dagger)$ であることに注意する（∵ $\phi \in M_*^\perp$ ならば，$\phi = \sum_{i=1}^n c_i \phi^i$ と展開できる．$\phi(e_i) = 0, i = 1, \cdots, m$ であるから，$c_i = 0, i = 1, \cdots, m$．したがって，$\phi = \sum_{i=m+1}^n c_i \phi^i$）．$(\dagger\dagger)$ より，$\phi^j(u) = 0, j = m+1, \cdots, n$，すなわち，$u^j = 0, j = m+1, \cdots, n$．したがって，$u = \sum_{i=1}^m u^i e_i \in M$．ゆえに，$(\dagger)$ の逆の包含関係が成り立つ．$(\dagger\dagger\dagger)$ によって，(2.36) が成り立つ． ∎

【補題 2.22】 V, W が有限次元ならば，任意の $T \in \mathsf{L}(V, W)$ に対して，$\ker T = (\mathrm{Ran}(T'))_*^\perp$．

証明 $u \in \ker T$ とすれば，$(T'(\phi))(u) = 0, \forall \phi \in W^*$．したがって，$\ker T \subset (\mathrm{Ran}(T'))_*^\perp$．逆に，$u \in (\mathrm{Ran}(T'))_*^\perp$ とすれば，すべての $\phi \in W^*$ に対して，$0 = T'(\phi)(u) = \phi(Tu)$．したがって，$Tu = 0$．ゆえに，$u \in \ker T$．よって，$(\mathrm{Ran}(T'))_*^\perp \subset \ker T$． ∎

【定理 2.23】 V, W が有限次元ならば，任意の $T \in \mathsf{L}(V, W)$ に対して，$\mathrm{rank}\, T = \mathrm{rank}\, T'$．

証明 次元定理と前補題により，$\mathrm{rank}\, T = \dim V - \dim \ker T = \dim V - \dim (\mathrm{Ran}(T'))_*^\perp$．そこで，補題 2.21 を用いると，最右辺は，$\dim ((\mathrm{Ran}(T'))_*^\perp)_*^\perp = \dim \mathrm{Ran}(T')$ に等しいことがわかる．よって，題意が成立する． ∎

2.9　固有ベクトルと固有値

V を $\mathbb{K}$ 上のベクトル空間，$T \in \mathsf{L}(V)$ とする．ゼロでないベクトル u と数 $\lambda \in \mathbb{K}$ があって，$Tu = \lambda u$ が成り立つとき，λ を T の**固有値** (eigenvalue)，u を固有値 λ に属する（あるいは対応する）T の**固有ベクトル** (eigenvector) という．

固有値 λ に属する固有ベクトルというのは，$\ker(T-\lambda)$ ($=\ker(T-\lambda I_V)$) のゼロでない元のことに他ならない．$\ker(T-\lambda)$ を固有値 λ の**固有空間** (eigenspace) とよぶ．$\dim\ker(T-\lambda)$ を固有値 λ の**多重度** (multiplicity) という．多重度が 1 の固有値は**単純** (simple) であるという．また，多重度が 2 以上の固有値は**縮退** (degenerate) しているという．

T の固有値の全体を $\sigma_{\mathrm{p}}(T)$ と書き，これを T の**点スペクトル** (point spectrum) とよぶ．

ベクトル $u\in V$ と $\lambda\in\mathbb{K}$ に対する方程式 $Tu=\lambda u$ を T に関する**固有ベクトル方程式**という．

■ **例 2.6** ■ 任意の数 $a\in\mathbb{K}$ に対して，写像 T_a を $T_a:=aI$ （I は V の恒等写像）によって定義すれば，a は T_a の固有値であり，V の任意のゼロでないベクトルはその固有ベクトルである．したがって，$\dim V\geq 2$ ならば T_a の固有値 a は縮退している．T_a は a 以外に固有値をもたない：$\sigma_{\mathrm{p}}(T_a)=\{a\}$．$T_a$ の型の線形作用素を**定数作用素** (constant operator) という．

■ **例 2.7** ■ 次に述べる事実は線形代数学における基本的定理の 1 つである[13]．n 次の複素正方行列 $M=(M_{ij})_{i,j=1,\cdots,n}$ から定まる線形作用素 $\hat{M}:\mathbb{C}^n\to\mathbb{C}^n$（例 2.2）について
$$\sigma_{\mathrm{p}}(\hat{M})=\{\lambda\in\mathbb{C}\mid\det(M-\lambda)=0\}$$
が成り立つ．ただし，行列 $A=(A_{ij})_{i,j=1,\cdots,n}$ について，$\det A$ は A の**行列式** (determinant) を表す：
$$\det A:=\sum_{\sigma\in\mathsf{S}_n}\mathrm{sgn}(\sigma)A_{1\sigma(1)}\cdots A_{n\sigma(n)}.$$
ここで，S_n は $1,\cdots,n$ の置換の全体を表す（付録 A，例 A.22）．

■ **例 2.8** ■ 写像 $D:C^\infty(\mathbb{R})\to C^\infty(\mathbb{R})$ を $Df:=f'$，$f\in C^\infty(\mathbb{R})$ によって定義できる．ただし，f' は f の 1 階の導関数である．容易にわかるように，D は線形である（微分の定義にもどって考えよ）．D を **1 階の常微分作用素**という．任意の $z\in\mathbb{C}$ に対して，$f_z(t)=e^{zt}$，$t\in\mathbb{R}$ とおくと，$f_z\in C^\infty(\mathbb{R})$ であり，$Df_z=zf_z$．したがって，$\sigma_{\mathrm{p}}(D)=\mathbb{C}$．

■ **例 2.9** ■ 複素係数の多項式の空間を $\mathsf{P}_\mathbb{C}(\mathbb{R})$ とすれば，これは $C^\infty(\mathbb{R})$ の部分空間である．そこで，$\mathsf{P}_\mathbb{C}(\mathbb{R})$ に常微分作用素 D を制限してできる写像を D_P としよう[14]．

---

[13] 詳しくは，たとえば，佐武一郎『線型代数学』（裳華房，1976）を参照．
[14] 写像の制限なる概念については，付録 A，A.4.2 項を参照．

このとき,D_P は $\mathsf{P}_\mathbb{C}(\mathbb{R})$ 上の線形作用素である. これに対して, $\sigma_\mathrm{p}(D_\mathsf{P}) = \{0\}$ であり, 固有値 0 に属する固有ベクトルは定数関数である. 実際, D_P に関する固有ベクトル方程式 $D_\mathsf{P} f = \lambda f$ $(f \in \mathsf{P}_\mathbb{C}(\mathbb{R}), \lambda \in \mathbb{C})$ は微分方程式 $f' = \lambda f$ である. この微分方程式は容易に解けて, $f(t) = Ce^{\lambda t}, t \in \mathbb{R}$ を得る (C は複素定数). 右辺が 0 でない多項式であるためには, $C \neq 0$ かつ $\lambda = 0$ が必要十分である. ゆえに求める結果がしたがう.

!注意 2.5 例 2.8 と例 2.9 は, 線形作用素の作用の形が同じでも, それが働く空間が異なれば, その点スペクトルも異なりうることを示す. これは線形作用素の固有値を考察する際に留意すべき重要な事柄の 1 つである.

■ **例 2.10** ■ $\mathsf{P}_\mathbb{C}(\mathbb{R})$ 上の写像 L_0 を

$$(L_0 f)(t) := -tf'(t), \quad f \in \mathsf{P}_\mathbb{C}(\mathbb{R}), t \in \mathbb{R}$$

によって定義できる. 容易にわかるように, L_0 は線形である. 固有ベクトル方程式 $L_0 f = \lambda f$ は微分方程式 $-tf'(t) = \lambda f(t)$ を与える. $f(t) = \sum_{j=0}^{N} a_j t^j$ $(a_j \in \mathbb{C})$ を代入し, 係数を比較することにより, $f \neq 0$ の場合, λ の可能な値は, $-n$ $(n = 0, 1, 2, \cdots)$ であることがわかる. また, $f_n(t) = t^n$ $(n = 0, 1, 2, \cdots)$ とすれば, $L_0 f_n = -nf_n$ となる. よって, $\sigma_\mathrm{p}(L_0) = \{-n\}_{n=0}^{\infty}$ であり, 固有値 $-n$ に属する固有ベクトルは f_n の定数倍であることがわかる. この場合, 固有値 $-n$ は単純である.

【定理 2.24】 V を $\mathbb{K}$ 上の n 次元ベクトル空間とし, $T \in \mathsf{L}(V)$ とする. $E = \{e_1, \cdots, e_n\}$ を V の任意の基底とする. このとき

$$\sigma_\mathrm{p}(T) = \sigma_\mathrm{p}(T_{E,E}). \tag{2.37}$$

ただし, $T_{E,E}$ は, 基底 E, E に関する T の行列表示である (2.5 節).

証明 任意の $\lambda \in \mathbb{K}$ と $u \in V$ に対して, $(T - \lambda)u = i_E^{-1}(T_{E,E} - \lambda)i_E u \cdots (*)$ が成り立つ. したがって, $\lambda \in \sigma_\mathrm{p}(T)$ ならば, $Tv = \lambda v$ をみたす $v \in V, v \neq 0_V$ があるから, $\mathbf{x}_v = i_E v$ とおけば, $(T_{E,E} - \lambda)\mathbf{x}_v = \mathbf{0}$. $\mathbf{x}_v \neq \mathbf{0}$ であるから, $\lambda \in \sigma_\mathrm{p}(T_{E,E})$. ゆえに, $\sigma_\mathrm{p}(T) \subset \sigma_\mathrm{p}(T_{E,E})$. 逆に, $\lambda \in \sigma_\mathrm{p}(T_{E,E})$ とすれば, $(T_{E,E} - \lambda)\mathbf{x} = \mathbf{0}$ をみたす $\mathbf{x} \in \mathbb{K}^n, \mathbf{x} \neq \mathbf{0}$ がある. $u = i_E^{-1}\mathbf{x}$ とおけば, $u \neq 0_V$ であり, $(*)$ より, $(T - \lambda)u = 0$. したがって, $\lambda \in \sigma_\mathrm{p}(T)$. ゆえに, $\sigma_\mathrm{p}(T_{E,E}) \subset \sigma_\mathrm{p}(T)$. 以上から, (2.37) を得る. ∎

2.10　線形作用素のトレース

$\dim V = n < \infty$ とし，$T \in \mathsf{L}(V)$ とする．$\{e_i\}_{i=1,\cdots,n}$ を V の任意の基底とし，$\{\phi^i\}_{i=1,\cdots,n}$ をその双対基底とする．このとき，スカラー $\mathrm{Tr}\,T$ を

$$\mathrm{Tr}\,T := \sum_{i=1}^{n} \phi^i(Te_i) \tag{2.38}$$

によって定義する．この定義は基底の取り方に依存しているように見えるが実はそうではないことが次のようにして示される．

$\{\bar{e}_i\}_{i=1,\cdots,n}$ を V の任意の基底とし，その双対基底を $\{\bar{\phi}^i\}_{i=1,\cdots,n}$ とする．このとき，基底の変換 $\{e_i\}_i \mapsto \{\bar{e}_i\}_i$ の行列を $P = (P^i_j)$ とし，$Q = P^{-1}$ とすれば，$\bar{\phi}^i = \sum_{j=1}^n Q^i_j \phi^j$, $\bar{e}_i = \sum_{j=1}^n P^j_i e_j$ と表される（2.7 節を参照）．したがって

$$\sum_{i=1}^n \bar{\phi}^i(T\bar{e}_i) = \sum_{i,k,l=1}^n Q^i_k P^l_i \phi^k(Te_l) = \sum_{k,l=1}^n (PQ)^l_k \phi^k(Te_l) = \sum_{k=1}^n \phi^k(Te_k).$$

よって，(2.38) の右辺は基底の取り方によらず，T だけから決まる量である．

【定義 2.25】 $T \in \mathsf{L}(V)$ に対して，スカラー量 $\mathrm{Tr}\,T$ を T の**トレース** (trace) とよぶ．

線形作用素 $T \in \mathsf{L}(V)$ から数 $\mathrm{Tr}\,T$ を得ることに対して「T のトレースをとる」という言い方がなされる．トレースをとるという演算は，各線形作用素に，その線形作用素に固有の数を割り当てる演算の1つと見ることができる．

一般に，線形作用素は，純代数的な対象であるので，これを数に結びつける構造を探究することは理論上も応用上もたいへん重要である[15]．線形作用素の固有値やトレースをとる演算はそのような構造の1つなのである．

V の基底 $\{e_i\}_{i=1,\cdots,n}$ を固定し，この基底に関する T の行列表示を (T^i_j) とすれば，$Te_i = \sum_{j=1}^n T^j_i e_j$ であるから

$$\mathrm{Tr}\,T = \sum_{i=1}^n T^i_i \tag{2.39}$$

となる．これは，T の行列表示を用いた，$\mathrm{Tr}\,T$ に対する表式である．この公式は，具体的な T のトレースを計算する場合に有用である．

---

[15] 自然現象の観測結果は，数値を用いて表されるから，代数的対象を用いる理論の自然科学への応用においては，観測結果の数値を純代数的対象から導く構造が必要なのである．

■ 例 2.11 ■ n 次正方行列 $M = (M_{ij})$ から定まる線形作用素 $\hat{M} : \mathbb{K}^n \to \mathbb{K}^n$ について，$\operatorname{Tr} \hat{M} = \sum_{i=1}^n M_{ii}$ が成り立つ（$\because \mathbb{K}^n$ の標準基底に関する $\hat{M}$ の行列表示は M）．線形代数学あるいは行列論で学ぶように，右辺は，行列のトレースとして知られるものである（例 1.13 を参照）．こうして，行列のトレースは，上に定義した，線形作用素に関わる一般概念としてのトレースの特殊な場合であることがわかる．

次の命題はトレースの基本的性質に関するものである．

【命題 2.26】 $T, S \in \mathsf{L}(V), \alpha, \beta \in \mathbb{K}$ とする．このとき：(i)（線形性） $\operatorname{Tr}(\alpha T + \beta S) = \alpha \operatorname{Tr} T + \beta \operatorname{Tr} S$，(ii)（対称性） $\operatorname{Tr}(TS) = \operatorname{Tr}(ST)$．

証明 (i) 定義 (2.38) から容易にわかる．(ii) (2.39) によって
$$\operatorname{Tr}(TS) = \sum_{i=1}^n (TS)_i^i = \sum_{i=1}^n \sum_{j=1}^n T_j^i S_i^j = \sum_{j=1}^n (ST)_j^j = \operatorname{Tr}(ST).$$ ∎

命題 2.26(i) は，対応 $\operatorname{Tr} : T \mapsto \operatorname{Tr} T$ が $\mathsf{L}(V)$ 上の線形汎関数であることを語る．したがって，$\operatorname{Tr} \in \mathsf{L}(V)^*$ である．

2.11 アファイン空間

ベクトル空間においては，零ベクトルは特別な存在である．そのような特別な元が存在せず，それに属する元が，いわば，どれも"対等"であり，しかも描像的に言って，任意の元に対して"ベクトルによる平行移動"が定義されているような集合を考える．このような集合は，幾何学的には，ユークリッド幾何学を含む，より一般的な幾何学が展開される空間の基本的範疇の 1 つをなし，物理学への応用においては，"物理的時間"，"物理的空間"あるいは"物理的時空"の概念を厳密に認識する上で重要な役割を演じることになる数学的空間概念である．

2.11.1 定義と例

【定義 2.27】 $\mathcal{A}$ を空でない集合，V を $\mathbb{K}$ 上のベクトル空間とする．V の各元 u に対して，写像 $T_u : \mathcal{A} \to \mathcal{A}$ が定義されていて，次の条件 (A.1), (A.2) がみたされるとき，$\mathcal{A}$ を**アファイン空間** (affine space), V をその**基準ベクトル空間** (standard vector space) という：

(A.1) 任意の $u, v \in V$ に対して,$T_u \circ T_v = T_{u+v}$.

(A.2) $\mathcal{A}$ の任意の 2 点 P, Q に対して,$T_u(\mathrm{P}) = \mathrm{Q}$ となるベクトル $u \in V$ がただ 1 つ存在する.このベクトル u を $u = \mathrm{Q} - \mathrm{P}$ と記す.したがって,$T_{\mathrm{Q}-\mathrm{P}}(\mathrm{P}) = \mathrm{Q}$.

写像 T_u をベクトル u による,$\mathcal{A}$ 上の**平行移動** (parallel translation) または**並進**とよぶ.$\dim V = n$ のとき,$\mathcal{A}$ は n 次元であるといい,$\dim \mathcal{A} = n$ と書く.

アファイン空間 $\mathcal{A}$ の基準ベクトル空間が V であることを明示したいときは,$\mathcal{A} = \mathcal{A}(V)$ と記す.

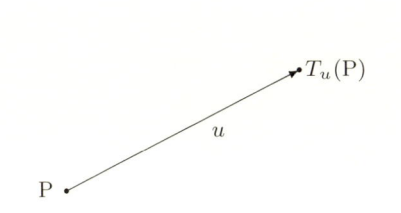

図 2.2 点 P の,ベクトル u による平行移動

上の定義において,点 $T_u(\mathrm{P})$ は,幾何学的な描像において,点 P をベクトル u だけ平行移動して得られる点を意味する.この描像に対応して

$$T_u(\mathrm{P}) = \mathrm{P} + u \tag{2.40}$$

と書き,これを $\mathrm{P} \in \mathcal{A}$ の,$u \in V$ による**平行移動**または**並進**という.(A.2) によって

$$\mathrm{P} + (\mathrm{Q} - \mathrm{P}) = \mathrm{Q} \tag{2.41}$$

が成立する($\mathrm{Q} - \mathrm{P} \in V$ に注意).

アファイン空間とは,平たく言えば,その集合の任意の点に対して,ベクトルによる平行移動が定義されているような集合のことである.この場合,アファイン空間の任意の 2 つの点はベクトルの平行移動により互いにうつりあえる [条件 (A.2)].この意味で,アファイン空間のすべての点はいわば "対等" である.また,別の言い方をすれば,アファイン空間というのは,点集合であって,その中

の任意の2点 P, Q の間に差 "Q − P" があるベクトル空間のベクトルとして定義されているような点集合と見ることもできる.

アファイン空間 $\mathcal{A}$ の部分集合 D とベクトル $u \in V$ に対して

$$D + u := \{\mathrm{P} + u \mid \mathrm{P} \in D\} \tag{2.42}$$

によって定義される部分集合を u による, **D の平行移動**または**並進**とよぶ.

アファイン空間の定義 2.27 から出てくる基本的な事実を列挙しておこう.

(A.3) 零ベクトル 0_V による平行移動 T_{0_V} は $\mathcal{A}$ 上の恒等写像 $I_\mathcal{A}$ ($I_\mathcal{A}(\mathrm{P}) := \mathrm{P}$, $\mathrm{P} \in \mathcal{A}$) である(これは上述の描像と整合的である):

$$T_{0_V} = I_\mathcal{A}. \tag{2.43}$$

証明 任意の $\mathrm{P} \in \mathcal{A}$ に対して, 性質 (A.2) によって, $T_u(\mathrm{P}) = \mathrm{P}$ となる $u \in V$ があるから, (A.1) を用いると, $T_{0_V}(\mathrm{P}) = T_{0_V}(T_u(\mathrm{P})) = T_{0_V + u}(\mathrm{P}) = T_u(\mathrm{P}) = \mathrm{P} = I_\mathcal{A}(\mathrm{P})$. したがって, $T_{0_V} = I_\mathcal{A}$. ∎

(A.4) 各 $u \in V$ に対して, T_u は全単射であり, $T_u^{-1} = T_{-u}$ が成り立つ.

証明 (A.1) において, $v = -u$ とすれば, $T_u \circ T_{-u} = T_{0_V} = I_\mathcal{A}$. 同様に $T_{-u} \circ T_u = T_{0_V} = I_\mathcal{A}$. したがって, 付録 A, 定理 A.9 によって, 主張が出る. ∎

(A.5) 任意の点 $\mathrm{P} \in \mathcal{A}$ と各ベクトル $u \in V$ に対して $\mathrm{Q} - \mathrm{P} = u$ となる点 $\mathrm{Q} \in \mathcal{A}$ がただ1つ存在する.

証明 (存在性) $\mathrm{Q} := T_u(\mathrm{P}) \in \mathcal{A}$ とおけば, (A.2) によって, $\mathrm{Q} - \mathrm{P} = u$. (一意性) (2.41) による. ∎

■ **例 2.12** ■ $\mathbb{K}^n$ を単に $\mathbb{K}$ の直積集合と考えた場合(線形構造は考えないということ), これを記号 $\mathcal{K}^n$ で表し, **n 次元数空間**とよぶ. 任意の n 次元数ベクトル $\mathbf{x} = (x_1, \cdots, x_n) \in \mathbb{K}^n$ に対して, 写像 $T_\mathbf{x} : \mathcal{K}^n \to \mathcal{K}^n$ を

$$T_\mathbf{x}(P) = (p_1 + x_1, \cdots, p_n + x_n), \quad P = (p_1, \cdots, p_n) \in \mathcal{K}^n$$

2.11 アファイン空間　51

によって定義すれば，$T_\mathbf{x}$ は $\mathbf{x}$ による，$\mathcal{K}^n$ 上の平行移動であることがわかる．したがって，$\mathcal{K}^n$ は $\mathbb{K}^n$ を基準ベクトル空間とするアファイン空間である．

■ **例 2.13** ■　V を $\mathbb{K}$ 上のベクトル空間とし，$\mathcal{V} := \{u \mid u \in V\}$（線形構造を考慮しない，単なる集合としての V）とする．$\mathcal{V}$ の任意の元 u に対して，写像 $T_u : \mathcal{V} \to \mathcal{V}$ を $T_u(v) = u + v$，$v \in \mathcal{V}$ によって定義する．この写像は $\mathcal{V}$ の平行移動を与える．したがって，$\mathcal{V}$ はベクトル空間 V を基準ベクトル空間とするアファイン空間である．この意味で，V は自らを基準ベクトル空間するアファイン空間と見ることができる．通常，$\mathcal{V}$ も V と記し，V をアファイン空間と見ていることを強調するときは，「アファイン空間 V」あるいは「アファイン空間としての V」という言い方をする．

■ **例 2.14** ■　V を $\mathbb{K}$ 上のベクトル空間とし，M を V の部分空間とする．各 $u \in V$ に対して，u による（アファイン空間 V の部分集合としての）M の平行移動

$$M + u := \{w + u \mid w \in M\}$$

は，M を基準ベクトル空間とするアファイン空間である．

証明　各 $v \in M$ に対して，$T_v : M + u \to M + u$ を

$$T_v(w + u) := (w + v) + u, \quad w + u \in M + u$$

によって定義すれば（$w + v \in M$ であるから，右辺は確かに $M + u$ の元），これは，v による $M + u$ 上の平行移動である．　■

V の部分集合で $M + u$ という型のものを **M の平行類**とよぶ．

2.11.2　有向線分，束縛ベクトル，位置ベクトル

以下，$\mathcal{A}$ をアファイン空間，V をその基準ベクトル空間とする．区間 $[0,1] \subset \mathbb{R}$ から $\mathcal{A}$ への写像 $\gamma : [0,1] \to \mathcal{A}$ を

$$\gamma(t) := \mathrm{P} + t(\mathrm{Q} - \mathrm{P}) = T_{t(\mathrm{Q-P})}(\mathrm{P}), \quad t \in [0,1]$$

によって定義する．明らかに，$\gamma(0) = \mathrm{P}$，$\gamma(1) = \mathrm{Q}$ である．γ の像 $\gamma([0,1]) = \{\gamma(t) \mid t \in [0,1]\}$ を $\mathcal{A}$ における，点 P と点 Q を結ぶ**線分**とよび，$\ell_{\mathrm{P,Q}}$ で表す．写像 γ を始点が P，終点が Q の**有向線分** (oriented segment) とよび，記号的に $\overrightarrow{\mathrm{PQ}}$ と表す．

各点 $\mathrm{P} \in \mathcal{A}$ に対して，P を始点とする有向線分の全体を V_P とする：

$$V_\mathrm{P} := \{\overrightarrow{\mathrm{PQ}} \mid \mathrm{Q} \in \mathcal{A}\}. \tag{2.44}$$

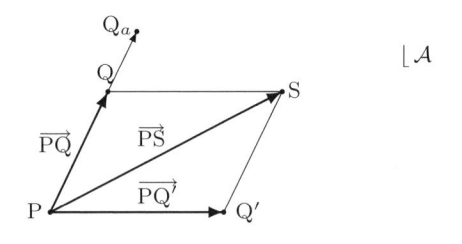

図 2.3 有向線分の和とスカラー倍

V_P の2つの元 $\overrightarrow{\mathrm{PQ}}, \overrightarrow{\mathrm{PQ'}}$ に対して，和とスカラー倍を

$$\overrightarrow{\mathrm{PQ}} + \overrightarrow{\mathrm{PQ'}} := \overrightarrow{\mathrm{PS}}, \quad a\overrightarrow{\mathrm{PQ}} := \overrightarrow{\mathrm{PQ}_a} \tag{2.45}$$

によって定義する．ただし，$\mathrm{S} := \mathrm{P} + (\mathrm{Q}-\mathrm{P}) + (\mathrm{Q'}-\mathrm{P})$, $\mathrm{Q}_a := \mathrm{P} + a(\mathrm{Q}-\mathrm{P})$ ((A.5) によって，このような S, Q_a はそれぞれ，ただ1つ存在する．したがって，定義 (2.45) は意味をもつ）．このとき，V_P はベクトル空間になる（零ベクトルは $\overrightarrow{\mathrm{PP}}$ であり，$\overrightarrow{\mathrm{PQ}}$ の逆ベクトルは $(-1)\overrightarrow{\mathrm{PQ}}$ である）．

V_P の元を，点 P を始点とする**束縛ベクトル** (fixed vector) または**位置ベクトル** (position vector) という．より具体的には，V_P の元 $\overrightarrow{\mathrm{PQ}}$ を点 P に関する点 Q の位置ベクトルとよぶ．V_P を点 P における**位置ベクトル空間**または**接ベクトル空間**という．

写像 $f_\mathrm{P} : V_\mathrm{P} \to V$ を $f_\mathrm{P}(\overrightarrow{\mathrm{PQ}}) := \mathrm{Q} - \mathrm{P}$ によって定義すれば，f_P は同型写像であることがわかる．これは，基底の取り方によらないので，規準的同型である．したがって，この同型の意味で V_P と V を同一視することができる．この同一視は，描像としては，位置 P に V の原点 0_V をあわせて，V_P の点を V のベクトルで表すということである．もっと象徴的に言えば，各点 P に，P が V の原点であるように，V を"くっつけた"ものとして表象される．位置ベクトル（束縛ベクトル）としての $\overrightarrow{\mathrm{PQ}}$ は V の元 $\mathrm{Q} - \mathrm{P}$ と同一視される．以下，この同一視を用いる．

2.11.3 自由ベクトル

アファイン空間 $\mathcal{A}$ の2つの有向線分 $\overrightarrow{\mathrm{PQ}}$, $\overrightarrow{\mathrm{P'Q'}}$ について，関係 $\overrightarrow{\mathrm{PQ}} \overset{\shortparallel}{\sim} \overrightarrow{\mathrm{P'Q'}}$ を「$\mathrm{Q} - \mathrm{P} = \mathrm{Q'} - \mathrm{P'}$ が成り立つこと」によって定義すれば，容易に確かめられるように，これは同値関係になる．

$\overrightarrow{\mathrm{PQ}} \overset{\shortparallel}{\sim} \overrightarrow{\mathrm{P'Q'}}$ ならば，任意の点 $\mathrm{X} = \mathrm{P} + t(\mathrm{Q}-\mathrm{P}) \in \ell_{\mathrm{P},\mathrm{Q}}$ ($t \in [0,1]$) に対して，$T_{\mathrm{P'}-\mathrm{P}}(\mathrm{X}) = \mathrm{P'} + t(\mathrm{Q'} - \mathrm{P'}) \in \ell_{\mathrm{P'},\mathrm{Q'}}$．したがって，$T_{\mathrm{P'}-\mathrm{P}}$ は線分 $\ell_{\mathrm{P},\mathrm{Q}}$ を線

分 $\ell_{P',Q'}$ の中へうつす.しかも,この対応: $X \mapsto T_{P'-P}(X)$ は $\ell_{P,Q}$ から $\ell_{P',Q'}$ への全単射であることも容易にわかる.したがって,$\ell_{P',Q'}$ は $\ell_{P,Q}$ をベクトル $P'-P$ によって平行移動したものである.そこで,$\overrightarrow{PQ} \stackrel{\parallel}{\sim} \overrightarrow{P'Q'}$ であるとき,これらの有向線分は**平行**であるという.

同値関係 $\stackrel{\parallel}{\sim}$ による商集合

$$\widetilde{\mathcal{A}} := \mathcal{A}/\stackrel{\parallel}{\sim} \tag{2.46}$$

をつくることができる[16].$\overrightarrow{PQ}$ の同値類を $[\overrightarrow{PQ}]$ で表す.写像 $T_{\mathcal{A}}: \widetilde{\mathcal{A}} \to V$ を

$$T_{\mathcal{A}}([\overrightarrow{PQ}]) := Q - P, \quad [\overrightarrow{PQ}] \in \widetilde{\mathcal{A}}$$

によって定義すれば,これは全単射である.ゆえに,任意の $[\overrightarrow{PQ}], [\overrightarrow{P'Q'}] \in \widetilde{\mathcal{A}}$ に対して,和 $[\overrightarrow{PQ}] + [\overrightarrow{P'Q'}] \in \widetilde{\mathcal{A}}$ とスカラー倍 $a[\overrightarrow{PQ}] \in \widetilde{\mathcal{A}}$ ($a \in \mathbb{K}$) を

$$[\overrightarrow{PQ}] + [\overrightarrow{P'Q'}] := T_{\mathcal{A}}^{-1}((Q-P)+(Q'-P')), \quad a[\overrightarrow{PQ}] := T_{\mathcal{A}}^{-1}(a(Q-P))$$

によって定義することができ,これらの和とスカラー倍に関して,$\widetilde{\mathcal{A}}$ はベクトル空間になる.ベクトル空間 $\widetilde{\mathcal{A}}$ の元を**幾何学的ベクトル**または**自由ベクトル**とよぶ.ここで行ったことは,有向線分で表される任意の2つのベクトルはそれらの始点が一致するように平行移動して,ベクトル的に加えることができる,という描像に対する数学的に厳密な定式化である.自由ベクトルという概念によって,それが空間のどこにあるかという特性(位置の属性)を捨象して得られるベクトルの概念に対する厳密な定義がなされたことになるのである[17].

たとえば,ユークリッド幾何学が展開される点集合はアファイン空間であり,この幾何学をベクトルを用いて考察する際に使われるベクトルは自由ベクトルである[18].

2.11.4 部分アファイン空間

$\mathcal{B}$ を $\mathcal{A}$ の空でない部分集合とする.V の r 次元部分空間 M があって2つの条件がみたされるとき,$\mathcal{B}$ を $\mathcal{A}$ の r 次元**部分アファイン空間**という:

(B.1) $P, Q \in \mathcal{B} \Longrightarrow Q - P \in M$.

---

[16] 商集合については,付録 A,A.3 節を参照.
[17] 自由ベクトルの"自由"は"特定の位置からの自由"という意である.
[18] ユークリッド幾何学や他の幾何学の場合には,さらに,4章で定義する,計量なる概念も重要な要素として入ってくる.上に議論した部分は,計量の取り方によらない幾何学的側面である.ユークリッド幾何学の現代的な公理論的定式化について,さらに詳しいことは,たとえば,佐武一郎『線型代数学』(裳華房,1976) の附録,特に,その §4 (p.263~p.274) を参照.

(B.2) $P \in \mathcal{B}, u \in M \Longrightarrow P + u (= T_u(P)) \in \mathcal{B}$.

$\dim \mathcal{A} = n$ のとき，$(n-1)$ 次元の部分アフィン空間を $\mathcal{A}$ の**超平面**という．また，$\mathcal{A}$ の 1 次元部分アフィン空間を $\mathcal{A}$ の**直線**とよぶ．

$\mathcal{A}(V)$ の点 P を通る任意の直線 ℓ は，零でないベクトル $u \in V$ を用いて

$$\ell = \{X \in \mathcal{A}(V) \mid \overrightarrow{PX} = \alpha u, \alpha \in \mathbb{K}\} = \{P + \alpha u \mid \alpha \in \mathbb{K}\}$$

と表される．

■ **例 2.15** ■ V の任意の部分空間 M に対して，M の平行類（例 2.14）はアフィン空間 V の部分アフィン空間である．

【命題 2.28】 アフィン空間 $\mathcal{A}$ の部分集合 $\mathcal{B}$ がアフィン部分空間であるための必要十分条件はある点 $P \in \mathcal{B}$ と V の部分空間 M があって

$$\mathcal{B} = \{T_w(P) \mid w \in M\} \tag{2.47}$$

が成り立つことである．この場合，M は $\mathcal{B}$ の基準ベクトル空間である．

証明（必要性） (2.47) の右辺の集合を $\mathcal{X}$ とおく．$\mathcal{B}$ が部分アフィン空間ならば，V の部分空間 M があって，上の (B.1), (B.2) がみたされる．任意の点 $P \in \mathcal{B}$ と任意の $w \in M$ に対して，(B.2) によって，$T_w(P) \in \mathcal{B}$．したがって，$\mathcal{X} \subset \mathcal{B}$．逆に，任意の $Q \in \mathcal{B}$ に対して，(B.1) によって，$w := Q - P$ は M の元である．この場合，$Q = T_w(P)$ であるので，$Q \in \mathcal{X}$．よって，(2.47) が成立する．

（十分性） (2.47) が成り立つとする．このとき，任意の $Q, R \in \mathcal{B}$ に対して，$Q = T_w(P), R = T_v(P)$ となる $v, w \in M$ がある．したがって，$Q - R = w - v \in M$．ゆえに (B.1) がみたされる．(B.2) は，(2.47) によって自明的に成立する．ゆえに $\mathcal{B}$ は部分アフィン空間である． ∎

【命題 2.29】 2 つの部分アフィン空間 $\mathcal{B} = \mathcal{B}(M)$ と $\mathcal{B}' = \mathcal{B}'(M')$ について（M, M' は V の部分空間），$M = M'$ ならば，点 $P \in \mathcal{B}, P' \in \mathcal{B}'$ があって，$T_{P'-P}$ は $\mathcal{B}$ から $\mathcal{B}'$ への全単射である．

証明 命題 2.28 によって，点 $P \in \mathcal{B}, P' \in \mathcal{B}'$ があって，$\mathcal{B} = \{T_w(P) \mid w \in M\}$，$\mathcal{B}' = \{T_{w'}(P') \mid w' \in M'\}$ と表される．$\mathcal{B}'$ の任意の点 $X = T_{w'}(P')$ に対して，

$w' \in M' = M$ であるから,$Q = P + w' \in \mathcal{B}$ であり,$T_{P'-P}(Q) = P' + w' = X$.したがって,$T_{P'-P} : \mathcal{B} \to \mathcal{B}'$ は全射である.$T_{P'-P}$ の単射性は,写像 T_u $(u \in V)$ の一般的性質による［性質 (A.4)］. ∎

命題 2.29 は基準ベクトル空間が同じである部分アファイン空間どうしは,互いに他の平行移動になっていることを語る.そこで,次の定義を設ける：

【定義 2.30】 基準ベクトル空間が同じである,2 つの部分アファイン空間は**平行**であるという.

2.11.5 アファイン座標系

$\mathcal{A}$ を n 次元アファイン空間とし,その基準ベクトル空間を V とする.$\mathcal{A}$ の 1 点 O と V の基底 $e_1, \cdots, e_n$ が与えられたとき,点 O に関する点 P の位置ベクトル $\overrightarrow{OP}$ （上述の同一視により,これは V のベクトル）は

$$\overrightarrow{OP} = \sum_{i=1}^{n} x^i e_i$$

と一意的に表される ($x^i \in \mathbb{K}$).点 O と基底 $e_1, \cdots, e_n$ の組 $(O; e_1, \cdots, e_n)$ を**アファイン座標系**または**線形座標系**とよび,$(x^1, \cdots, x^n)$ をこの線形座標系における点 P の**座標**という.

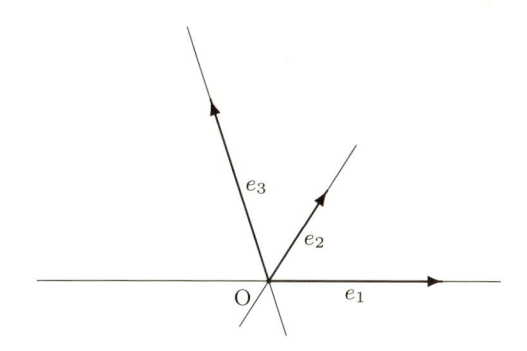

図 2.4 アファイン座標系

座標系 $(O; e_1, \cdots, e_n)$ に対して,

$$\ell_i := \{P \mid \overrightarrow{OP} = \alpha e_i, \alpha \in \mathbb{K}\} = \{O + \alpha e_i \mid \alpha \in \mathbb{K}\}$$

で表される n 個の直線 $\ell_1, \cdots, \ell_n$ をこの座標系の**座標軸**とよぶ.

言うまでもなく, 点 P の座標は座標系の取り方に依存している. そこで, 座標変換の公式を導いておく. 別の座標系 $(O'; e'_1, \cdots, e'_n)$ が与えられたとしよう ($O' \in \mathcal{A}(V)$, $(e'_i)_{i=1}^n$ は V の基底). この座標系における点 P の座標を $(y^1, \cdots, y^n)$ としよう: $\overrightarrow{O'P} = \sum_{i=1}^n y^i e'_i$. 性質 (A.2) によって, $\overrightarrow{O'O} = b$ となるベクトル $b \in V$ がある. したがって, $x = \overrightarrow{OP}, y = \overrightarrow{O'P}$ とすれば, $y = x + b$. 基底の変換 $\{e'_1, \cdots, e'_n\} \mapsto \{e_1, \cdots, e_n\}$ の行列を $A = (A^i_j)$ とし, 基底 $\{e'_1, \cdots, e'_n\}$ に関する b の成分を (b^i) とすれば (i.e., $e_j = \sum_{i=1}^n A^i_j e'_i$, $b = \sum_{i=1}^n b^i e'_i$)

$$y = \sum_{i=1}^n \left(\sum_{j=1}^n A^i_j x^j + b^i \right) e'_i.$$

したがって

$$y^i = \sum_{j=1}^n A^i_j x^j + b^i, \quad i = 1, \cdots, n. \tag{2.48}$$

これが座標変換の式である. A は正則であるから, $\det A \neq 0$ であることに注意しよう. この型の座標変換: $\mathbb{K}^n \ni (x^i) \mapsto (y^i) \in \mathbb{K}^n$ を**アフィン座標変換**という.

2.11.6 アフィン同型

アフィン空間を分類する概念を導入する. V, V' を $\mathbb{K}$ 上のベクトル空間とし, $\mathcal{A} = \mathcal{A}(V), \mathcal{A}' = \mathcal{A}'(V')$ をそれぞれ, V, V' を基準ベクトル空間とするアフィン空間とする.

【定義 2.31】 写像 $F : \mathcal{A} \to \mathcal{A}'$ に対して, 線形作用素 $L_F : V \to V'$ が存在して, すべての $P \in \mathcal{A}$ と $u \in V$ に対して

$$F(P + u) = F(P) + L_F(u)$$

が成り立つとき——この性質を F の**アフィン性**とよぶ——, F を**アフィン写像** (affine mapping) という.

全単射であるアフィン写像を**アフィン変換**とよぶ[19].

!注意 2.6 (i) 上の定義における線形作用素 L_F は F から一意的に決まる (問題 7).

---
[19] これは前出のアフィン座標変換とは概念的に異なるものであることに注意.

(ii) F がアファイン変換ならば,L_F は全単射である(問題 8).

【命題 2.32】 写像 $F: \mathcal{A} \to \mathcal{A}'$ がアファイン変換ならば,その逆写像 $F^{-1}: \mathcal{A}' \to \mathcal{A}$ もアファイン変換である.さらに F^{-1} は,P_0 を $\mathcal{A}$ の任意の点として

$$F^{-1}(\mathrm{Q}) = \mathrm{P}_0 + L_F^{-1}(\mathrm{Q} - F(\mathrm{P}_0)), \quad \mathrm{Q} \in \mathcal{A}' \qquad (2.49)$$

という形で与えられる(右辺は P_0 の取り方によらない).

証明 $F^{-1}: \mathcal{A}' \to \mathcal{A}$ が全単射であることは一般的命題(付録 A,系 A.10)による.そこで,F^{-1} のアファイン性を示す.$\mathrm{P}_0 \in \mathcal{A}$ を任意に固定し,$\mathrm{Q}_0 := F(\mathrm{P}_0)$ とおき,写像 $G: \mathcal{A}' \to \mathcal{A}$ を $G(\mathrm{Q}) := \mathrm{P}_0 + L_F^{-1}(\mathrm{Q} - \mathrm{Q}_0)$ によって定義する.このとき,F のアファイン性により,$F(G(\mathrm{Q})) = F(\mathrm{P}_0) + (\mathrm{Q} - \mathrm{Q}_0) = \mathrm{Q}$.したがって,$F \circ G = I_{\mathcal{A}'}$.$F$ の全単射性はすでにわかっているから,これは,$G = F^{-1}$ を意味する.したがって,(2.49) が成り立つ.一方,任意の $y \in V'$ に対して,$G(\mathrm{Q}+y) = \mathrm{P}_0 + L_F^{-1}((\mathrm{Q}-\mathrm{Q}_0)+y) = \mathrm{P}_0 + L_F^{-1}(\mathrm{Q}-\mathrm{Q}_0) + L_F^{-1}(y) = G(\mathrm{Q}) + L_F^{-1}(y)$.したがって,$F^{-1}$ はアファイン性をもつ.(2.49) の右辺が P_0 によらないことは,F^{-1} の一意性から明らかであるが,直接,確かめることもできる. ∎

上の命題によって,次の定義が可能である:

【定義 2.33】 $\mathcal{A}$ から $\mathcal{A}'$ へのアファイン変換 F が存在するとき,$\mathcal{A}$ と $\mathcal{A}'$ は,F のもとで,**アファイン同型**であるという.この場合,$\mathcal{A} \stackrel{F}{\cong} \mathcal{A}'$ と記す[20].

【命題 2.34】 $F: \mathcal{A}, \mathcal{A}', G: \mathcal{A}' \to \mathcal{A}''$($\mathcal{A}''$ もアファイン空間)をアファイン変換とする.このとき,$G \circ F: \mathcal{A} \to \mathcal{A}''$ はアファイン変換である.

証明 演習問題とする(問題 9). ∎

!注意 2.7 命題 2.32 と命題 2.34 を用いると,アファイン空間全体の集まりを **A** とするとき,定義 2.33 における $\cong$ は,**A** における同値関係であることがわかる.したがって,アファイン同型の概念によって,アファイン空間の全体は同値類に類別される.

---

[20] ただし,F が何であるかが了解されている場合には,単に $\mathcal{A} \cong \mathcal{A}'$ と書く場合がある.

アファイン空間どうしが同型になる十分条件を定式化しよう：

【定理 2.35】 V と V' が同型ならば，$\mathcal{A}(V)$ と $\mathcal{A}'(V')$ はアファイン同型である．

証明 $T: V \to V'$ を同型写像とする．点 $\mathrm{O} \in \mathcal{A}$，$\mathrm{O}' \in \mathcal{A}'$ を任意に固定し，写像 $F: \mathcal{A} \to \mathcal{A}'$ を

$$F(\mathrm{P}) := \mathrm{O}' + T(\mathrm{P} - \mathrm{O}), \quad \mathrm{P} \in \mathcal{A} \tag{2.50}$$

によって定義する．この F がアファイン同型写像であることを見るのは難しくない（問題 10）． ∎

!注意 2.8 この定理にいうアファイン同型は，一般には，規準的同型とは限らない．

【系 2.36】 任意の $n \in \mathbb{N}$ に対して，n 次元アファイン空間はアファイン空間 $\mathcal{K}^n$（例 2.12）にアファイン同型である．

証明 n 次元アファイン空間の基準ベクトル空間は $\mathcal{K}^n$ の基準ベクトル空間 $\mathbb{K}^n$ に同型である（例 2.4）．この事実と定理 2.35 から題意が導かれる． ∎

!注意 2.9 系 2.36 にいうアファイン同型は，一般には，規準的同型とは限らない．

演習問題

V, W, X を $\mathbb{K}$ 上のベクトル空間とし，$T: V \to W$，$S: W \to X$ を線形作用素とする．

1. (2.3) を N に関する帰納法で証明せよ．

2. $\ker T$ は V の部分空間であることを示せ．

3. $\mathrm{Ran}(T)$ は W の部分空間であることを示せ．

4. $S \circ T : V \to X$ は線形であることを示せ．

5. (2.9) によって定義される写像 J_T は同値類 $[u]$ の代表元の選び方によらずに定義されていることを示せ．

6. $u_1, \cdots, u_n \in V$ を任意に固定する．このとき
$$\mathcal{A} := \left\{ \sum_{i=1}^n \lambda_i u_i \,\bigg|\, \lambda_i \in \mathbb{K}, \sum_{i=1}^n \lambda_i = 1 \right\}$$
は V の部分アファイン空間であることを示せ．

7. 注意 2.6(i) の言明を確かめよ．

8. 注意 2.6(ii) の言明を確かめよ．

9. 命題 2.34 を証明せよ．

10. 定理 2.35 の証明で定義した写像 F がアファイン同型写像であることを証明せよ．

3

テンソル空間

$\mathbb{K}$ 上のベクトル空間 $V_1, V_2, \cdots, V_p$ ($p \in \mathbb{N}$) が与えられたとき，これらから新しい型のベクトル空間をつくることを考える．すでに見たように，$V_1, \cdots, V_p$ の直和ベクトル空間 $\bigoplus_{i=1}^{p} V_i$ はそのようなベクトル空間の 1 つであった．ここでは，テンソル空間とよばれる，直和ベクトル空間とは別の型のベクトル空間が構成できることを示し，その基本的な性質を論述する．

3.1 多重線形写像

周知のように，通常の 1 変数関数は，多変数関数という自然な概念的拡張をもつ．では，線形写像の概念も，多変数の写像へと，しかるべき意味において，自然な拡張をもつであろうか．この問いに対する答えは肯定的であり，次の定義がその正確な答えを与える．

p を自然数とし，$V_1, V_2, \cdots, V_p, W$ を $\mathbb{K}$ 上のベクトル空間とする．

【定義 3.1】 $V_1, \cdots, V_p$ の直積集合 $V_1 \times \cdots \times V_p := \{(v_1, \cdots, v_p) \mid v_i \in V_i, i = 1, \cdots, p\}$ から W への写像 $T : V_1 \times \cdots \times V_p \to W$ が各変数 v_i について線形であるとき，すなわち，各 $i = 1, \cdots, p$ とすべての $\alpha, \beta \in \mathbb{K}$, $v_k \in V_k$, $k \neq i$, $v_i, u_i \in V_i$ に対して

$$T(v_1, \cdots, \overset{i\,\text{番目}}{\alpha v_i + \beta u_i}, \cdots, v_p)$$
$$= \alpha T(v_1, \cdots, \overset{i\,\text{番目}}{v_i}, \cdots, v_p) + \beta T(v_1, \cdots, \overset{i\,\text{番目}}{u_i}, \cdots, v_p). \tag{3.1}$$

——この性質を T の **p-線形性** という——が成り立つとき，T を **p-線形写像** (p-

linear mapping) とよぶ[1]. 特に, 2-線形写像は**双線形写像** (bilinear mapping) ともよばれる.

上の定義で述べられた, 写像の p-線形性 ($p = 1, 2, 3, \cdots$) を総称的に**多重線形性** (multi-linearity) とよび, この性質を有する写像を**多重線形写像** (multilinear mapping) という.

【命題 3.2】 $T : V_1 \times \cdots \times V_p \to W$ を p-線形写像とする. このとき, $v_1, \cdots, v_p$ の中の少なくとも 1 つがゼロベクトルならば, $T(v_1, \cdots, v_p) = 0$ である.

証明 $v_i = 0$ とする. (3.1) において, $\alpha = 0, \beta = 0$ とすれば, 右辺は 0 である. したがって, 題意がしたがう. ∎

$T : V_1 \times \cdots \times V_p \to W$ が p-線形写像ならば, すべての $\alpha_{k_i}^{(i)} \in \mathbb{K}, v_{k_i}^{(i)} \in V_i$ ($k_i = 1, \cdots, N_i, N_i \in \mathbb{N}, i = 1, \cdots, p$) に対して,

$$T\left(\sum_{k_1=1}^{N_1} \alpha_{k_1}^{(1)} v_{k_1}^{(1)}, \cdots, \sum_{k_p=1}^{N_p} \alpha_{k_p}^{(p)} v_{k_p}^{(p)}\right)$$
$$= \sum_{k_1=1}^{N_1} \cdots \sum_{k_p=1}^{N_p} \alpha_{k_1}^{(1)} \cdots \alpha_{k_p}^{(p)} T\left(v_{k_1}^{(1)}, \cdots, v_{k_p}^{(p)}\right) \tag{3.2}$$

が成り立つ (問題 1). この式は, 多重線形写像の計算の基礎をなすものである.

■ **例 3.1** ■ $\dim V_1 = n_1 < \infty, \dim V_2 = n_2 < \infty$ とし, $\dim W = n_1 n_2$ となるベクトル空間 W を 1 つ固定する (たとえば, $W = \mathbb{K}^{n_1 n_2}$). V_1, V_2 の 1 つの基底をそれぞれ, $\{e_j\}_{j=1}^{n_1}, \{f_k\}_{k=1}^{n_2}$ とする. 任意のベクトル $v \in V_1, u \in V_2$ を $v = \sum_{j=1}^{n_1} v^j e_j$, $u = \sum_{k=1}^{n_2} u^k f_k$ と展開する ($v^j, u^k \in \mathbb{K}$). W の基底を $\{w_{ij}\}_{i=1,\cdots,n_1; j=1,\cdots,n_2}$ とする. 写像 $T : V_1 \times V_2 \to W$ を $T(v, u) := \sum_{j=1}^{n_1} \sum_{k=1}^{n_2} v^j u^k w_{jk}$ によって定義する. このとき, T は双線形写像である. この例は, p-線形写像の場合に容易に拡張される.

p-線形写像 $T : V_1 \times \cdots \times V_p \to W$ の終域 W が $\mathbb{K}$ の場合, T を $V_1 \times \cdots \times V_p$ 上の **p 次線形形式** (p-linear form) または **p 次線形汎関数** (p-linear functional) という. 特に, 2 次線形形式を**双線形形式** (bilinear form) あるいは**双線形汎関数** (bilinear functional) という[2].

---
[1] したがって, 通常の線形写像 (線形作用素) は 1-線形写像である.
[2] **双一次形式**または**双一次汎関数**ともいう.

■ **例 3.2** ■ V, W を $\mathbb{K}$ 上のベクトル空間とし，$T \in \mathsf{L}(V, W)$ とする．これに対して，写像 $\hat{T} : W^* \times V \to \mathbb{K}$ (W^* は W の双対空間) を

$$\hat{T}(\phi, u) := \phi(Tu), \quad \phi \in W^*, u \in V \tag{3.3}$$

によって定義する．この $\hat{T}$ は $W^* \times V$ 上の双線形形式である（上の一般論で，$V_1 = W^*, V_2 = V$ の場合）．

$V_1 \times \cdots \times V_p$ から W への p-線形写像全体の集合

$$\mathsf{L}_p(V_1, \cdots, V_p; W) := \{ T : V_1 \times \cdots \times V_p \to W \mid T \text{ は } p\text{-線形写像} \}$$

を $V_1 \times \cdots \times V_p$ 上の **W 値 p-線形写像の空間** とよぶ．この空間は W 値関数の和とスカラー倍の演算（例 1.7 を参照[3]）でベクトル空間になる（問題 2）．

3.2 テンソル積

3.2.1 テンソルの定義と線形独立性

各 $v_i \in V_i$ に対して，写像 $v_1 \otimes \cdots \otimes v_p : V_1^* \times \cdots \times V_p^* \to \mathbb{K}$ を

$$(v_1 \otimes \cdots \otimes v_p)(\phi_1, \cdots, \phi_p) = \prod_{i=1}^{p} \phi_i(v_i), \quad \phi_i \in V_i^*, i = 1, \cdots, p \tag{3.4}$$

によって定義すれば，$v_1 \otimes \cdots \otimes v_p \in \mathsf{L}_p(V_1^*, \cdots, V_p^*; \mathbb{K})$ である[4]．$v_1 \otimes \cdots \otimes v_p$ をベクトル $v_1, \cdots, v_p$ の **テンソル積** とよぶ．この型の p-線形形式から生成される部分空間

$$\bigotimes_{i=1}^{p} V_i := \mathcal{L}\{ v_1 \otimes \cdots \otimes v_p \mid v_i \in V_i, i = 1, \cdots, p \} \tag{3.5}$$

を $V_1, \cdots, V_p$ の **テンソル積空間** または単に **テンソル積** とよび，このベクトル空間の元を **テンソル** という．$\bigotimes_{i=1}^{p} V_i$ を $V_1 \otimes \cdots \otimes V_p$ と記す場合もある．$p = 1$ の場合のテンソル積空間 $\bigotimes_{i=1}^{1} V_i$ は V_1^{**} の部分空間としての V_1 に等しい．$v_1 \otimes \cdots \otimes v_p$ という型のテンソルを **純テンソル** または **単テンソル** という．テンソル積空間を総称的に **テンソル空間** とよぶ．

対応：$(v_1, \cdots, v_p) \mapsto v_1 \otimes \cdots \otimes v_p$ $(v_i \in V_i, i = 1, \cdots, p)$ は p-線形であることがわかる（問題 3）．この性質を **テンソル積の p-線形性** または総称的に **多重線形性** とよぶ．

---

[3] 例 1.7 で，$X = V_1 \times \cdots \times V_p, V = W$ の場合．
[4] 前節の一般論での $V_i, i = 1, \cdots, p$ を V_i^* とした場合の p-線形形式の空間．

容易にわかるように，$v_1,\cdots,v_p$ のうち，どれかがゼロベクトルならば，$v_1\otimes\cdots\otimes v_p = 0$（テンソル空間のゼロベクトル）．

次の事実は基本的である：

【補題 3.3】 任意の $T\in \bigotimes_{i=1}^p V_i$ $(p\in\mathbb{N})$ に対して，自然数 N とベクトル $v_k^{(i)} \in V_i, k=1,\cdots,N, i=1,\cdots,p$ があって，$T=\sum_{k=1}^N v_k^{(1)}\otimes\cdots\otimes v_k^{(p)}$ が成り立つ．

証明 $\bigotimes_{i=1}^p V_i$ の定義により，$T\in\bigotimes_{i=1}^p V_i$ は $T=\sum_{k=1}^N c_k\left(u_k^{(1)}\otimes\cdots\otimes u_k^{(p)}\right)$ という形に表される．ただし，N は自然数，$c_k\in\mathbb{K}, u_k^{(i)}\in V_i, k=1,\cdots,N, i=1,\cdots,p$．そこで，$v_k^{(1)}=c_k u_k^{(1)}, v_k^{(i)}=u_k^{(i)}, i=2,\cdots,p$ とおけば，T の多重線形性により，求める式が得られる．∎

！注意 3.1 $V_i\neq\{0\}, i=1,\cdots,p$, のとき，$T$ を上述のように表す仕方は 1 通りではない．

複数のテンソルの線形独立性に関する次の事実は重要である：

【命題 3.4】 各 $i=1,\cdots,p$ に対して，$\{v_1^{(i)},\cdots,v_{N_i}^{(i)}\}$ を V_i の線形独立な集合とする $(N_i\in\mathbb{N})$．このとき，$\{v_{k_1}^{(1)}\otimes\cdots\otimes v_{k_p}^{(p)}\mid k_i=1,\cdots,N_i, i=1,\cdots,p\}$ は線形独立である．

証明 $\sum_{k_1=1}^{N_1}\cdots\sum_{k_p=1}^{N_p} a_{k_1\cdots k_p} v_{k_1}^{(1)}\otimes\cdots\otimes v_{k_p}^{(p)}=0\cdots(*)$ とする $(a_{k_1\cdots k_p}\in\mathbb{K})$．$\{v_1^{(i)},\cdots,v_{N_i}^{(i)}\}$ によって生成される，V_i の部分空間を W_i とする．したがって，$\{v_1^{(i)},\cdots,v_{N_i}^{(i)}\}$ は W_i の基底である．そこで，その双対基底を $\{\psi_{(i)}^1,\cdots\psi_{(i)}^{N_i}\}(\subset W_i^*)$ とする．$(*)$ の両辺の，$(\psi_{(1)}^{j_1},\cdots,\psi_{(p)}^{j_p})$ $(j_i=1,\cdots,N_i, i=1,\cdots,p)$ における値を考え，(3.4) と双対性 $\psi_{(i)}^j(v_k^{(i)})=\delta_k^j$ を用いると，$a_{j_1\cdots j_p}=0$ がしたがう．したがって，題意が成立する．∎

上述の議論で，V_i のかわりに V_i^* を考えれば，$V_1^*,\cdots,V_p^*$ のテンソル積 $\bigotimes_{i=1}^p V_i^*$ $\subset \mathsf{L}_p(V_1^{**},\cdots,V_p^{**};\mathbb{K})$ が定義される．

3.2.2 有限次元ベクトル空間のテンソル積の構造

【定理 3.5】 $\dim V_i = n_i < \infty$ とする. $\{e_1^{(i)}, \cdots, e_{n_i}^{(i)}\}$ を V_i の基底, その双対基底を $\{\phi_{(i)}^1, \cdots, \phi_{(i)}^{n_i}\}$ とする. 各テンソル $T \in \bigotimes_{i=1}^p V_i$ に対して

$$T^{i_1 \cdots i_p} := T(\phi_{(1)}^{i_1}, \cdots, \phi_{(p)}^{i_p}). \tag{3.6}$$

とおく.

(i) 任意の $T \in \mathsf{L}_p(V_1^*, \cdots, V_p^*; \mathbb{K})$ は

$$T = \sum T^{i_1 \cdots i_p} e_{i_1}^{(1)} \otimes \cdots \otimes e_{i_p}^{(p)} \tag{3.7}$$

と表される.

(ii) $\mathsf{L}_p(V_1^*, \cdots, V_p^*; \mathbb{K}) = \bigotimes_{i=1}^p V_i$.

(iii) $\{e_{i_1}^{(1)} \otimes \cdots \otimes e_{i_p}^{(p)} | i_k = 1, \cdots, n_k, k = 1, \cdots, p\}$ は $\bigotimes_{i=1}^p V_i$ の基底である. したがって, 特に

$$\dim \bigotimes_{i=1}^p V_i = \prod_{i=1}^p \dim V_i. \tag{3.8}$$

証明 (i) 任意の $\psi_k \in V_k^*, k = 1, \cdots, p$ は $\psi_k = \sum_{i_k=1}^{n_k} c_{i_k}^{(k)} \phi_{(k)}^{i_k} \cdots (*)$ と展開できる ($c_{i_k}^{(k)} \in \mathbb{K}$). これと T の p-線形性により

$$T(\psi_1, \cdots, \psi_p) = \sum_{i_1=1}^{n_1} \cdots \sum_{i_p=1}^{n_p} c_{i_1}^{(1)} \cdots c_{i_p}^{(p)} T^{i_1 \cdots i_p}.$$

他方, $(*)$ により, $\psi_k(e_j^{(k)}) = c_j^{(k)}$. したがって $c_{i_1}^{(1)} \cdots c_{i_p}^{(p)} = (e_{i_1}^{(1)} \otimes \cdots \otimes e_{i_p}^{(p)})(\psi_1, \cdots, \psi_p)$. これらの事実によって, 写像の等式 (3.7) が成立する.

(ii) テンソル積の定義により $\mathsf{L}_p(V_1^*, \cdots, V_p^*; \mathbb{K}) \supset \bigotimes_{i=1}^p V_i$ は明らか. 等式 (3.7) は, この逆向きの包含関係が成立することを意味する. したがって, 題意が成立する.

(iii) $E := \{e_{i_1}^{(1)} \otimes \cdots \otimes e_{i_p}^{(p)} \mid i_k = 1, \cdots, n_k, k = 1, \cdots, p\}$ が $\bigotimes_{i=1}^p V_i$ の基底であることは, 命題 3.4 と (3.7) による. 集合 E の元の個数は $n_1 \cdots n_p$ であるから, (3.8) が成り立つ. ∎

定理 3.5 は, (3.7) が, 基底 $\{e^{(1)}_{i_1}\otimes\cdots\otimes e^{(p)}_{i_p} \mid i_k=1,\cdots,n_k, k=1,\cdots,p\}$ による, テンソル T の展開式であることを語る. そこで, その展開係数 $T^{i_1\cdots i_p}$ —— $n_1\cdots n_p$ 個ある—— を基底 $\{e^{(1)}_{i_1}\otimes\cdots\otimes e^{(p)}_{i_p} \mid i_k=1,\cdots,n_k, k=1,\cdots,p\}$ に関する, T の**成分**という.

3.3 テンソルの積演算

テンソルどうしの積を定義する. V_i $(i=1,\cdots,q)$ を $\mathbb{K}$ 上のベクトル空間とし, $1\leq p<q$ とする. 任意の $T\in\bigotimes_{i=1}^p V_i$ と $S\in\bigotimes_{i=p+1}^q V_i$ に対して, $T\otimes S:V_1^*\times\cdots\times V_q^*\to\mathbb{K}$ を

$$(T\otimes S)(\phi_1,\cdots,\phi_q):=T(\phi_1,\cdots,\phi_p)S(\phi_{p+1},\cdots,\phi_q),\quad \phi_i\in V_i^*, i=1,\cdots,q,$$

によって定義する. 容易にわかるように, $T\otimes S\in\bigotimes_{i=1}^q V_i$. テンソル $T\otimes S$ を T と S の**テンソル積**という.

任意の有限個のテンソル $T_1,\cdots,T_n$ (同一のテンソル積空間の元とは限らない) のテンソル積 $T_1\otimes\cdots\otimes T_n$ $(n\geq 2)$ は, 帰納的に次の式によって定義する:

$$T_1\otimes\cdots\otimes T_n:=(T_1\otimes\cdots\otimes T_{n-1})\otimes T_n$$

次の事実は容易に証明される (問題 4):

【**定理 3.6**】 T,S,U を任意のテンソルとし, $a,b\in\mathbb{K}$ を任意にとる. このとき, 次の (i)～(iii) が成り立つ:

(i) (左分配則) $(aS+bT)\otimes U=a(S\otimes U)+b(T\otimes U)$.

(ii) (右分配則) $S\otimes(aT+bU)=a(S\otimes T)+b(S\otimes U)$.

(iii) (結合則) $(S\otimes T)\otimes U=S\otimes(T\otimes U)$.

3.4 テンソルの型

3.4.1 反変テンソル

$\mathbb{K}$ 上のベクトル空間 V の p 個のテンソル積 $\underbrace{V\otimes\cdots\otimes V}_{p\text{ 個}}$ を V の **p 重テンソル**

積 (p-fold tensor product) とよび，記号的に $\bigotimes^p V$ と記す．このテンソル空間の元を V 上の **p 階反変テンソル** (contravariant tensor) という[5]．

$\dim V = n < \infty$ とし，$\{e_i\}_{i=1,\cdots,n}$ を V の基底とする．$\{\phi^i\}_{i=1,\cdots,n}$ を $\{e_i\}_{i=1,\cdots,n}$ の双対基底としよう．このとき，定理3.5により，$\{e_{j_1}\otimes\cdots\otimes e_{j_p}|j_i=1,\cdots,n, i=1,\cdots,p\}$ は $\bigotimes^p V$ の基底であり，任意の $T \in \bigotimes^p V$ は

$$T = \sum_{j_1,\cdots,j_p=1}^n T^{j_1\cdots j_p} e_{j_1}\otimes\cdots\otimes e_{j_p} \tag{3.9}$$

と展開できる．ただし，いまの場合，$T^{j_1\cdots j_p} = T(\phi^{j_1},\cdots,\phi^{j_p})$．これを **$V$ の基底 $\{e_i\}_{i=1,\cdots,n}$ に同伴する，T の成分**または**座標**とよぶ．言うまでもなく，テンソル T の成分（座標）$T^{j_1\cdots j_p}$ は V の基底を変えれば変わりうる．そこで，その変換則がいかなるものであるかを見よう．

$\{\bar{e}_i\}_{i=1,\cdots,n}$ を V の基底とし，底の変換：$\{e_i\}_i \to \{\bar{e}_i\}_i$ の行列を $P = (P^i_j)$ としよう：

$$\bar{e}_i = \sum_{j=1}^n P^j_i e_j, \quad j=1,\cdots,n. \tag{3.10}$$

したがって，基底 $\{\bar{e}_i\}_i$ の双対基底を $\{\bar{\phi}^i\}_i$ とし，$\bar{T}^{i_1\cdots i_p} := T(\bar{\phi}^{i_1},\cdots,\bar{\phi}^{i_p})$ ——基底 $\{\bar{e}_i\}_i$ に同伴する T の成分——とすれば $\bar{\phi}^i = \sum (P^{-1})^i_j \phi^j$．これと T の多重線形性により

$$\bar{T}^{i_1\cdots i_p} = \sum_{j_1,\cdots,j_p=1}^n (P^{-1})^{i_1}_{j_1}\cdots(P^{-1})^{i_p}_{j_p} T^{j_1\cdots j_p} \tag{3.11}$$

が得られる．これを見ると，反変テンソルの成分の変換は底変換の行列 P の逆行列が司っていることがわかる．この意味で，$\bigotimes^p V$ のテンソルの成分の変換は"反変的"なのである．しかし，テンソル自体が変化するわけではないことを，もう一度，強調しておく．

3.4.2 共変テンソル

前項の定義において，V として，その双対空間 V^* をとると V^* の p 重テン

---

[5] "反変"という語は，反変ベクトルの場合と同様（2.7.2項を参照），基底の変換に応じた，テンソルの成分の変換の仕方に関わるものである．テンソルが変化し，その変化の仕方を「反変」と名づけるという意味ではない．以下で成分の変換式を導く．

ソル積 $\bigotimes^p V^*$ が得られる．このテンソル空間の元を V 上の **p 階共変テンソル** (covariant tensor) とよぶ．

$\dim V = n < \infty$ としよう．この場合は，$V^{**} = V$ という自然な同一視ができるので（定理 2.20），$\bigotimes^p V^*$ の元は，$V^n = \underbrace{V \times \cdots \times V}_{n\text{ 個}}$ 上の p-線形形式と同一視できる[6]．

$\{e_i\}_{i=1,\cdots,n}$ を V の基底とし，$\{\phi^i\}_{i=1,\cdots,n}$ を，$\{e_i\}_{i=1,\cdots,n}$ の双対基底とする．定理 3.5 により，$\{\phi^{j_1} \otimes \cdots \otimes \phi^{j_p} | j_i = 1, \cdots, n, i = 1, \cdots, p\}$ は $\bigotimes^p V^*$ の基底であり，任意の $T \in \bigotimes^p V^*$ は

$$T = \sum_{j_1,\cdots,j_p=1}^n T_{j_1\cdots j_p} \phi^{j_1} \otimes \cdots \otimes \phi^{j_p} \tag{3.12}$$

と展開できる．ただし，$T_{j_1\cdots j_p} := T(e_{j_1}, \cdots, e_{j_p})$ である．展開係数の組 $T_{j_1\cdots j_p}$ を V の基底 $\{e_i\}_i$ に同伴する，**共変テンソル T の成分**または**座標**とよぶ．

共変テンソル $T \in \bigotimes^p V^*$ の成分の変換則を求めてみよう．(3.10) のように底を変換する．$\{\bar{e}_i\}_i$ に同伴する，T の成分を $\bar{T}_{i_1\cdots i_p} = T(\bar{e}_{i_1}, \cdots, \bar{e}_{i_p})$ とすれば，T の多重線形性により，

$$\bar{T}_{i_1\cdots i_p} = \sum_{j_1,\cdots,j_p=1}^n P_{i_1}^{j_1} \cdots P_{i_p}^{j_p} T_{j_1\cdots j_p}. \tag{3.13}$$

である．これは，共変テンソルの成分の変換が各添え字に関して V の基底の変換のそれと同じであることがわかる．これが，$\bigotimes^p V^*$ のテンソルを"共変"とよぶゆえんである．しかし，この場合もテンソル自体が変わるわけではない．

3.4.3 混合テンソル

反変テンソルと共変テンソルを特殊な場合として含むテンソルの型を考える．V を $\mathbb{K}$ 上のベクトル空間とする．各 $r, s \in \mathbb{N}$ に対して定まるテンソル空間

$$\mathcal{T}_s^r(V) := \left(\bigotimes^r V\right) \otimes \left(\bigotimes^s V^*\right) \tag{3.14}$$

を (r, s) **型テンソル空間**といい，その元を V 上の (r, s) **型テンソル**または **r 階反**

---

[6] $(\phi_1 \otimes \cdots \otimes \phi_p)(v_1, \cdots, v_p) = \phi_1(v_1) \cdots \phi_p(v_p)$, $\phi_i \in V_i^*, v_i \in V_i, i = 1, \cdots, p$, ということ．

変 s 階共変テンソルとよぶ．この場合，数 r を**反変次数** (contravariant degree)，数 s を**共変次数** (covariant degree) という．この型のテンソルを総称的に**混合テンソル** (mixed tensor) という．便宜上，$\mathcal{T}_p^0(V) := \bigotimes^p V^*$，$\mathcal{T}_0^p(V) := \bigotimes^p V$ とする．

混合テンソルの空間の基底については次の事実が成立する．

【定理 3.7】 $\{e_i\}_{i=1,\cdots,n}$ を V の基底とし，$\{\phi^i\}_{i=1,\cdots,n}$ を $\{e_i\}_{i=1,\cdots,n}$ の双対基底とする．このとき

$$\{e_{i_1} \otimes \cdots \otimes e_{i_r} \otimes \phi^{j_1} \otimes \cdots \otimes \phi^{j_s} \mid i_k, j_l = 1, \cdots, n, k = 1, \cdots, r, l = 1, \cdots, s\}$$

は $\mathcal{T}_s^r(V)$ の基底であり，任意の $T \in \mathcal{T}_s^r(V)$ は

$$T = \sum_{i_1,\cdots,i_s,j_1,\cdots,j_r=1}^n T_{i_1\cdots i_s}^{j_1\cdots j_r} e_{j_1} \otimes \cdots \otimes e_{j_r} \otimes \phi^{i_1} \otimes \cdots \otimes \phi^{i_s} \quad (3.15)$$

と展開される．ただし，$T_{i_1\cdots i_s}^{j_1\cdots j_r} := T(\phi^{j_1},\cdots,\phi^{j_r},e_{i_1},\cdots,e_{i_s})$．したがって，特に，$\dim \mathcal{T}_s^r(V) = (\dim V)^{s+r}$．

証明 定理 3.5 の単純な応用 ($p = s+r, V_i = V, i = 1,\cdots,s, V_{i+j} = V^*, j = 1,\cdots,r$ の場合)． ∎

(3.15) における展開係数の組 $T_{i_1\cdots i_s}^{j_1\cdots j_r}$ を V の基底 $\{e_i\}_{i=1,\cdots,n}$ に同伴する，T の**成分**または**座標**という．これは，(3.10) によって与えられる，V の基底の変換 $P = (P_j^i) : \{e_i\}_{i=1,\cdots,n} \to \{\bar{e}_i\}_{i=1,\cdots,n}$ のもとで，次のように変換する (問題 5)．

$$\bar{T}_{i_1\cdots i_s}^{j_1\cdots j_r} = \sum_{k_1,\cdots,k_s,l_1,\cdots,l_r} P_{i_1}^{k_1} \cdots P_{i_s}^{k_s} (P^{-1})_{l_1}^{j_1} \cdots (P^{-1})_{l_r}^{j_r} T_{k_1\cdots k_s}^{l_1\cdots l_r}. \quad (3.16)$$

ただし $\bar{T}_{i_1\cdots i_s}^{j_1\cdots j_r} := T(\bar{\phi}^{j_1},\cdots,\bar{\phi}^{j_r},\bar{e}_{i_1},\cdots,\bar{e}_{i_s})$ であり，$\{\bar{\phi}^1,\cdots,\bar{\phi}^n\}$ は $\{\bar{e}_i\}_{i=1,\cdots,n}$ の双対基底である．

3.4.4 縮約

(r,s) 型テンソルから $(r-1,s-1)$ 型テンソルが生み出される機構が存在する:

【定理 3.8】 $\dim V < \infty$，$r, s \geq 1$ とし，$p = 1,\cdots,r$ と $q = 1,\cdots,s$ に対して

$$\mathcal{T}_{s,q}^{r,p}(V) := (\bigotimes^{p-1} V) \otimes (\bigotimes^{r-p} V) \otimes (\bigotimes^{q-1} V^*) \otimes (\bigotimes^{s-q} V^*)$$

とおく．このとき，線形写像 $C_q^p : \mathcal{T}_s^r(V) \to \mathcal{T}_{s,q}^{r,p}(V)$ で

$$C_q^p(v_1 \otimes \cdots \otimes v_r \otimes \phi_1 \otimes \cdots \otimes \phi_s)$$
$$= \phi_q(v_p)(v_1 \otimes \cdots \otimes \hat{v}_p \otimes \cdots v_r \otimes \phi_1 \otimes \cdots \otimes \hat{\phi}_q \otimes \cdots \otimes \phi_s), \quad (3.17)$$
$$v_i \in V,\ \phi_j \in V^*,\ i = 1, \cdots, r,\ j = 1, \cdots, s$$

をみたすものがただ1つ存在する．ただし，右辺において，$\hat{v}_p,\ \hat{\phi}_q$ はそれぞれ，v_p, ϕ_q が除かれていることを表す記号である．

証明 （存在性） $n = \dim V$ とし，$\{e_i\}_{i=1,\cdots,n}$ を V の基底，$\{\phi^i\}_{i=1,\cdots,n}$ をその双対基底とする．任意の $T \in \mathcal{T}_s^r(V)$ は (3.15) のように展開できるので，これを利用して，写像 $C_q^p : \mathcal{T}_s^r(V) \to \mathcal{T}_{s,q}^{r,p}(V)$ を

$$C_q^p(T) := \sum_{k=1}^n \sum_{i_1,\cdots,\hat{i}_q,\cdots,i_s,j_1,\cdots,\hat{j}_p,\cdots,j_r=1}^n T_{i_1 \cdots i_{q-1} k i_{q+1} \cdots i_s}^{j_1 \cdots j_{p-1} k j_{p+1} \cdots j_r}$$
$$\times e_{j_1} \otimes \cdots \otimes \widehat{e}_{j_p} \otimes \cdots \otimes e_{j_r} \otimes \phi^{i_1} \otimes \cdots \otimes \widehat{\phi}^{i_q} \otimes \cdots \otimes \phi^{i_s}$$

によって定義する．これが線形であることは容易にわかる．特に，$T = v_1 \otimes \cdots \otimes v_r \otimes \psi_1 \otimes \cdots \otimes \psi_s\ (v_i \in V, \psi_j \in V^*)$ とすれば $T_{i_1 \cdots i_s}^{j_1 \cdots j_r} = (v_1)^{j_1} \cdots (v_r)^{j_r} (\psi_1)_{i_1} \cdots \times (\psi_s)_{i_s}$ であり，$\sum_{k=1}^n (v_p)^k (\psi_q)_k = \psi_q(v_p)$ であるので，(3.17) が出る．

（一意性） 線形写像 $C : \mathcal{T}_s^r(V) \to \mathcal{T}_{s,q}^{r,p}(V)$ で $C(v_1 \otimes \cdots \otimes v_r \otimes \phi_1 \otimes \cdots \otimes \phi_s)$ が (3.17) の右辺に等しいものがあったとしよう．このとき，$C(v_1 \otimes \cdots \otimes v_r \otimes \phi_1 \otimes \cdots \otimes \phi_s) = C_q^p(v_1 \otimes \cdots \otimes v_r \otimes \phi_1 \otimes \cdots \otimes \phi_s)$．一方，$\mathcal{T}_s^r(V) = \mathcal{L}(\{v_1 \otimes \cdots \otimes v_r \otimes \phi_1 \otimes \cdots \otimes \phi_s \mid v_i \in V, \phi_j \in V^*, i = 1, \cdots, r, j = 1, \cdots, s\})$．これと C と C_q^p の線形性により，すべての $T \in \mathcal{T}_s^r(V)$ に対して，$C(T) = C_q^p(T)$ が成り立つことになる．したがって，$C = C_q^p$. ∎

定理 3.8 にいう線形写像 C_q^p を反変次数 p，共変次数 q に関する**テンソル縮約** (tensor contraction) という．

テンソル $T \in \mathcal{T}_s^r(V)$ の像 $C_q^p(T)$ をテンソル T の，反変次数 p，共変次数 q に関する**縮約**とよぶ．容易にわかるように，$C_q^p(T)$ の成分表示は

$$C_q^p(T)_{i_1 \cdots i_{s-1}}^{j_1 \cdots j_{r-1}} = \sum_{k=1}^n T_{i_1 \cdots i_{q-1} k i_q \cdots i_{s-1}}^{j_1 \cdots j_{p-1} k j_p \cdots j_{r-1}} \quad (3.18)$$

となる．

3.5 対称テンソルと反対称テンソル

テンソル空間のうちで基本的なクラスを2つとりあげる.

3.5.1 準備——置換作用素

$V_1, \cdots, V_p$ $(p \in \mathbb{N})$ を $\mathbb{K}$ 上のベクトル空間とし,$T \in \bigotimes_{i=1}^p V_i$ とする.補題 3.3 によって,自然数 N とベクトル $v_k^{(i)} \in V_i, k = 1, \cdots, N, i = 1, \cdots, p$ があって

$$T = \sum_{k=1}^N v_k^{(1)} \otimes \cdots \otimes v_k^{(p)} \tag{3.19}$$

と表される.S_p を $1, \cdots, p$ の置換全体の集合とする(付録 A, 例 A.22).任意の $\sigma \in \mathsf{S}_p$ に対して,写像 $P_\sigma : \bigotimes_{i=1}^p V_i \to \bigotimes_{i=1}^p V_{\sigma(i)}$ を

$$P_\sigma(T) := \sum_{k=1}^N v_k^{(\sigma(1))} \otimes \cdots \otimes v_k^{(\sigma(p))} \tag{3.20}$$

によって定義する.だが,これが意味をもつためには,右辺が,T を (3.19) のように表す仕方によらないことを示さなければならない.すなわち,別に,自然数 M とベクトル $u_j^{(i)} \in V_i, j = 1, \cdots, M, i = 1, \cdots, p$ があって,$T = \sum_{j=1}^M u_j^{(1)} \otimes \cdots \otimes u_j^{(p)}$ と表されたとき

$$\sum_{k=1}^N v_k^{(\sigma(1))} \otimes \cdots \otimes v_k^{(\sigma(p))} = \sum_{j=1}^M u_j^{(\sigma(1))} \otimes \cdots \otimes u_j^{(\sigma(p))} \tag{3.21}$$

が成立することを確認しておく必要がある.これは,次のようにしてなされる[7].

M_i を $v_k^{(i)}, u_j^{(i)}, k = 1, \cdots, N, j = 1, \cdots, M$ によって生成される部分空間とする.これは有限次元であるから,$\dim M_i = r_i$ とすれば,基底 $\{e_{l_i}^{(i)} \mid l_i = 1, \cdots, r_i\}$ がとれる.そこで,$v_k^{(i)} = \sum_{l_i=1}^{r_i} v_{k,l_i}^{(i)} e_{l_i}^{(i)}$, $u_j^{(i)} = \sum_{l_i=1}^{r_i} u_{j,l_i}^{(i)} e_{l_i}^{(i)}$ と展開する($v_{k,l_i}^{(i)}, u_{j,l_i}^{(i)} \in \mathbb{K}$).これを条件式 $\sum_{k=1}^N v_k^{(1)} \otimes \cdots \otimes v_k^{(p)} = \sum_{j=1}^M u_j^{(1)} \otimes \cdots \otimes u_j^{(p)}$ に代入し,$\{e_{l_1}^{(1)} \otimes \cdots \otimes e_{l_p}^{(p)} \mid i = 1, \cdots, p, l_i = 1, \cdots, r_i\}$ の線形独立性を用いると,$\sum_{k=1}^N v_{k,l_1}^{(1)} \cdots v_{k,l_p}^{(p)} = \sum_{j=1}^M u_{j,l_1}^{(1)} \cdots u_{j,l_p}^{(p)}$, $i = 1, \cdots, p, l_i = 1, \cdots, r_i$ が導かれる.したがって,(3.21) の左辺は $\sum_{l_1, \cdots, l_p} \sum_{k=1}^N v_{k,l_1}^{(1)} \cdots v_{k,l_p}^{(p)} e_{l_{\sigma(1)}}^{(\sigma(1))} \otimes \cdots \otimes e_{l_{\sigma(p)}}^{(\sigma(p))} = \sum_{l_1, \cdots, l_p} \sum_{j=1}^M u_{j,l_1}^{(1)} \cdots u_{j,l_p}^{(p)} e_{l_{\sigma(1)}}^{(\sigma(1))} \otimes \cdots \otimes e_{l_{\sigma(p)}}^{(\sigma(p))}$ となり,(3.21) の右辺に等しいことがわかる[8].

---

[7] 一般的思考法に慣れていない読者は,以下の議論において,まず,$p = 2$ の場合を考えてみるとよい.

[8] ここで提示した証明法は,ベクトル空間論の先にあるヒルベルト空間論やバナッハ空間論でも有用であるので,しっかりと身につけておくとよい.

P_σ の定義から，特別な場合として，任意の $v_i \in V_i, i = 1, \cdots, p$ に対して

$$P_\sigma(v_1 \otimes \cdots \otimes v_p) = v_{\sigma(1)} \otimes \cdots \otimes v_{\sigma(p)} \tag{3.22}$$

が成り立つことがわかる．また，P_σ が線形であることも容易にわかる（問題 6）．これらの事実に基づいて，P_σ を置換 σ に対する**置換作用素**という．

【定理 3.9】 各 $\sigma \in \mathsf{S}_p$ に対して，$P_\sigma : \bigotimes_{i=1}^p V_i \to \bigotimes_{i=1}^p V_{\sigma(i)}$ は同型写像である．したがって，$\bigotimes_{i=1}^p V_i \cong \bigotimes_{i=1}^p V_{\sigma(i)}$．

証明 $T \in \ker P_\sigma$ は $T = \sum_{k_1=1}^{n_1} \cdots \sum_{k_p=1}^{n_p} a^{k_1 \cdots k_p} v_{k_1}^{(1)} \otimes \cdots \otimes v_{k_p}^{(p)}$ と表される ($a^{k_1 \cdots k_p} \in \mathbb{K}, v_{k_i}^{(i)} \in V_i$). 各 i に対して，$\{v_{k_i}^{(i)} \mid k_i = 1, \cdots, n_i\}$ は線形独立であるとして一般性を失わない．$P_\sigma(T) = 0$ であるから，すべての $\phi_i \in V_i^*$ に対して $\sum_{k_1=1}^{n_1} \cdots \sum_{k_p=1}^{n_p} a^{k_1 \cdots k_p} \phi_1(v_{k_1}^{(1)}) \cdots \phi_p(v_{k_p}^{(p)}) = 0$ が成り立つ．そこで

$$v := \sum_{k_1=1}^{n_1} \cdots \sum_{k_p=1}^{n_p} a^{k_1 \cdots k_p} \phi_2(v_{k_2}^{(2)}) \cdots \phi_p(v_{k_p}^{(p)}) v_{k_1}^{(1)}$$

とおけば，$\phi_1(v) = 0$．$\phi_1 \in V^*$ は任意であるから，$v = 0$．すると，$\{v_{k_1}^{(1)} \mid k_1 = 1, \cdots, n_1\}$ の線形独立性により，$\sum_{k_2=1}^{n_2} \cdots \sum_{k_p=1}^{n_p} a^{k_1 \cdots k_p} \phi_2(v_{k_2}^{(2)}) \cdots \phi_p(v_{k_p}^{(p)}) = 0$．そこで，同じ議論を順次繰り返していけば，結局，$a^{k_1 \cdots k_p} = 0$ が得られる．したがって，$T = 0$．ゆえに，T は単射である．T の全射性は明らかであろう． ∎

3.5.2 p 重テンソル積上の置換作用素

以下，$V_i = V, i = 1, \cdots, p$ の場合を考え，$\bigotimes^p V$ 上の置換作用素を同じ記号 P_σ $(\sigma \in \mathsf{S}_p)$ で表す．置換作用素の基本的な性質を見よう．

【定理 3.10】

(i) 任意の $\sigma, \tau \in \mathsf{S}_p$ に対して，$P_\tau P_\sigma = P_{\sigma\tau}$．

(ii) P_σ は全単射であり，$P_\sigma^{-1} = P_{\sigma^{-1}}$．

証明 (i) (3.22) によって，$(P_\tau P_\sigma)(v_1 \otimes \cdots \otimes v_p) = P_\tau(P_\sigma(v_1 \otimes \cdots \otimes v_p)) = P_\tau(v_{\sigma(1)} \otimes \cdots \otimes v_{\sigma(p)})$．ここで，$u_i = v_{\sigma(i)}$ とおけば，最右辺は $u_{\tau(1)} \otimes \cdots \otimes u_{\tau(p)}$ に等しい．これは，v_i で表せば，$v_{\sigma(\tau(1))} \otimes \cdots \otimes v_{\sigma(\tau(p))} = v_{(\sigma\tau)(1)} \otimes \cdots \otimes$

$v_{(\sigma\tau)(p)} = P_{\sigma\tau}(v_1 \otimes \cdots \otimes v_p)$ となる．したがって，$(P_\tau P_\sigma)(v_1 \otimes \cdots \otimes v_p) = P_{\sigma\tau}(v_1 \otimes \cdots \otimes v_p)$．この結果と $\bigotimes^p V$ の任意の元 T が純テンソルの線形結合で表されることに注意すれば，$P_\tau P_\sigma(T) = P_{\sigma\tau}(T)$ が導かれる．したがって，求める作用素の等式が得られる．

(ii) (i) の式において，$\tau = \sigma^{-1}$（σ の逆置換）とし，$\sigma^{-1}\sigma = 1$（恒等置換）および $P_1 = I_{\otimes^p V}$（$\bigotimes^p V$ 上の恒等作用素）を用いると $P_{\sigma^{-1}} P_\sigma = I_{\otimes^p V}$ が得られる．同様に，(i) の式で σ と τ を入れ換えたものを考え，$\tau = \sigma^{-1}$ とすれば，$P_\sigma P_{\sigma^{-1}} = I_{\otimes^p V}$ が導かれる．したがって，写像の全単射性に関する一般的定理（付録 A，定理 A.9）により，題意がしたがう． ■

3.5.3　テンソルの2つのクラス

置換作用素を用いて，テンソルのクラスを2つ導入する．

【定義 3.11】 $T \in \otimes^p V$ とする．

(i) すべての $\sigma \in \mathsf{S}_p$ に対して，$P_\sigma(T) = T$ をみたすとき，T を **p 階対称テンソル** (symmetric tensor of rank p) とよぶ．

　p 階対称テンソルの全体を $\mathcal{S}^p(V)$ または $\bigotimes_\mathrm{s}^p V$ という記号で表す．

(ii) すべての $\sigma \in \mathsf{S}_p$ に対して，$P_\sigma(T) = \mathrm{sgn}(\sigma) T$ をみたすとき，T を **p 階反対称テンソル** (anti-symmetric tensor of rank p) または **交代テンソル** とよぶ．ここで，$\mathrm{sgn}(\sigma)$ は置換 σ の符号である（付録 A，例 A.22 を参照）．p 階反対称テンソルを **p-ベクトル** という場合もある．p 階反対称テンソルの全体を $\mathcal{A}^p(V)$ または $\bigotimes_\mathrm{as}^p V$ という記号で表す．

$\mathcal{S}^p(V)$, $\mathcal{A}^p(V)$ いずれも $\bigotimes^p V$ の部分空間である（問題 7）．明らかに

$$\mathcal{S}^1(V) = \mathcal{A}^1(V) = \mathcal{T}_0^1(V) = V. \tag{3.23}$$

しかし，次の事実に注意しよう：

【命題 3.12】 $p \geq 2$ ならば $\mathcal{S}^p(V) \cap \mathcal{A}^p(V) = \{0\}$．

証明 $T \in \mathcal{S}^p(V) \cap \mathcal{A}^p(V)$ ならば，任意の $\sigma \in \mathsf{S}_p$ に対して，$P_\sigma(T) = T$ かつ $P_\sigma(T) = \mathrm{sgn}(\sigma) T$．したがって，$(1 - \mathrm{sgn}(\sigma)) T = 0$．$p \geq 2$ ならば，奇置換は存在する．そこで，σ として奇置換をとれば $2T = 0$．したがって，$T = 0$． ■

3.5 対称テンソルと反対称テンソル 73

【命題 3.13】 $T \in \bigotimes^p V$ とする.

(i) $T \in \mathcal{S}^p(V)$ であるための必要十分条件は, すべての $\phi_1, \cdots, \phi_p \in V^*$ とすべての $\sigma \in \mathsf{S}_p$ に対して,

$$T(\phi_1, \cdots, \phi_p) = T(\phi_{\sigma(1)}, \cdots, \phi_{\sigma(p)}) \tag{3.24}$$

が成り立つことである.

(ii) $T \in \mathcal{A}^p(V)$ であるための必要十分条件は, すべての $\phi_1, \cdots, \phi_p \in V^*$ とすべての $\sigma \in \mathsf{S}_p$ に対して,

$$T(\phi_1, \cdots, \phi_p) = \mathrm{sgn}(\sigma) T(\phi_{\sigma(1)}, \cdots, \phi_{\sigma(p)}) \tag{3.25}$$

が成り立つことである.

証明 (i) $T = \sum_{k=1}^N v_k^{(1)} \otimes \cdots \otimes v_k^{(p)}, v_k^{(i)} \in V$ とする.
(必要性) $T \in \mathcal{S}^p(V)$ としよう. このとき, $T = P_\sigma(T)$. したがって, $T(\phi_1, \cdots, \phi_p) = \sum_{k=1}^n \phi_1(v_k^{(\sigma(1))}) \cdots \phi_p(v_k^{(\sigma(p))}) = T(\phi_{\sigma^{-1}(1)}, \cdots, \phi_{\sigma^{-1}(p)})$
$\cdots (*)$. σ が S_p 全体を動くとき, σ^{-1} も S_p 全体を動くから, (3.24) が成立する.
(十分性) (3.24) が成立するとする. したがって, $\sum_{k=1}^N \phi_1(v_k^{(1)}) \cdots \phi_p(v_k^{(p)}) = \sum_{k=1}^n \phi_{\sigma(1)}(v_k^{(1)}) \cdots \phi_{\sigma(p)}^{(p)}(v_k^{(p)})$. 右辺は, $P_{\sigma^{-1}}(T)(\phi_1, \cdots, \phi_p)$ に等しい. したがって, $T = P_{\sigma^{-1}}(T)$. $\sigma \in \mathsf{S}_p$ は任意であったから, これは $T = P_\sigma(T), \forall \sigma \in \mathsf{S}_p$ を意味する.

(ii) (i) と同様(ただし, 今度は, 置換の符号が現れることに注意). ■

3.5.4 対称化作用素と反対称化作用素

写像 $S_p, A_p : \bigotimes^p V \to \bigotimes^p V$ を

$$S_p := \frac{1}{p!} \sum_{\sigma \in \mathsf{S}_p} P_\sigma, \quad A_p := \frac{1}{p!} \sum_{\sigma \in \mathsf{S}_p} \mathrm{sgn}(\sigma) P_\sigma \tag{3.26}$$

によって定義する. いずれも線形作用素である.

【命題 3.14】

(i) 任意の $\sigma \in \mathsf{S}_p$ に対して,

$$P_\sigma S_p = S_p P_\sigma = S_p, \tag{3.27}$$

$$P_\sigma A_p = A_p P_\sigma = \mathrm{sgn}(\sigma) A_p. \tag{3.28}$$

(ii) $S_p^2 = S_p$, $A_p^2 = A_p$.

(iii) 任意の $p \geq 2$ に対して，$S_p A_p = A_p S_p = 0$.

証明 (i) 定理 3.10(i) を使うと，$P_\sigma S_p = (1/p!) \sum_{\tau \in \mathsf{S}_p} P_{\tau\sigma} \cdots (*)$. そこで，$\rho = \tau\sigma$ とおけば，$\tau = \rho\sigma^{-1}$. 一方，$\rho\sigma^{-1} \in \mathsf{S}_p \iff \rho \in \mathsf{S}_p$. したがって，$(*)$ の右辺 $= (1/p!) \sum_{\rho \in \mathsf{S}_p} P_\rho = S_p$. $S_p P_\sigma = S_p$ についても同様．

前段と同様の考え方にしたがって，次のように式変形ができる：
$$P_\sigma A_p = \frac{1}{p!} \sum_{\tau \in \mathsf{S}_p} \operatorname{sgn}(\tau) P_{\tau\sigma} = \frac{1}{p!} \sum_{\rho \in \mathsf{S}_p} \operatorname{sgn}(\rho\sigma^{-1}) P_\rho.$$

そこで，$\operatorname{sgn}(\rho\sigma^{-1}) = \operatorname{sgn}(\rho) \operatorname{sgn}(\sigma^{-1}) = \operatorname{sgn}(\rho) \operatorname{sgn}(\sigma)$ を用いると，$P_\sigma A_p = \operatorname{sgn}(\sigma) A_p$ を得る．$A_p P_\sigma = \operatorname{sgn}(\sigma) A_p$ についても同様．

(ii) (3.27) を使えば，$S_p^2 = (1/p!) \sum_{\sigma \in \mathsf{S}_p} P_\sigma S_p = (1/p!) \sum_{\sigma \in \mathsf{S}_p} S_p = (1/p!) \times p! S_p = S_p$. 同様に，(3.28) を使うことにより，$A_p^2 = (1/p!) \sum_{\sigma \in \mathsf{S}_p} \operatorname{sgn}(\sigma) P_\sigma A_p = (1/p!) \times \sum_{\sigma \in \mathsf{S}_p} \operatorname{sgn}(\sigma)^2 A_p = A_p$.

(iii) (3.28) により，$S_p A_p = (1/p!) \sum_{\sigma \in \mathsf{S}_p} P_\sigma A_p = (1/p!) \sum_{\sigma \in \mathsf{S}_p} \operatorname{sgn}(\sigma) A_p$. 一方，$p \geq 2$ ならば $\sum_{\sigma \in \mathsf{S}_p} \operatorname{sgn}(\sigma) = 0$. したがって，$S_p A_p = 0 \, (p \geq 2)$. 同様にして，$A_p S_p = 0 \, (p \geq 2)$ も示される． ∎

ここで，ある一般概念を導入しておこう：

【定義 3.15】 ベクトル空間上の線形作用素 P が $P^2 = P$ をみたすとき，P を**ベキ等作用素**とよぶ．

命題 3.14(ii) は，S_p と A_p がともにベキ等作用素であることを示している．

【定理 3.16】

(i) $\operatorname{Ran}(S_p) = \mathcal{S}^p(V)$.

(ii) $\operatorname{Ran}(A_p) = \mathcal{A}^p(V)$.

証明 (i) (3.27) によって，$P_\sigma S_p(T) = S_p(T), \forall \sigma \in \mathsf{S}_p, \forall T \in \bigotimes^p V$. したがって，$\operatorname{Ran}(S_p) \subset \mathcal{S}^p(V)$. $T \in \mathcal{S}^p(V)$ としよう．このとき，任意の $\sigma \in \mathsf{S}_p$ に対して $P_\sigma(T) = T$. これは $S_p(T) = T$ を意味する．したがって，$T \in \operatorname{Ran}(S_p)$. ゆえに，$\mathcal{S}^p(V) \subset \operatorname{Ran}(S_p)$. よって，題意が成立する．

(ii) (3.28) は, $P_\sigma A_p(T) = \text{sgn}(\sigma) A_p(T), \forall \sigma \in \mathsf{S}_p, \forall T \in \bigotimes^p V$ を意味する. したがって, $\text{Ran}(A_p) \subset \mathcal{A}^p(V)$. $T \in \mathcal{A}^p(V)$ としよう. このとき, 任意の $\sigma \in \mathsf{S}_p$ に対して $P_\sigma(T) = \text{sgn}(\sigma) T$, すなわち, $\text{sgn}(\sigma) P_\sigma(T) = T$ ($\because \text{sgn}(\sigma)^2 = 1$). これは $A_p(T) = T$ を意味する. したがって, $T \in \text{Ran}(A_p)$. ゆえに, $\mathcal{A}^p(V) \subset \text{Ran}(A_p)$. ∎

この定理の事実に基づいて, 作用素 S_p, A_p をそれぞれ, **対称化作用素** (symmetrization operator), **反対称化作用素** (antisymmetrization operator) とよぶ.

定理 3.16 の内容は次の形にまとめることもできる:

【系 3.17】 テンソル $T \in \bigotimes^p V$ について, 次の (i), (ii) が成り立つ: (i) $T \in \mathcal{S}^p(V) \iff S_p(T) = T$, (ii) $T \in \mathcal{A}^p(V) \iff A_p(T) = T$.

以上は, V が有限次元であるか否かによらない一般的事実である. V が有限次元である場合には, テンソルの対称性あるいは反対称性はテンソルの成分についてある制限をもたらす:

【定理 3.18】 $n = \dim V < \infty$ とし, $\{e_i\}_{i=1,\cdots,n}$ を V の基底とする. テンソル $T \in \bigotimes^p V$ の, 基底 $\{e_{i_1} \otimes \cdots \otimes e_{i_p} \mid i_j = 1, \cdots, n, j = 1, \cdots, p\}$ に関する成分を $\{T^{i_1 \cdots i_p}\}$ とする: $T = \sum_{i_1,\cdots,i_p=1}^n T^{i_1 \cdots i_p} e_{i_1} \otimes \cdots \otimes e_{i_p}$. このとき:

(i) T が対称テンソルならば, $T^{i_1 \cdots i_p}$ は添字 $i_1, \cdots, i_p$ について完全対称である. すなわち, 任意の $\sigma \in \mathsf{S}_p$ に対して, $T^{i_{\sigma(1)} \cdots i_{\sigma(p)}} = T^{i_1 \cdots i_p}$.

(ii) T が反対称テンソルならば, $T^{i_1 \cdots i_p}$ は添字について完全反対称である. すなわち, 任意の $\sigma \in \mathsf{S}_p$ に対して, $T^{i_{\sigma(1)} \cdots i_{\sigma(p)}} = \text{sgn}(\sigma) T^{i_1 \cdots i_p}$.

証明 (i) T が対称テンソルならば, 任意の置換 $\sigma \in \mathsf{S}_p$ に対して

$$\sum_{i_1,\cdots,i_p} T^{i_1 \cdots i_p} e_{i_{\sigma(1)}} \otimes \cdots \otimes e_{i_{\sigma(p)}} = \sum_{i_1,\cdots,i_p} T^{i_1 \cdots i_p} e_{i_1} \otimes \cdots \otimes e_{i_p}$$

が成り立つ. 左辺は, $\sum_{i_1,\cdots,i_p} T^{i_{\sigma^{-1}(1)} \cdots i_{\sigma^{-1}(p)}} e_{i_1} \otimes \cdots \otimes e_{i_p}$ と書き換えられる. これと基底の線形独立性により, $T^{i_{\sigma^{-1}(1)} \cdots i_{\sigma^{-1}(p)}} = T^{i_1 \cdots i_p}$. σ が S_p 全体を動くとき σ^{-1} も S_p 全体を動くので 題意が成立する.

(ii) (i) と同様 (この場合, $\text{sgn}(\sigma) = \text{sgn}(\sigma^{-1})$ に注意). ∎

3.5.5 内部積

V を $\mathbb{K}$ 上のベクトル空間とし,その双対空間 V^* の p 重テンソル積 $\bigotimes^p V^*$ ($p \in \mathbb{N}, p \geq 2$) を考えよう.各 $u \in V$ と $T \in \bigotimes^p V^*$ に対して,写像 $\iota(u)T : V^{p-1} \to \mathbb{K}$ を

$$(\iota(u)T)(u_1, \cdots, u_{p-1}) := T(u, u_1, \cdots, u_p), \quad (u_1, \cdots, u_{p-1}) \in V^{p-1} \quad (3.29)$$

によって定義できる.$p = 1$ の場合は $\iota(u)\phi := \phi(u)$, $\phi \in V^*$ と定義する.便宜上,$\bigotimes^0 V^* := \mathbb{K}$ とおく.すると,すべての $p \in \mathbb{N}$ と $T \in \bigotimes^p V^*$ に対して $\iota(u)T \in \bigotimes^{p-1} V^*$ であることがわかる.テンソル $\iota(u)T$ を u と T の **内部積** (interior product) とよぶ.

対応 $\iota(u) : T \mapsto \iota(u)T$ は $\bigotimes^p V^*$ から $\bigotimes^{p-1} V^*$ への線形作用素である.この線形作用素を $u \in V$ に同伴する **内部積作用素** とよぶ.この作用素は $\bigotimes^p V^*$ を $\bigotimes^{p-1} V^*$ に関連づける働きをする.

$$\cdots \xrightarrow{\iota(u)} \bigotimes^{p+1} V^* \xrightarrow{\iota(u)} \bigotimes^p V^* \xrightarrow{\iota(u)} \bigotimes^{p-1} V^* \xrightarrow{\iota(u)} \bigotimes^{p-2} V^* \xrightarrow{\iota(u)} \cdots$$

容易に証明されるように,$T = \phi_1 \otimes \cdots \otimes \phi_p$ ($\phi_i \in V^*, i = 1, \cdots, p$) ならば

$$\iota(u)\phi_1 \otimes \cdots \otimes \phi_p = \phi_1(u)\phi_2 \otimes \cdots \otimes \phi_p \quad (3.30)$$

が成り立つ(問題 8).

次の命題は,内部積の定義にしたがって,容易に証明することができる:

【命題 3.19】

(i) $T \in \mathcal{S}^p(V^*)$ ならば $\iota(u)T \in \mathcal{S}^{p-1}(V^*)$, $\forall u \in V$.

(ii) $T \in \mathcal{A}^p(V^*)$ ならば $\iota(u)T \in \mathcal{A}^{p-1}(V^*)$, $\forall u \in V$.

(iii) すべての $u, v \in V, a, b \in \mathbb{K}$ に対して,$\iota(au + bv) = a\iota(u) + b\iota(v)$.

3.6　2 階のテンソル空間の性質

V を $\mathbb{K}$ 上のベクトル空間とする.V に付随する,階数が 2 以上のテンソル空間のうち,2 階のテンソル空間 $\bigotimes^2 V$ が最も解析しやすいであろうことは容易に推察されよう.そこで,この節では,この空間の基本的構造を論じる.

3.6.1 分解定理

【定理 3.20】 各 $T \in \bigotimes^2 V$ に対して，2階対称テンソル $T_+ \in \mathcal{S}^2(V)$ と2階反対称テンソル $T_- \in \mathcal{A}^2(V)$ がそれぞれ，ただ1つ存在し，$T = T_+ + T_-$ と表される．

証明 $T_+ := S_2(T), T_- := A_2(T)$ とおけば，$T_+ \in \mathcal{S}^2(V), T_- \in \mathcal{A}^2(V)$ であり，$T_+ + T_- = T$ であることがわかる[9]．このような表示の一意性を示すために，別に $T = T'_+ + T'_-$ となる $T'_+ \in \mathcal{S}^p(V), T'_- \in \mathcal{A}'(V)$ があったとしよう．このとき，$T_+ - T'_+ = T'_- - T_- \cdots (*)$．左辺は $\mathcal{S}^2(V)$ に属し，右辺は $\mathcal{A}^2(V)$ に属するから，$T_+ - T'_+ \in \mathcal{S}^2(V) \cap \mathcal{A}^2(V)$．これと命題 3.12 によって，$T_+ - T'_+ = 0$，すなわち，$T_+ = T'_+$．したがってまた，$(*)$ によって，$T'_- = T_-$． ∎

定理 3.20 における T_+ を T の**対称部分** (symmetric part)，T_- を T の**反対称部分** (anti-symmetric part) とよぶ．

!注意 3.2 注意するまでもないと思うが，上の定理は V のところを V^* としてもちろん成立する（上の定理は任意のベクトル空間 V に対して成り立つ）．

3.6.2 2階共変対称テンソルの標準形

$\dim V = n$ とし，V^* の任意の基底を $\{\phi^1, \cdots, \phi^n\}$ とする．

【定理 3.21】 $T \in \mathcal{S}^2(V^*)$ とし，番号 $1 \leq k \leq n$ があって $T = \sum_{i,j=1}^k T_{ij} \phi^i \otimes \phi^j$ と表されているとする ($T_{ij} \in \mathbb{K}$)．このとき，線形独立なベクトルの集合 $\{\bar{\phi}^1, \cdots, \bar{\phi}^k\} \subset V^*$ で次の性質をみたすものが存在する：

(i) $\mathcal{L}(\{\bar{\phi}^1, \cdots, \bar{\phi}^k\}) = \mathcal{L}(\{\phi^1, \cdots, \phi^k\})$．

(ii) $\{\bar{\phi}^1, \cdots, \bar{\phi}^k, \phi^{k+1}, \cdots, \phi^n\}$ は V^* の基底である[10]．

(iii) 数 $\lambda_j \in \mathbb{K}, j = 1, \cdots, k$, があって

$$T = \sum_{j=1}^k \lambda_j \bar{\phi}^j \otimes \bar{\phi}^j. \tag{3.31}$$

---

[9] $(1,2)$ を2つの対象の互換とすれば，$S_2 = (I + P_{(1,2)})/2, A_2 = (I - P_{(1,2)})/2$ と書けること，したがって，$A_2 + S_2 = I$ であることに注意．
[10] $k = n$ のときの当該の集合は，$\{\bar{\phi}^1, \cdots, \bar{\phi}^n\}$ である．

証明 k に関する帰納法による. $k = 1$ のときは, $\bar{\phi}^1 = \phi^1$, $\lambda_1 = T_{11}$ とすればよい. $n \geq 2$ とし, $k = m - 1$ ($2 \leq m \leq n$) まで主張が成立したとし, $T = \sum_{i,j=1}^{m} T_{ij} \phi^i \otimes \phi^j$ とする. $T \neq 0$ の場合を考えれば十分である[11]. すると, $T_{ab} \neq 0$ となる a, b がある. $a = b$ ならば, $\psi^m := \phi^a$, $\psi^a := \phi^m$, $\psi^i := \phi^i$, $i \neq a, m$, $S_{mm} := T_{aa}$, $S_{aa} := T_{mm}$, $S_{ij} := T_{ij}$, $(i,j) \neq (a,a), (m,m)$ とおくことにより, $T = \sum_{i,j=1}^{m} S_{ij} \psi^i \otimes \psi^j$, $S_{mm} \neq 0$ と書ける. この場合, $\mathcal{L}(\{\psi^1, \cdots, \psi^m\}) = \mathcal{L}(\{\phi^1, \cdots, \phi^m\})$. もし, $a \neq b$ ならば, T の対称性から含意される関係 $T_{ij} = T_{ji}, i, j = 1, \cdots, m$ を用いることにより, $\Phi := T_{ab} \phi^a \otimes \phi^b + T_{ba} \phi^b \otimes \phi^a = c(\phi^a \otimes \phi^b + \phi^b \otimes \phi^a)$ ($c := T_{ab} = T_{ba} \neq 0$). そこで, $\eta^a := (\phi^a + \phi^b)/2$, $\eta^b := (\phi^b - \phi^a)/2$ とおけば, $\Phi = 2c\eta^a \otimes \eta^a - 2c\eta^b \otimes \eta^b$ となる. $\eta^j := \phi^j$, $j \neq a, b$ とおけば, 結局, $T = \sum_{i,j=1}^{m} R_{ij} \eta^i \otimes \eta^j$ という形に書ける. ここで, $R_{ij} \in \mathbb{K}$ であり, $R_{aa} = 2c \neq 0$, $R_{bb} = -2c \neq 0$. また, $\mathcal{L}(\{\eta^1, \cdots, \eta^m\}) = \mathcal{L}(\{\phi^1, \cdots, \phi^m\})$. したがって, いまの場合, $a = b$ の場合に帰着できる. よって, 必要ならば, $\phi^1, \cdots, \phi^m$ に対して, 上述のような変換を施し, ベクトルの名前を改めることにより, はじめから, $T_{mm} \neq 0$ として一般性を失わない. すると, $\bar{\phi}^m := T_{mm}^{-1} \sum_{l=1}^{m} T_{ml} \phi^l$ という, V^* のベクトルが定義される. これについて

$$T_{mm} \bar{\phi}^m \otimes \bar{\phi}^m = T_{mm} \phi^m \otimes \phi^m + \sum_{j=1}^{m-1} T_{mj} \phi^m \otimes \phi^j + \sum_{l=1}^{m-1} T_{ml} \phi^l \otimes \phi^m$$
$$+ T_{mm}^{-1} \sum_{j,l=1}^{m-1} T_{mj} T_{ml} \phi^l \otimes \phi^j$$

が成り立つ. したがって $S := T - T_{mm} \bar{\phi}^m \otimes \bar{\phi}^m$ とおくと $S = \sum_{j,l=1}^{m-1} S_{jl} \phi^j \otimes \phi^l$ という形に書ける ($S_{jl} \in \mathbb{K}$). ゆえに, 帰納法の仮定により, 線形独立な集合 $\{\bar{\phi}^1, \cdots, \bar{\phi}^{m-1}\} \subset V^*$ で, (a)$\mathcal{L}(\{\bar{\phi}^1, \cdots, \bar{\phi}^{m-1}\}) = \mathcal{L}(\{\phi^1, \cdots, \phi^{m-1}\})$; (b)$\{\bar{\phi}^1, \cdots, \bar{\phi}^{m-1}, \phi^m, \cdots, \phi^n\}$ は V^* の基底; (c) $S = \sum_{j=1}^{m-1} \lambda_j \bar{\phi}^j \otimes \bar{\phi}^j$ ($\lambda_j \in \mathbb{K}$)をみたすものが存在する. そこで, $\lambda_m := T_{mm}$ とおけば, $T = \sum_{j=1}^{m} \lambda_j \bar{\phi}^j \otimes \bar{\phi}^j$ と書ける. すなわち, $k = m$ の場合の条件 (iii) が成り立つ. $\bar{\phi}_m \in \mathcal{L}(\{\phi^l\}_{l=1}^{m})$ および $\phi^m = \bar{\phi}^m - T_{mm}^{-1} \sum_{l=1}^{m-1} T_{ml} \phi^l$ であることに注意すれば, $k = m$ の場合の条件 (i) が成立することがわかる. これと (b) は, $k = m$ の場合の条件 (ii) の成立を意味する. ■

---

[11] $T = 0$ の場合は, $\bar{\phi}^i = \phi^i$, $\lambda_j = 0$ とすればよい.

定理 3.21 は次の重要な事実を導く：

【定理 3.22】(共変対称テンソルの標準形) V を n 次元の実ベクトル空間とする．このとき，各 $T \in \mathcal{S}^2(V^*)$ に対して，V^* の基底 $\{\psi^1, \cdots, \psi^n\}$ と $p, q \in \{0\} \cup \mathbb{N}, p+q \leq n$ が存在し

$$T = \sum_{j=1}^{p} \psi^j \otimes \psi^j - \sum_{k=1}^{q} \psi^{p+k} \otimes \psi^{p+k} \tag{3.32}$$

が成り立つ[12]．この場合，p, q は T によって一意的に定まる．

証明 (3.31) における実数 λ_j のうち，正のものを $\lambda_{j_1}, \cdots, \lambda_{j_p}$，負のものを $\lambda_{i_1}, \cdots, \lambda_{i_q}$ とし，$\psi^l := \sqrt{\lambda_{j_l}} \bar{\phi}^{j_l} (l=1,\cdots,p), \psi^{p+k} := \sqrt{-\lambda_{i_k}} \bar{\phi}^{i_k}$ とおく．また，$\{\bar{\phi}^r\}_{r=1}^n \setminus \{\bar{\phi}^{j_l}, \bar{\phi}^{i_k}\}_{l=1,\cdots,p, k=1,\cdots,q}$ に属する元を添え字番号の小さい順に並べたものを $\psi^{p+q+1}, \cdots, \psi^n$ とする．このとき，$\{\psi^j\}_{j=1}^n$ は V^* の基底であり，(3.32) が成り立つ．

(p, q の一意性) 別に V^* の基底 $\{\eta^j\}_{j=1}^n$ と $p', q' \in \{0\} \cup \mathbb{N}$ ($p' + q' \leq n$) があって

$$T = \sum_{j=1}^{p'} \eta^j \otimes \eta^j - \sum_{i=1}^{q'} \eta^{p'+i} \otimes \eta^{p'+i} \tag{3.33}$$

が成り立つとしよう．仮に $p < p'$ としてみる．写像 $f : V \to \mathbb{R}^{p+n-p'}$ を $f(u) := (\psi^1(u), \cdots, \psi^p(u), \eta^{p'+1}(u), \cdots, \eta^n(u)), u \in V$ によって定義する．これは線形写像である．次元定理により，$n = \dim \ker f + \mathrm{rank}\, f$ であり，いまの場合，$\mathrm{rank}\, f \leq p + n - p'$ であるから，$\dim \ker f \geq p' - p > 0$ となる．したがって，$u_0 \in \ker f (u_0 \neq 0)$ が存在する．$f(u_0) = 0$ より，$\psi^j(u_0) = 0, j = 1, \cdots, p$；$\eta^{p'+i}(u_0) = 0, i = 1, \cdots, n - p' \cdots (*)$．ゆえに，(3.32) から，$T(u_0, u_0) = -\sum_{k=1}^q \psi^{p+k}(u_0)^2 \leq 0$．また，(3.33) からは，$T(u_0, u_0) = \sum_{j=1}^{p'} \eta^j(u_0)^2 \geq 0$．よって，$T(u_0, u_0) = 0$．したがって，$\eta^j(u_0) = 0, j = 1, \cdots, p'$ が導かれる．これと $(*)$ を合わせると $\eta^i(u_0) = 0, i = 1, \cdots, n$．ゆえに $u_0 = 0$（命題 2.19）．だが，これは矛盾である．よって，$p \geq p'$．p と p' の役割を入れ換えて同様の議論を行うことにより，$p' \geq p$ が得られる．したがって，$p = p'$．$-T$ に同様の論法を施すことにより，$q = q'$ も示される． ∎

---

[12] $p = n$ のときは，$q = 0$ で，右辺の第 2 項はない，と読む．また，$q = n$ のときは，$p = 0$ で，右辺の第 1 項はない，と読む．

定理 3.22 における数 p, q の一意性を**シルヴェスターの慣性の法則**という[13].

有限次元実ベクトル空間 V 上の対称共変テンソル $T \in \mathcal{S}^2(V^*)$ に対して，定理 3.22 によって，ただ 1 つ定まる非負整数 p, q の対 (p, q) を T の**符号数** (signture) という．

3.7 対称テンソル空間の基底

V を $\mathbb{K}$ 上のベクトル空間とする．任意の $u_1, \cdots, u_p \in V$ に対して

$$u_1 \cdots u_p := S_p(u_1 \otimes \cdots \otimes u_p) \tag{3.34}$$

によって定義される p 階の対称テンソル $u_1 \cdots u_p$（$\because$ 定理 3.16(i)）を $u_1, \cdots, u_p$ の**対称積**とよぶ．容易にわかるように，任意の $\sigma \in \mathsf{S}_p$ に対して

$$u_{\sigma(1)} \cdots u_{\sigma(p)} = u_1 \cdots u_p \tag{3.35}$$

が成り立つ．この性質を**対称積の可換性**とよぶ．

【定理 3.23】 V は有限次元であるとし，$n = \dim V$ とする．V の基底の 1 つを $E := \{e_i\}_{i=1,\cdots,n}$ とする．このとき

$$E_{\mathrm{sym}} := \{e_{i_1} \cdots e_{i_p} \mid i_1 \leq \cdots \leq i_p\} \tag{3.36}$$

は $\mathcal{S}^p(V)$ の基底である．したがって，$\dim \mathcal{S}^p(V) = {}_{n+p-1}C_p$．ただし，${}_nC_r := n!/[(n-r)!r!]$（$n, r \in \{0\} \cup \mathbb{N}, n \geq r$）（2 項係数）．

証明 定理 3.18(i) と (3.35) によって，任意の $T \in \mathcal{S}^p(V)$ は $e_{i_1} \cdots e_{i_p}$（$i_1 \leq i_2 \leq \cdots \leq i_p$）の線形結合で書ける．したがって，$E_{\mathrm{sym}}$ が線形独立であることを示せばよい．そこで，$\sum_{i_1 \leq \cdots \leq i_p} a_{i_1 \cdots i_p} e_{i_1} \cdots e_{i_p} = 0$ とする．これは，$\sum_{i_1 \leq \cdots \leq i_p} \sum_{\sigma \in \mathsf{S}_p} a_{i_1 \cdots i_p} e_{i_{\sigma(1)}} \otimes \cdots \otimes e_{i_{\sigma(p)}} = 0$ を意味する．そこで，数 $b_{j_1 \cdots j_p}$（$j_k = 1, \cdots, n, k = 1, \cdots, p$）を $j_{\sigma^{-1}(1)} \leq \cdots \leq j_{\sigma^{-1}(p)}$ ならば——このような置換 σ は各 $(j_1, \cdots, j_p)$ に対して，ただ 1 つ定まる——，$b_{j_1 \cdots j_p} := a_{j_{\sigma^{-1}(1)} \cdots j_{\sigma^{-1}(p)}}$ と定義する．このとき，上の式は $\sum_{j_1, \cdots, j_p} b_{j_1 \cdots j_p} e_{j_1} \otimes \cdots \otimes e_{j_p} = 0$ と書き直せ

---

[13] James Joseph Sylvester (1814–1897)．イギリスの卓越した数学者．代数学に顕著な業績を残した．感情の数学としての音楽，理性の音楽としての数学というヴィジョンをもち，音楽と数学の根源的全一性を示唆した．

る. $\{e_{i_1} \otimes \cdots \otimes e_{i_p}\}_{i_1,\cdots,i_p}$ は線形独立であるから,$b_{j_1\cdots j_p} = 0$ でなければならない. これは $a_{i_1\cdots i_p} = 0$ $(i_1 \leq \cdots \leq i_p)$ を意味する. よって,E_{sym} は $\mathcal{S}^p(V)$ の基底である. この集合の元の個数は,n 種のものから重複をゆるして p 個のものを取り出す場合の数に等しいから,それは $_{n+p-1}C_p$ である. ∎

3.8 反対称テンソル空間の構造

3.8.1 反対称テンソルの外積

$p, q \in \mathbb{N}$ とし,p 階反対称テンソル T と q 階反対称テンソル S に対して,$(p+q)$ 階反対称テンソル $T \wedge S$ を

$$T \wedge S := \frac{(p+q)!}{p!q!} A_{p+q}(T \otimes S) \tag{3.37}$$

によって定義し,これを T と S の **外積** という[14]. ベクトル $u_1, \cdots, u_p \in V$ に対して,p 階の反対称テンソル $u_1 \wedge \cdots \wedge u_p$ を帰納的に

$$u_1 \wedge \cdots \wedge u_p := (u_1 \wedge \cdots \wedge u_{p-1}) \wedge u_p \tag{3.38}$$

によって定義し,これをベクトル $u_1, \cdots, u_p$ の **外積** という. 外積の計算の基本となる事実の1つを補題として述べておこう:

【補題 3.24】 $p \in \mathbb{N}$ とする. 任意の $\sigma \in \mathsf{S}_p$ とすべての $u_1, \cdots, u_{p+1} \in V$ に対して

$$A_{p+1}(u_{\sigma(1)} \otimes \cdots \otimes u_{\sigma(p)} \otimes u_{p+1}) = \text{sgn}(\sigma) A_{p+1}(u_1 \otimes \cdots \otimes u_p \otimes u_{p+1}). \tag{3.39}$$

証明 $\sigma' \in \mathsf{S}_{p+1}$ を $\sigma'(i) := \sigma(i), i = 1, \cdots, p; \sigma'(p+1) := p+1$ によって定義すれば,(3.39) の左辺は $L := (1/(p+1)!) \sum_{\tau \in \mathsf{S}_{p+1}} \text{sgn}(\tau) u_{\sigma'(\tau(1))} \otimes \cdots \otimes u_{\sigma'(\tau(p))} \otimes u_{\sigma'(\tau(p+1))}$ と書ける. そこで,$\rho = \sigma'\tau$ とおけば

$$L = \frac{1}{(p+1)!} \sum_{\rho \in \mathsf{S}_{p+1}} \text{sgn}(\sigma'^{-1}) \text{sgn}(\rho) u_{\rho(1)} \otimes \cdots \otimes u_{\rho(p)} \otimes u_{\rho(p+1)}.$$

---

[14] 文献によっては,右辺の係数 $(p+q)!/(p!q!)$ を別の数,たとえば,$\sqrt{(p+q)!}/\sqrt{p!q!}$ にとって定義する場合もある(前著『物理現象の数学的諸原理』(共立出版,2003)では,後者の定義を用いた).

一方,$\mathrm{sgn}(\sigma'^{-1}) = \mathrm{sgn}(\sigma') = \mathrm{sgn}(\sigma)$ であるから,$L = A_{p+1}(u_1 \otimes \cdots \otimes u_{p+1})$ となる. ∎

【補題 3.25】 任意の $T \in \bigotimes^p V$ と $u \in V$ に対して

$$A_{p+1}(A_p(T) \otimes u) = A_{p+1}(T \otimes u). \tag{3.40}$$

証明 T は純テンソルの線形結合で表されること,および A_{p+1}, A_p の線形性により,$T = u_1 \otimes \cdots \otimes u_p$ $(u_i \in V)$ の場合に (3.40) を示せば十分である.この場合

$$(3.40) \text{ の左辺} = \frac{1}{p!} \sum_{\sigma \in \mathsf{S}_p} \mathrm{sgn}(\sigma) A_{p+1}(u_{\sigma(1)} \otimes \cdots \otimes u_{\sigma(p)} \otimes u).$$

そこで,補題 3.24 を使えば,右辺は $A_{p+1}(u_1 \otimes \cdots \otimes u_p \otimes u)$ に等しいことがわかる. ∎

【命題 3.26】 任意の $u_1, \cdots, u_p \in V$ に対して

$$u_1 \wedge \cdots \wedge u_p = p! A_p(u_1 \otimes \cdots \otimes u_p). \tag{3.41}$$

証明 p に関する帰納法による.$p = 1$ の場合に (3.41) が成り立つことは明らか.$p = k$ の場合に (3.41) が成り立つとしよう.外積の定義により

$$u_1 \wedge \cdots \wedge u_{k+1} = \frac{(k+1)!}{k!} A_{k+1}((u_1 \wedge \cdots \wedge u_k) \otimes u_{k+1}).$$

帰納法の仮定と前補題を用いると,$A_{k+1}((u_1 \wedge \cdots \wedge u_k) \otimes u_{k+1}) = k! A_{k+1}(u_1 \otimes \cdots \otimes u_{k+1})$.したがって,$p = k + 1$ の場合にも (3.41) が成立する. ∎

【命題 3.27】 任意の $\sigma \in \mathsf{S}_p$ に対して

$$u_{\sigma(1)} \wedge \cdots \wedge u_{\sigma(p)} = \mathrm{sgn}(\sigma) u_1 \wedge \cdots \wedge u_p. \tag{3.42}$$

証明 これは (3.41) と補題 3.24 の証明と同様して証明される公式

$$A_p(u_{\sigma(1)} \otimes \cdots \otimes u_{\sigma(p)}) = \mathrm{sgn}(\sigma) A_p(u_1 \otimes \cdots \otimes u_p) \tag{3.43}$$

による. ∎

性質 (3.42) を**外積の反対称性**とよぶ.この性質から,次の命題がただちにした

がう：

【命題 3.28】 $u_1, \cdots, u_p \in V$ のうち，少なくとも 2 つが同じならば，$u_1 \wedge \cdots \wedge u_p = 0$.

証明 $u_j = u_k, j \neq k$ としよう．(3.42) における σ として，j と k の互換を考えると，左辺は不変であることおよび互換の符号は -1 であることに注意すれば，$u_1 \wedge \cdots \wedge u_p = -u_1 \wedge \cdots \wedge u_p$，すなわち，$2u_1 \wedge \cdots \wedge u_p = 0$ が得られる．したがって，題意が成立する． ∎

【系 3.29】 ベクトル $u_1, \cdots, u_p \in V$ について $u_1 \wedge \cdots \wedge u_p \neq 0$ が成り立つならば，$\{u_1, \cdots, u_p\}$ は線形独立である．

証明 対偶を示す．そこで，$u_1, \cdots, u_p$ が線形従属であるとすれば，番号 i と定数 c_j $(j \neq i)$ があって，$u_i = \sum_{j \neq i} c_j u_j$ と書ける．したがって，$u_1 \wedge \cdots \wedge u_p = \sum_{j \neq i} c_j u_1 \wedge \cdots u_{i-1} \wedge u_j \wedge u_{i+1} \wedge \cdots \wedge u_p$．右辺の各項の p 個の因子の中には必ず同じものがある．したがって，命題 3.28 によって，右辺の各項は 0 である．ゆえに $u_1 \wedge \cdots \wedge u_p = 0$． ∎

(3.41) によって，$\mathcal{A}^p(V)$ は $\{u_1 \wedge \cdots \wedge u_p \mid u_i \in V, i = 1, \cdots, p\}$ によって生成される．そこで，以後，p 階の反対称テンソルの空間に対して

$$\bigwedge^p V := \mathcal{A}^p(V) \tag{3.44}$$

という記号を用いる．

　一般のテンソルに関する外積の性質は，次の定理にまとめられる：

【定理 3.30】 $T, T' \in \bigwedge^p V, S, S' \in \bigwedge^q V, U \in \bigwedge^r V, a, b \in \mathbb{K}$ とする．このとき，次の (i)〜(iv) が成立する：

(i) （左分配則）$(aT + bT') \wedge S = a(T \wedge S) + b(T' \wedge S)$.

(ii) （右分配則）$T \wedge (aS + bS') = a(T \wedge S) + b(T \wedge S')$.

(iii) （結合則）$(T \wedge S) \wedge U = T \wedge (S \wedge U)$.

(iv) （交換特性）$T \wedge S = (-1)^{pq} S \wedge T$.

証明 (i), (ii) は外積の定義と反対称化作用素の線形性による.

(iii) 外積の定義から

$$(T \wedge S) \wedge U = \frac{(p+q+r)!}{(p+q)!r!} A_{p+q+r}((T \wedge S) \otimes U)$$
$$= \frac{(p+q+r)!}{p!q!r!} A_{p+q+r}(A_{p+q}(T \otimes S) \otimes U).$$

補題 3.25 と同様にして

$$A_{p+q+r}(A_{p+q}(T \otimes S) \otimes U) = A_{p+q+r}((T \otimes S) \otimes U) = A_{p+q+r}(T \otimes S \otimes U)$$

が示される. したがって, $(T \wedge S) \wedge U = \frac{(p+q+r)!}{p!q!r!} A_{p+q+r}(T \otimes S \otimes U)$. 同様にして, $T \wedge (S \wedge U) = \frac{(p+q+r)!}{p!q!r!} A_{p+q+r}(T \otimes S \otimes U)$ を証明することができる. よって (iii) の主張がしたがう.

(iv) (i), (ii) が成立するので, $T = u_1 \wedge \cdots \wedge u_p, S = v_1 \wedge \cdots \wedge v_q$ ($u_i, v_j \in V$) の場合について示せば十分である. このとき, $T \wedge S = u_1 \wedge \cdots \wedge u_p \wedge v_1 \wedge \cdots \wedge v_q$. 右辺において, u_p を一番右まで移動するには q 回の互換が必要である. したがって, (3.42) を繰り返し使うことにより

$$u_1 \wedge \cdots \wedge u_p \wedge v_1 \wedge \cdots \wedge v_q = (-1)^q u_1 \wedge \cdots \wedge u_{p-1} \wedge v_1 \wedge \cdots \wedge v_q \wedge u_p.$$

以下, 同様にして

$$u_1 \wedge \cdots \wedge u_p \wedge v_1 \wedge \cdots \wedge v_q = \underbrace{(-1)^q \cdots (-1)^q}_{p \text{ 個}} v_1 \wedge \cdots \wedge v_q \wedge u_1 \wedge \cdots \wedge u_p$$
$$= (-1)^{pq} S \wedge T.$$

ゆえに題意がしたがう. ∎

3.8.2 p 階反対称テンソル空間の基底

次の定理は重要である:

【定理 3.31】 $\dim V = n < \infty$ とし, $\{e_i\}_{i=1,\cdots,n}$ を V の基底とする. このとき:

(i) $p > n$ ならば, $\bigwedge^p V = \{0\}$.

(ii) $p \leq n$ ならば，$\{e_{i_1} \wedge \cdots \wedge e_{i_p} \mid i_1 < \cdots < i_p\}$ は $\bigwedge^p V$ の基底である．したがって

$$\dim \bigwedge^p V = {}_n C_p. \tag{3.45}$$

証明 (i) $\bigwedge^p V$ は $\{e_{i_1} \wedge \cdots \wedge e_{i_p} \mid i_1, \cdots, i_p = 1, \cdots, n\}$ によって生成される．もし，$p > n$ ならば，$e_{i_1}, \cdots, e_{i_p}$ の中の少なくとも 2 つは同じである．したがって，命題 3.28 によって，$e_{i_1} \wedge \cdots \wedge e_{i_p} = 0, i_1, \cdots, i_p = 1, \cdots, n$. ゆえに $\bigwedge^p V = \{0\}$.

(ii) 命題 3.28 により，$i_1, \cdots, i_p$ の中に等しいものがあれば，$e_{i_1} \wedge \cdots \wedge e_{i_p} = 0$ となる．この事実と外積の反対称性を考慮すると，$\bigwedge^p V$ は

$$e_{i_1} \wedge \cdots \wedge e_{i_p}, \quad i_1 < i_2 < \cdots < i_p$$

という型のテンソルから生成されることが結論される．これらの元が線形独立であることを示そう（このとき，基底についての言明が証明されることになる）．そこで，$\sum_{i_1 < \cdots < i_p} a_{i_1 \cdots i_p} e_{i_1} \wedge \cdots \wedge e_{i_p} = 0$ とする $(a_{i_1 \cdots i_p} \in \mathbb{K})$. これは

$$\sum_{\sigma \in \mathsf{S}_p} \sum_{i_1 < \cdots < i_p} a_{i_1 \cdots i_p} \operatorname{sgn}(\sigma) e_{i_{\sigma(1)}} \otimes \cdots \otimes e_{i_{\sigma(p)}} = 0$$

を意味する．これから，定理 3.23 の証明とまったく同様にして，$a_{i_1 \cdots i_p} = 0$ を導くことができる．したがって，$\{e_{i_1} \wedge \cdots \wedge e_{i_p} \mid i_1 < i_2 < \cdots < i_p\}$ は線形独立である．この集合の元の個数は，n 個のものから異なる p 個のものを選ぶ場合の数に等しいから，それは ${}_nC_p$ である．したがって，(3.45) が成り立つ．■

定理 3.31-(ii) によって，任意の $T \in \bigwedge^p V$ は

$$T = \sum_{1 \leq i_1 < \cdots < i_p \leq n} T^{i_1 \cdots i_p} e_{i_1} \wedge \cdots \wedge e_{i_p} \tag{3.46}$$

と一意的に表される $(T^{i_1 \cdots i_p} \in \mathbb{K})$. 展開係数の組 $\{T^{i_1 \cdots i_p} \mid 1 \leq i_1 < \cdots < i_p \leq n\}$ を基底 $\{e_{i_1} \wedge \cdots \wedge e_{i_p} \mid 1 \leq i_1 < \cdots < i_p \leq n\}$ に関する，反対称テンソル T の**成分**という．

展開 (3.46) における展開係数 $T^{i_1 \cdots i_p}$ は $i_1 < \cdots < i_p$ なる場合だけ定義されている．だが，すべての $i_1, \cdots, i_p$ に対して，$T^{i_1 \cdots i_p}$ を定義しておくと便利であることがわかる．これは次のようにしてなされる．任意の $i_1, \cdots, i_p$ $(i_l = 1, \cdots, n, l = $

$1, \cdots, p$) に対して,$\tilde{T}^{i_1 \cdots i_p}$ を次のように定義する:

$$\tilde{T}^{i_1 \cdots i_p} := \begin{cases} 0; & i_1, \cdots, i_p \text{ の中の少なくとも 2 つが等しいとき} \\ \mathrm{sgn}(\sigma) T^{i_{\sigma(1)} \cdots i_{\sigma(p)}}; & i_1, \cdots i_p \text{ がすべて互いに異なるとき} \end{cases} \quad (3.47)$$

ただし,σ は $i_{\sigma(1)} < \cdots < i_{\sigma(p)}$ となる置換である.このとき,容易にわかるように,$\tilde{T}^{i_1 \cdots i_p}$ は $i_1, \cdots, i_p$ の任意の置換に対して反対称である.すなわち

$$\tilde{T}^{i_{\sigma(1)} \cdots i_{\sigma(p)}} = \mathrm{sgn}(\sigma) \tilde{T}^{i_1 \cdots i_p}. \quad (3.48)$$

このようにして定義される数の組 $\{\tilde{T}^{i_1 \cdots i_p} | i_j = 1, \cdots, n, j = 1, \cdots, p\}$ を**テンソル T の成分の反対称化**と呼ぶ.これを用いると T の展開は

$$T = \sum_{i_1, \cdots, i_p = 1}^{n} \frac{1}{p!} \tilde{T}^{i_1 \cdots i_p} e_{i_1} \wedge \cdots \wedge e_{i_p} \quad (3.49)$$

と書ける.

以後,特に断らない限り,反対称テンソルの成分については常に反対称化がなされているものとし,$\tilde{T}^{i_1 \cdots i_p}$ を改めて $T^{i_1 \cdots i_p}$ と記す.

次の命題は,ベクトルの線形独立性を,外積を用いて特徴づけるものである.

【命題 3.32】 $\dim V = n \in \mathbb{N}$ とする.このとき,V の元 $u_1, \cdots, u_p$ ($1 \leq p \leq n$) が線形独立であるための必要十分条件は $u_1 \wedge \cdots \wedge u_p \neq 0$ が成り立つことである.

証明 (必要性) $u_1, \cdots, u_p$ は線形独立であるとしよう.$p = n$ の場合,$\{u_1, \cdots, u_n\}$ は V の基底である.したがって,その双対基底を $\phi^1, \cdots, \phi^n$ とすれば $(u_1 \wedge \cdots \wedge u_n)(\phi^1, \cdots, \phi^n) = 1 \neq 0$.ゆえに,$u_1 \wedge \cdots \wedge u_n \neq 0$.

$p < n$ の場合には,$u_{p+1}, \cdots, u_n \in V$ で $\{u_1, \cdots, u_n\}$ が V の基底となるものがとれる.前段で示したように,$u_1 \wedge \cdots \wedge u_n \neq 0 \cdots (*)$.左辺は $(u_1 \wedge \cdots \wedge u_p) \wedge (u_{p+1} \wedge \cdots \wedge u_n)$ と書けるので,$(*)$ は $u_1 \wedge \cdots \wedge u_p \neq 0$ を意味する.

(十分性) 系 3.29 による. ∎

3.8.3 外積の非退化性

階数が一定の任意のテンソルとの外積が 0 となるようなテンソルについて何が結論されるかを考察する.

【命題 3.33】 $\dim V = n \in \mathbb{N}$ とし，$1 \leq p \leq n-1$ とする．p 階の反対称テンソル $T \in \bigwedge^p V$ がすべての $u \in V$ に対して，$T \wedge u = 0$ をみたすならば，$T = 0$ である．

証明 V の基底を $\{e_1, \cdots, e_n\}$ とし，その双対基底を $\{\phi^1, \cdots, \phi^n\}$ とする．T を (3.46) のように展開する．仮定により，$A_{p+1}(T \otimes u) = 0$. これは，任意の $\psi_1, \cdots, \psi_{p+1} \in V^*$ に対して，$\sum_{\sigma \in S_{p+1}} T(\psi_{\sigma(1)}, \cdots, \psi_{\sigma(p)}) \psi_{\sigma(p+1)}(u) = 0$ を意味する．したがって，$\psi := \sum_{\sigma \in S_{p+1}} T(\psi_{\sigma(1)}, \cdots, \psi_{\sigma(p)}) \psi_{\sigma(p+1)}$ とおけば，$\psi(u) = 0, \forall u \in V$. ゆえに $\psi = 0$. 一方，$T_k := \sum_{\sigma \in S_{p+1}, \sigma(p+1)=k} T(\psi_{\sigma(1)}, \cdots, \psi_{\sigma(p)})$ とおけば，$\psi = \sum_{k=1}^{p+1} T_k \psi_k$ と書ける．したがって，$\sum_{k=1}^{p+1} T_k \psi_k = 0$. そこで，$\psi_1, \cdots, \psi_{p+1}$ を線形独立にとる（$p+1 \leq n$ であるから，これは可能）．すると，$T_k = 0, k = 1, \cdots, p+1$. T は反対称であるから，これは，$T(\psi_1, \cdots, \hat{\psi}_k, \cdots, \psi_{p+1}) = 0 \ (k = 1, \cdots, p+1)$ を意味する．ただし，$\hat{\psi}_k$ は ψ_k を除くことを指示する記法である．したがって，$i_1 < \cdots < i_p$ に対して，$\psi_1 = \phi^{i_1}, \cdots, \psi_{k-1} = \phi^{i_{k-1}}, \psi_{k+1} = \phi^{i_k}, \cdots, \psi_{p+1} = \phi^{i_p}$ とすれば，$T^{i_1 \cdots i_p} = 0$. ゆえに $T = 0$ がしたがう． ∎

【系 3.34】 $\dim V = n \in \mathbb{N}$ とし，$1 \leq p \leq n-1, q \in \mathbb{N}, p+q \leq n$ とする．反対称テンソル $T \in \bigwedge^p V$ がすべての $S \in \bigwedge^q V$ に対して，$T \wedge S = 0$ をみたすならば，$T = 0$ である．

証明 $v_i \in V, i = 1, \cdots, q$ を任意のベクトルとして，$S = v_1 \wedge \cdots \wedge v_q$ とすれば，$(T \wedge v_1 \wedge \cdots \wedge v_{q-1}) \wedge v_q = 0$. したがって，前命題により，$T \wedge v_1 \wedge \cdots \wedge v_{q-1} = 0$. 以下，同様の議論を繰り返すことにより，$T \wedge v_1 = 0$ が導かれる．そこで，再び，前命題により，$T = 0$. ∎

命題 3.33 および系 3.34 に述べられた性質を**外積の非退化性**とよぶ．

3.9 線形作用素のテンソル積

V, W, X, Y を $\mathbb{K}$ 上のベクトル空間とし，$A \in \mathsf{L}(V, X), B \in \mathsf{L}(W, Y)$ とする．このとき，写像 $A \otimes B : V \otimes W \to X \otimes Y$ を次のように定義する：$T \in V \otimes W$ が $T = \sum_{i=1}^{N} u_i \otimes w_i \ (u_i \in V, w_i \in W)$ と表されるとき

$$(A \otimes B)(T) := \sum_{i=1}^{N} Au_i \otimes Bw_i. \tag{3.50}$$

この定義が意味をもつこと，すなわち，右辺が，T を純テンソルの線形結合で表す仕方によらないことは，3.5.1 項の写像 P_σ の場合と同様にして，証明することができる（問題 9）．さらに，$A \otimes B$ は線形であることも容易にわかる．このようにして定義される線形作用素 $A \otimes B \in \mathsf{L}(V \otimes W, X \otimes Y)$ を **A と B のテンソル積**という．

❗注意 3.3 誤解はあるまいと思うが，念のために述べておくと，$A \otimes B$ はベクトル空間としての $\mathsf{L}(V, X)$ と $\mathsf{L}(W, Y)$ のテンソル積空間 $\mathsf{L}(V, X) \otimes \mathsf{L}(W, Y)$ の元ではない．

次の命題は，線形作用素のテンソル積からただちにしたがう：

【命題 3.35】 $V_i, W_i, X_i \ (i = 1, 2)$ を $\mathbb{K}$ 上のベクトル空間とする．このとき，任意の $A_1 \in \mathsf{L}(V_1, W_1), A_2 \in \mathsf{L}(W_1, X_1), B_1 \in \mathsf{L}(V_2, W_2), B_2 \in \mathsf{L}(W_2, X_2)$ に対して

$$(A_2 \otimes B_2)(A_1 \otimes B_1) = (A_2 A_1) \otimes (B_2 B_1). \tag{3.51}$$

線形作用素のテンソル積の概念は，任意の有限個の線形作用素に対して拡張される．$V_i, W_i, i = 1, \cdots, p$ を $\mathbb{K}$ 上のベクトル空間とし，$A_i \in \mathsf{L}(V_i, W_i)$ とする．このとき，線形作用素 $\bigotimes_{i=1}^{p} A_i = A_1 \otimes \cdots \otimes A_p : \bigotimes_{i=1}^{p} V \to \bigotimes_{i=1}^{p} W_i$ で

$$\left(\bigotimes_{i=1}^{p} A_i\right)(u_1 \otimes \cdots \otimes u_p) = A_1 u_1 \otimes A_2 u_2 \otimes \cdots \otimes A_p u_p, \ u_i \in V_i, i = 1, \cdots, p \tag{3.52}$$

をみたすものが定義される（証明は $p = 2$ の場合と同様）．$\bigotimes_{i=1}^{p} A_i$ を **$A_1, \cdots, A_p$ のテンソル積**または**テンソル積作用素**とよぶ．

特別な場合として，$V_i = V, W_i = W, i = 1, \cdots, p, A_i = A \in \mathsf{L}(V, W), i = 1, \cdots, p$ の場合が考えられる．この場合には

$$\bigotimes^{p} A := \underbrace{A \otimes \cdots \otimes A}_{p \text{ 個}} \tag{3.53}$$

という記号を用いる．容易にわかるように

$$\left(\bigotimes^{p} A\right)(u_1 \wedge \cdots \wedge u_p) = Au_1 \wedge Au_2 \wedge \cdots \wedge Au_p \tag{3.54}$$

が成り立つ．したがって，$\bigotimes^p A$ は $\bigwedge^p V$ から $\bigwedge^p W$ への線形写像を与える．そこで

$$\bigwedge^p A := \bigotimes^p A \,|\, \bigwedge^p V \tag{3.55}$$

——$\bigotimes^p A$ の $\bigwedge^p V$ への制限——とおく．次の命題も容易に証明される：

【命題 3.36】 V, W, X を $\mathbb{K}$ 上のベクトル空間とし，$A \in \mathsf{L}(V, W), B \in \mathsf{L}(W, X)$ とする．このとき：(i) $(\bigotimes^p B)(\bigotimes^p A) = \bigotimes^p (BA)$．(ii) $(\bigwedge^p B)(\bigwedge^p A) = \bigwedge^p (BA)$．

2.10 節で述べたように，線形作用素にはトレースという固有のスカラー量が同伴する．そこで，$A \in \mathsf{L}(V)$ のテンソル積作用素 $\bigwedge^p A : \bigwedge^p V \to \bigwedge^p V$ のトレースがどのように与えられるかを見てみよう．

【定理 3.37】 $\dim V = n$ とし，$E := \{e_1, \cdots, e_n\}$ を V の基底とする．$A \in \mathsf{L}(V)$ とし，基底 E に関する，A の行列表示を (A^i_j) とする：$Ae_i = \sum_{j=1}^n A^j_i e_j$．このとき，各 $p = 1, 2, \cdots, n$ に対して

$$\operatorname{Tr} \bigwedge^p A = \sum_{1 \le i_1 < \cdots < i_p \le n} \sum_{\sigma \in \mathsf{S}_p} \operatorname{sgn}(\sigma) A^{i_{\sigma(1)}}_{i_1} \cdots A^{i_{\sigma(p)}}_{i_p}. \tag{3.56}$$

証明 $\bigwedge^p V$ の基底として，$\{e_{i_1} \wedge \cdots \wedge e_{i_p} \,|\, 1 \le i_1 < \cdots < i_p \le n\}$ がとれる（定理 3.31(ii)）．$\bigwedge^p A$ の定義と $Ae_{i_k} = \sum_{j_k=1}^n A^{j_k}_{i_k} e_{j_k}$ を使うと

$$(\bigwedge^p A) e_{i_1} \wedge \cdots \wedge e_{i_p} = \sum_{j_1, \cdots, j_p = 1}^n A^{j_1}_{i_1} \cdots A^{j_p}_{i_p} e_{j_1} \wedge \cdots \wedge e_{j_p}.$$

ここで，$j_1, \cdots, j_p$ についての和は，それらが互いに異なる場合だけを考えればよい．すると，$j_{\sigma(1)} < \cdots < j_{\sigma(p)}$ となる置換 $\sigma \in \mathsf{S}_p$ がただ 1 つあり

$$e_{j_1} \wedge \cdots \wedge e_{j_p} = \operatorname{sgn}(\sigma) e_{j_{\sigma(1)}} \wedge \cdots \wedge e_{j_{\sigma(p)}}$$

が成り立つ．したがって

$$(\bigwedge^p A) e_{i_1} \wedge \cdots \wedge e_{i_p} = \sum_{j_1 < \cdots < j_p} \sum_{\sigma \in \mathsf{S}_p} \operatorname{sgn}(\sigma) A^{j_{\sigma^{-1}(1)}}_{i_1} \cdots A^{j_{\sigma^{-1}(p)}}_{i_p} e_{j_1} \wedge \cdots \wedge e_{j_p}.$$

これと変数変換 $\sigma^{-1} \mapsto \sigma$ により，$\bigwedge^p A$ の，基底 $\{e_{i_1} \wedge \cdots \wedge e_{i_p} \,|\, 1 \le i_1 < \cdots < i_p \le n\}$ に関する行列表示を $(A^\mathbf{j}_\mathbf{i})$ ($\mathbf{i} = (i_1, \cdots, i_p), \mathbf{j} = (j_1, \cdots, j_p)$,

$i_1 < \cdots < i_p, j_1 < \cdots < j_p)$ とすれば

$$A_{\mathbf{i}}^{\mathbf{j}} = \sum_{\sigma \in \mathsf{S}_p} \mathrm{sgn}(\sigma) A_{i_1}^{j_{\sigma(1)}} \cdots A_{i_p}^{j_{\sigma(p)}}$$

が成り立つことになる．他方，$\mathrm{Tr}\bigwedge^p A = \sum_{\mathbf{i}} A_{\mathbf{i}}^{\mathbf{i}}$ であり，上の式から，右辺は (3.56) の右辺に等しいことがわかる． ∎

3.10 ベクトル空間の向き

V を n 次元実ベクトル空間とする．

【定義 3.38】 V の線形独立な n 個のベクトルの順序づけられた集合——したがって，それは，$V^n = \underbrace{V \times \cdots \times V}_{n\,\text{個}}$ の元——を**向きづけられた基底** (oriented basis) という．

■ **例 3.3** ■ $\{e_i\}_{i=1,\cdots,n} \subset V$ を V の基底とし，$\sigma \in \mathsf{S}_n$ を恒等置換でない任意の置換するとき，$(e_1,\cdots,e_n) \in V^n$ と $(e_{\sigma(1)},\cdots,e_{\sigma(n)}) \in V^n$ は，向きづけられた基底としては，異なる．

ゼロでない n 階反対称テンソルの集合を $(\bigwedge^n V)^\times$ と記す：

$$(\bigwedge^n V)^\times := (\bigwedge^n V) \setminus \{0\} \tag{3.57}$$

すでに見たように，$\dim \bigwedge^n V = 1$ であるから，任意の 2 つの n 階反対称テンソル $\omega_1, \omega_2 \in (\bigwedge^n V)^\times$ は必ず線形従属である．したがって，実数 $a \in \mathbb{R} \setminus \{0\}$ があって，$\omega_2 = a\omega_1$ と書ける．そこで，次の定義を設ける：$a > 0$ のとき，ω_1 と ω_2 は**同じ向きをもつ**といい，$a < 0$ ならば，**逆の向きをもつ**という．

$(\bigwedge^n V)^\times$ の任意の元 ω_1 と ω_2 に対して，関係 $\omega_1 \sim \omega_2$ を

$$\omega_1 \sim \omega_2 \overset{\mathrm{def}}{\Longleftrightarrow} \omega_1 \text{ と } \omega_2 \text{ は同じ向きをもつ} \tag{3.58}$$

によって定義すれば，これが同値関係であることは容易にわかる．したがって，この同値関係によって $(\bigwedge^n V)^\times$ は 2 つの同値類に類別され，商集合 $(\bigwedge^n V)^\times / \sim$ は 2 つの元だけからなる：

$$(\bigwedge^n V)^\times / \sim\, = \{[\omega], [-\omega]\}. \tag{3.59}$$

ここで，ω は $(\bigwedge^n V)^\times$ の任意の元であり，$[\omega]$ は ω の同値類を表す（ω と $-\omega$ は逆の向きをもつことに注意）．

【定義 3.39】 $(\bigwedge^n V)^\times / \sim$ の 2 つの元（同値類）の 1 つを指定することを V の**向きづけ** (orientaiton) という．指定された同値類に属する，$\bigwedge^n V$ の元を**正の元** (positive element)，そうでないものを**負の元** (negative element) と呼ぶ．

ベクトル空間 V の向きづけられた基底 $E = (e_1, \cdots, e_n) \in V^n$ に対して，$e_1 \wedge \cdots \wedge e_n$ が正の元のとき，E を**正の基底**といい，それが負の元のとき，E を**負の基底**という．

V の正の基底の全体を $\mathcal{E}_+(V)$，負の基底の全体を $\mathcal{E}_-(V)$ と記す．$\mathcal{E}_\#(V)$（$\#$ は $\pm$ のどちらかを表す）に属する基底どうしの変換は**向きを保つ底変換**とよばれる．

こうして，実ベクトル空間には，上の定義の意味において，2 つの向きが存在することがわかる[15]．

■**例 3.4** ■ 3 次元数ベクトル空間 $\mathbb{R}^3$ の標準基底を $\mathbf{e}_x = (1,0,0)$, $\mathbf{e}_y = (0,1,0)$, $\mathbf{e}_z = (0,0,1)$——下付き字 x, y, z は描像的には x 軸，y 軸，z 軸を指す——とするとき，$(\mathbf{e}_x, \mathbf{e}_y, \mathbf{e}_z) \in (\mathbb{R}^3)^3$ と $(\mathbf{e}_y, \mathbf{e}_x, \mathbf{e}_z) \in (\mathbb{R}^3)^3$ の正負は互いに異なる．なぜなら，$\mathbf{e}_x \wedge \mathbf{e}_y \wedge \mathbf{e}_z = -\mathbf{e}_y \wedge \mathbf{e}_x \wedge \mathbf{e}_z$ によって，$\mathbf{e}_x \wedge \mathbf{e}_y \wedge \mathbf{e}_z$ と $\mathbf{e}_y \wedge \mathbf{e}_x \wedge \mathbf{e}_z$ は異なる同値類に属するからである．通常，$(\mathbf{e}_x, \mathbf{e}_y, \mathbf{e}_z)$ が正の基底となるように $\mathbb{R}^3$ の向きを定める．

$\mathbb{R}^3$ の向きづけられた基底 $(v_1, v_2, v_3) \in (\mathbb{R}^3)^3$ について，$v_1 \wedge v_2 \wedge v_3 \sim \mathbf{e}_x \wedge \mathbf{e}_y \wedge \mathbf{e}_z$ のとき，これを**右手系** (right handed coordinate system) とよぶ．また，$v_1 \wedge v_2 \wedge v_3 \sim -\mathbf{e}_x \wedge \mathbf{e}_y \wedge \mathbf{e}_z$ ならば，(v_1, v_2, v_3) を**左手系** (left handed coordinate system) という．この命名は次の感覚的対応から来ている．右手の親指の向きを v_1 に，人差し指の向きを v_2 に重ねたとき，中指の向きと v_3 が，v_1, v_2 を含む平面の同じ側にあるとき，(v_1, v_2, v_3) は右手系であり，そうでないときは左手系である．だが，ここでの重要な点は，右手系および左手系の概念を，そのような感覚的な対応に頼らずに，理論の自律的な展開の 1 つとして，純概念的に認識できるということである．

【命題 3.40】 $P = (P_j^i)$ が向きをたもつ底変換の行列ならば，$\det P > 0$．

証明 $(e_1, \cdots, e_n), (f_1, \cdots, f_n) \in \mathcal{E}_\#(V)$, $f_i = \sum_{j=1}^n P_i^j e_j$ とする．このとき，

---

[15] 言うまでもなく，この場合の「向き」はメタ言語的である．

$f_1 \wedge \cdots \wedge f_n = (\det P) e_1 \wedge \cdots \wedge e_n$. $f_1 \wedge \cdots \wedge f_n \sim e_1 \wedge \cdots \wedge e_n$ であるので, $\det P > 0$ でなければならない. ∎

演習問題

$V_1, \cdots, V_p, W$ は $\mathbb{K}$ 上のベクトル空間であるとする.

1. (3.2) を証明せよ.

2. $\mathsf{L}_p(V_1, \cdots, V_p; W)$ は, W 値関数の和とスカラー倍の演算で $\mathbb{K}$ 上のベクトル空間になることを示せ.

3. 次の式によって定義される写像 $\Phi : V_1 \times \cdots \times V_p \to \bigotimes_{i=1}^p V_i$ は p-線形であることを示せ.
$$\Phi(v_1, \cdots, v_p) := v_1 \otimes \cdots \otimes v_p, \quad v_i \in V_i, i = 1, \cdots, p.$$

4. 定理 3.6 を証明せよ.

5. 混合テンソルの成分の変換則 (3.16) を証明せよ.

6. (3.20) によって定義される写像 $P_\sigma : \bigotimes_{i=1}^p V_i \to \bigotimes_{i=1}^p V_{\sigma(i)}$ は線形であることを証明せよ.

7. 対称テンソルの空間 $\mathcal{S}^p(V)$ および反対称テンソルの空間 $\mathcal{A}^p(V)$ は $\bigotimes^p V$ の部分空間であることを示せ.

8. 公式 (3.30) を証明せよ.

9. (3.50) の右辺が, $T \in V \otimes W$ を純テンソルの線形結合で表す仕方によらないことを示せ.

10. 任意の $\phi_i \in V^*, i = 1, \cdots, p$ と $u \in V$ に対して
$$\iota(u)\phi_1 \wedge \cdots \wedge \phi_p = \sum_{i=1}^p (-1)^{i-1} \phi_i(u) \phi_1 \wedge \cdots \wedge \hat{\phi}_i \wedge \cdots \wedge \phi_p$$
であることを示せ. ただし, $\hat{\phi}_i$ は ϕ_i を除くことを意味する記号である.

4

ベクトル空間の計量

　　　前章までは，ベクトル空間の代数的側面だけを議論してきた．しかし，ベクトル空間は代数的構造だけでなく，計量的構造——描像的に言えば，ベクトルの"長さ"あるいは"大きさ"や2つのベクトルの間の"角度"の概念——をもちうる．この章ではベクトル空間の計量的構造に関する基本的な事項を論述する．

4.1　はじめに

　3次元数ベクトル空間 $\mathbb{R}^3$ の任意の2つのベクトル $\mathbf{x} = (x_1, x_2, x_3), \mathbf{y} = (y_1, y_2, y_3)$ に対して，$\mathbf{x} \cdot \mathbf{y} := x_1 y_1 + x_2 y_2 + x_3 y_3$ という実数が1つ定まり，これを $\mathbf{x}$ と $\mathbf{y}$ の内積とよぶことは，読者にとって既知のことであると思う[1]．この場合，幾何学的には，$|\mathbf{x}| := \sqrt{\mathbf{x} \cdot \mathbf{x}}$ はベクトル $\mathbf{x}$ の長さ（大きさ）を表し，$\mathbf{x} \cdot \mathbf{y} = |\mathbf{x}||\mathbf{y}| \cos \theta_{\mathbf{x},\mathbf{y}}$ によって定まる実数 $\theta_{\mathbf{x},\mathbf{y}} \in [0, \pi]$ は $\mathbf{x}$ と $\mathbf{y}$ のなす角度を表す．これらの概念的対応によって，ユークリッド幾何学の問題を $\mathbb{R}^3$ のベクトルを使って解くことができるのであった（解析幾何学）．

　抽象ベクトル空間という普遍的理念が $\mathbb{R}^3$ という個別的ベクトル空間の中に現れているように，$\mathbb{R}^3$ の内積をその特殊な現れとする普遍的概念が抽象ベクトル空間に付随して存在する．それは（普遍的な意味での）計量とよばれる．この概念に関わる構造を論述するのが本章の目的である．

---

[1] $\mathbf{x} \cdot \mathbf{y}$ を単に $\mathbf{xy}$ と記す場合や $(\mathbf{x}, \mathbf{y}), \langle \mathbf{x}, \mathbf{y} \rangle$ と書く場合もある．

4.2 計量ベクトル空間

4.2.1 定義と基本的性質

【定義 4.1】 V を $\mathbb{K}$ 上のベクトル空間とする.写像 $g : V \times V \to \mathbb{K}$ が次の性質 (g.1)〜(g.3) をもつとき,g を V 上の**計量** (metric) または V の計量とよぶ:

(g.1) (線形性) 任意の $u, v, w \in V$ と $a, b \in \mathbb{K}$ に対して $g(w, au+bv) = ag(w, u) + bg(w, v)$.

(g.2) (対称性またはエルミート性) 任意の $u, v \in V$ に対して,$g(u, v)^* = g(v, u)$.

(g.3) (非退化性) $\{v \in V \mid g(v, u) = 0, \forall u \in V\} = \{0\}$.

計量 g をもつ,$\mathbb{K}$ 上のベクトル空間 V を $\mathbb{K}$ 上の**計量ベクトル空間** (metric vector space) といい,(V, g) と記す.$\mathbb{K} = \mathbb{R}$ のとき,(V, g) を**実計量ベクトル空間**,$\mathbb{K} = \mathbb{C}$ のとき**複素計量ベクトル空間**という.計量 g が何であるかが了解されているときや一般論においては計量ベクトル空間 (V, g) をしばしば単に V と書く.

!注意 4.1 条件 (g.2) によって,(g.3) は,$\{v \in V \mid g(u, v) = 0, \forall u \in V\} = \{0\}$ と同値である.

■ **例 4.1** ■ 実 n 次元数ベクトル空間 $\mathbb{R}^n$ の任意の元 $\mathbf{x} = (x^1, \cdots, x^n)$,$\mathbf{y} = (y^1, \cdots, y^n)$ に対して,$g_{\mathbb{R}^n}(\mathbf{x}, \mathbf{y}) := \sum_{i=1}^n x^i y^i$ とおくと,$g_{\mathbb{R}^n}$ は,$\mathbb{R}^n$ 上の計量である.実際,まず,$g_{\mathbb{R}^n}$ の線形性と対称性は容易にわかる.非退化性を示すために,$\mathbf{x} \in \mathbb{R}^n$ が,$g_{\mathbb{R}^n}(\mathbf{x}, \mathbf{y}) = 0, \forall \mathbf{y} \in \mathbb{R}^n$ をみたすとしよう.$\mathbf{y}$ は任意であるから,特に,$\mathbf{y} = \mathbf{e}_i$ ($\mathbb{R}^n$ の標準基底の i 番目の元) とすれば,$y^i = 1, y^j = 0, j \neq i$ であるから,$x^i = 0$ となる.$i = 1, \cdots, n$ は任意であるから,$\mathbf{x} = 0$ が結論される.よって,$(\mathbb{R}^n, g_{\mathbb{R}^n})$ は実計量ベクトル空間である.

■ **例 4.2** ■ 実 $(n+1)$ 次元数ベクトル空間 $\mathbb{R}^{n+1}$ の任意の元 $x = (x^0, x^1, \cdots, x^n)$,$y = (y^0, y^1, \cdots, y^n)$ に対して,$g_{\mathrm{M}}(x, y) := x^0 y^0 - \sum_{i=1}^n x^i y^i$ とおくと,この g_{M} は,$\mathbb{R}^{n+1}$ 上の計量である (証明は,前例に同様).

■ **例 4.3** ■ 複素 n 次元数ベクトル空間 $\mathbb{C}^n$ の任意の元 $\mathbf{z} = (z^1, \cdots, z^n)$,$\mathbf{w} = (w^1, \cdots, w^n)$ に対して,$g_{\mathbb{C}^n}(\mathbf{z}, \mathbf{w}) := \sum_{i=1}^n (z^i)^* w^i$ とおくと,この g は,$\mathbb{C}^n$ 上の計量である (証明は,例 4.1 に同様).これによって,$\mathbb{C}^n$ は複素計量ベクトル空間になる.

■ **例 4.4** ■ 複素 $(n+1)$ 次元数ベクトル空間 $\mathbb{C}^{n+1}$ の任意の元 $z = (z^0, z^1, \cdots, z^n)$, $w = (w^0, w^1, \cdots, w^n)$ に対して, $g_{\mathrm{M}}^{\mathbb{C}}(z,w) := (z^0)^* w^0 - \sum_{i=1}^n (z^i)^* w^i$ とおくと, この $g_{\mathrm{M}}^{\mathbb{C}}$ は, $\mathbb{C}^{n+1}$ 上の計量である.

■ **例 4.5** ■ 閉区間 $[a,b] \subset \mathbb{R}$ 上の複素数値連続関数の空間 $C[a,b]$ の任意の元 f_1, f_2 に対して, $g(f_1, f_2) := \int_a^b f_1(t)^* f_2(t) dt$ を定義すると, この g は $C[a,b]$ 上の計量である.

(V, g) を計量ベクトル空間としよう. このとき, (g.1) と (g.2) から

$$g(au + bv, w) = a^* g(u, w) + b^* g(v, w), \quad u, v, w \in V, \ a, b \in \mathbb{K} \quad (4.1)$$

がしたがう[2]. $\mathbb{K} = \mathbb{C}$ の場合, この性質を g の**反線形性**という.

$\mathbb{K} = \mathbb{R}$ の場合, (g.2) は,「任意の $u, v \in V$ に対して, $g(u,v) = g(v,u)$」となり, (4.1) は, 対応 : $u \mapsto g(u,w)$ の線形性を意味する. したがって, 実ベクトル空間における計量は双線形写像である. ゆえに, V が有限次元実ベクトル空間の場合には, V 上の計量は 2 階の共変対称テンソルである. この意味で, 有限次元実ベクトル空間の計量のことを**計量テンソル**という場合がある.

一般に, 性質 (g.1) と (4.1) を計量 g の**準双線形性**とよぶ ($\mathbb{K} = \mathbb{R}$ の場合は, 準双線形性と双線形性は同義).

$\mathbb{K}$ 上の計量ベクトル空間 (V, g) において, 計量 g を固定して考える場合, しばしば

$$g(u,v) = \langle u, v \rangle \quad (4.2)$$

$(u, v \in V)$ という記法も用いる. V の計量であることをはっきりさせたい場合には, $\langle u, v \rangle = \langle u, v \rangle_V$ と記す.

各ベクトル $u \in V$ に対して

$$\|u\|_V := \sqrt{|g(u,u)|} = \sqrt{|\langle u, u \rangle_V|} \quad (4.3)$$

によって定義されるスカラー量をベクトル u の**ノルム** (norm) とよぶ (ルートの中は絶対値をとることに注意；これは $\langle u, u \rangle = g(u, u)$ がつねに非負とは限らないことによる——以下の定義 4.2 を参照). これは, 描像的には, ベクトルの "大きさ" あるいは "長さ" を定義するものである. どの計量ベクトル空間のノルムであるかが文脈から明らかな場合は, 単に, $\|u\|_V = \|u\|$ と書く.

---

[2] $g(au + bv, w) = g(w, au + bv)^*$ ($\because$ (g.2)) $= \{a g(w, u) + b g(w, v)\}^*$ ($\because$ (g.1)) $= a^* g(w, u)^* + b^* g(w, v)^* = a^* g(u, w) + b^* g(v, w)$ ($\because$ (g.2)).

計量 g の簡単な性質を見よう．まず，(g.1), (4.1) で $a = 0, b = 0$ の場合を考え，w をあらためて u とすれば

$$g(u, 0) = 0 = g(0, u), \quad \forall u \in V. \tag{4.4}$$

が得られる．また，任意の $a \in \mathbb{K}$ に対して

$$\|au\| = |a|\|u\|, \quad \forall u \in V \tag{4.5}$$

が成り立つことも容易にわかる．

(g.2) と (4.1) により，任意の $u, v \in V$ と $\alpha, \beta \in \mathbb{K}$ に対して

$$g(\alpha u + \beta v, \alpha u + \beta v) = |\alpha|^2 g(u, u) + \alpha^* \beta g(u, v) + \alpha \beta^* g(v, u) + |\beta|^2 g(v, v) \tag{4.6}$$

が成り立つ．これは計量を計算する上での基本となる式である．特に

$$g(u + v, u + v) = g(u, u) + 2\operatorname{Re} g(u, v) + g(v, v), \quad u, v \in V. \tag{4.7}$$

ただし，複素数 z に対して，$\operatorname{Re} z$ はその実部を表す[3]．

4.2.2 計量ベクトル空間の分類

(g.2) によって，任意の $u \in V$ に対して，$g(u, u)$ は実数である．この性質に注目して，計量について次のような分類を行う：

【定義 4.2】 V を $\mathbb{K}$ 上のベクトル空間とし，g を V 上の計量とする．

(i) すべての $u \in V$ に対して，$g(u, u) \geq 0$ であるとき，g は**正定値** (positive definite) であるという．

  正定値計量は**内積** (inner product) ともよばれる．内積をもつ，$\mathbb{K}$ 上のベクトル空間を $\mathbb{K}$ 上の**内積空間** (inner product space) または**前ヒルベルト空間** (pre-Hilbert space) という[4]．$\mathbb{K} = \mathbb{R}$ のとき，**実内積空間** (real inner product space)，$\mathbb{K} = \mathbb{C}$ の**複素内積空間** (complex inner product space) という．

---

[3] $\mathbb{K} = \mathbb{R}$ の場合は，(4.7) の右辺第 2 項は $2g(u, v)$ であることに注意．
[4] David Hilbert (1862–1943). ドイツの偉大な数学者．その研究分野は広く，数学のあらゆる部門にわたる．1900 年にパリで開催された国際数学者会議における講演で，その後「ヒルベルトの問題」として言及される重要な数学の諸問題を提出し，20 世紀における数学研究の方向性を示唆した．数理物理学の研究もある．

(ii) $\{u \in V \mid g(u,u) > 0\} \neq \emptyset$ かつ $\{u \in V \mid g(u,u) < 0\} \neq \emptyset$ ならば，g は**不定計量** (indefinite metric) または**不定内積** (indefinite inner product) とよばれる．不定計量をもつベクトル空間を**不定計量ベクトル空間** (indefinite metric vector space) または**不定内積空間** (indefinite inner product space) という[5]．

(iii) すべての $u \in V$ に対して，$g(u,u) \leq 0$ であるとき，g は**負定値** (negative definite) であるという

!注意 4.2 本書と異なって，他の教科書や文献においては，「計量」という言葉で正定値計量（内積）だけを意味する場合があるから，注意されたい．

!注意 4.3 計量 g が負定値の場合には，$\tilde{g}(u,v) := -g(u,v), u, v \in V$ とおけば，$\tilde{g}$ は V 上の内積である．したがって，計量の第一段階的な分類に関しては，計量の種類は，本質的には，2つである．

■ **例 4.6** ■ 例 4.1 の計量 $g_{\mathbb{R}^n}$ は内積である．したがって，$(\mathbb{R}^n, g_{\mathbb{R}^n})$ は実内積空間である．$g_{\mathbb{R}^n}$ を $\mathbb{R}^n$ の**標準内積** (standard inner product) といい．実内積空間 $(\mathbb{R}^n, g_{\mathbb{R}^n})$ を $\boldsymbol{n}$ **次元の標準ユークリッドベクトル空間**とよぶ．

■ **例 4.7** ■ 例 4.2 の計量 g_{M} は不定計量である．実際，$\{x \in \mathbb{R}^{n+1} \mid g_{\mathrm{M}}(x,x) > 0\} = \{x \in \mathbb{R}^{n+1} \mid (x^0)^2 > \sum_{i=1}^{n}(x^i)^2\} \neq \emptyset$ であり，$\{x \in \mathbb{R}^{n+1} \mid g_{\mathrm{M}}(x,x) < 0\} = \{x \in \mathbb{R}^{n+1} \mid (x^0)^2 < \sum_{i=1}^{n}(x^i)^2\} \neq \emptyset$ であることは容易に確かめられる．したがって，$(\mathbb{R}^{n+1}, g_{\mathrm{M}})$ は不定計量ベクトル空間である．g_{M} を $\mathbb{R}^{n+1}$ の**標準ミンコフスキー計量**といい，$(\mathbb{R}^{n+1}, g_{\mathrm{M}})$ を $(\boldsymbol{n+1})$ **次元の標準ミンコフスキーベクトル空間**とよぶ．

■ **例 4.8** ■ 例 4.3 の計量 $g_{\mathbb{C}^n}$ は $\mathbb{C}^n$ 上の内積である．$g_{\mathbb{C}^n}$ を $\mathbb{C}^n$ の**標準内積**という．内積空間 $(\mathbb{C}^n, g_{\mathbb{C}^n})$ を $\boldsymbol{n}$ **次元の標準複素ユークリッドベクトル空間**または $\boldsymbol{n}$ **次元ユニタリ空間**という．

■ **例 4.9** ■ 例 4.4 の計量 $g_{\mathrm{M}}^{\mathbb{C}}$ は，$\mathbb{C}^{n+1}$ 上の不定計量である．これによって，$\mathbb{C}^{n+1}$ は複素不定計量空間になる．$g_{\mathrm{M}}^{\mathbb{C}}$ を $\mathbb{C}^{n+1}$ の**標準ミンコフスキー計量**といい，$(\mathbb{C}^{n+1}, g_{\mathrm{M}}^{\mathbb{C}})$ を $(\boldsymbol{n+1})$ **次元の標準**とよぶ．

!注意 4.4 $(\mathbb{K}^n, g_{\mathbb{K}^n})$（例 4.1，例 4.3）においては，$\mathbf{z} \in \mathbb{K}^n$ のノルム $\|\mathbf{z}\| = \sqrt{g_{\mathbb{K}^n}(\mathbf{z},\mathbf{z})}$ は $|\mathbf{z}|$ と書かれる場合が多い：$|\mathbf{z}| = \sqrt{\sum_{i=1}^{n}|z^i|^2}$．$|\mathbf{z}|$ を $\mathbf{z}$ の長さ（大

---

[5] 単に**不定計量空間**という場合もある．

きさ）あるいは**絶対値**ともよぶ．

上述の，$\mathbb{K}^n$ の標準内積や標準ミンコフスキー計量は，次の例に述べるように，より普遍的な型の計量の特殊な場合である：

■ **例 4.10** ■　p, q を非負整数とし $(p, q \in \{0\} \cup \mathbb{N})$，$n = p + q$ とする．写像 $g^{(p,q)} : \mathbb{K}^n \times \mathbb{K}^n \to \mathbb{K}$ を

$$g^{(p,q)}(z, w) := \sum_{i=1}^{p} (z^i)^* w^i - \sum_{j=1}^{q} (z^{p+j})^* w^{p+j},$$
$$z = (z^1, \cdots, z^n), \quad w = (w^1, \cdots, w^n) \in \mathbb{K}^n$$

によって定義すれば，これは $\mathbb{K}^n$ 上の計量である．$p, q \geq 1$ ならば，$g^{(p,q)}$ は不定計量である．計量ベクトル空間 $(\mathbb{K}^{p+q}, g^{(p,q)})$ を $\mathbb{K}^{p,q}$ で表す．

■ **例 4.11** ■　例 4.5 の計量は内積である．この内積空間を $L^2 C[a, b]$ と表す．

4.2.3　計量ベクトル空間の直和

$(V, g_V), (W, g_W)$ を $\mathbb{K}$ 上の計量ベクトル空間とし，$V \oplus W = \{(u, w) \mid u \in V, w \in W\}$ を V と W の直和ベクトル空間とする（1 章，1.7 節）．写像 $g_{V \oplus W} : V \oplus W \to \mathbb{K}$ を

$$g_{V \oplus W}((u, w), (u', w')) := g_V(u, u') + g_W(w, w'), \quad (u, w), (u', w') \in V \oplus W \tag{4.8}$$

によって定義する．

【命題 4.3】　$g_{V \oplus W}$ は $V \oplus W$ 上の計量である．さらに次の (i), (ii) が成り立つ：

(i) g_V, g_W が内積ならば，$g_{V \oplus W}$ も内積である．

(ii) g_V, g_W の少なくとも 1 つが不定計量ならば，$g_{V \oplus W}$ は不定計量である．

証明　$g_{V \oplus W}$ の線形性と対称性（エルミート性）は容易に確かめられる．非退化性を示すために，ベクトル $(u, w) \in V \oplus W$ が，すべての $(u', w') \in V \oplus W$ に対して，$g_{V \oplus W}((u, w), (u', w')) = 0$ をみたすとしよう．このとき，$g_V(u, u') + g_W(w, w') = 0$．$w' = 0_W$ とすれば，$g_V(u, u') = 0, \forall u' \in V$．したがって，$u = 0_V$．次に $u' = 0_V$ とすれば，$g_W(w, w') = 0, \forall w' \in W$．したがって，$w = 0_W$．よって，$(u, w) = 0_{V \oplus W}$．ゆえに $g_{V \oplus W}$ は非退化である．

(i) $g_{V\oplus W}((u,w),(u,w)) = g_V(u,u) + g_W(w,w), \forall (u,w) \in V \oplus W$ であり，g_V, g_W が内積ならば，$g_V(u,u) \geq 0, g_W(w,w) \geq 0$ であるので，$g_{V\oplus W}((u,w),(u,w)) \geq 0$.

(ii) g_V が不定計量であるとすれば，$g_V(u_+, u_+) > 0, g_V(u_-, u_-) < 0$ をみたすベクトル $u_\pm \in V$ が存在する．このとき，$g_{V\oplus W}((u_+,0),(u_+,0)) > 0$，$g_{V\oplus W}((u_-,0),(u_-,0)) < 0$．したがって，$g_{V\oplus W}$ は不定計量である．同様に，g_W が不定計量である場合にも，$g_{V\oplus W}$ の不定計量性が示される．■

計量ベクトル空間 $(V \oplus W, g_{V\oplus W})$ を V と W の**直和計量ベクトル空間**とよぶ．

直和計量ベクトル空間の概念は，2 個以上のベクトル空間の直和ベクトル空間へと拡張される．$V_1, \cdots, V_n$ を $\mathbb{K}$ 上のベクトル空間とする．このとき

$$g_{\bigoplus_{i=1}^n V_i}((u_i)_{i=1}^n, (v_i)_{i=1}^n) := \sum_{i=1}^n g_{V_i}(u_i, v_i), \quad (u_i)_{i=1}^n, (v_i)_{i=1}^n \in \bigoplus_{i=1}^n V_i \tag{4.9}$$

によって定義される写像 $g_{\bigoplus_{i=1}^n V_i}: (\bigoplus_{i=1}^n V_i) \times (\bigoplus_{i=1}^n V_i) \to \mathbb{K}$ は計量である（証明は，上の $n = 2$ の場合と同様）．計量ベクトル空間 $(\bigoplus_{i=1}^n V_i, g_{\bigoplus_{i=1}^n V_i})$ を $V_1, \cdots, V_n$ の**直和計量ベクトル空間**という．

4.2.4 内積の正定値性

内積空間に関する次の事実は重要である：

【命題 4.4】（内積の正定値性） V を内積空間とする．このとき，$\|u\| = 0$ ならば $u = 0$.

証明 任意の $v \in V$ と $x \in \mathbb{R}$ に対して，$\|u + xv\|^2 \geq 0$ であるから，(4.7) と仮定 $\|u\| = 0$ によって，$2x \operatorname{Re}\langle u,v \rangle + x^2 \|v\|^2 \geq 0 \cdots (*)$. $x > 0$ のとき，$(*)$ の両辺を x で割ることにより，$2 \operatorname{Re}\langle u,v \rangle + x\|v\|^2 \geq 0$．そこで，極限 $x \downarrow 0$ をとれば，$2 \operatorname{Re}\langle u,v \rangle \geq 0$．$x < 0$ ならば，$(*)$ は $2 \operatorname{Re}\langle u,v \rangle + x\|v\|^2 \leq 0$ を意味する．そこで，$x \uparrow 0$ とすれば，$2 \operatorname{Re}\langle u,v \rangle \leq 0$．したがって，$\operatorname{Re}\langle u,v \rangle = 0$．$\mathbb{K} = \mathbb{R}$ の場合には，これは $\langle u,v \rangle = 0$ を意味する．これがすべての $v \in V$ に対して成立するから，計量の非退化性により，$u = 0$ が結論される．

$\mathbb{K} = \mathbb{C}$ の場合は，$\|u + ixv\|^2 \geq 0, \forall x \in \mathbb{R}$ という事実も考慮する．これは $-2x \operatorname{Im}\langle u,v \rangle + x^2 \|v\|^2 \geq 0$ を与える．そこで前段と同様の議論を行うことより，$\operatorname{Im}\langle u,v \rangle = 0$ が導かれる．したがって，$\langle u,v \rangle = 0, \forall v \in V$．ゆえに，$u = 0$．■

!注意 4.5　命題 4.4 によって，$g: V \times V \to \mathbb{K}$ が V の内積であることは，(g.1), (g.2) および次の (g.3)′ が成り立つことと同値である：

(g.3′)　$g(u,u) \geq 0, \forall u \in V$ かつ $v \in V, g(v,v) = 0$ ならば $v = 0$.

不定計量をもつベクトル空間を議論しない教科書や文献では，(g.1), (g.2), (g.3)′ をみたす写像 $g: V \times V \to \mathbb{K}$ として内積を定義する場合が多い．

4.2.5　部分空間の計量

この項では，計量ベクトル空間 V の部分空間が，V の計量で計量ベクトル空間になる条件を考察する．

(V, g) を $\mathbb{K}$ 上の計量ベクトル空間，W を V の部分空間とする．写像 $g: V \times V \to \mathbb{K}$ の $W \times W$ への制限 $g|(W \times W)$ を g_W と書こう[6]：

$$g_W(v, w) := g(v, w), \quad v, w \in W \tag{4.10}$$

【命題 4.5】　g_W が W 上の計量であるための必要十分条件は

$$\{v \in W \mid g(v, w) = 0, \forall w \in W\} = \{0\} \tag{4.11}$$

が成り立つことである．

証明　g_W が線形性とエルミート性をみたすことは g の線形性とエルミート性からしたがう．したがって，g_W の非退化性についてのみ考察すればよい．

（必要性）　g_W が W 上の計量であるとすれば，g_W は非退化であるから，$\{v \in W \mid g_W(v, w) = 0, \forall w \in W\} = \{0\} \cdots (*)$. これは (4.11) を意味する．

（十分性）　(4.11) が成り立つとすれば，これは $(*)$ を意味するので，g_W は非退化である．　■

上の命題に基づいて，次の定義を設ける：

【定義 4.6】　(V, g) の部分空間 W について，(4.11) が成り立つとき，g は **W 上で非退化である**（あるいは単に g_W は非退化である）という．

この用語を用いると命題 4.5 は，次のように言い換えられる：

---

[6] 写像の制限の概念については，付録 A，A.4.2 項を参照．

【命題 4.7】 g_W が W 上の計量であるための必要十分条件は，g が W 上で非退化であることである．

(V, g) が内積空間の場合には，次の強い事実がある：

【定理 4.8】 (V, g) が内積空間ならば，V の任意の部分空間 W に対して，g は W 上で非退化であり，(W, g_W) は内積空間である．

証明 $g_W(w, w) \geq 0, \forall w \in W$ は明らかであろう．ベクトル $v \in W$ が $g(v, w) = 0, \forall w \in W$ をみたすとする．特に，$w = v$ とすれば，$g(v, v) = 0$．したがって，内積の正定値性により，$v = 0$．ゆえに，g は W 上で非退化である．よって，命題 4.7 により，題意がしたがう． ∎

!注意 4.6 (V, g) が不定計量ベクトル空間の場合には，上の定理は一般には成立しない．実際，たとえば，(V, g) において，$V_0 := \{u \in V | g(u, u) = 0\} \neq \{0\}$ が成り立つとし，$u_0 \in V_0 \setminus \{0\}$ を任意に固定する．このとき，$W := \mathcal{L}(\{u_0\})$ とすれば，容易にわかるように，g は W 上で非退化ではない．

不定計量ベクトル空間の部分空間における計量の非退化性については次の事実がある：

【命題 4.9】 V を n 次元不定計量ベクトル空間とし，W を V の p 次元部分空間とする．W の基底 $w_1, \cdots, w_p$ で次の性質をもつものがあるとする：(i, j) 成分が $g(w_i, w_j)$ である p 次の行列 $G := (g(w_i, w_j))_{i,j}$ について $\det G \neq 0$．このとき，g_W は非退化である．

証明 ベクトル $w_0 \in W$ がすべての $w \in W$ に対して，$g(w, w_0) = 0$ をみたすとする．したがって，特に，$g(w_i, w_0) = 0, i = 1, \cdots, p$．そこで，$w_0 = \sum_{j=1}^{p} a^j w_j$ と展開すれば $(a^i \in \mathbb{K})$，$\sum_{j=1}^{p} g(w_i, w_j) a^j = 0$．これは，$a = (a^1, \cdots, a^p) \in \mathbb{K}^p$ とすれば，$Ga = 0$ を意味する．$\det G \neq 0$ であるから，$a = 0$ でなければならない．したがって，$a^i = 0, i = 1, \cdots, p$．ゆえに $w_0 = 0$．よって，題意が成立する． ∎

4.3 直交系と直交補空間

(V, g) を計量ベクトル空間とする．ユークリッド幾何学において重要な役割を演じる概念の1つとして直交性の概念がある．この概念の普遍的形態を (V, g) において定義しよう．

【定義 4.10】

(i) ベクトル $u \in V$ が $|g(u, u)| = 1$ をみたすとき，u を**単位ベクトル** (unit vetor) とよぶ．

(ii) 2つのベクトル $u, v \in V$ が $g(u, v) = 0$ をみたすとき，u と v は**直交する**といい，$u \perp v$ または $v \perp u$ と記す．

V の部分集合 D の任意の元と u が直交するとき，D と u は直交するといい，$D \perp u$ または $u \perp D$ のように表す．

(iii) V の部分集合 D の任意の異なる2つの元 $u, v \in D$ $(u \neq v)$ が直交するとき，D は (V, g) の**直交系** (orthogonal system) であるという．

直交系 D の任意のベクトルが単位ベクトルのとき，D は**正規直交系** (orthonormal system) であるという．

(iv) $\dim V = n < \infty$ とする．V の基底で正規直交系であるものを**正規直交基底** (othonormal basis) とよぶ．V と正規直交基底 $E = \{e_1, \cdots, e_n\}$ の組 $(V; E)$ を**正規直交座標系**または単に**直交座標系**とよぶ．

計量ベクトル空間 (V, g) における単位ベクトルの存在は次のようにしてわかる．ベクトル $u \in V$ が $g(u, u) \neq 0$ をみたすとき

$$\hat{u} := \frac{u}{\|u\|} = \frac{u}{\sqrt{|g(u, u)|}} \tag{4.12}$$

によって定義されるベクトル $\hat{u}$ は単位ベクトルである．これを u の**規格化** (normalization) という．

■ **例 4.12** ■ $\mathbb{R}^n$ の標準基底 $\mathbf{c}_1, \cdots, \mathbf{c}_n$ は $(\mathbb{R}^n, g_{\mathbb{R}^n})$ の正規直交基底である

■ **例 4.13** ■ $\mathbb{C}^n$ の標準基底 $\mathbf{e}_1, \cdots, \mathbf{e}_n$ はユニタリ空間 $(\mathbb{C}^n, g_{\mathbb{C}^n})$ の正規直交基底である．

■ **例 4.14** ■ $\mathbb{R}^{n+1}$ の標準基底を（ラベルをつけかえて）$\mathbf{e}_0, \mathbf{e}_1, \cdots, \mathbf{e}_n$ と記す：
$$\mathbf{e}_0 = (1, 0, \cdots, 0), \ \mathbf{e}_1 = (0, 1, 0, \cdots, 0), \ \cdots, \ \mathbf{e}_n = (0, 0, \cdots, 0, 1).$$

不定計量空間 $(\mathbb{R}^{n+1}, g_\mathrm{M})$ において，$(n+1)$ 次元数ベクトル空間 $\mathbb{R}^{n+1}$ の標準基底は正規直交基底であり，次をみたす：

$$g_\mathrm{M}(\mathbf{e}_\mu, \mathbf{e}_\nu) = \begin{cases} 1, & \mu = \nu = 0, \\ -1, & \mu = \nu = 1, \cdots, n, \\ 0, & \mu \neq \nu. \end{cases} \tag{4.13}$$

■ **例 4.15** ■ 不定計量空間 $(\mathbb{C}^{n+1}, g_\mathrm{M}^\mathbb{C})$ において，$(n+1)$ 次元数ベクトル空間 $\mathbb{C}^{n+1}$ の標準基底は正規直交基底である．

直交系に関する次の事実は基本的である：

【命題 4.11】 (V, g) を $\mathbb{K}$ 上の計量ベクトル空間とする．$D = \{u_1, \cdots, u_N\}$ は (V, g) の直交系で $g(u_n, u_n) \neq 0, n = 1, \cdots, N$ をみたすとする．このとき，D は線形独立である．

証明 $\sum_{n=1}^N \alpha_n u_n = 0 \ (\alpha_n \in \mathbb{K})$ とする．したがって，任意の $m = 1, \cdots, N$ に対して，$g\left(u_m, \sum_{n=1}^N \alpha_n u_n\right) = 0$. g の線形性と D の直交性を使うと，左辺 $= \alpha_m g(u_m, u_m)$. 仮定により，$g(u_m, u_m) \neq 0$ であるから，$\alpha_m = 0$ でなければならない．よって，題意がしたがう． ∎

!注意 4.7 (V, g) が内積空間の場合には，すでに見たように，$g(u, u) \neq 0$ と $u \neq 0$ は同値である．だが，不定計量ベクトル空間の場合，これは成立しない（問題 1）．

各ベクトル $u \in \{v \in V \mid g(v, v) \neq 0\}$ に対して

$$\epsilon(u) := \frac{g(u, u)}{|g(u, u)|} \tag{4.14}$$

を定義し，これを u の**符号**とよぶ．明らかに

$$\epsilon(u)^2 = 1. \tag{4.15}$$

V が内積空間ならば，$\epsilon(u) = 1, \forall u \in V \setminus \{0\}$ である．

ベクトルの集合 $\{e_n\}_{n=1,\cdots,N} \subset V$ が正規直交系であることは

$$g(e_n, e_m) = \epsilon(e_n)\delta_{nm} = \epsilon(e_m)\delta_{nm} \tag{4.16}$$

が成り立つことと同値である.

次の命題は，正規直交系に関わる計算において基本となるものである.

【命題 4.12】 $\{e_n\}_{n=1,\cdots,N}$ を V の正規直交系とし，任意の $\alpha_n \in \mathbb{K}$ ($n = 1,\cdots,N$) に対して，$u = \sum_{n=1}^{N} \alpha_n e_n$ とおく．このとき：

(i) $g(u,u) = \sum_{n=1}^{N} \epsilon(e_n)|\alpha_n|^2$.

(ii) V が内積空間ならば，$g(u,u) = \sum_{n=1}^{N} |\alpha_n|^2$.

証明 (i) 計量の準双線形性により，$g(u,u) = \sum_{n=1}^{N} \sum_{m=1}^{N} \alpha_n^* \alpha_m g(e_n, e_m)$. これと (4.16) により，求める結果が得られる.

(ii) (i) と (4.15) のすぐあとに述べた事実による. ∎

周知のように，ユークリッド幾何学において，ピタゴラスの定理（3平方の定理）は重要な役割を演じる[7]．この定理の普遍的な形——これも，慣習上，同じ名称でよぶ——が次の定理によって与えられる：

【定理 4.13】（ピタゴラスの定理） (V,g) を計量ベクトル空間とし，$u, v \in V$ を直交する任意のベクトルとする．このとき：

(i) $g(u+v, u+v) = g(u,u) + g(v,v)$.

(ii) V が<u>内積空間</u>ならば，$\|u+v\|^2 = \|u\|^2 + \|v\|^2$.

証明 (4.7) による. ∎

直交性の概念に同伴する重要な概念の1つを導入しておく.

【定義 4.14】 D を計量ベクトル空間 (V,g) の部分集合とする．D のすべてのベクトルと直交するベクトルの集合 $D^\perp := \{u \in V \mid g(u,v) = 0, \forall v \in D\}$ を D の<u>直交補空間</u> (orthogonal complement) とよぶ.

---

[7] 直角3角形において，斜辺の長さを c，他の2辺の長さをそれぞれ a, b とすれば，$a^2 + b^2 = c^2$. ちなみに，ピタゴラス (Pythagoras, 前582頃–前497頃) は，古代ギリシアの偉大な哲学者，数学者，宗教家．「万物は数からなる」というテーゼは有名．数論，幾何学，音楽，天文学を総合的に研究．今日，ピタゴラス音階とよばれる音階——ヨーロッパ音楽の基礎となる音階——を発見し，音楽理論を発展させた.

4.3 直交系と直交補空間

【命題 4.15】 (V,g) の任意の部分集合 D に対して，$D^\perp$ は部分空間である．

証明 任意の $a,b \in \mathbb{K}, u,v \in D^\perp, w \in D$ に対して，$g(au+bv,w) = a^*g(u,w) + b^*g(v,w) = 0+0 = 0$．したがって，$au+bv \in D^\perp$． ∎

次の定理に述べる事実は重要で基本的である．

【定理 4.16】 $D_N = \{e_n\}_{n=1,\cdots,N}$ を (V,g) の正規直交系とする．このとき，任意の $u \in V$ に対して

$$u - \sum_{n=1}^{N} \epsilon(e_n) g(e_n, u) e_n \in D_N^\perp. \tag{4.17}$$

証明 $v = u - \sum_{n=1}^{N} \epsilon(e_n) g(e_n, u) e_n$ とおく．任意の e_m ($m=1,\cdots,N$) に対して $g(v, e_m) = g(u, e_m) - \sum_{n=1}^{N} \epsilon(e_n) g(e_n, u)^* g(e_n, e_m) \cdots (*)$．(4.16) と (4.15) により，$(*)$ の右辺は 0 になることがわかる．したがって，$v \perp e_m$． ∎

ベクトル $\sum_{n=1}^{N} \epsilon(e_n) g(e_n, u) e_n$ を D_N によって生成される部分空間 $\mathcal{L}(D_N)$ 上への，u の **直交射影** (orthogonal projection) または **正射影** という（図 4.1）[8]．

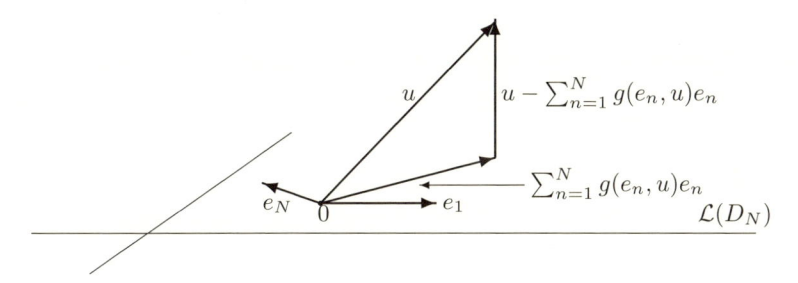

図 4.1 $\mathcal{L}(D_N)$ への正射影の描像（内積空間の場合）

【命題 4.17】 (V,g) を内積空間，D を V の任意の空でない部分集合とする．このとき，$D \cap D^\perp = \{0\}$.

証明 任意の $u \in D \cap D^\perp$ に対して，$u \in D$ かつ $u \in D^\perp$ であるから，$g(u,u) = 0$．これと内積の正定値性により，$u = 0$． ∎

---

[8] $(\mathbb{R}^3, g_{\mathbb{R}^3})$ の場合で考えてみると，この定義の背後にある感覚的描像がつかめるであろう．ただし，計量が $g_{\mathbb{R}^3}$ でなく不定計量の場合には，ユークリッド幾何学的描像は通用しない．

4.4 内積空間の基本的性質

不定計量ベクトル空間は,一般には,正定値計量ベクトル空間,すなわち,内積空間よりも扱いにくい.そこで,まず,扱いやすいほうの内積空間の基本的性質を見ておく.この節を通して,(V,g) は内積空間であるとする.以下,$g(u,v) = \langle u,v \rangle$ という記法も併用する.

4.4.1 不等式

【定理 4.18】(ベッセルの不等式[9]**)** $\{e_n\}_{n=1,\cdots,N}$ を V の正規直交系とする.このとき,任意の $u \in V$ に対して

$$\sum_{n=1}^{N} |\langle e_n, u \rangle|^2 \leq \|u\|^2 \tag{4.18}$$

が成り立つ.等号が成立するのは,u が $e_1, \cdots, e_N$ に従属するとき,かつこのときに限る.

証明 $v_N := \sum_{n=1}^{N} \langle e_n, u \rangle e_n$ とし,自明な恒等式 $u = (u - v_N) + v_N$ に注目する.定理 4.16 により,$(u - v_N) \perp v_N$.したがって,ピタゴラスの定理により,$\|u\|^2 = \|u - v_N\|^2 + \|v_N\|^2 \cdots (*)$.右辺第一項は非負であるから,$\|u\|^2 \geq \|v_N\|^2$.一方,命題 4.12(ii) により $\|v_N\|^2 = \sum_{n=1}^{N} |\langle e_n, u \rangle|^2$.したがって,(4.18) が導かれる.(4.18) で等号が成り立つならば,いまの導出により,$\|u - v_N\|^2 = 0$.すると内積の正定値性(命題 4.4)により,$u = v_N$.したがって,u は $e_1, \cdots, e_N$ に従属する.逆に,u が $e_1, \cdots, e_N$ に従属するならば,(4.18) で等号が成り立つことは容易に確かめられる. ■

ベッセルの不等式は重要な結果を含んでいる:

【定理 4.19】 次の (i), (ii) が成り立つ.

(i) (**シュヴァルツの不等式**[10]) $|\langle u,v \rangle| \leq \|u\|\|v\|, \quad u,v \in V.$

---

[9] Friedrich Wilhelm Bessel (1784–1846). ドイツの天文学者,数学者.彼の名を冠した関数(ベッセル関数)は重要な特殊関数の 1 つ.
[10] Hermann Amandus Schwarz (1843–1921). ドイツの数学者.複素解析学においても重要な貢献をした.ちなみに,超関数論の創始者ローラン・シュワルツ (Laurent Schwartz, 1915–2002, フランス)とは異なる人物である.

等号が成立するのは，u, v が線形従属であるとき，かつこのときに限る．

(ii) (**3角不等式**) $\|u+v\| \leq \|u\| + \|v\|, \quad u, v \in V$.

証明 (i) $u = 0$ の場合は明らか．$u \neq 0$ の場合，$e_1 := u/\|u\| \cdots (*)$ とすれば，$\{e_1\}$ は正規直交系である．したがって，ベッセルの不等式で $N = 1$ の場合が応用できるので，$|\langle e_1, v \rangle|^2 \leq \|v\|^2$ が成り立つ．$(*)$ を左辺に代入し，整理すれば，求める不等式を得る．$u \neq 0$ の場合，定理 4.18 により，いま証明した不等式において等号が成立するのは，v が e_1 の定数倍，したがって，v が u の定数倍であるとき，かつこのときに限る．u が 0 の場合は，明らかに，u, v は線形従属である．したがって，等号成立条件についての主張がしたがう．

(ii) (4.7) と (i) によって，$\|u+v\|^2 \leq \|u\|^2 + 2\|u\|\|v\| + \|v\|^2 = (\|u\| + \|v\|)^2$. ∎

!注意 4.8 不定計量ベクトル空間に対しては，定理 4.19 は，一般には成立しない[11]．

■ **例 4.16** ■ 任意の有限複素数列 $\{a_i\}_{i=1}^n, \{b_i\}_{i=1}^n$ $(a_i, b_i \in \mathbb{C}, n \in \mathbb{N})$ に対して，$\mathbf{x} = (|a_1|, \cdots, |a_n|), \mathbf{y} = (|b_1|, \cdots, |b_n|) \in \mathbb{R}^n$ とおけば，$g_{\mathbb{R}^n}(\mathbf{x}, \mathbf{y}) = \sum_{i=1}^n |a_i||b_i|$．そこで，シュヴァルツの不等式 (定理 4.19(i)) を内積空間 $(\mathbb{R}^n, g_{\mathbb{R}^n})$ において応用すれば，

$$\left(\sum_{i=1}^n |a_i||b_i|\right)^2 \leq \left(\sum_{i=1}^n |a_i|^2\right)\left(\sum_{i=1}^n |b_i|^2\right) \tag{4.19}$$

――**有限数列に関するコーシー・シュヴァルツの不等式**――が得られる．

■ **例 4.17** ■ 内積空間 $C_\mathbb{C}[a,b]$ にシュヴァルツの不等式 (定理 4.19(i)) を応用すれば，**積分に関するシュヴァルツの不等式**

$$\left(\int_a^b |f(t)||g(t)|dt\right)^2 \leq \left(\int_a^b |f(t)|^2 dt\right)\left(\int_a^b |g(t)|^2 dt\right), \ f, g \in C_\mathbb{C}[a,b] \tag{4.20}$$

が得られる．

このように諸々の具象的な内積空間に抽象的理論でのシュヴァルツの不等式を応用することにより，種々の不等式が導かれる．ここに抽象論の威力の一端が見られる (問題 7 も参照)．

---

[11] 反例：不定計量空間 $(\mathbb{R}^{n+1}, g_M)$ において，たとえば，$x = (1, 1, 0, \cdots, 0), y = (1, 0, \cdots, 0)$ とすれば，$g_M(x, x) = 0$ であるが，$g_M(x, y) = 1 \neq 0$．したがって，シュヴァルツの不等式は成立しない．

4.4.2 3角不等式の意味

V の2つの点 u, v に対して，$d_V(u, v)$ を

$$d_V(u, v) := \|u - v\| \tag{4.21}$$

によって定義する．次の事実は容易に示される：(d.1)（正定値性）$d_V(u, v) \geq 0, u, v \in V$ かつ「$d_V(u, v) = 0 \iff u = v$」，(d.2)（対称性）$d_V(u, v) = d_V(v, u), u, v \in V$．

ノルムに関する3角不等式は次の不等式を導く[12]：(d.3) $d_V(u, v) \leq d_V(u, w) + d_V(w, v), u, v, w \in V$．

この不等式は，$(\mathbb{R}^2, g_{\mathbb{R}^2})$ あるいは $(\mathbb{R}^3, g_{\mathbb{R}^3})$ の場合には，u, v, w を頂点とする3角形において，その任意の2辺の長さの和は他の1辺の長さより大きいことを表す（これが"3角不等式"という名の由来である）．したがって，内積空間のノルムというのは，$(\mathbb{R}^2, g_{\mathbb{R}^2})$ や $(\mathbb{R}^3, g_{\mathbb{R}^3})$ に現れている距離的構造——ユークリッド幾何学の距離構造——を普遍的な形でとらえたものと見ることができる．

以上の描像に基づいて，$d_V(u, v)$ を点 $u \in V$ と点 $v \in V$ との**距離**とよぶ．

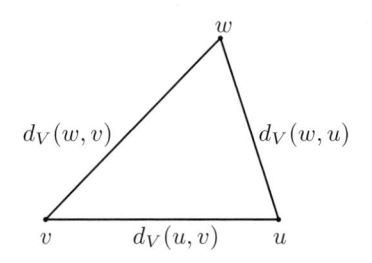

図 4.2 内積空間における"3角形"の描像

4.4.3 実内積空間における2つのベクトルの間の角度の存在

シュヴァルツの不等式は，実内積空間においては，幾何学的に重要な意味をもつ．いま，V は実内積空間であるとし，$u, v \in V \setminus \{0\}$ とする．このとき，シュヴァルツの不等式は $-1 \leq \frac{\langle u, v \rangle}{\|u\|\|v\|} \leq 1$ を意味する．したがって

$$\cos \theta_{u,v} = \frac{\langle u, v \rangle}{\|u\|\|v\|} \tag{4.22}$$

をみたす実数 $\theta_{u,v}$ $(0 \leq \theta_{u,v} \leq \pi)$ がただ1つ存在する．$\theta_{u,v}$ を u と v のなす**角**

---
[12] $u - v = (u - w) + (w - v)$ と変形し，3角不等式を用いよ．

度または**角**という.

4.4.4　グラム–シュミットの直交化と正規直交基底の存在

V を内積空間とし（有限次元でも無限次元でもよい），$\{u_1, \cdots, u_N\} \subset V$ を線形独立な部分集合とする．これらのベクトルから正規直交系が構成されることを示そう．まず，$u_1, \cdots, u_n$ の線形独立性と計量の正定値性により，$\|u_1\| \neq 0$．したがって，ベクトル v_1 を $v_1 := u_1/\|u_1\|$ によって定義できる．次に，ベクトル $\hat{v}_2$ を $\hat{v}_2 := u_2 - \langle v_1, u_2 \rangle v_1$ によって定義する．このとき，$\langle v_1, \hat{v}_2 \rangle = 0$．また，$\|\hat{v}_2\| \neq 0$（∵ もし，$\|\hat{v}_2\| = 0$ とすれば，計量の正定値性により，$u_2 = (\langle v_1, u_2 \rangle/\|u_1\|)u_1$ となって，$\{u_1, u_2\}$ の線形独立性に反する）．そこで，$v_2 := \hat{v}_2/\|\hat{v}_2\|$ と定義する．

第3段階として，$\hat{v}_3 := u_3 - \langle v_1, u_3 \rangle v_1 - \langle v_2, u_3 \rangle v_2$ とする．このとき，$\hat{v}_2$ の場合と同様にして，$\langle v_i, \hat{v}_3 \rangle = 0, i = 1, 2$ かつ $\|\hat{v}_3\| \neq 0$ が示される．

以下，同様にして，ベクトル $\hat{v}_k, v_k$ を帰納的に次のように定義する：

$$v_1 := \frac{u_1}{\|u_1\|}, \quad \hat{v}_k := u_k - \sum_{i=1}^{k-1} \langle v_i, u_k \rangle v_i, \quad v_k := \frac{\hat{v}_k}{\|\hat{v}_k\|}, \quad k = 2, \cdots, N. \tag{4.23}$$

このとき，定理 4.16 によって，$\{v_i\}_{i=1, \cdots, N}$ は V の正規直交系であることがわかる．この場合

$$\mathcal{L}(\{u_1, \cdots, u_N\}) = \mathcal{L}(\{v_1, \cdots, v_N\}) \tag{4.24}$$

であることにも注意しよう．

このようにして，任意の線形独立なベクトルの集合 $\{u_1, \cdots, u_N\}$ から，式 (4.23) によって，正規直交系 $\{v_1, \cdots, v_N\}$ をつくる方法を**グラム–シュミットの直交化**とよぶ[13].

グラム–シュミットの直交化の応用の1つとして，有限次元内積空間における正規直交基底の存在が証明される：

【定理 4.20】 (V, g) を <u>有限次元内積空間</u> とする．このとき，(V, g) は正規直交基底をもつ.

---

[13] Jϕrgen Pedersen Gramm (1850–1916), Erhard Schmidt (1876–1959). 後者は，ドイツの数学者で，かの偉大な数学者ヒルベルト (1862–1943, 独) の弟子である．積分方程式論などに重要な業績を残した．20 世紀最大の数学者のひとりとして知られるフォン・ノイマン (John von Neumann, 1903–1957, ハンガリー出身) はシュミットの弟子である．

証明 $\dim V = n$ とし, $\{e_1, \cdots, e_n\}$ を V の基底とする. グラム–シュミットの直交化により, 正規直交系 $\{f_1, \cdots, f_n\}$ で $\mathcal{L}(\{e_1, \cdots, e_n\}) = \mathcal{L}(\{f_1, \cdots, f_n\}) \cdots (*)$ をみたすものが構成される（上の手続きで, $N = n, u_i = e_i, f_i = v_i$ とすればよい）. $(*)$ の左辺は V であるから, $\{f_1, \cdots, f_n\}$ は V の基底であることがわかる. ゆえに, $\{f_1, \cdots, f_n\}$ は v の正規直交基底である. ∎

有限次元の不定計量ベクトル空間における正規直交基底の存在については, 4.5 節と 4.7 節で論述する.

4.4.5 ユークリッドベクトル空間

以上の事実から, 有限次元の実内積空間は, 通常のユークリッド幾何学が展開される空間を, 有限次元の範疇において, 最も普遍的な形でとらえた空間概念であると解釈することが可能である[14]. そこで次の定義を設ける：

【定義 4.21】 有限次元の実内積空間を**ユークリッドベクトル空間**とよぶ.

■ **例 4.18** ■ $(\mathbb{R}^n, g_{\mathbb{R}^n})$（例 4.1）は n 次元ユークリッドベクトル空間の標準的な例である.

ユークリッドベクトル空間の一般的構成については次の定理が基本的である：

【定理 4.22】 V を n 次元実ベクトル空間とする. $E := \{e_1, \cdots, e_n\}$ を V の任意の基底とし, その双対基底を $\{\phi^1, \cdots, \phi^n\}$ としよう. このとき

$$g_E := \sum_{i=1}^{n} \phi^i \otimes \phi^i \tag{4.25}$$

によって定義される 2 階共変対称テンソルは V 上の内積である. したがって, (V, g_E) は n 次元ユークリッドベクトル空間である. また, E は (V, g_E) の正規直交基底である.

証明 g_E の線形性と対称性は明らかであろう. g_E の非退化性を示すために, ベクトル $u \in V$ について, $g_E(u, v) = 0$ がすべての $v \in V$ に対して成り立つとしよう. $v = e_i$ とすれば, $\phi^i(u) = 0, i = 1, \cdots, n$. したがって, $u = 0$. 以上か

---

[14] より精密にいうと有限次元実内積空間を基準ベクトル空間とするアフィン空間. このようなアフィン空間のより一般的な概念を後に定義する.

ら，g_E は V 上の計量であることがわかる．任意の $u \in V$ に対して，$g_E(u,u) = \sum_{i=1}^{n} \phi^i(u)^2 \geq 0$ であるから，g_E は V の内積である． ∎

定理 4.22 は，次のことを語る：**有限次元実ベクトル空間は，その各基底に対して，それが正規直交基底となるような内積をもつ．**

4.4.6 複素ユークリッドベクトル空間

ユークリッドベクトル空間の複素版が次のように定義される：

【定義 4.23】 有限次元の複素内積空間を**複素ユークリッドベクトル空間**とよぶ．

■ **例 4.19** ■ $(\mathbb{C}^n, g_{\mathbb{C}^n})$（例 4.3）は n 次元複素ユークリッドベクトル空間の標準的な例である．

複素ユークリッドベクトル空間の一般的構成については次の定理が基本的である：

【定理 4.24】 V を n 次元の複素ベクトル空間とする．$E := \{e_1, \cdots, e_n\}$ を V の任意の基底とする．このとき

$$g_E^{\mathbb{C}}(u,v) := \sum_{i=1}^{n} (u^i)^* v^i, \quad u = \sum_{i=1}^{n} u^i e_i, v = \sum_{i=1}^{n} v^i e_i \in V \tag{4.26}$$

によって定義される写像 $g_E^{\mathbb{C}} : V \times V \to \mathbb{C}$ は V 上の内積である．したがって，$(V, g_E^{\mathbb{C}})$ は n 次元複素ユークリッドベクトル空間である．また，E は $(V, g_E^{\mathbb{C}})$ の正規直交基底である．

証明 定理 4.22 の証明と同様． ∎

こうして，**有限次元複素ベクトル空間も，その各基底に対して，それが正規直交基底となるような内積をもつ**ことがわかる．

4.5 計量の標準形

この節では，有限次元実ベクトル空間の計量は，ある標準的な形に表されることを示す．その 1 つの帰結として，不定計量をもつ実ベクトル空間における正規直交基底の存在が導かれるのを見る．

【定理 4.25】 (V, g) を n 次元実計量ベクトル空間とする.このとき,V^* の基底 $\{\phi^1, \cdots, \phi^n\}$ と非負整数 p があって

$$g = \sum_{i=1}^{p} \phi^i \otimes \phi^i - \sum_{j=p+1}^{n} \phi^j \otimes \phi^j \tag{4.27}$$

が成り立つ.このような p は一意的に定まる.

証明 V は実ベクトル空間であるので,4.2.1 項で注意したように,g は 2 階の共変対称テンソルである.したがって,定理 3.22 によって,V^* の基底 $\{\phi^1, \cdots, \phi^n\}$ と非負整数の対 (p, q) $(p+q \leq n)$ があって,$g = \sum_{i=1}^{p} \phi^i \otimes \phi^i - \sum_{j=1}^{q} \phi^{p+j} \otimes \phi^{p+j}$ が成り立つ.$\{\phi^i\}_{i=1,\cdots,n}$ をその双対基底とする,V の基底を $\{e_1, \cdots, e_n\}$ とする.仮に,$p+q < n$ とすると,任意の $u \in V$ に対して,上の式から,$g(e_{p+q+1}, u) = 0$.すると g の非退化性により,$e_{p+q+1} = 0$ でなければならない.だが,これは矛盾である.したがって,$p+q = n$ でなければならない.ゆえに (4.27) が成立する.p の一意性は,定理 3.22 における一意性の事実による.∎

定理 4.25 における(g に対して一意的に定まる)非負整数の組 $(p, n-p)$ を計量 g の**符号数**とよぶ.

定理 4.25 は任意の有限次元実計量ベクトル空間における正規直交基底の存在を導く:

【系 4.26】 (V, g) を n 次元実計量ベクトル空間とし,g の符号数を $(p, n-p)$ とする.このとき,(V, g) の正規直交基底 $\{e_i\}_{i=1,\cdots,n}$ で

$$g(e_i, e_i) = \begin{cases} 1, & i = 1, 2, \cdots, p, \\ -1, & i = p+1, \cdots, n \end{cases} \tag{4.28}$$

をみたすものが存在する.

証明 定理 4.25 の証明における基底 $\{e_1, \cdots, e_n\}$ は上述の条件をみたす.∎

系 4.26 にいう正規直交基底を (V, g) の**標準型正規直交基底**という.

2 次元以上の実計量ベクトル空間においては,任意の標準型正規直交基底から,無数の標準型正規直交基底を構成できる:

【定理 4.27】 (V, g) を n 次元実計量ベクトル空間で g の符号数が $(p, n-p)$ であるものとする．$E := \{e_i\}_{i=1,\cdots,n}$ は (V, g) の標準型正規直交基底とし，n 次の行列 $\eta^{(p,n-p)}$ (対角行列) を次のように定義する：

$$(\eta^{(p,n-p)})_{ij} = \begin{cases} 1; & i = j = 1, \cdots, p, \\ -1; & i = j = p+1, \cdots, n, \\ 0; & i \neq j. \end{cases} \tag{4.29}$$

$P = (P^i_j)$ を n 次の実行列とし，ベクトル $f_i \in V$ を $f_i := \sum_{j=1}^n P^j_i e_j$ によって定義する．このとき，$\{f_i\}_{i=1,\cdots,n}$ が (V, g) の標準型正規直交基底であるための必要十分条件は

$$ {}^t P \eta^{(p,n-p)} P = \eta^{(p,n-p)} \tag{4.30}$$

が成り立つことである．

証明 $\{f_i\}_{i=1,\cdots,n}$ が (V, g) の標準型正規直交基底であることと $g(f_i, f_j) = (\eta^{(p,n-p)})_{ij}$, $i, j = 1, \cdots, n$ は同値である．容易にわかるように，$g(f_i, f_j) = \sum_{k,l=1}^n P^k_i P^l_j g(e_k, e_l)$．そこで，$(\eta^{(p,n-p)})_{kl} = g(e_k, e_l)$ に注意すれば，$g(f_i, f_j) = ({}^t P \eta^{(p,n-p)} P)_{ij}$ が成り立つ．したがって，$\{f_i\}_{i=1,\cdots,n}$ が (V, g) の標準型正規直交基底であることと $(\eta^{(p,n-p)})_{ij} = ({}^t P \eta^{(p,n-p)} P)_{ij}$, $i, j = 1, \cdots, n$，すなわち，(4.30) の成立は同値である． ∎

4.6 ミンコフスキーベクトル空間

前節の結果に基づいて，不定計量ベクトル空間の重要なクラスの１つを導入する：

【定義 4.28】 $(n+1)$ 次元実計量ベクトル空間 (V, g) で g の符号数が $(1, n)$ であるものを **$(n+1)$ 次元ミンコフスキーベクトル空間**とよぶ[15]．この場合，g を V 上の**ミンコフスキー計量**とよぶ．

---

[15] Hermann Minkowski (1864–1909)．ロシア生まれの数学者．数論における幾何学的方法を開拓．また，アインシュタイン (Albert Einstein, 1879–1955, 独) の特殊相対性理論の数学的本質についての考察から，後に自らの名が冠せられることになる，ある 4 次元アファイン空間 (4 次元ミンコフスキー空間)——4 次元ミンコフスキーベクトル空間を基準ベクトル空間とするアファイン空間——を導入し，不定計量空間上の幾何学への道を開くとともに，相対性理論の発展に貢献した．

(V, g) の標準型正規直交基底を**ローレンツ基底**という.すなわち,$\{e_0, e_1, \cdots, e_n\} \subset V$ がローレンツ基底であるとは,それが V の基底であり

$$g(e_\mu, e_\nu) = \begin{cases} 1, & \mu = \nu = 0, \\ -1, & \mu = \nu = 1, \cdots, n, \\ 0, & \mu \neq \nu \end{cases} \tag{4.31}$$

をみたすときをいう.

■ **例 4.20** ■ 不定内積空間 $(\mathbb{R}^{n+1}, g_M)$(例 4.2)は,$(n+1)$ 次元ミンコフスキーベクトル空間の具象的実現の例である.$\mathbb{R}^{n+1}$ の標準基底 $\mathbf{e}_0, \mathbf{e}_1, \cdots, \mathbf{e}_n$ は $(\mathbb{R}^{n+1}, g_M)$ のローレンツ基底である(例 4.14).

任意の $(n+1)$ 次元実ベクトル空間 V がミンコフスキー計量をもつことは次のようにしてわかる.$F := \{f_0, f_1, \cdots, f_n\}$ を V の任意の基底とし,その双対基底を $\{\psi^0, \cdots, \psi^n\}$ とする.このとき

$$g_F := \psi^0 \otimes \psi^0 - \sum_{i=1}^n \psi^i \otimes \psi^i \tag{4.32}$$

とすれば,前節の議論と同様にして,g_F は V 上の計量であり,その符号数は $(1, n)$ であることがわかる.したがって,g_F は V 上のミンコフスキー計量である.容易にわかるように,F は,$(n+1)$ 次元ミンコフスキーベクトル空間 (V, g_F) のローレンツ基底である.

4.7 計量の成分と複素計量の構造

4.7.1 計量の成分

(V, g) を $\mathbb{K}$ 上の有限次元計量ベクトル空間とし,$\dim V = n < \infty$ とする.V の基底 $E := \{e_1, \cdots, e_n\}$ を任意に 1 つ固定し

$$g_{ij} := g(e_i, e_j), \quad i, j = 1, \cdots, n \tag{4.33}$$

とおく.このとき,任意の $u = \sum_{i=1}^n u^i e_i, v = \sum_{i=1}^n v^i e_i \in V$ $(u^i, v^i \in \mathbb{K})$ に対して

$$g(u, v) = \sum_{i,j=1}^n g_{ij} (u^i)^* v^j \tag{4.34}$$

が成り立つ.したがって,計量は,基底に対する値の組 $\{g_{ij} \mid i, j = 1, \cdots, n\}$ か

ら決まる．この組を**基底 E に関する g の成分**という[16]．そこで，g_{ij} を (i,j) 成分とする n 次の行列

$$\hat{g} := (g_{ij}) \tag{4.35}$$

を考える．これを基底 E に関する g の**計量行列**という．

$\mathbb{K} = \mathbb{R}$ と $\mathbb{K} = \mathbb{C}$ の場合をまとめて扱うために，便宜上，次の定義を設ける：実対称行列またはエルミート行列を総称的に**自己共役行列** (self-adjoint matrix) とよぶ[17]．

【命題 4.29】 計量行列 $\hat{g}$ は正則かつ自己共役である．

証明 $z = (z^1, \cdots, z^n) \in \ker \hat{g}$ とする．すなわち，$\hat{g}z = 0$．したがって，$Z = \sum_{i=1}^n z^i e_i$ とおけば，$g(e_i, Z) = 0$．これは，任意の $u = \sum_{i=1}^n u^i e_i$ に対して，$g(u, Z) = 0$ を意味する．ゆえに，g の非退化性 (g.3) によって，$Z = 0$．これは，$z = 0$ を意味する．よって，$\hat{g}$ は単射であるから，正則である．計量のエルミート性により，$g_{ij}^* = g(e_i, e_j)^* = g(e_j, e_i) = g_{ji}$ であるから，$\hat{g}$ は自己共役である．∎

4.7.2 複素計量の構造

さて，$\mathbb{K} = \mathbb{C}$ の場合を考えよう．このとき，命題 4.29 によって，$\hat{g}$ は，正則なエルミート行列であるから，その固有値を $\lambda_1, \cdots, \lambda_n$ とすれば，これらはすべて零でない実数である．必要ならば，順番を並べ替えることにより，$\lambda_i > 0, i = 1, \cdots, p; \lambda_i < 0, i = p+1, \cdots, n$ として一般性を失わない $(0 \leq p \leq n)$[18]．さらに，n 次のユニタリ行列 $U = (U_{ij})$ があって

$$U^* \hat{g} U = (\lambda_i \delta_{ij}) \tag{4.36}$$

が成り立つ（$\hat{g}$ の対角化[19]）．したがって，任意の $(w_1, \cdots, w_n) \in \mathbb{C}^n$ に対して

$$\tilde{w}^i := \begin{cases} \sqrt{\lambda_i} \sum_{j=1}^n (U^*)_{ij} w^j, & i = 1, \cdots, p, \\ \sqrt{-\lambda_i} \sum_{j=1}^n (U^*)_{ij} w^j, & i = p+1, \cdots, n \end{cases}$$

---

[16] $\mathbb{K} = \mathbb{R}$ の場合は，テンソルとしての g の，基底 E に関する成分である．
[17] 自己随伴行列ともよぶ．
[18] $p = 0$ のときは，λ_i はすべて負と読む．また，$p = n$ のときは，λ_i はすべて正と読む．
[19] エルミート行列の対角化については，線形代数学の教科書，たとえば，佐武一郎『線型代数学』（裳華房，1976）の p.157 や同『線形代数』（共立出版，1997）の p.170，定理 A.8 を参照．

とすれば

$$g(u,v) = \sum_{i=1}^{p} (\tilde{u}^i)^* \tilde{v}^i - \sum_{i=p+1}^{n} (\tilde{u}^i)^* \tilde{v}^i$$

と表される．そこで，E の双対基底を $\{\phi^1, \cdots, \phi^n\}$ とし

$$\psi^i := \begin{cases} \sqrt{\lambda_i} \sum_{j=1}^{n} (U^*)_{ij} \phi^j, & i = 1, \cdots, p, \\ \sqrt{-\lambda_i} \sum_{j=1}^{n} (U^*)_{ij} \phi^j, & i = p+1, \cdots, n \end{cases}$$

とすれば，$\{\psi^1, \cdots, \psi^n\}$ は V^* の基底であり[20]

$$g(u,v) = \sum_{i=1}^{p} \psi^i(u)^* \psi^i(v) - \sum_{i=p+1}^{n} \psi^i(u)^* \psi^i(v) \tag{4.37}$$

と書ける．この型の表示を g の**標準形**とよぶ．この場合，非負整数 p が標準形を与える基底 $\{\psi^i\}_i$ の取り方によらないことは実対称共変テンソルに関するシルヴェスターの慣性の法則の場合と同様にして証明される．

$\{f_1, \cdots, f_n\}$ を V の基底で，その双対基底が $\{\psi^i\}_i$ であるものとすれば，(4.37) によって，$\{f_i\}_i$ は (V, g) の正規直交基底であり

$$g(f_i, f_i) = 1, \quad i = 1, \cdots, p, \tag{4.38}$$

$$g(f_i, f_i) = -1, \quad i = p+1, \cdots, n, \tag{4.39}$$

をみたすことがわかる．こうして，複素計量ベクトル空間における正規直交基底の存在もわかる．

実計量ベクトル空間の場合と同様に，$(p, n-p)$ を計量 g の**符号数**という．

有限次元の実計量ベクトル空間の場合と同様に，計量の符号数が $(p, n-p)$ である複素計量ベクトル空間 (V, g) の基底 $\{f_1, \cdots, f_n\}$ で (4.38), (4.39) をみたすものを (V, g) の**標準型正規直交基底**という．

以上の事実の応用の 1 つとして，ミンコフスキーベクトル空間の複素版を定義することができる：

【定義 4.30】 $(n+1)$ 次元複素計量ベクトル空間で計量の符号数が $(1, n)$ であるものを **$(n+1)$ 次元複素ミンコフスキーベクトル空間**という．

■ **例 4.21** ■ $(\mathbb{C}^{n+1}, g_M^{\mathbb{C}})$ (例 4.4) は $(n+1)$ 次元複素ミンコフスキーベクトル空間である．

---

[20] n 次の行列 Λ を $\Lambda_{ii} := \sqrt{\lambda_i}, i = 1, \cdots, p; \Lambda_{ii} := \sqrt{-\lambda_i}, i = p+1, \cdots, n; \Lambda_{ij} = 0, i \neq j$ によって定義し，$P = \Lambda U^*$ とすれば，$\psi^i = \sum_{j=1}^{p} P_{ij} \phi^j$ であり，P は正則．

4.8 有限次元ベクトル空間における計量の構造

この節を通して，V を $\mathbb{K}$ 上の有限次元ベクトル空間とし，$\dim V = n < \infty$ とする．V の基底 $E := \{e_1, \cdots, e_n\}$ を任意に1つ固定する．V 上の計量の存在に関する次の一般的定理を証明しよう．

【定理 4.31】 任意の n 次の正則な自己共役行列 $A = (A_{ij})_{i,j=1,\cdots,n}$ に対して

$$g_A(e_i, e_j) = A_{ij}, \quad i,j = 1, \cdots, n \tag{4.40}$$

をみたす計量 g_A がただ1つ存在する．

証明 写像 $g_A : V \times V \to \mathbb{K}$ を

$$g_A(u,v) := \sum_{i,j=1}^n A_{ij}(u^i)^* v^j, \quad u = \sum_{i=1}^n u^i e_i, v = \sum_{i=1}^n v^i e_i \in V \tag{4.41}$$

によって定義する．g_A が線形性とエルミート性をみたすことは直接計算により，ただちにわかる．g_A の非退化性を示すために，$v \in V$ が任意の $u \in V$ に対して，$g_A(u,v) = 0$ をみたすとしよう．したがって，$\sum_{i,j=1}^n A_{ij}(u^i)^* v^j = 0$．$u^i = \delta_k^i$ となる u をとれば，$\sum_{j=1}^n A_{kj} v^j = 0$, $k = 1, \cdots, n$．A は正則であるから，これは $v^j = 0, j = 1, \cdots, n$，すなわち，$v = 0$ を意味する．ゆえに，g_A は非退化である．よって，g_A は V 上の計量である．$u = e_i, v = e_j$ ならば $u^k = \delta_i^k, v^l = \delta_j^l$ であるから，(4.40) が成立する．

g_A の一意性を示すために，別に計量 g があって，$g(e_i, e_j) = A_{ij}$ をみたすとする．このとき，(4.34) によって，任意の $u, v \in V$ に対して，$g(u,v) = \sum_{i,j=1}^n A_{ij}(u^i)^* v^j = g_A(u,v)$．したがって，$g = g_A$． ∎

定理 4.31 における計量 g_A はどのような条件のもとで内積になるであろうか．この問いに答えるために，行列の1つのクラスを導入する：

【定義 4.32】 次の (i), (ii) をみたす，n 次の行列 $A = (A_{ij})_{i,j=1,\cdots,n}$ は**正定値** (positive definite) であるという：(i) すべての $z = (z^1, \cdots, z^n) \in \mathbb{K}^n$ に対して $\sum_{i,j=1}^n A_{ij}(z^i)^* z^j \geq 0$，(ii) $w = (w^1, \cdots, w^n) \in \mathbb{K}^n$ について，$\sum_{i,j=1}^n A_{ij}(w^i)^* w^j = 0$ ならば $w = 0$．

【補題 4.33】 正定値行列は正則である.

証明 A を n 次の正定値行列とする. A から定まる線形作用素を $\hat{A}$ とし (例 2.2), $z = (z^1, \cdots, z^n) \in \ker \hat{A}$ としよう. このとき, $\sum_{j=1} A_{ij} z^j = 0$. これは $\sum_{i,j=1}^n A_{ij}(z^i)^* z^j = 0$ を意味する. したがって, $z = 0$. ゆえに, $\hat{A}$ は $\mathbb{K}^n$ 上の単射である. したがって, それは全射でもある. 標準基底に関する $\hat{A}^{-1}$ の行列表示を B とすれば, これは $AB = BA = I$ となる. したがって, A は正則であり, $B = A^{-1}$. ∎

【系 4.34】 定理 4.31 における計量 g_A が内積であるための必要十分条件は自己共役行列 A が正定値であることである.

証明 (必要性) g_A が内積であるとすれば, 任意の $u \in V$ に対して, $g_A(u,u) \geq 0$. したがって, $\sum_{i,j=1}^n A_{ij}(u^i)^* u^j \geq 0$. $(u^1, \cdots, u^n) \in \mathbb{K}^n$ は任意にとれるので, これは A の正定値性を意味する.

(十分性) 行列 A が正定値ならば, 任意の $z^i \in \mathbb{K}$, $i = 1, \cdots, n$ に対して, $\sum_{i,j=1}^n A_{ij}(z^i)^* z^j \geq 0$ であるから, $g_A(u,u) \geq 0$, $\forall u \in V$ となる. したがって, g_A は正定値である. ∎

上述の結果を集合論的な観点からまとめるために, $\mathbb{K}$ 上の n 次元ベクトル空間 V 上の計量全体からなる集合を $\mathsf{G}_{\mathbb{K}}(V;n)$ とし, V 上の内積の全体を $\mathsf{G}_{\mathbb{K}}^+(V;n)$ とする. 明らかに $\mathsf{G}_{\mathbb{K}}^+(V;n) \subset \mathsf{G}_{\mathbb{K}}(V;n)$. また, n 次の正則な自己共役行列の全体を $\mathsf{SA}^\times(n)$ とし, n 次の正定値の自己共役行列の全体を $\mathsf{SA}_+^\times(n)$ とする. 補題 4.33 によって, $\mathsf{SA}_+^\times(n) \subset \mathsf{SA}^\times(n)$.

命題 4.29 によって, 写像 $G_n : \mathsf{G}_{\mathbb{K}}(V;n) \to \mathsf{SA}^\times(n)$ を

$$G_n(g) := \hat{g} \tag{4.42}$$

によって定義できる.

【定理 4.35】

(i) G_n は全単射である. したがって, $\mathsf{G}_{\mathbb{K}}(V;n) \sim \mathsf{SA}^\times(n)$ ($\sim$ は集合の対等を表す. 付録 A, A.6 節を参照).

(ii) G_n は $\mathsf{G}_{\mathbb{K}}^+(V;n)$ から $\mathsf{SA}_+^\times(n)$ への全単射である. したがって, $\mathsf{G}_{\mathbb{K}}^+(V;n) \sim \mathsf{SA}_+^\times(n)$.

証明 (i) $g, h \in \mathsf{G}_{\mathbb{K}}(V;n)$ について，$\hat{g} = \hat{h}$ ならば $g(e_i, e_j) = h(e_i, e_j), i,j = 1, \cdots, n$ である．これは，任意の $u, v \in V$ に対して，$g(u,v) = h(u,v)$ を意味する（u, v を (e_i) で展開して考えよ）．したがって，$g = h$. ゆえに，G_n は単射である．G_n の全射性は定理 4.31 による．

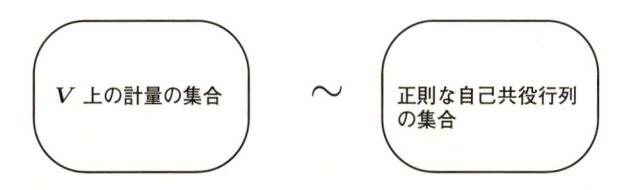

(ii) (i) と同様. ■

図 4.3 計量と正則な自己共役行列の対応

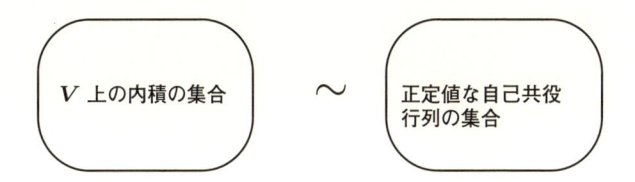

図 4.4 内積と正定値な自己共役行列の対応

4.9 展開定理と直交分解

4.9.1 展開定理

有限次元の計量ベクトル空間における任意のベクトルを正規直交基底で展開した場合にどうなるかを見よう．

【定理 4.36】(展開定理) (V, g) を n 次元計量ベクトル空間とし，$\{e_i\}_{i=1,\cdots,n}$ を (V, g) の正規直交基底とする．このとき，任意の $u, v \in V$ に対して

$$u = \sum_{i=1}^{n} \epsilon(e_i) g(e_i, u) e_i, \tag{4.43}$$

$$g(u,v) = \sum_{i=1}^{n} \epsilon(e_i) g(u, e_i) g(e_i, v) \tag{4.44}$$

が成り立つ．

証明 $u = \sum_{i=1}^n u^i e_i \cdots (*)$ と展開できる．$g(e_i, e_j) = \epsilon(e_i)\delta_{ij}$ を用いると

$$g(e_i, u) = g\left(e_i, \sum_{j=1}^n u^j e_j\right) = \sum_{j=1}^n u^j g(e_i, e_j) = \epsilon(e_i) u^i.$$

これと $\epsilon(e_i)^2 = 1$ により，$u^i = \epsilon(e_i) g(e_i, u)$．これを $(*)$ に代入すれば (4.43) を得る．

(4.44) は (4.43) と g の線形性から導かれる． ∎

式 (4.43) を正規直交基底 $(e_i)_{i=1}^n$ による，$\boldsymbol{u} \in \boldsymbol{V}$ **の展開**とよぶ．性質 (4.44) を**正規直交基底の完全性**という．

!注意 4.9 V が n 次元内積空間の場合，任意の正規直交基底 $\{e_i\}_{i=1,\cdots,n}$ に対して，$\epsilon(e_i) = 1$ であるから

$$u = \sum_{i=1}^n g(e_i, u) e_i, \quad u \in V. \tag{4.45}$$

4.9.2 直交分解定理

【定理 4.37】 (V, g) を計量ベクトル空間，W を V の有限次元部分空間とし，g は W 上で非退化であるとする[21]（V は無限次元でもよい）．このとき，各ベクトル $u \in V$ に対して，$u_W \in W$ および $v \in W^\perp$ が存在して

$$u = u_W + v \tag{4.46}$$

と表される．

もし，V が内積空間なら，このような u_W, v の組 (u_W, v) はただ 1 つである．

証明（存在性）(W, g_W) は有限次元計量ベクトル空間であるので，正規直交基底 $\{e_i\}_{i=1,\cdots,d}$ がとれる（$d := \dim W$）．そこで，任意の $u \in V$ に対して，$v := u - \sum_{i=1}^d \epsilon(e_i) g(e_i, u) e_i$ とおく．このとき，定理 4.16 により，$v \in W^\perp$．そこで，$u_W = \sum_{i=1}^d \epsilon(e_i) g(e_i, u) e_i$ とおけば，$u_W \in W$ であり，$u = u_W + v$ が成り立つことになる．

（内積空間の場合の一意性）別に $u_W' \in W, v' \in W^\perp$ で $u = u_W' + v'$ となるものがあったとすれば，$u_W' + v' = u_W + v$．したがって，$u_W' - u_W = v - v'$．

---
[21] 部分空間上での計量の非退化性については，5.2.4 項を参照．

左辺は W に属し，右辺は $W^\perp$ に属する．V は内積空間であるから，命題 4.17 によって，$W \cap W^\perp = \{0\}$．したがって，$u'_W - u_W = 0, v - v' = 0$． ∎

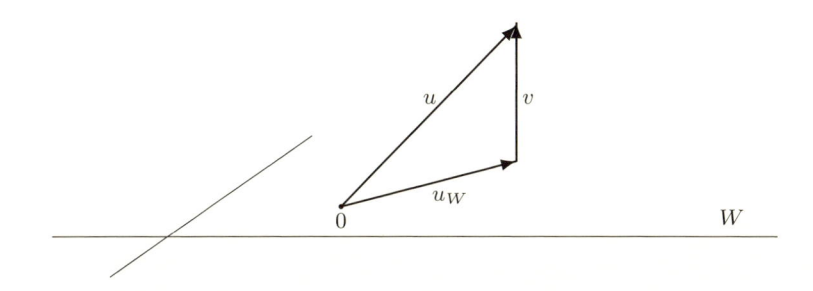

図 4.5 部分空間 W への正射影の描像（内積空間の場合）

V が内積空間の場合，上の定理にいうベクトル u_W を u の **W 上への正射影**という（図 4.5）．

4.10 同型性

【定義 4.38】 $(V, g), (W, h)$ を 2 つの $\mathbb{K}$ 上の計量ベクトル空間とする（無限次元でもよい）．同型写像 $T: V \to W$ で計量を保存するもの，すなわち，

$$h(T(u), T(v)) = g(u, v), \ u, v \in V$$

をみたすものを**計量同型写像** (metric isomorphism) という．この場合，「T は計量同型である」という言い方もする．$\mathbb{K} = \mathbb{R}$ のとき，T を**直交変換** (orthogonal transformation)，$\mathbb{K} = \mathbb{C}$ のとき，T を**ユニタリ変換** (unitary transformation) という．

■ **例 4.22** ■ O を n 次の直交行列とする：${}^t\!OO = I_n, O^t\!O = I_n$　（I_n は n 次の単位行列）．O から定まる線形作用素 $\hat{O}: (\mathbb{R}^n, g_{\mathbb{R}^n}) \to (\mathbb{R}^n, g_{\mathbb{R}^n})$ は計量同型写像である．

■ **例 4.23** ■ U を n 次のユニタリ行列とする：$U^*U = I_n, UU^* = I_n$．U から定まる線形作用素 $\hat{U}: (\mathbb{C}^n, g_{\mathbb{C}^n}) \to (\mathbb{C}^n, g_{\mathbb{C}^n})$ は計量同型写像である．

計量同型写像について，次の事実は基本的である：

【命題 4.39】

(i) $T: V \to W$ が計量同型写像ならば，$T^{-1}: W \to V$ も計量同型写像である．

(ii) (X, m) を計量ベクトル空間とし，$S: W \to X$ を計量同型写像とする．このとき，$ST: V \to X$ は計量同型写像である．

証明 (i) T^{-1} がベクトル空間同型であることはすでに知っている．任意の $w, x \in W$ に対して，T の計量保存性により $g(T^{-1}w, T^{-1}x) = h(T(T^{-1}w), T(T^{-1}x)) = h(w, x)$．したがって，$T^{-1}$ も計量を保存する．

(ii) ST が全単射であることはすでに知っている．任意の $u, v \in V$ に対して，$m((ST)(u), (ST)(v)) = m(S(Tu), S(Tv)) = h(Tu, Tv) = g(u, v)$．したがって，$ST$ は計量を保存する． ∎

命題 4.39 は次のことを意味する．$\mathbb{K}$ 上の計量ベクトル空間の全体——$\mathcal{M}_{\mathbb{K}}$ としよう——を考え，2 つの計量ベクトル空間 $(V, g), (W, h) \in \mathcal{M}_{\mathbb{K}}$ について，関係 $(V, g) \sim (W, h)$ を「(V, g) から (W, h) への計量同型写像が存在する」によって定義する．このとき，命題 4.39 によって，この関係は $\mathcal{M}_{\mathbb{K}}$ における同値関係であることがわかる．すなわち，ここで定めた関係 $\sim$ は計量ベクトル空間に関する広い意味での相等性の概念を与える．こうして次の定義へといたる：

【定義 4.40】 計量ベクトル空間 (V, g) から計量ベクトル空間 (W, h) への計量同型写像 T があるとき，これらの計量ベクトル空間は**計量同型** (metrically isomorphic) であるといい，$(V, g) \stackrel{T}{\cong} (W, h)$ または単に $V \cong W$ と記す．

2 つの計量ベクトル空間が計量同型であるというのは，平たく言えば，ベクトル空間の代数的構造（線形構造）と計量的構造だけに注目した場合，当該の 2 つの計量ベクトル空間は同じものとみなせるという意味である．この場合，その同一視の仕方を指定するのが当該の計量同型写像なのである．

こうして，計量ベクトル空間には，ベクトル空間としての同型 (2.3 節) と計量同型という 2 つの同型概念が付随する．言うまでもなく，これらは本質的に異なる概念である．これら 2 つの同型の概念をはっきりと区別する必要のある文脈では，前者の同型を**ベクトル空間同型**あるいは**代数的同型**という場合がある．

次の命題は容易に証明される：

【命題 4.41】 $(V, g), (W, h)$ を 2 つの $\mathbb{K}$ 上の計量ベクトル空間とする．$T: V \to$

W を計量同型写像とする．このとき，D が V の正規直交系ならば $T(D) := \{Tu | u \in D\}$ (T による，D の像) は W の正規直交系である．

計量同型に関する次の定理は基本的である：

【定理 4.42】 $(V,g), (W,h)$ を n 次元の計量ベクトル空間とし，g, h の符号数を $(p, n-p)$ とする ($0 \leq p \leq n$)．このとき，(V,g) と (W,h) は計量同型である．特に，(V,g) は $\mathbb{K}^{p,n-p}$ (例 4.10) に計量同型である．

証明 $\{e_i\}_{i=1,\cdots,n} \subset V$ を (V,g) の標準型正規直交基底とし，$\{e'_i\}_{i=1,\cdots,n}$ を (W,h) の標準型正規直交基底とする．したがって，ベクトル空間の同型写像 $T: V \to W$ で $Te_i = e'_i, i = 1, \cdots, n$ となるものが存在する (定理 2.12 の応用)．すると，任意の $u = \sum_{i=1}^n u^i e_i, v = \sum_{i=1}^n v^i e_i \in V$ に対して，$h(T(u), T(v)) = \sum_{i,j=1}^n (u^i)^* v^j h(e'_i, e'_j) = \sum_{i,j=1}^n (u^i)^* v^j g(e_i, e_j) = g(u,v)$．したがって，$T$ は計量同型写像である． ∎

⚠注意 4.10 定理 4.42 にいう計量同型は，その定義が標準型正規直交基底に依存しているので，規準的とは限らない (ただし，結果的に規準的となる場合はありうる)．だが，$\mathbb{K}^{p,n-p}$ との同型性は基底の取り方に依存するものであるから相対的なものである．

定理 4.42 の特殊な場合として，次の事実が導かれる：

【系 4.43】 $n \in \mathbb{N}$ を任意の自然数とする．

(i) 任意の 2 つの n 次元ユークリッドベクトル空間は互いに計量同型である．特に，それらは $(\mathbb{R}^n, g_{\mathbb{R}^n})$ に計量同型である．

(ii) 任意の 2 つの n 次元複素ユークリッドベクトル空間は計量同型である．特に，それらは $(\mathbb{C}^n, g_{\mathbb{C}^n})$ に計量同型である．

【系 4.44】 $n \in \mathbb{N}$ を任意の自然数とする．

(i) 任意の 2 つの $(n+1)$ 次元ミンコフスキーベクトル空間は互いに計量同型である．特に，それらは $(\mathbb{R}^{n+1}, g_\mathrm{M})$ に計量同型である．

(ii) 任意の 2 つの $(n+1)$ 次元複素ミンコフスキーベクトル空間は計量同型である．特に，それらは $(\mathbb{C}^{n+1}, g_\mathrm{M}^\mathbb{C})$ に計量同型である．

4.11 線形汎関数に関する表現定理と同型定理

4.11.1 表現定理

V を $\mathbb{K}$ 上の計量ベクトル空間とし,その計量を $\langle \cdot, \cdot \rangle$ で表す.任意の $v \in V$ に対して,$F_v : V \to \mathbb{K}$ を

$$F_v(u) := \langle v, u \rangle, \quad u \in V \tag{4.47}$$

によって定義すれば,$F_v \in V^*$ であることは容易にわかる.これは,V の各元 v に対して,V^* の元 F_v が対応することを意味する.V が有限次元の場合は,この逆も成り立つ.これを述べたのが次の定理である.

【定理 4.45】(表現定理) V を $\mathbb{K}$ 上の有限次元計量ベクトル空間とする.各 $F \in V^*$ に対して,ベクトル $v_F \in V$ が存在して,すべての $u \in V$ に対して

$$F(u) = \langle v_F, u \rangle \tag{4.48}$$

が成り立つ.このような v_F はただ 1 つである.

証明 $\{e_i\}_{i=1,\cdots,n}$ を V の正規直交基底とする.定理 4.36 によって,任意の $u \in V$ は $u = \sum_{i=1}^n \epsilon(e_i)\langle e_i, u \rangle e_i$ と展開される.したがって,$F(u) = \sum_{i=1}^n \epsilon(e_i)\langle e_i, u \rangle$ $\times F(e_i) = \langle \sum_{i=1}^n \epsilon(e_i) F(e_i)^* e_i, u \rangle$. そこで

$$v_F := \sum_{i=1}^n \epsilon(e_i) F(e_i)^* e_i \tag{4.49}$$

とおけば,(4.48) が成り立つ.

(一意性) 別の $w \in V$ があって,$F(u) = \langle w, u \rangle, u \in V$ と表されたとすれば,$\langle w, u \rangle = \langle v_F, u \rangle$. したがって,$\langle w - v_F, u \rangle = 0, u \in V$. 計量の非退化性によって,$w - v_F = 0$,すなわち,$w = v_F$ を得る. ∎

!注意 4.11 上の証明では,V の正規直交基底 $E = \{e_i\}_{i=1,\cdots,n}$ を用いて,v_F を求めた.だが,E の任意性と定理にいう一意性により,v_F の表示 (4.49) は正規直交基底の取り方によらないことが結論される.

4.11.2 同型定理

定理 4.45 によって,写像 $i_* : V^* \to V$ を

$$i_*(F) = v_F \tag{4.50}$$

によって定義することができる.

一般に，複素ベクトル空間 V から複素ベクトル空間 W への写像 $T: V \to W$ が $T(\alpha u + \beta v) = \alpha^* T(u) + \beta^* T(v), u, v \in V, \alpha, \beta \in \mathbb{C}$ をみたすとき，T は**反線形** (antilinear) であるという．反線形な写像を**反線形作用素**という．

【定理 4.46】

 (i) V が実ベクトル空間ならば i_* は線形作用素である．

 (ii) V が複素ベクトル空間ならば，i_* は反線形作用素である．

 (iii) i_* は全単射である．

証明 (i) と (ii)：v_F に対する表示 (4.49) を用いれば容易である．別証明もある (問題 2).

 (iii)（単射性）$i_*(F) = i_*(G)\,(F, G \in V^*)$ としよう．このとき，任意の $u \in V$ に対して，$F(u) = G(u)$．したがって，$F = G$．

 （全射性）$v \in V$ を任意にとる．このとき，すでに見たように，$F_v \in V^*$ [(4.47) を参照] であり，$i_*(F_v) = v$ が成り立つ．∎

定理 4.46 からただちに次の事実が得られる：

【系 4.47】 V が有限次元の実計量ベクトル空間であるとき，i_* は V^* から V への同型写像である．

4.11.3 成分の添え字の上げ下げについて

$\dim V = n$ の場合を考え，$\{e_1, \cdots, e_n\}$ を V の基底，$\{\phi^1, \cdots, \phi^n\}$ をその双対基底とする．このとき，任意の $u \in V, F \in V^*$ は

$$u = \sum_{i=1}^n u^i e_i, \quad F = \sum_{i=1}^n F_i \phi^i \tag{4.51}$$

と展開され

$$F(u) = \sum_{i=1}^n F_i u^i \tag{4.52}$$

が成り立つ．

他方, $v_F = \sum_{i=1}^n v_F^i e_i$ と展開すれば, (4.48) により, $F(u) = \sum_{i,j=1}^n g_{ij}(v_F^i)^* \times u^j$. ただし, g_{ij} は (4.33) で定義される数である. したがって

$$\sum_{i=1}^n F_i u^i = \sum_{i,j=1}^n g_{ij}(v_F^i)^* u^j.$$

$u^j \in \mathbb{K}$ は任意にとれるから, これは $F_j = \sum_{i=1}^n g_{ij}(v_F^i)^*$ を意味する. したがって

$$g^{ij} := (\hat{g}^{-1})^{ij} \tag{4.53}$$

——計量行列 $\hat{g} = (g_{ij})$ の逆行列の (i,j) 成分——を導入すれば $(v_F^i)^* = \sum_{j=1}^n g^{ji} \times F_j$ が得られる. したがって

$$F^i := \sum_{j=1}^n g^{ij} F_j^* \tag{4.54}$$

とおけば

$$i_*(F) = \sum_{i=1}^n F^i e_i \tag{4.55}$$

と表される. ここで, $\hat{g}^{-1}$ はエルミート行列であること (i.e., $(\hat{g}^{-1})^* = \hat{g}^{-1}$) を用いた.

逆に, 任意の $u = \sum_{i=1}^n u^i e_i \in V$ に対して

$$u_i := \sum_{j=1}^n g_{ji}(u^j)^* \tag{4.56}$$

とおき, $G = \sum_{i=1}^n u_i \phi^i \in V^*$ を考えると $G^i = \sum_{j=1}^n g^{ij}(u_j)^* = u^i$ であるから, (4.55) により, $i_*(G) = \sum_{i=1}^n u^i e_i = u$. したがって, $i_*^{-1}(u) = G$ であるので

$$i_*^{-1}(u) = \sum_{i=1}^n u_i \phi^i, \quad u \in V \tag{4.57}$$

が成り立つ.

(4.54) によって定義される数の組 $(F^1, \cdots, F^n)$ をベクトル $F \in V^*$ の（基底 $\{\phi^i\}_i$ に関する）成分の**添え字上げ**という. 他方, (4.56) によって定義される数の組 $(u_1, \cdots, u_n)$ をベクトル $u \subset V$ の（基底 $\{e_l\}_l$ に関する）成分の**添え字下げ**という[22]

---

[22] V が実計量ベクトル空間の場合には, 上の議論で複素共役をとる演算 $*$ はいらないことに注意.

以上のことから次のことがわかる：写像 i_* のもとで，V^* のベクトルはその成分の添え字上げを成分とする，V のベクトルにうつる．また，V のベクトルは写像 i_*^{-1} のもとで，その成分の添え字下げを成分とする，V^* のベクトルにうつる．

！注意 4.12 成分表示形式のベクトル解析や相対性理論において，成分の添え字の上げ下げが出てくる場合があるが，ほとんどの場合，その意味は不明であり，単なる便宜的手段の域を出ない．その種の本では，そもそも抽象ベクトル空間の概念やその双対空間の概念が欠如している場合が多いので，成分の添え字の上げ下げについて本質的な認識ができないのは当然である．だが，上の論述がはっきりと示すように，本書のような抽象的・普遍的アプローチをとることにより，この側面に関してもまた，私たちは完全な明晰さを手にいれることができるのである．なお，上の議論で，$\{e_1,\cdots,e_n\}$ は正規直交基底である必要はないことにも注意しよう．

4.11.4　双対空間の計量

(V,g) を $\mathbb{K}$ 上の計量ベクトル空間とする．写像 $g_* : V^* \times V^* \to \mathbb{K}$ を

$$g_*(F,G) := g(i_*(G), i_*(F)), \quad F, G \in V^* \tag{4.58}$$

によって定義する．ただし，$i_* : V^* \to V$ は (4.50) で定義される写像である．

【定理 4.48】 g_* は V^* 上の計量である．

証明 g_* の線形性とエルミート性は，定理 4.46(i),(ii)，g の線形性とエルミート性から出る．非退化性を示すために，$F \in V^*$ が，すべての $G \in V^*$ に対して $g_*(F,G) = 0$ をみたすとしよう．このとき，$g(i_*(G), i_*(F)) = 0$．i_* の全射性により，これは，任意の $u \in V$ に対して，$g(u, i_*(F)) = 0$ を意味する．したがって，g の非退化性により，$i_*(F) = 0 = i_*(0)$．i_* は単射であるから，$F = 0$．ゆえに g_* は非退化である． ∎

V^* 上の計量 g_* を V 上の計量 g に**同伴する計量**とよぶ．こうして，V^* は計量 g_* をもつ計量ベクトル空間であることがわかる．

g_* の定義と系 4.47 によって次の事実が導かれる：

【系 4.49】 (V,g) が有限次元実計量ベクトル空間ならば，i_* は (V^*,g_*) から (V,g) への計量同型写像である．したがって，$(V^*,g_*) \stackrel{i_*}{\cong} (V,g)$．

この系にいう計量同型は，i_* の定義からわかるように，基底の取り方によらな

い規準的なものである．そこで，この同型を (V^*, g_*) と (V, g) の間の**標準同型** (canonical isomorphism) とよぶ．

【定理 4.50】 $\{e_i\}_{i=1,\cdots,n}$ を (V, g) の正規直交基底とし，$\{\phi^i\}_{i=1,\cdots,n}$ をその双対基底としよう．このとき，$\{\phi^i\}_{i=1,\cdots,n}$ は (V^*, g_*) の正規直交基底であり，$\epsilon(\phi^i) = \epsilon(e_i)$, $i = 1, \cdots, n$ が成り立つ．

証明 (4.49) によって，$g(i_*(\phi^i), i_*(\phi^j)) = \epsilon(e_i)\epsilon(e_j) g(e_i, e_j)$, $i, j = 1, \cdots, n$. そこで，$g(e_i, e_j) = \epsilon(e_i)\delta_{ij}$ に注意すれば，$g_*(\phi^i, \phi^j) = \epsilon(e_i)\delta_{ij}$ が得られる．これは題意を意味する．∎

4.12 共役作用素，対称作用素，反対称作用素

定理 4.45 の 1 つの応用として，有限次元計量ベクトル空間における各線形作用素に対して，ある"自然な"形で 1 つの線形作用素が同伴していることが見出される．この側面をここで簡単に見ておく．

V, W を $\mathbb{K}$ 上の有限次元計量ベクトル空間とし，$T \in \mathsf{L}(V, W)$ とする．このとき，任意の $w \in W$ に対して，V 上の線形汎関数 $F_w \in V^*$ を $F_w(u) := \langle w, Tu \rangle_W$, $u \in V$ によって定義できる．すると定理 4.45 によって，$F_w(u) = \langle w_T, u \rangle_V$, $u \in V$ をみたすベクトル $w_T \in V$ がただ 1 つ存在する．したがって，対応：$w \mapsto w_T$ は W から V への写像を定める．この写像を T^* とする：$T^*(w) := w_T$. T^* が線形であることは容易に示せる[23]．線形作用素 $T^* : W \to V$ を T の**共役写像** (adjoint) または**共役作用素**とよぶ[24]．$V = W$ の場合は，$T^* \in \mathsf{L}(V)$ である．

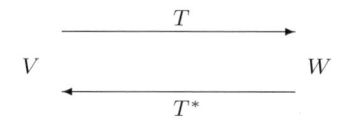

$$V \underset{T^*}{\overset{T}{\rightleftarrows}} W$$

図 4.6 共役作用素

共役作用素の定義から

---

[23] 任意の $x, y \in W, u \in V$ と $a, b \in \mathbb{K}$ に対して，$\langle (ax + by)_T, u \rangle = \langle ax + by, T(u) \rangle = a^* \langle x, Tu \rangle + b^* \langle y, Tu \rangle = a^* \langle x_T, u \rangle + b^* \langle y_T, u \rangle = \langle ax_T + by_T, u \rangle$. したがって，$(ax + by)_T = ax_T + by_T$. よって，$T^*(ax + by) = aT^*(x) + bT^*(y)$.
[24] **随伴作用素**ともいう．

$$\langle w, Tu\rangle_W = \langle T^*w, u\rangle_V, \quad u \in V, w \in W$$

が成り立つ.

■ **例 4.24** ■ $V = \mathbb{K}^n$ で, n 次正方行列 A から定まる線形作用素を $\hat{A}$ とすれば, $(\hat{A})^* = \widehat{(A^*)}$ [行列 A^* (A のエルミート共役) から定まる線形作用素].

共役作用素の基本的な性質は次の命題にまとめられる:

【命題 4.51】 $T, S \in \mathsf{L}(V, W)$ とする.

(i) $(aT + bS)^* = a^*T^* + b^*S^*$, $a, b \in \mathbb{K}$.

(ii) $(T^*)^* = T$.

(iii) X を有限次元計量ベクトル空間とすれば, 任意の $T_1 \in \mathsf{L}(V, W), T_2 \in \mathsf{L}(W, X)$ に対して $(T_2T_1)^* = T_1^*T_2^*$.

証明 (i) 任意の $u \in V, w \in W$ に対して, $\langle w, (aT + bS)u\rangle = a\langle w, Tu\rangle + b\langle w, Su\rangle = a\langle T^*w, u\rangle + b\langle S^*w, u\rangle = \langle (a^*T^* + b^*S^*)w, u\rangle$. したがって, $(aT + bS)^*w = (a^*T^* + b^*S^*)w$.

(ii) 任意の $v \in V, w \in W$ に対して, $\langle (T^*)^*v, w\rangle_W = \langle v, T^*w\rangle_V = \langle Tv, w\rangle_W$. したがって, $(T^*)^*v = Tv$, $v \in V$. ゆえに $(T^*)^* = T$.

(iii) 任意の $v \in V, x \in X$ に対して, $\langle x, T_2T_1v\rangle_X = \langle T_2^*x, T_1v\rangle_W = \langle T_1^*T_2^*x, v\rangle_V$. これは, $(T_2T_1)^*x = T_1^*T_2^*x$, $x \in V$ を意味するから, $(T_2T_1)^* = T_1^*T_2^*$. ∎

共役作用素の概念を用いると, 線形作用素の特殊なクラスを定義できる. V を有限次元計量ベクトル空間とし, $T \in \mathsf{L}(V)$ としよう. $T^* = T$ のとき, T は**対称** (symmetric) であるという. 他方, $T^* = -T$ のとき, T は**反対称** (antisymmetric) または**歪対称**であるという.

【定理 4.52】(作用素の分解定理) V を有限次元計量ベクトル空間とする. 任意の $T \in \mathsf{L}(V)$ に対して, 対称作用素 T_+ と反対称作用素 T_- が存在して, $T = T_+ + T_-$ と表される. このような $T_\pm$ はただ 1 つに定まる.

証明

$$T_+ := \frac{T + T^*}{2}, \qquad T_- := \frac{T - T^*}{2} \tag{4.59}$$

とおけば，命題 4.51 によって，T_+ は対称であり，T_- は反対称である．2 式を加えると，$T = T_+ + T_-$ が得られる．

（表示の一意性）別に V 上の対称作用素 S と反対称作用素 S' があって，$T = S + S'$ と表されたとしよう．したがって，$T^* = S^* + S'^* = S - S'$．ゆえに，$T + T^* = 2S, T - T^* = 2S'$．これは，$S = T_+, S' = T_-$ を意味する．∎

定理 4.52 における T_+ を T の**対称部分**，T_- を T の**反対称部分**とよぶ．

対称作用素は次の命題に述べる意味で非常によい性質をもつ．

【命題 4.53】 V は有限次元内積空間とし，T を V 上の対称作用素とする．

(i) T の固有値はすべて実数である．

(ii) T の相異なる固有値に属する固有ベクトルは互いに直交する．すなわち，$u_\lambda \in \ker(T - \lambda) \setminus \{0\}, u_\mu \in \ker(T - \mu) \setminus \{0\}, \lambda, \mu \in \sigma_p(T), \lambda \neq \mu$ ならば，$\langle u_\mu, u_\lambda \rangle = 0$．

証明 (i) λ を T の固有値とし，$u_\lambda \neq 0$ を固有ベクトルとする：$Tu_\lambda = \lambda u_\lambda \cdots (*)$．両辺と u_λ の内積をとると，$\langle u_\lambda, Tu_\lambda \rangle = \lambda \|u_\lambda\|^2$．$T$ の対称性によって左辺は実数 ($\because \langle u_\lambda, Tu_\lambda \rangle^* = \langle Tu_\lambda, u_\lambda \rangle = \langle u_\lambda, T^*u_\lambda \rangle = \langle u_\lambda, Tu_\lambda \rangle$)．これと $\|u_\lambda\| > 0$ によって，λ は実数でなければならない．

(ii) $\mu \neq \lambda$ を T の固有値として，$(*)$ と u_μ との内積を考え，$T^* = T, Tu_\mu = \mu u_\mu$ および (i) の結果を使えば，$(\mu - \lambda)\langle u_\mu, u_\lambda \rangle = 0$ が得られる．$\lambda \neq \mu$ であるから，$\langle u_\mu, u_\lambda \rangle = 0$．ゆえに，$u_\mu$ と u_λ は直交する．∎

不定計量空間の場合については，次の事実がある：

【命題 4.54】 V は有限次元不定計量空間とし，T を V 上の対称作用素とする．

(i) T の固有値 λ について，$\ker(T - \lambda) \cap \{u \in V | \langle u, u \rangle \neq 0\} \neq \{0\}$ が成り立つならば，λ は実数である．

(ii) T の相異なる実数固有値に属する固有ベクトルは互いに直交する．

この命題の証明は演習問題とする（問題 3）．

4.13 テンソル空間の計量

4.13.1 2つの計量ベクトル空間のテンソル積空間の計量

V, W を $\mathbb{K}$ 上の計量ベクトル空間とする．すでに知っているように（補題 3.3），任意の $T, S \in V \otimes W$ は

$$T = \sum_{i=1}^{N} u_i \otimes w_i, \quad S = \sum_{j=1}^{M} v_j \otimes x_j \tag{4.60}$$

$(u_i, v_j \in V, w_i, x_j \in W, N, M \in \mathbb{N})$ という形に表される．写像 $g_{V \otimes W} : (V \otimes W) \times (V \otimes W) \to \mathbb{K}$ を

$$g_{V \otimes W}(T, S) := \sum_{i=1}^{N} \sum_{j=1}^{M} \langle u_i, v_j \rangle_V \langle w_i, x_j \rangle_W \tag{4.61}$$

によって定義する．この定義が T, S を (4.60) のように表す仕方によらないことは，置換作用素の定義の場合 (3.5.1 項) と同様にして示される（問題 4）．

【補題 4.55】

(i) $g_{V \otimes W}$ は $V \otimes W$ 上の計量である．

(ii) V, W が内積空間ならば，$g_{V \otimes W}$ は内積である．

証明 (i) 線形性とエルミート性は容易に確かめられる．非退化性を示そう．そこで，$T \in V \otimes W$ がすべての $S \in V \otimes W$ に対して，$g_{V \otimes W}(T, S) = 0 \cdots (*)$ をみたしているとする．すると特に，任意の $u \in V, w \in W$ に対して，$g_{V \otimes W}(T, u \otimes w) = 0$. いま，$T$ は (4.60) の第 1 式のように表されるとしよう．$M := \mathcal{L}(\{u_i \mid i = 1, \cdots, N\})$ の基底を $e_1, \cdots, e_p$ とし，$K := \mathcal{L}(\{w_i \mid i = 1, \cdots, N\})$ の基底を $f_1, \cdots, f_q$ とする．このとき

$$T = \sum_{i=1}^{p} \sum_{j=1}^{q} c^{ij} e_i \otimes f_j \tag{4.62}$$

と書ける．$(*)$ から，$\sum_{i=1}^{p} \sum_{j=1}^{q} (c^{ij})^* \langle e_i, u \rangle_V \langle f_j, w \rangle_W = 0$. したがって

$$\left\langle \left(\sum_{i=1}^{p} \sum_{j=1}^{q} c^{ij} \langle u, e_i \rangle_V f_j \right), w \right\rangle_W = 0.$$

これと W の計量の非退化性により, $\sum_{i=1}^{p}\sum_{j=1}^{q}c^{ij}\langle u,e_i\rangle_V f_j = 0$. ゆえに, $\sum_{i=1}^{p}c^{ij}\langle u,e_i\rangle = 0, j=1,\cdots,q$. 左辺は $\langle u,\sum_{i=1}^{p}c^{ij}e_i\rangle$ に等しい. u は任意であったから, $\sum_{i=1}^{p}c^{ij}e_i = 0$. これは $c^{ij}=0, i=1,\cdots,p, j=1,\cdots,q$ を意味する. よって, $T=0$ が結論されるので, $g_{V\otimes W}$ は非退化である.

(ii) $T \in V \otimes W$ は (4.60) の第1式のように表されるとしよう. このとき, T は, (4.62) という形に書き直せる. いま, 仮定により, V, W は内積空間であるから, M, K は有限次元の内積空間である. したがって, $\{e_i\}_i$ と $\{f_j\}_j$ はそれぞれ, M, K の正規直交基底であるとして一般性を失わない: $\langle e_i, e_k\rangle_V = \delta_{ik}, i,k=1,\cdots,p$, $\langle f_j, f_l\rangle_W = \delta_{jl}, j,l=1,\cdots,q$. ゆえに, $g_{V\otimes W}(T,T) = \sum_{i=1}^{p}\sum_{j=1}^{q}|c^{ij}|^2$. これは $g_{V\otimes W}(T,T) \geq 0$ を意味する. これと (i) を合わせれば, $g_{V\otimes W}$ は内積であることが結論される. ∎

(4.61) から, 特に

$$g_{V\otimes W}(v\otimes w, u\otimes x) = \langle v,u\rangle_V \langle w,x\rangle_W, \quad v,u \in V, \ w,x \in W \quad (4.63)$$

が成り立つ.

以上の結果は, V, W の次元性には無関係である (V, W の一方または双方が無限次元の場合でもよい). V, W が有限次元の場合には, 次の事実が証明される:

【定理 4.56】 $\dim V = n < \infty$, $\dim W = m < \infty$ とし, $\{e_i\}_{i=1,\cdots,n}$, $\{f_j\}_{j=1,\cdots,m}$ をそれぞれ, V, W の正規直交基底とする. このとき, $\{e_i \otimes f_j \mid i=1,\cdots,n, j=1,\cdots,m\}$ は $(V\otimes W, g_{V\otimes W})$ の正規直交基底である.

証明 $B := \{e_i \otimes f_j \mid i=1,\cdots,n, j=1,\cdots,m\}$ が $V\otimes W$ の基底であることはすでに証明した (命題 3.5(iii)). B の正規直交性は, $g_{V\otimes W}$ の定義と $\{e_i\}_i, \{f_j\}_j$ それぞれの正規直交性から導かれる [(4.63) を用いよ]. ∎

4.13.2 任意の有限個の計量ベクトル空間のテンソル積空間の計量

前項の結果は, 任意の有限個の計量ベクトル空間のテンソル積空間の場合へと拡張される. (V_i, g_i) $(i=1,\cdots,p)$ を $\mathbb{K}$ 上の計量ベクトル空間とする. テンソル積の積演算 (3.3節を参照) により, $p \geq 2$ のとき, $\bigotimes_{i=1}^{p}V_i = (\bigotimes_{i=1}^{p-1}V_i) \otimes V_p$ という自然な同一視ができる (任意の $v_i \in V_i, i=1,\cdots,p$ に対して, $v_1 \otimes \cdots \otimes v_p$ と $(v_1 \otimes \cdots \otimes v_{p-1}) \otimes v_p$ を同一視する). そこで, 写像 $g_{\bigotimes_{i=1}^{p}V_i} : (\bigotimes_{i=1}^{p}V_i) \times$

$(\bigotimes_{i=1}^{p} V_i) \to \mathbb{K}$ を帰納的に次式によって定義する:

$$g_{\bigotimes_{i=1}^{p} V_i} := g_{(\bigotimes_{i=1}^{p-1} V_i) \otimes V_p}, \quad p \geq 3. \tag{4.64}$$

右辺は,前項で $V = \bigotimes_{i=1}^{p-1} V_i, W = V_p$ の場合の計量である.

【補題 4.57】

(i) $g_{\bigotimes_{i=1}^{p} V_i}$ は $\bigotimes_{i=1}^{p} V_i$ 上の計量である.

(ii) 各 V_i $(i = 1, \cdots, p)$ が内積空間ならば, $g_{\bigotimes_{i=1}^{p} V_i}$ は内積である.

証明 (i) 任意の $T, S \in \bigotimes_{i=1}^{p} V_i$ は $T = \sum_{k=1}^{N} T_k \otimes u_k \cdots (*), S = \sum_{l=1}^{L} S_l \otimes v_l$ という形に書ける.ただし,$T_k, S_l \in \bigotimes_{i=1}^{p-1} V_i, u_k, v_l \in V_p$. したがって,$g_{\bigotimes_{i=1}^{p} V_i}(T, S) = \sum_{k=1}^{N} \sum_{l=1}^{L} g_{\bigotimes_{i=1}^{p-1} V_i}(T_k, S_l) \langle u_k, v_l \rangle_{V_p}$. これを用いると,$g_{\bigotimes_{i=1}^{p} V_i}$ の線形性とエルミート性を確かめることができる.

非退化性は,p に関する帰納法によって,次のようにして示される.$g_{\bigotimes_{i=1}^{p-1} V_i}$ は非退化であると仮定する ($p = 3$ の場合は前項で証明した).テンソル $T \in \bigotimes_{i=1}^{p} V_i$ は,任意の $S \in \bigotimes_{i=1}^{p} V_i$ に対して,$g_{\bigotimes_{i=1}^{p} V_i}(T, S) = 0 \cdots (**)$ をみたすとする.T は $(*)$ のように表されるとする.$\mathcal{L}(\{u_k \mid k = 1, \cdots, N\})$ は有限次元部分空間であるから,基底がとれる.これを $e_1, \cdots, e_L$ とする.$u_k = \sum_{l=1}^{L} u_k^l e_l$ と展開できるので ($u_k^i \in \mathbb{K}$),$U_l := \sum_{k=1}^{N} u_k^l T_k$ とおけば $T = \sum_{l=1}^{L} U_l \otimes e_l$ と書ける.$(**)$ において,$S = A \otimes v$ $(A \in \bigotimes_{i=1}^{p-1} V_i, v \in V_p)$ とし,$\Phi := \sum_{l=1}^{L} g_{\bigotimes_{i=1}^{p-1} V_i}(U_l, A)^* e_l$ とおけば $\langle \Phi, v \rangle_{V_p} = 0$. $v \in V_p$ は任意であるから,$\Phi = 0$. $\{e_l\}_l$ は線形独立であるから,$g_{\bigotimes_{i=1}^{p-1} V_i}(U_l, A) = 0$. ここで,$A \in \bigotimes_{i=1}^{p-1} V_i$ は任意である.したがって,帰納法の仮定により,$U_l = 0$. ゆえに,$T = 0$. ∎

以下

$$g_{\bigotimes_{i=1}^{p} V_i}(T, S) = \langle T, S \rangle_{\bigotimes_{i=1}^{p} V_i} = \langle T, S \rangle, \quad T, S \in \bigotimes_{i=1}^{p} V_i \tag{4.65}$$

という記法も用いる[25].

定義式 (4.64) から,任意の $u_i, v_i \in V_i$ $(i = 1, \cdots, p)$ に対して

$$\langle u_1 \otimes \cdots \otimes u_p, v_1 \otimes \cdots \otimes v_p \rangle = \langle u_1, v_1 \rangle \cdots \langle u_p, v_p \rangle = \prod_{i=1}^{p} \langle u_i, v_i \rangle \tag{4.66}$$

---

[25] 最後の記法においては,代入されたベクトルの所属によって,どのテンソル積空間の計量かを区別する.

が成立する．

定理 4.56 は次のように拡張される：

【定理 4.58】 $\dim V_i = n_i < \infty$ $(i = 1, \cdots, p)$ とし，$\{e_k^{(i)}\}_{k=1,\cdots,n_i}$ を V_i の正規直交基底とする．このとき，$\{e_{k_1}^{(1)} \otimes \cdots \otimes e_{k_p}^{(p)} \mid k_i = 1, \cdots, n_i, i = 1, \cdots, p\}$ は $(\bigotimes_{i=1}^p V_i, g_{\bigotimes_{i=1}^p V_i})$ の正規直交基底である．

証明 $B := \{e_{k_1}^{(1)} \otimes \cdots \otimes e_{k_p}^{(p)} \mid k_i = 1, \cdots, n_i, i = 1, \cdots, p\}$ が $\bigotimes_{i=1}^p V_i$ の基底であることはすでに証明してある（命題 3.5(iii)）．B の正規直交性は (4.66) と各集合 $\{e_{k_i}^{(i)} \mid k_i = 1, \cdots, n_i\}$ の正規直交性から導かれる．■

4.14　対称テンソル積空間と反対称テンソル積空間の計量

3 章で見たように，計量ベクトル空間 V の p 重テンソル積空間 $\bigotimes^p V$ の重要な部分空間として，p 重対称テンソル積空間 $\bigotimes_s^p V$ と p 重反対称テンソル積空間 $\bigwedge^p V$ がある．この節では，これらのベクトル空間が $\bigotimes^p V$ の計量でもって計量ベクトル空間になることを示す．そのためには，命題 4.7 によって，$\bigotimes^p V$ の計量 $\langle \cdot, \cdot \rangle_{\bigotimes^p V}$ が $\bigotimes_s^p V$ および $\bigwedge^p V$ 上で非退化であることを証明すればよい．

4.14.1　対称テンソル積空間の計量

まず，対称テンソル積空間の場合を考えよう．補題を 1 つ用意する：

【補題 4.59】 任意の $T, U \in \bigotimes^p V$ に対して

$$\langle S_p(T), U \rangle_{\bigotimes^p V} = \langle T, S_p(U) \rangle_{\bigotimes^p V}. \tag{4.67}$$

証明 $T = u_1 \otimes \cdots \otimes u_p$, $U = v_1 \otimes \cdots \otimes v_p$ $(u_i, v_i \in V, i = 1, \cdots, p)$ の場合に示せば十分である．この場合，$\langle S_p(T), U \rangle_{\bigotimes^p V} = \frac{1}{p!} \sum_{\sigma \in \mathsf{S}_p} \langle u_{\sigma(1)}, v_1 \rangle \cdots \langle u_{\sigma(p)}, v_p \rangle$．任意の $i = 1, \cdots, p$ に対して，$i = \sigma^{-1}(\sigma(i))$ であることに注意すれば

$$\langle u_{\sigma(1)}, v_1 \rangle \cdots \langle u_{\sigma(p)}, v_p \rangle = \langle u_1, v_{\sigma^{-1}(1)} \rangle \cdots \langle u_p, v_{\sigma^{-1}(p)} \rangle \tag{4.68}$$

と書ける．したがって，$\langle S_p(T), U \rangle_{\bigotimes^p V} = \frac{1}{p!} \sum_{\sigma \in \mathsf{S}_p} \langle u_1, v_{\sigma^{-1}(1)} \rangle \cdots \langle u_p, v_{\sigma^{-1}(p)} \rangle$．対応：$\sigma \to \sigma^{-1}$ は S_p 上の全単射であるから，上式の右辺は

$$\frac{1}{p!}\sum_{\sigma\in\mathsf{S}_p}\langle u_1,v_{\sigma(1)}\rangle\cdots\langle u_p,v_{\sigma(p)}\rangle = \langle T,S_p(U)\rangle_{\otimes^p V}$$

と計算される．よって，(4.67) が成立する． ∎

【命題 4.60】 計量 $\langle\cdot,\cdot\rangle_{\otimes_s^p V}$ は $\bigotimes_s^p V$ 上で非退化である．

証明 対称テンソル $T\in\bigotimes_s^p(V)$ が，すべての $S\in\bigotimes_s^p(V)$ に対して $\langle T,S\rangle_{\otimes^p V}=0$ をみたすとしよう．したがって，特に，任意の $U\in\bigotimes^p V$ に対して，$\langle T,S_p(U)\rangle_{\otimes^p V}=0$．補題 4.59 と $S_p(T)=T$ に注意すれば $\langle T,U\rangle_{\otimes^p V}=0$．したがって，$T=0$． ∎

こうして，任意の対称テンソル $T,S\in\bigotimes_s^p V$ に対して

$$g_{\mathrm{sym}}(T,S) := \langle T,S\rangle_{\otimes^p V} \tag{4.69}$$

とすれば，命題 4.7 によって，$(\bigotimes_s^p V, g_{\mathrm{sym}})$ は計量ベクトル空間であることがわかる．また，定理 4.8 によって，V が内積空間ならば，g_{sym} は内積である．

以下，$\bigotimes_s^p V$ の計量 $g_{\mathrm{sym}}(\cdot,\cdot)$ を $\langle\cdot,\cdot\rangle_{\otimes_s^p V}$ あるいは単に $\langle\cdot,\cdot\rangle$ と記す．

次の補題は，対称テンソル積空間 $\bigotimes_s^p V$ における計量の計算において基本となるものである：

【補題 4.61】 すべての $u_i, v_i\in V, i=1,\cdots,p$ に対して

$$\langle u_1\cdots u_p, v_1\cdots v_p\rangle = \frac{1}{p!}\sum_{\sigma\in\mathsf{S}_p}\langle u_1,v_{\sigma(1)}\rangle\cdots\langle u_p,v_{\sigma(p)}\rangle. \tag{4.70}$$

ただし，$u_1\cdots u_p\in\bigotimes_s^p V$ は $u_1,\cdots,u_p$ の対称積である（3.7 節を参照）．

証明 補題 4.67 と $S_p^2=S_p$ によって，(4.70) の左辺は，$\langle u_1\otimes\cdots\otimes u_p, S_p(v_1\otimes\cdots\otimes v_p)\rangle$ に等しい．これを計算すると (4.70) の右辺になる． ∎

一般に，n を自然数とするとき，n 個の非負整数の組 $\alpha=(\alpha_1,\cdots,\alpha_n)$ ($\alpha_i\in\mathbb{Z}_+:=\{0\}\cup\mathbb{N}, i=1,\cdots,n$)，すなわち，$\mathbb{Z}_+^n$ の元を n 成分の**多重指数** (multi-index) という．多重指数の集合 $\mathsf{A}_{n,p}$ ($p=1,\cdots,n$) を

$$\mathsf{A}_{n,p} := \{\alpha=(\alpha_1,\cdots,\alpha_n)\in\mathbb{Z}_+^n \mid \alpha_1+\cdots+\alpha_n=p\} \tag{4.71}$$

によって定義する．

【定理 4.62】 $\dim V = n < \infty$, $\{e_i\}_{i=1,\cdots,n}$ を V の正規直交基底とし，各 $\alpha \in \mathsf{A}_{n,p}$ に対して

$$E_\alpha := \frac{\sqrt{p!}}{\sqrt{\alpha_1! \cdots \alpha_n!}} e_1^{\alpha_1} \cdots e_n^{\alpha_n} \in \bigotimes_{\mathrm{s}}^p V \tag{4.72}$$

とおく ($e_i^{\alpha_i} := \underbrace{e_i \cdots e_i}_{\alpha_i \text{個}}$). このとき，$\{E_\alpha \mid \alpha \in \mathsf{A}_{n,p}\}$ は $\bigotimes_{\mathrm{s}}^p V$ の正規直交基底である:

$$\langle E_\alpha, E_\beta \rangle = \delta_{\alpha\beta} \prod_{k=1}^n \epsilon(e_k)^{\alpha_k}. \tag{4.73}$$

証明 $\{E_\alpha \mid \alpha \in \mathsf{A}_{n,p}\}$ が $\bigotimes_{\mathrm{s}}^p V$ の基底であることは定理 3.23 からしたがう．そこで直交性を示せばよい．任意の $\alpha \in \mathsf{A}_{n,p}$ に対して，$l_0 := 0$, $l_i := \sum_{k=1}^i \alpha_k$, $i = 1, \cdots, n$ とし，$u_i \in V, i = 1, \cdots, p$ と $\sigma \in \mathsf{S}_p$ に対して，$L_i(\sigma) = \langle e_i, u_{\sigma(l_{i-1}+1)} \rangle \cdots \langle e_i, u_{\sigma(l_i)} \rangle$ とおく．ただし，$\alpha_i = 0$ ならば $L_i(\sigma) = 1$ とする．このとき，(4.70) によって

$$\langle E_\alpha, u_1 \cdots u_p \rangle = \frac{1}{\sqrt{\alpha_1! \cdots \alpha_n!}\sqrt{p!}} \sum_{\sigma \in \mathsf{S}_p} \prod_{i=1}^n L_i(\sigma)$$

と書ける．そこで，$\beta \in \mathsf{A}_{n,p}$ に対して，$e_1^{\beta_1} \cdots e_n^{\beta_n} = u_1 \cdots u_p$ となる場合を考えよう．もし，$\alpha \neq \beta$ ならば，$\alpha_k \neq \beta_k$ となる k がある．$0 \leq \alpha_k < \beta_k$ として一般性を失わない．すると，$\langle e_i, e_k \rangle$ $(i \neq k)$ という因子が $\prod_{i \neq k} L_i(\sigma)$ の中に少なくとも 1 つ含まれる．$\langle e_i, e_k \rangle = 0$ $(i \neq k)$ であるから，$\prod_{i \neq k} L_i(\sigma) = 0$. したがって，$\langle E_\alpha, E_\beta \rangle = 0$.

$\alpha = \beta$ の場合には，$\alpha_i = \beta_i, i = 1, \cdots, n$ であるから $\sum_{\sigma \in \mathsf{S}_p} \prod_{i=1}^n L_i(\sigma)$ においてゼロでない寄与を与える置換 σ は $u_{\sigma(l_{i-1}+k)} = e_i, k = 1, \cdots, \alpha_i, i = 1, \cdots, n$ をみたすものだけであり，このような置換の個数は $\alpha_1! \cdots \alpha_n!$ である．しかも，その場合，$L_i(\sigma) = \epsilon(e_i)^{\alpha_i}, i = 1, \cdots, n$. したがって $\langle E_\alpha, E_\alpha \rangle = 1$ が得られる．∎

4.14.2 反対称テンソル積空間の計量

反対称テンソル積空間の場合に，補題 4.59 に呼応する事実は次の事実である:

【補題 4.63】 任意の $T, U \in \bigotimes^p V$ に対して

$$\langle A_p(T), U \rangle_{\bigotimes^p V} = \langle T, A_p(U) \rangle_{\bigotimes^p V}. \tag{4.74}$$

証明 (4.74) を，$T = u_1 \otimes \cdots \otimes u_p$, $U = v_1 \otimes \cdots \otimes v_p$ ($u_i, v_i \in V, i = 1, \cdots, p$) の場合に示せば十分である．この場合

$$\langle A_p(T), U \rangle_{\bigotimes^p V} = \frac{1}{p!} \sum_{\sigma \in \mathsf{S}_p} \mathrm{sgn}(\sigma) \langle u_{\sigma(1)}, v_1 \rangle \cdots \langle u_{\sigma(p)}, v_p \rangle.$$

式 (4.68) に注意すれば

$$\langle A_p(T), U \rangle_{\bigotimes^p V} = \frac{1}{p!} \sum_{\sigma \in \mathsf{S}_p} \mathrm{sgn}(\sigma) \langle u_1, v_{\sigma^{-1}(1)} \rangle \cdots \langle u_p, v_{\sigma^{-1}(p)} \rangle.$$

対応：$\sigma \to \sigma^{-1}$ は S_p 上の全単射であり，$\mathrm{sgn}(\sigma) = \mathrm{sgn}(\sigma^{-1})$ であるから，上式の右辺は，$\frac{1}{p!} \sum_{\sigma \in \mathsf{S}_p} \mathrm{sgn}(\sigma) \langle u_1, v_{\sigma(1)} \rangle \cdots \langle u_p, v_{\sigma(p)} \rangle = \langle T, A_p(U) \rangle_{\bigotimes^p V}$ と計算される．よって，(4.74) が成立する． ■

【命題 4.64】 計量 $\langle \cdot, \cdot \rangle_{\bigotimes^p V}$ は $\bigwedge^p V$ 上で非退化である．

証明 反対称テンソル $T \in \bigwedge^p V$ が，すべての $S \in \bigwedge^p V$ に対して $\langle T, S \rangle_{\bigotimes^p V} = 0$ をみたすとしよう．したがって，特に，任意の $U \in \bigotimes^p V$ に対して，$\langle T, A_p(U) \rangle_{\bigotimes^p V} = 0$. 補題 4.63 と $A_p(T) = T$ に注意すれば $\langle T, U \rangle_{\bigotimes^p V} = 0$. したがって，$T = 0$. ■

以上から，任意の反対称テンソル $T, S \in \bigwedge^p V$ に対して

$$g_{\bigwedge^p V}(T, S) := p! \langle T, S \rangle_{\bigotimes^p V} \tag{4.75}$$

とすれば，命題 4.7 によって，$(\bigwedge^p V, g_{\bigwedge^p V})$ は計量ベクトル空間であることがわかる[26]．また，定理 4.8 によって，V が内積空間ならば，$g_{\bigwedge^p V}$ は内積である．

対称テンソル積空間の場合と同様に，以下，$\bigwedge^p V$ の計量 $g_{\bigwedge^p V}(\cdot, \cdot)$ を $\langle \cdot, \cdot \rangle_{\bigwedge^p V}$ あるいは単に $\langle \cdot, \cdot \rangle$ と記す．

反対称テンソル積空間 $\bigwedge^p V$ における計量の計算において基本となる公式を証明しておこう：

【補題 4.65】 すべての $u_i, v_i \in V, i = 1, \cdots, p$ に対して

$$\langle u_1 \wedge \cdots \wedge u_p, v_1 \wedge \cdots \wedge v_p \rangle$$
$$= \det(\langle u_i, v_j \rangle). \tag{4.76}$$

---

[26] (4.75) の右辺の数因子 $p!$ は便宜的なものである．この因子があると $u_1 \wedge \cdots \wedge u_p$ と $v_1 \wedge \cdots \wedge v_p$ ($u_i, v_i \in V$) の計量が簡潔な形に書ける（すぐあとの補題 4.65 を参照）．文献によっては，$p!$ をつけない形で，$\bigwedge^p V$ の計量を定義する場合もある．

ただし，$(\langle u_i, v_j\rangle)$ は (i,j) 成分が $\langle u_i, v_j\rangle$ である p 次の行列を表す．

証明 補題 4.63 と $A_p^2 = A_p$ によって，(4.76) の左辺は

$$p!\langle u_1 \otimes \cdots \otimes u_p, A_p(v_1 \otimes \cdots \otimes v_p)\rangle$$

に等しい．これを計算すると (4.76) の右辺になる． ∎

【定理 4.66】 $\dim V = n < \infty$, $\{e_i\}_{i=1,\cdots,n}$ を V の正規直交基底とし，$p \in \{1,\cdots,n\}$ とする．各 $i_1,\cdots,i_p \in \{1,\cdots,n\}$ に対して

$$E_{i_1\cdots i_p} := e_{i_1} \wedge \cdots \wedge e_{i_p} \in \bigwedge^p V \tag{4.77}$$

とおく．このとき，$\{E_{i_1\cdots i_p} \mid 1 \leq i_1 < i_2 < \cdots < i_p \leq n\}$ は $\bigwedge^p V$ の正規直交基底である：

$$\langle E_{i_1\cdots i_p}, E_{j_1\cdots j_p}\rangle = \delta_{i_1 j_1} \cdots \delta_{i_p j_p} \epsilon(e_{i_1}) \cdots \epsilon(e_{i_p}) \tag{4.78}$$

証明 $\{E_{i_1\cdots i_p} \mid 1 \leq i_1 < \cdots < i_p \leq n\}$ が $\bigwedge^p V$ の基底であることは定理 3.31(ii) からしたがう．そこで直交性を示せばよい．$i_1 < \cdots < i_p, j_1 < \cdots < j_p$ とする．(4.76) によって

$$\langle E_{i_1\cdots i_p}, E_{j_1\cdots j_p}\rangle = \sum_{\sigma \in \mathsf{S}_p} \mathrm{sgn}(\sigma)\langle e_{i_1}, e_{j_{\sigma(1)}}\rangle \cdots \langle e_{i_p}, e_{j_{\sigma(p)}}\rangle. \tag{4.79}$$

$\{i_1,\cdots,i_p\} = \{j_1,\cdots,j_p\}$ ならば，$i_k = j_k, k = 1,\cdots,p$ であるから，(7.83) の右辺の和において，$\sigma \neq I$（恒等置換）についての和はゼロであり，$\sigma = I$ の部分は $\epsilon(e_{i_1})\cdots\epsilon(e_{i_p})$ である．したがって，$\langle E_{i_1\cdots i_p}, E_{i_1\cdots i_p}\rangle = \prod_{k=1}^p \epsilon(e_{i_k})$．

次に $\{i_1,\cdots,i_p\} \neq \{j_1,\cdots,j_p\}$ の場合を考える．この場合，$i_l \neq j_l \cdots (*)$ となる l がある．これは $i_k = j_{\tau(k)}, k = 1,\cdots,p$ をみたす置換 τ が存在しないことを意味する（∵ もし，そのような置換 τ があったとすると，$i_1 < \cdots < i_p$ であるから，$j_{\tau(1)} < \cdots < j_{\tau(p)}$．だが，$j_1 < \cdots < j_p$ であるから，$\tau(k) = k, k = 1,\cdots,p$ でなければならない．これは $(*)$ に矛盾する）．すると，各置換 $\sigma \in \mathsf{S}_p$ に対して，$i_k \neq j_{\sigma(k)}$ をみたす k がある．この k については，$\langle e_{i_k}, e_{j_{\sigma(k)}}\rangle = 0$．したがって，(7.83) の右辺はゼロとなる．以上により，(4.78) が導かれる． ∎

【命題 4.67】 V を内積空間とし，$u_1,\cdots,u_p \in V$ とする．このとき，$u_1,\cdots,u_p$ が線形独立であるための必要十分条件は $\det(\langle u_i, u_j\rangle) \neq 0$ となることである．

証明 まず，補題 4.65 によって

$$\|u_1 \wedge \cdots \wedge u_p\|^2 = \det(\langle u_i, u_j \rangle) \tag{4.80}$$

であることに注意する．

（必要性）$u_1, \cdots, u_p$ は線形独立であるとしよう．このとき，命題 3.9 によって，$u_1 \wedge \cdots \wedge u_p \neq 0$．いまの場合，$\bigwedge^p V$ は内積空間であるから，(4.80) の左辺は 0 でない．したがって，$\det(\langle u_i, u_j \rangle) \neq 0$．

（十分性）$\det(\langle u_i, u_j \rangle) \neq 0$ ならば，(4.80) によって，$\|u_1 \wedge \cdots \wedge u_p\| \neq 0$．したがって，$u_1 \wedge \cdots \wedge u_p \neq 0$．ゆえに，命題 3.32 によって，$u_1, \cdots, u_p$ は線形独立．∎

4.14.3　幾何学的意味

V が<u>ユークリッドベクトル空間の場合</u>に，2 階反対称テンソルと 3 階反対称テンソルの幾何学的意味について簡単にふれておこう．

例 2.13 で示したように，V はみずからを基準ベクトル空間とするアフィン空間と見ることができる．アフィン空間としての V の元を点とよび，大文字 P, Q, R, S, ⋯ 等で表す．

2 階の反対称テンソルの場合

$u, v \in V$ を線形独立なベクトルとする．点 $P \in V$ を任意に固定し，$Q := P + u, R = P + v, S := Q + v$ とすれば，4 個の点 P, Q, S, R は，隣接する辺の長さがそれぞれ，$\|u\|, \|v\|$ に等しい平行 4 辺形 PQSR を形成する[27]（図 4.7）．この平行 4 辺形を (u, v) によってつくられる**平行 4 辺形**とよぶ．

平行 4 辺形 PQSR の面積を Σ とすれば，$\Sigma = \|u\|\|v\| \sin \theta_{u,v}$ が成り立つ．ただし，$\theta_{u,v}$ は u と v のなす角である（図 4.7 参照）．一方，$\langle u, v \rangle = \|u\|\|v\| \cos \theta_{u,v}$ を使えば $\Sigma^2 = \|u\|^2 \|v\|^2 - |\langle u, v \rangle|^2$．これと (4.76) により，$\Sigma^2 = \|u \wedge v\|^2$，すなわち，

$$\Sigma = \|u \wedge v\| \tag{4.81}$$

が得られる．ゆえに，$u \wedge v$ は，その大きさ $\|u \wedge v\|$ が，線形独立なベクトルの対 (u, v) によってつくられる平行 4 辺形の面積に等しいようなテンソル量であることがわかる．この意味で，$u \wedge v$ を**面ベクトル**という場合がある（もちろん，この

---
[27] $\overrightarrow{PQ}$ と u を（V_P と V の自然な同型のもと）で同一視する．$\overrightarrow{PR}, \overrightarrow{QS}, \overrightarrow{RS}$ についても同様．

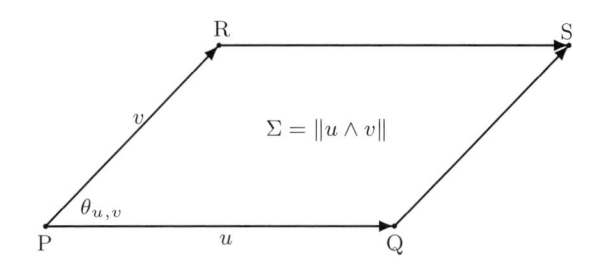

図 4.7 $u \wedge v$ の幾何学的意味

場合のベクトルは，ベクトル空間 $\bigwedge^2 V$ の元の意）．平たく言えば，$u \wedge v$ は，幾何学的には，"向きつきの平行 4 辺形"とでもよぶべき対象を表すのである[28]．

3 階の反対称テンソルの場合

次に，3 階の反対称テンソル $u \wedge v \wedge w$ $(u,v,w \in V)$ の幾何学的意味について考えてみよう．u, v, w は線形独立であるとする．2 階の反対称テンソルの場合と同様に，点 P を任意にとり，1 つの頂点から出る 3 稜の長さがそれぞれ，$\|u\|, \|v\|, \|w\|$ に等しい平行 6 面体をつくることができる（図 4.8）．この平行 6 面体を**ベクトルの組 (u, v, w) によってつくられる平行 6 面体**という．いま，これを H で表す．

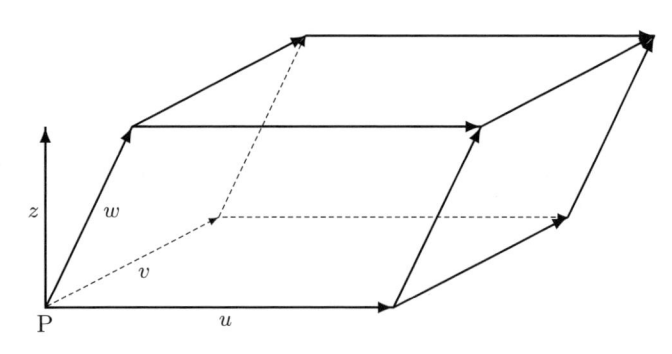

図 4.8 $u \wedge v \wedge w$ の幾何学的意味

平行 6 面体 H の体積を L とすれば $L = \|u \wedge v\| \|z\|$ である．ただし，$z \in V$ は u, v が生成する 2 次元部分空間 $\mathcal{L}(\{u, v\})$ と直交するベクトルであり，$w - z \in \mathcal{L}(\{u, v\})$ となるものである．したがって，$w = z + \alpha u + \beta v \cdots (*)$ と表すことができる．

---

[28] 通常のベクトルを"向きをもった線分"として表象することの類似である．

直交性の条件より

$$\alpha \|u\|^2 + \beta \langle v, u \rangle = \langle w, u \rangle, \quad \alpha \langle v, u \rangle + \beta \|v\|^2 = \langle w, v \rangle.$$

したがって

$$\alpha = \frac{\langle w, u \rangle \|v\|^2 - \langle w, v \rangle \langle v, u \rangle}{\|u \wedge v\|^2}, \quad \beta = \frac{\langle w, v \rangle \|u\|^2 - \langle w, u \rangle \langle u, v \rangle}{\|u \wedge v\|^2}.$$

一方, $z \perp u, z \perp v$ を用いると $(*)$ により, $\langle w, z \rangle = \|z\|^2$. この左辺に $z = w - \alpha u - \beta v$ を代入すれば

$$\|z\|^2 = \|w\|^2 - \alpha \langle w, u \rangle - \beta \langle w, v \rangle$$

となる. これらの事実から $L^2 = \|u \wedge v \wedge w\|^2$, すなわち

$$L = \|u \wedge v \wedge w\| \tag{4.82}$$

が導かれる. ゆえに, $u \wedge v \wedge w$ のノルムは H の体積に等しい. こうして, $u \wedge v \wedge w$ は, その大きさ $\|u \wedge v \wedge w\|$ が, 線形独立なベクトルの組 (u, v, w) によってつくられる平行6面体の体積に等しいようなテンソル量であることがわかる. 平たく言えば, $u \wedge v \wedge w$ は, 幾何学的には, "向きつきの平行6面体" とでもよぶべき対象を表す.

!注意 4.13 $\dim V = n, k \leq n$ のとき, k 個の線形独立なベクトル $u_1, \cdots, u_k$ に対して, 1つの頂点から出る k 稜の長さがそれぞれ, $\|u_1\|, \cdots, \|u_k\|$ に等しい k 次元平行多面体をつくることができ, $\|u_1 \wedge \cdots \wedge u_k\|$ は, この平行多面体の体積に等しいことを示すことができる.

4.15 ホッジのスター作用素

この節では, V を $\mathbb{K}$ 上の n 次元計量ベクトル空間とするとき, 任意の $p = 0, \cdots, n$ に対して, p 階の反対称テンソルの空間 $\bigwedge^p V$ ($\bigwedge^0 V := \mathbb{K}$ とする) と $(n-p)$ 階の反対称テンソルの空間 $\bigwedge^{n-p} V$ の間に, ある自然な対応が存在することを示す.

V に関する n 階の反対称テンソルの空間 $\bigwedge^n V$ の元 τ_n で $|\langle \tau_n, \tau_n \rangle| = 1$ をみたすものを任意に1つ固定する (したがって, $\{\tau_n\}$ は $\bigwedge^n V$ の正規直交基底の1つ).

【命題 4.68】 各 $p = 0, 1, \cdots, n$ に対して，写像 $H_{\tau_n} : \bigwedge^p V \to \bigwedge^{n-p} V$ ですべての $T \in \bigwedge^p V$ と $S \in \bigwedge^{n-p} V$ に対して,

$$T \wedge S = \langle H_{\tau_n}(T), S \rangle \tau_n. \tag{4.83}$$

をみたすものがただ 1 つ存在する[29]．写像 H_{τ_n} は，$\mathbb{K} = \mathbb{R}$ ならば線形であり，$\mathbb{K} = \mathbb{C}$ ならば反線形である．

証明 各 $T \in \bigwedge^p V$ と $S \in \bigwedge^{n-p} V$ に対して，$T \wedge S \in \bigwedge^n V$ であるから，$T \wedge S = \epsilon(\tau_n) \langle \tau_n, T \wedge S \rangle \tau_n$ と書ける．写像 $f_T : \bigwedge^{n-p} V \to \mathbb{K}$ を $f_T(S) := \epsilon(\tau_n) \langle \tau_n, T \wedge S \rangle$ によって定義すれば，f_T は線形である．すなわち，$f_T \in (\bigwedge^{n-p} V)^*$．ゆえに，表現定理 4.45 の応用により，$f_T(S) = \langle \chi(T), S \rangle$, $S \in \bigwedge^{n-p} V$ をみたす $\chi(T) \in \bigwedge^{n-p} V$ がただ 1 つ存在する．したがって，$H_{\tau_n}(T) := \chi(T), T \in \bigwedge^p V$ によって，$\bigwedge^p V$ から $\bigwedge^{n-p} V$ への写像 H_{τ_n} が定まる．ゆえに (4.83) をみたす写像 $H_{\tau_n} : \bigwedge^p V \to \bigwedge^{n-p} V$ の存在が示せた．

(4.83) をみたす写像の一意性を示すために，別に $T \wedge S = \langle H(T), S \rangle \tau_n, \forall T \in \bigwedge^p V, S \in \bigwedge^{n-p} V$ をみたす写像 $H : \bigwedge^p V \to \bigwedge^{n-p} V$ があったとしよう．このとき，$\langle H(T) - H_{\tau_n}(T), S \rangle = 0, \forall S \in \bigwedge^{n-p} V$．これと計量の非退化性により，$H(T) = H_{\tau_n}(T), \forall T \in \bigwedge^p V$．したがって，$H = H_{\tau_n}$．

任意の $T_1, T_2 \in \bigwedge^p V$ と $a, b \in \mathbb{K}$ に対して，$(aT_1 + bT_2) \wedge S = \langle H_{\tau_n}(aT_1 + bT_2), S \rangle, \forall S \in \bigwedge^{n-p} V$．他方，左辺 $= a(T_1 \wedge S) + b(T_2 \wedge S) = a \langle H_{\tau_n}(T_1), S \rangle + b \langle H_{\tau_n}(T_2), S \rangle = \langle a^* H_{\tau_n}(T_1) + b^* H_{\tau_n}(T_2), S \rangle$．これらの事実から，$H_\tau$ の線形性（$\mathbb{K} = \mathbb{R}$ の場合）および反線形性（$\mathbb{K} = \mathbb{C}$ の場合）がしたがう． ■

【定義 4.69】 命題 4.68 の写像 H_{τ_n} を $*$ で表し ── $* := H_{\tau_n}$ ── ，これを**ホッジのスター作用素** (Hodge star-operator) または単に**スター作用素**とよぶ．

ホッジのスター作用素は，V の計量と $\bigwedge^n V$ の正規直交基底 τ_n の取り方に依存している．この依存性の構造を見てみよう．

$\bigwedge^n V$ の任意の正規直交基底を $\{\tau\}$ とすれば，$\tau = \alpha \tau_n$ と書ける．ただし，$\alpha \in \mathbb{K}$ は $|\alpha| = 1$ をみたす定数である．ホッジのスター作用素の定義により，$\langle H_\tau(T), S \rangle \tau = \langle H_{\tau_n}(T), S \rangle \tau_n, \forall T \in \bigwedge^p V, S \in \bigwedge^{n-p} V$．したがって $H_{\tau_n} = \alpha^* H_\tau$．

---

[29] 3.8.1 項で述べたことから，スカラー $a \in \bigwedge^0 V = \mathbb{K}$ と $T \in \bigwedge^p V$ $(p \geq 0)$ に対して $a \wedge T = aT$, $T \wedge a = aT$ である．

これを書き換えれば $H_\tau = \alpha H_{\tau_n}$ が成り立つ. したがって, **ホッジのスター作用素は絶対値が 1 の定数倍を除いて一意的に定まる**.

V が実計量ベクトル空間の場合には, τ と τ_n が同じ向きをもつならば, $\alpha = 1$ であるから, $H_\tau = H_{\tau_n}$ である. すなわち, この場合には, V の向きづけを 1 つ指定すれば, ホッジのスター作用素は一意的に定まる. 他方, τ と τ_n の向きが異なるならば, $\alpha = -1$ となるので, $H_\tau = -H_{\tau_n}$. したがって, この場合には, τ に随伴するスター作用素と τ_n に随伴するスター作用素は符号だけ異なる.

ホッジのスター作用素 $*$ の基本的性質を調べよう.

【命題 4.70】
$$*\tau_n = 1, \quad *1 = \epsilon(\tau_n)\tau_n. \tag{4.84}$$

証明 任意の $s \in \mathbb{K}$ に対して, $\tau_n \wedge s = (*\tau_n)^* s \tau_n$. したがって, $s = (*\tau_n)^* s$. ゆえに (4.84) の第 1 式が出る.

任意の $S \in \bigwedge^n V$ に対して, $1 \wedge S = \langle *1, S\rangle \tau_n$. $S = \tau_n$ とすれば, $\langle *1, \tau_n\rangle = 1$. そこで, $*1 = \alpha\tau_n$ とすれば, $\alpha^* \epsilon(\tau_n) = 1$ を得る. これは $\alpha = \epsilon(\tau_n)$ を意味する. ゆえに (4.84) の第 2 式が導かれる. ∎

【命題 4.71】 スター作用素 $*$ は単射である.

証明 $T, T' \in \bigwedge^p V$ について, $*T = *T'$ が成り立つとしよう. このとき, 任意の $S \in \bigwedge^{n-p} V$ に対して, $T \wedge S = T' \wedge S$. したがって, $U = T - T'$ とおけば, $U \wedge S = 0$. これがすべての $S \in \bigwedge^{n-p} V$ で成り立つから, 系 3.34 によって, $U = 0$. したがって, $T = T'$. ゆえに $*$ は単射である. ∎

$\{e_1, \cdots, e_n\}$ を V の正規直交基底とする. すでに見たように, $\{e_1 \wedge \cdots \wedge e_n\}$ は $\bigwedge^n V$ の正規直交基底の 1 つである. したがって,

$$\tau_n = \alpha e_1 \wedge \cdots \wedge e_n \tag{4.85}$$

と書ける. ただし, $\alpha \in \mathbb{K}$ は, $|\alpha| = 1$ をみたす定数である.

【補題 4.72】 任意の $i_1, \cdots i_p, 1 \leq i_1 < \cdots < i_p \leq n$ に対して,

$$*(e_{i_1} \wedge \cdots \wedge e_{i_p}) = \varepsilon \alpha \epsilon(e_{j_1}) \cdots \epsilon(e_{j_{n-p}}) e_{j_1} \wedge \cdots \wedge e_{j_{n-p}} \tag{4.86}$$

ただし, $i_1,\cdots,i_p,j_1,\cdots,j_{n-p}$ ($j_1<\cdots<j_{n-p}$) は $1,\cdots,n$ の置換であり, ε はその符号である.

証明 $A=*(e_{i_1}\wedge\cdots\wedge e_{i_p})$ とおくと, $A=\sum_{j_1<\cdots<j_{n-p}}A^{j_1\cdots j_{n-p}}e_{j_1}\wedge\cdots\wedge e_{j_{n-p}}$ と展開できる. $*$ 作用素の定義によって, $j_1<\cdots<j_{n-p},\{i_1,\cdots,i_p\}\cup\{j_1,\cdots,j_{n-p}\}=\{1,\cdots,n\}$ として

$$\langle A, e_{j_1}\wedge\cdots\wedge e_{j_{n-p}}\rangle\tau_n = e_{i_1}\wedge\cdots\wedge e_{i_p}\wedge e_{j_1}\wedge\cdots\wedge e_{j_{n-p}}.$$

左辺は, $\epsilon(e_{j_1})\cdots\epsilon(e_{j_{n-p}})(A^{j_1\cdots j_{n-p}})^*\tau_n$ に等しい. 一方, 右辺は $\varepsilon e_1\wedge\cdots\wedge e_n$ に等しい. したがって, $\epsilon(e_{j_1})\cdots\epsilon(e_{j_{n-p}})A^{j_1\cdots j_{n-p}}=\varepsilon\alpha$. ∎

!注意 4.14 V が<u>ユークリッドベクトル空間の場合</u>には, $\epsilon(e_i)=1, i=1,\cdots,n$ であるから

$$*(e_{i_1}\wedge\cdots\wedge e_{i_p}) = \varepsilon\alpha e_{j_1}\wedge\cdots\wedge e_{j_{n-p}}. \tag{4.87}$$

【命題 4.73】 任意の $T\in\bigwedge^p V$ に対して

$$**T = (-1)^{p(n-p)}\epsilon(\tau_n)T. \tag{4.88}$$

証明 $T=\sum_{i_1<\cdots<i_p}T^{i_1\cdots i_p}e_{i_1}\wedge\cdots\wedge e_{i_p}$ と展開すれば, 前補題により

$$*T = \sum_{i_1<\cdots<i_p}(T^{i_1\cdots i_p})^*\varepsilon\alpha\epsilon(e_{j_1})\cdots\epsilon(e_{j_{n-p}})e_{j_1}\wedge\cdots\wedge e_{j_{n-p}}.$$

したがって, また ($|\alpha|=1$ および $\mathbb{K}=\mathbb{C}$ の場合に $*$ は反線形であることにも注意して)

$$**T = \sum_{i_1<\cdots<i_p}T^{i_1\cdots i_p}\varepsilon\varepsilon'\epsilon(e_{j_1})\cdots\epsilon(e_{j_{n-p}})\epsilon(e_{i_1})\cdots\epsilon(e_{i_p})e_{i_1}\wedge\cdots\wedge e_{i_{n-p}}.$$

ただし, ε' は $1,\cdots,n$ の置換 $j_1,\cdots,j_{n-p},i_1,\cdots,i_p$ の符号である. $\varepsilon\varepsilon'$ は置換 $(i_1,\cdots,i_p,j_1,\cdots,j_{n-p})\mapsto(j_1,\cdots,j_{n-p},i_1,\cdots,i_p)$ の符号に等しいから, それは $(-1)^{p(n-p)}$ である. また, $\epsilon(e_{j_1})\cdots\epsilon(e_{j_{n-p}})\epsilon(e_{i_1})\cdots\epsilon(e_{i_p})=\epsilon(e_1)\cdots\epsilon(e_n)=\epsilon(\tau_n)$. ゆえに (4.88) が得られる. ∎

!注意 4.15 V が<u>ユークリッドベクトル空間の場合</u>には, $\epsilon(\tau_n)=1$ であるから,

$$**T = (-1)^{p(n-p)}T. \tag{4.89}$$

【命題 4.74】 $T, R \in \bigwedge^p V, S \in \bigwedge^{n-p} V, p \leq n$ とする．このとき：

(i) $\langle *T, S \rangle = (-1)^{p(n-p)} \langle *S, T \rangle$.

(ii) $\mathbb{K} = \mathbb{R}$ ならば，$*T \wedge R = *R \wedge T$.

証明 (i) $\langle *T, S \rangle \tau_n = T \wedge S = (-1)^{p(n-p)} S \wedge T = (-1)^{p(n-p)} \langle *S, T \rangle \tau_n$.

(ii) (4.88) によって，$*T \wedge R = (-1)^{p(n-p)} \epsilon(\tau_n) \langle T, R \rangle \tau_n = (-1)^{p(n-p)} \epsilon(\tau_n) \times \langle R, T \rangle \tau_n = *R \wedge T$. ∎

4.16 3次元ユークリッドベクトル空間におけるベクトル積

初等的なベクトル解析では，具象的な 3 次元ユークリッドベクトル空間 ($\mathbb{R}^3, g_{\mathbb{R}^3}$) が基本的な舞台である．この空間のベクトル解析において，ベクトル積なる概念が現れる[30]．この節では，この概念の普遍的本質を明らかにする．

V を 3 次元ユークリッドベクトル空間とする．

【定義 4.75】 3 次元ユークリッドベクトル空間 V の向きを 1 つ固定し，これに対応するホッジのスター作用素を $*$ とする．任意の $u, v \in V$ に対して，$u \times v \in V$ を

$$u \times v := *(u \wedge v) \tag{4.90}$$

によって定義し，これを u と v の**ベクトル積** (vector product) と呼ぶ．

V の向きが 2 つあることに応じて，作用素 $*$ も 2 種類あるので，ベクトル積も 2 種類存在する．だが，それらは符号が異なるだけである（定義 4.69 のすぐあとの注意を参照）．

定義式 (4.90) と外積の反対称性により，

$$u \times v = -v \times u, \quad u, v \in V. \tag{4.91}$$

■ **例 4.25** ■ V を 3 次元ユークリッドベクトル空間とし，(e_1, e_2, e_3) を V の正規直交基底とする．$\bigwedge^3 V$ の V の向きとして，基底 $e_1 \wedge e_2 \wedge e_3$ が属する同値類をと

---

[30] $\mathbf{x} = (x_1, x_2, x_3), \mathbf{y} = (y_1, y_2, y_3) \in \mathbb{R}^3$ に対して
$$\mathbf{x} \times \mathbf{y} := (x_2 y_3 - x_3 y_2, x_3 y_1 - x_1 y_3, x_1 y_2 - x_2 y_1) \in \mathbb{R}^3$$
によって定義されるベクトル $\mathbf{x} \times \mathbf{y} \in \mathbb{R}^3$ を $\mathbf{x}$ と $\mathbf{y}$ のベクトル積という．

る．このとき，任意の $u = \sum_{i=1}^{3} u^i e_i \in V$ に対して $(e_1 \wedge e_2) \wedge u = u^3 e_1 \wedge e_2 \wedge e_3$ であり，左辺は $\langle *(e_1 \wedge e_2), u \rangle e_1 \wedge e_2 \wedge e_3$ に等しいから，$u^3 = \langle *(e_1 \wedge e_2), u \rangle$. $u^3 = \langle e_3, u \rangle$ であるから，$\langle *(e_1 \wedge e_2), u \rangle = \langle e_3, u \rangle$. $u \in V$ は任意であったから，これは $*(e_1 \wedge e_2) = e_3$ を意味する．同様にして，$*(e_2 \wedge e_3) = e_1$, $*(e_3 \wedge e_1) = e_2$ が成り立つ．したがって

$$e_1 \times e_2 = e_3, \quad e_2 \times e_3 = e_1, \quad e_3 \times e_1 = e_2.$$

ゆえに，$u = \sum_{i=1}^{3} u^i e_i, v = \sum_{i=1}^{3} v^i e_i$ とすれば，$u \times v = \sum_{i,j=1}^{3} u^i v^j e_i \times e_j$ であるから

$$u \times v = (u_2 v_3 - u_3 v_2)e_1 + (u_3 v_1 - u_1 v_3)e_2 + (u_1 v_2 - u_2 v_1)e_3 \tag{4.92}$$

がわかる．よって，基底 (e_1, e_2, e_3) に関する，$u \times v$ の成分表示は $(u_2 v_3 - u_3 v_2, u_3 v_1 - u_1 v_3, u_1 v_2 - u_2 v_1)$ となる．容易に気づくように，これは，$\mathbb{R}^3$ のベクトル解析や物理の教科書などに見られるベクトル積の定義に他ならない．こうして，ベクトル積の旧式定義というのは，もっと普遍的な対象 (4.90) の正規直交基底による成分表示にすぎないことがわかる．

【命題 4.76】 すべての $u, v \in V$ に対して，$u \times v$ は u および v と直交する．すなわち，$\langle u, u \times v \rangle = 0, \langle v, u \times v \rangle = 0$.

証明 τ を $\bigwedge^3 V$ の正規直交基底とする．このとき，$\langle u, u \times v \rangle \tau = u \wedge u \wedge v = 0$. したがって，$\langle u, u \times v \rangle = 0$. $\langle v, u \times v \rangle$ についても同様． ∎

この命題は，$u, v \in V$ が線形独立のとき，$u \times v$ が u, v で生成される部分空間の直交補空間に属すること，および $u \times v, u, v$ が V の基底をなすことを語る．特に，$f_1, f_2 \in V$ が正規直交系ならば，$f_1 \times f_2, f_1, f_2$ は V の正規直交基底をなす．

【定理 4.77】(3 次元ユークリッドベクトル空間上の反対称作用素に関する表現定理) V を 3 次元ユークリッドベクトル空間とし，向きを 1 つ固定する．$T \in \mathsf{L}(V)$ を反対称作用素とする．このとき，ベクトル $v_T \in V$ で

$$Tu = v_T \times u, \quad u \in V \tag{4.93}$$

をみたすものがただ 1 つ存在する．

証明 $E = \{e_1, e_2, e_3\}$ を V の正規直交基底とし，$e_1 \wedge e_2 \wedge e_3$ は固定した向きに関して正の元であるとする．基底 E に関する，$u \in V$ の成分表示を (u^1, u^2, u^3) とし，T の行列表示を (T^i_j) とする．T の反対称性は $T^i_j = -T^j_i, i,j = 1,2,3$ を意味する（問題 13(ii)）．したがって，特に，$T^i_i = 0, i = 1,2,3$．天下り的だが

$$v_T := T^3_2 e_1 + T^1_3 e_2 + T^2_1 e_3$$

とおくと，直接計算により，(4.93) が成り立つことが確かめられる[31]．

v_T の一意性を示そう．別に，$Tu = v \times u, u \in V$ をみたすベクトル $v \in V$ があったとすると，$v \times u = v_T \times u, u \in V$．両辺にホッジのスター作用素をほどこすと，$v \wedge u = v_T \wedge u, u \in V$，すなわち，$(v - v_T) \wedge u = 0, u \in V$．したがって，命題 3.33 によって，$v = v_T$． ∎

4.17 n 次元計量ベクトル空間の $(n-1)$ 次元部分空間

次の事実は，幾何学への応用において重要である．

【定理 4.78】 V を n 次元計量ベクトル空間，W を V の $(n-1)$ 次元部分空間とし，V の計量 $\langle \cdot, \cdot \rangle$ は W 上で非退化であるとする．このとき，$\dim W^\perp = 1$．

証明 V の計量の W 上での非退化性により，$(W, \langle \cdot, \cdot \rangle)$ は $(n-1)$ 次元計量ベクトル空間であるから，$(W, \langle \cdot, \cdot \rangle)$ は正規直交基底 $w_1, \cdots, w_{n-1}$ をもつ．すると，定理 1.16 により，V のベクトル w_n で $w_1, \cdots, w_n$ が V の基底となるものが存在する．そこで，$u := w_n - \sum_{j=1}^{n-1} \epsilon(w_j)\langle w_j, w_n \rangle w_j$ とおけば，$\langle w_k, u \rangle = 0, k = 1, \cdots, n-1$ がわかる．すなわち，$u \in W^\perp$．さらに，$u \neq 0$．実際，仮に，$u = 0$ とすれば，$w_n = \sum_{j=1}^{n-1} \epsilon(w_j)\langle w_j, w_n \rangle w_j$ であるから，$w_1, \cdots, w_n$ の線形独立性に反する．

上の式は，w_n が $u, w_1, \cdots, w_{n-1}$ の線形結合で表されることを意味するから，$u, w_1, \cdots, w_{n-1}$ は V の基底である．したがって，任意の $v \in W^\perp$ は $v = \alpha u + \sum_{i=1}^{n-1} c^i w_i$ と展開できる．このとき，$\langle w_i, v \rangle = 0 \ (i = 1, \cdots, n-1)$ と

---

[31] これを発見するには，(4.93) が成り立つとし，$Te_i = v_T \times e_i, i = 1,2,3$ を考えてみるとよい．まず，$Te_i = \sum_{j=1}^{3} T^j_i e_j$，他方，$v_T = \sum_{i=1}^{3} v^i e_i$ とすれば，$v_T \times e_1 = v^3 e_2 - v^2 e_3, v_T \times e_2 = v^1 e_3 - v^3 e_1, v_T \times e_3 = v^2 e_1 - v^1 e_2$ である．したがって，$T^2_1 e_2 + T^3_1 e_3 = v^3 e_2 - v^2 e_3, T^1_2 e_1 + T^3_2 e_3 = v^1 e_3 - v^3 e_2$．ゆえに，$T^2_1 = v_3, T^3_1 = -v^2, T^3_2 = v^1$．

$\epsilon(w_i)\langle w_i, v \rangle = c^i$ より，$c^i = 0$ $(i = 1, \cdots, n-1)$. したがって，$v = \alpha u$. よって，$\dim W^\perp = 1$. ∎

定理 4.78 と定理 4.8 は次の系を導く：

【系 4.79】 V を n 次元内積空間，W を V の $(n-1)$ 次元部分空間とする．このとき，$\dim W^\perp = 1$.

命題 4.9 と定理 4.78 からは，次の事実が導かれる：

【系 4.80】 V を n 次元不定計量ベクトル空間，W を V の $(n-1)$ 次元部分空間とし，W の基底 $u_1, \cdots, u_{n-1}$ で $\det(\langle u_i, u_j \rangle) \neq 0$ をみたすものがあるとする．このとき，$\dim W^\perp = 1$.

！注意 4.16 V が n 次元内積空間ならば，命題 4.67 によって，系 4.80 の仮定はつねにみたされる．

V を n 次元計量ベクトル空間，W を V の $(n-1)$ 次元部分空間とし，系 4.79 または系 4.80 の仮定がみたされているとする．このとき，$W^\perp$ のベクトルの成分表示を求めてみよう．$u_1, \cdots, u_{n-1}$ を W の基底で $\det(\langle u_i, u_j \rangle) \neq 0$ をみたすものとし，$e_1, \cdots, e_n$ を W の正規直交基底とする．したがって

$$u_i = \sum_{j=1}^n u_i^j e_j$$

と展開される $(u_i^j = \epsilon(e_j)\langle e_j, u_i \rangle)$．ベクトル u_i の成分 $u_i^j, j = 1, \cdots, n$ からつくられる $(n-1) \times n$ 行列 (u_i^j) から j 列を除いてできる行列を M_j とする：

$$M_j := \begin{pmatrix} u_1^1 & u_1^2 & \cdots & \widehat{u_1^j} & \cdots & u_1^n \\ u_2^1 & u_2^2 & \cdots & \widehat{u_2^j} & \cdots & u_2^n \\ \vdots & \vdots & & \vdots & & \vdots \\ u_{n-1}^1 & u_{n-1}^2 & \cdots & \widehat{u_{n-1}^j} & \cdots & u_{n-1}^n \end{pmatrix}. \tag{4.94}$$

$(\widehat{u_i^j}$ は u_i^j を除く記号である)．これを用いて，ベクトル $n_W \in V$ を

$$n_W := \sum_{j=1}^n (-1)^{j+1} \epsilon(e_j)(\det M_j)^* e_j \tag{4.95}$$

によって定義する.

【定理 4.81】 $W^\perp = \{\alpha n_W \mid \alpha \in \mathbb{K}\}$.

証明 $n_W \in W^\perp$ かつ $n_W \neq 0$ を示せばよい. まず, 前者を示す. そのためには, $\langle n_W, u_i \rangle = 0$, $i = 1, \cdots, n-1$ を証明すればよい. 実際, $\langle n_W, u_i \rangle = \sum_{j=1}^{n}(-1)^{j+1}(\det M_j)u_i^j = \det L$. ただし

$$L := \begin{pmatrix} u_i^1 & u_i^2 & \cdots & u_i^n \\ u_1^1 & u_1^2 & \cdots & u_1^n \\ u_2^1 & u_2^2 & \cdots & u_2^n \\ \vdots & \vdots & & \vdots \\ u_{n-1}^1 & u_{n-1}^2 & \cdots & u_{n-1}^n \end{pmatrix}$$

(余因子展開を用いた). 行列 L の 1 行と $(i+1)$ 行は同じであるから, $\det L = 0$. したがって, $\langle n_W, u_i \rangle = 0$. ゆえに, $n_W \in W^\perp$. 仮に $n_W = 0$ とすれば, (4.95) と $\{e_i\}_i$ の線形独立性により, $\det M_j = 0$, $j = 1, \cdots, n$. 他方, $\det(\langle u_i, u_j \rangle) = \sum_{\sigma \in \mathsf{S}_{n-1}} \mathrm{sgn}(\sigma)\langle u_1, u_{\sigma(1)}\rangle \cdots \langle u_{n-1}, u_{\sigma(n-1)}\rangle$ における右辺の各内積因子を成分で表せば, 右辺は $\sum_{j=1}^{n} \alpha_j \det M_j$ という形で書けることがわかる. したがって, $\det(\langle u_i, u_j \rangle) = 0$. だが, これは仮定に反する. よって, $n_W \neq 0$. ∎

！注意 4.17 V が 3 次元ユークリッドベクトル空間の場合, 線形独立な 2 つのベクトル $u, v \in V$ によって生成される部分空間を W とすれば, (4.95) からわかるように, $n_W = \pm u \times v$. ただし, 符号は V の向きの取り方による:V の正規直交基底 (e_1, e_2, e_3) が, 与えられた向きに関して, 正(負)の基底ならば $+(-)$.

演習問題

1. (V, g) を不定計量ベクトル空間とし, $u, v \in V$ は $g(u, u) > 0, g(v, v) < 0$ をみたすとする.

    (i) u, v は線形独立であることを示せ.

    (ii) $w \in V$ で $w \neq 0, g(w, w) = 0$ をみたすものが存在することを示せ.

2. 定理 4.46(i), (ii) を, (4.49) を用いずに証明せよ.

3. 命題 4.54 の証明を与えよ.

4. 式 (4.61) の右辺は,T, S を (4.60) のように表す仕方によらないことを示せ.

5. V を内積空間とし,そのノルムを $\|\cdot\|$ で表す.このとき,すべての $u, v \in V$ に対して,$|\|u\| - \|v\|| \leq \|u - v\|$ が成り立つことを示せ.

6. 指数関数 $\phi_n(x) := e^{inx}/\sqrt{2\pi}$, $x \in \mathbb{R}, n \in \mathbb{Z}$ (整数全体の集合) の集合 $\{\phi_n\}_{n \in \mathbb{Z}}$ は内積空間 $L^2 C[0, 2\pi]$ (例 4.11 で $a = 0, b = 2\pi$ の場合) における正規直交系であることを示せ.

7. 区間 $[0, 2\pi]$ 上の任意の実数値連続関数 f と任意の自然数 N に対して

$$\sum_{n=-N}^{N} \frac{1}{2\pi} \left\{ \left(\int_0^{2\pi} f(x) \cos nx \, dx \right)^2 + \left(\int_0^{2\pi} f(x) \sin nx \, dx \right)^2 \right\}$$
$$\leq \int_0^{2\pi} f(x)^2 dx$$

が成り立つことを示せ.

8. V を 3 次元ユークリッドベクトル空間とする.$u, v, w \in V$ を任意にとる.

   (i) $\langle u, v \times w \rangle = \langle u \times v, w \rangle$ を示せ.

   (ii) $u \times (v \times w) = \langle u, w \rangle v - \langle u, v \rangle w$ を示せ.

9. (**計量を用いてのトレースの表示**) V を n 次元計量ベクトル空間とし,$e_1, \cdots, e_n$ を V の任意の正規直交基底とする.任意の $T \in \mathsf{L}(V)$ に対して,$\operatorname{Tr} T = \sum_{i=1}^n \epsilon(e_i) \langle e_i, T e_i \rangle$ であることを証明せよ.

10. V を内積空間とする.任意の $u, v \in V$ に対して,$\|u \wedge v\| \leq \|u\| \|v\|$ を示せ.

11. n 次の自己共役行列 S から定まる線形作用素 $\hat{S} \in \mathsf{L}(\mathbb{K}^n)$ は対称作用素であることを示せ.

12. n 次の行列 A は,$(A_{ij})^* = -A_{ji}$, $i, j = 1, \cdots, n$, をみたすとき,**反自己共役**であるいう (定義) (注:通常,反自己共役な実行列を**反対称行列**または**歪対称行列**あるいは**交代行列**といい,反自己共役な複素行列を**反エルミート行列**とよぶ).n 次の反自己共役行列 A から定まる線形作用素 $\hat{A} \in \mathsf{L}(\mathbb{K}^n)$ は反対称作用素であることを示せ.

13. V を n 次元内積空間とする.

(i) $S \in \mathsf{L}(V)$ が対称作用素ならば, V の任意の正規直交基底 $E = \{e_1, \cdots, e_n\}$ に関する S の行列表示 $S_{E,E}$ は自己共役行列であることを示せ.

(ii) $A \in \mathsf{L}(V)$ が反対称作用素ならば, V の任意の正規直交基底 $E = \{e_1, \cdots, e_n\}$ に関する A の行列表示 $A_{E,E}$ は反自己共役行列であることを示せ.

14. V を有限次元の複素計量ベクトル空間とする. $S \in \mathsf{L}(V)$ が対称作用素であることと iS が反対称作用素であることは同値であることを示せ.

15. V を有限次元の実内積空間とし, A を V 上の反対称作用素とする. A のとりうる固有値は 0 だけであることを示せ.

16. V を有限次元の複素内積空間とし, A を反対称作用素とする.

(i) A の固有値は純虚数であることを示せ.

(ii) A の相異なる固有値に属する固有ベクトルどうしは直交することを示せ.

5

ベクトル空間における位相と計量アファイン空間

ベクトル空間上の解析学を構築する上で基礎となる概念——ベクトル空間における点列の収束，極限，開集合，閉集合，近傍といった位相的諸概念——を論述し，普遍的な幾何学的空間概念としての計量アファイン空間を導入する．

5.1 内積空間における点列の収束と極限

V を $\mathbb{K}$ 上の内積空間とし，その内積とノルムをそれぞれ，$\langle \cdot, \cdot \rangle, \| \cdot \|$ で表す．自然数全体 $\mathbb{N}$ から V への写像 $u : \mathbb{N} \to V; \mathbb{N} \ni n \mapsto u(n) \in V$ を V の**点列**または**ベクトル列**とよぶ．通常，$u(n) = u_n$ とおき，点列 u を $\{u_n\}_{n=1}^{\infty}$ または $(u_n)_{n=1}^{\infty}$ あるいは $\{u_n\}_{n \in \mathbb{N}}$ と記す（以下，しばしば，単に $u_n, \{u_n\}_n$ のようにも書く）[1]．点列の構成要素 u_n を点列の**第 n 項**または**第 n 成分**とよぶ．

点列 $\{u_n\}_{n=1}^{\infty}$ において，すべての成分が V の部分集合 D に含まれるとき (i.e., $u_n \in D, \forall n \in \mathbb{N}$)，$\{u_n\}_{n=1}^{\infty}$ を D 内の点列という．このことを記号的に $\{u_n\}_{n=1}^{\infty} \subset D$ と表す[2]．

■ **例 5.1** ■ $u \in V$ を任意に固定し，$\{a_n\}_{n=1}^{\infty}$ ($a_n \in \mathbb{K}$) を数列とするとき，$\{a_n u\}_{n=1}^{\infty}$ は u によって生成される部分空間 $\mathcal{L}(\{u\})$ 内の点列である．

内積空間 V における点列の収束と極限の概念を定義しよう：

---

[1] 点列の記号 $\{u_n\}_{n=1}^{\infty}$ は集合の記号とまぎらわしいが，点列と集合は概念的に異なるものである（前者は写像）．なお，$\mathbb{N}$ の部分集合や $\mathbb{Z}$（整数全体）の部分集合から V への写像も V の点列とよばれる．

[2] だが，これは集合の包含関係という意味ではない．前脚注参照．

5.1 内積空間における点列の収束と極限

【定義 5.1】 V の点列 $\{u_n\}_n$ とベクトル $u \in V$ について,$\lim_{n\to\infty} \|u_n - u\| = 0$ が成り立つとき,点列 $\{u_n\}_n$ は u に**収束する**といい,このことを記号的に $\lim_{n\to\infty} u_n = u$ または $u_n \to u \ (n \to \infty)$ で表す.u を点列 $\{u_n\}_n$ の**極限** (limit) とよぶ.厳密に言えば,$\lim_{n\to\infty} u_n = u$ であるとは,任意の $\varepsilon > 0$ に対して,番号 n_0 (ε に依存しうる) が存在して,$n \geq n_0$ ならば $\|u_n - u\| < \varepsilon$ が成り立つことである.収束する点列を**収束列** (convergent sequence) とよぶ.

⚠ 注意 5.1 点列の極限は存在すれば,ただ 1 つである.実際,点列 $\{u_n\}_n$ が極限を 2 つもつとして,それらを u, u' とすれば,$\|u_n - u\| \to 0, \|u_n - u'\| \to 0 \ (n \to \infty)$ であるから,3 角不等式により

$$\|u - u'\| = \|(u - u_n) + (u_n - u')\| \leq \|u - u_n\| + \|u_n - u'\| \to 0 \ (n \to \infty).$$

したがって,$\|u - u'\| = 0$.内積の正定値性により,$u = u'$ が結論される.

⚠ 注意 5.2 V が不定計量空間の場合,ベクトル $u \in V$ が $\|u\| = 0$ であっても $u = 0$ とは限らないので,内積空間と同じ仕方で点列の極限を定義することはできない (前注意によって,点列の極限の一意性にとって,ノルムの正定値性は本質的である).

■ 例 5.2 ■ 例 5.1 において,$\lim_{n\to\infty} a_n = a \in \mathbb{K}$ ならば,$\lim_{n\to\infty} u_n = au$ である.実際,これは,$\|u_n - au\| = |a_n - a|\|u\|$ からしたがう.

■ 例 5.3 ■ V が有限次元で $\dim V = p$ のとき,$e_1, \cdots, e_p$ を正規直交基底とすれば,任意の $u \in V$ は $u = \sum_{i=1}^{p} u^i e_i$ と展開される ($u^i \in \mathbb{K}$).$\{u_n\}_n$ を V の点列とし,$u_n = \sum_{i=1}^{p} u_n^i e_i$ とする.このとき,$\|u_n - u\|^2 = \sum_{i=1}^{p} |u_n^i - u^i|^2$ であるから,$\{u_n\}_n$ が u に収束することは,u_n の各成分から決まる数列 $\{u_n^i\}_n$ が u の対応する成分 u^i に収束すること,すなわち,$u_n^i \to u^i \ (n \to \infty), \ i = 1, \cdots, p$,と同値である.

【命題 5.2】 $\{u_n\}_n$, $\{v_n\}_n$ を V の収束列とし,$\lim_{n\to\infty} u_n = u \in V$,$\lim_{n\to\infty} v_n = v \in V$ とする.このとき:(i) (**ノルムの連続性**) $\lim_{n\to\infty} \|u_n\| = \|u\|$,(ii) (**内積の連続性**) $\lim_{n\to\infty} \langle u_n, v_n \rangle = \langle u, v \rangle$.

証明 (i) 4 章の演習問題 5 の不等式によって,$|\|u_n\| - \|u\|| \leq \|u_n - u\| \to 0 \ (n \to \infty)$.(ii) 恒等式 $\langle u_n, v_n \rangle - \langle u, v \rangle = \langle u_n, v_n - v \rangle + \langle u_n - u, v \rangle$ とシュヴァルツの不等式を使うと

$$|\langle u_n, v_n \rangle - \langle u, v \rangle| \leq |\langle u_n, v_n - v \rangle| + |\langle u_n - u, v \rangle|$$

$$\leq \|u_n\|\|v_n - v\| + \|u_n - u\|\|v\|.$$

(i) と仮定により，右辺は，$n \to \infty$ のとき，0 に収束する． ∎

V が有限次元内積空間の場合には，V のベクトル列の収束はベクトル列の各成分の収束に帰着される．すなわち，次の定理が成り立つ：

【命題 5.3】 V は p 次元内積空間 $(p < \infty)$ であるとし，$\{u_n\}_{n=1}^{\infty}$ を V の点列とする．

(i) $\lim_{n \to \infty} u_n = u$ ならば，任意の基底 $\{e_i\}_{i=1,\cdots,p}$ に関する u_n, u の展開 $u_n = \sum_{i=1}^{p} u_n^i e_i, u = \sum_{i=1}^{n} u^i e_i$ について，$\lim_{n \to \infty} u_n^i = u^i, i = 1, \cdots, p$ が成り立つ．

(ii) V のある基底 $\{f_i\}_{i=1,\cdots,p}$ に関する u_n, u の展開 $u_n = \sum_{i=1}^{p} u_n^i f_i$, $u = \sum_{i=1}^{p} u^i f_i$ について，$\lim_{n \to \infty} u_n^i = u^i, i = 1, \cdots, p$ が成り立つならば，$\lim_{n \to \infty} u_n = u$．

証明 (i) $\{\bar{e}_i\}_{i=1,\cdots,p}$ を V の正規直交基底とし，$u_n = \sum_{i=1}^{p} a_n^i \bar{e}_i, u = \sum_{i=1}^{p} a^i \bar{e}_i$ とする．このとき，例 5.3 によって，$\lim_{n \to \infty} a_n^i = a^i, i = 1, \cdots, p$. $P = (P_j^i)$ を底変換：$\{\bar{e}_i\}_i \mapsto \{e_i\}_i$ の行列とすれば，$u_n^i = \sum_{j=1}^{p} (P^{-1})_j^i a_n^j$, $u^i = \sum_{j=1}^{p} (P^{-1})_j^i a^j$. したがって，$\lim_{n \to \infty} u_n^i = \sum_{j=1}^{p} (P^{-1})_j^i a^j = u^i$.

(ii) $Q = (Q_j^i)$ を底変換：$\{f_i\}_i \mapsto \{\bar{e}_i\}_i$ の行列とすれば，$a_n^i = \sum_{j=1}^{p} (Q^{-1})_j^i u_n^j$, $a^i = \sum_{j=1}^{p} (Q^{-1})_j^i u^j$. したがって，$\lim_{n \to \infty} a_n^i = \sum_{j=1}^{p} (Q^{-1})_j^i u^j = a^i$. これと例 5.3 により，$\lim_{n \to \infty} u_n = u$. ∎

5.2 距離空間としての内積空間

4章，4.4.2 項において，V の任意の2つの点 u, v に対して，これらの間の距離 $d_V(u, v) = \|u - v\|$ が定義された．この対象のもつ性質 (d.1)〜(d.3)（4.4.2 項を参照）をより普遍的な概念の（内積空間における）現れとしてとらえることにより，ある普遍的な集合の理念へといたることができる．

一般に，空でない集合 X の直積集合 $X \times X$ から実数への写像 $\rho: X \times X \to \mathbb{R}$ が次の $(\rho.1)$〜$(\rho.3)$ をみたすとき，ρ を X 上の**距離関数** (distance function) または単に**距離**とよび，$(x, y) \in X \times X$ における ρ の値 $\rho(x, y)$ を**点 x と点 y の距離**という．

(ρ.1)（正定値性）「すべての $x, y \in X$ に対して，$\rho(x, y) \geq 0$」かつ「$\rho(x, y) = 0 \iff x = y$」．

(ρ.1)（対称性）$\rho(x, y) = \rho(y, x), \ x, y \in X$．

(ρ.1)（3角不等式）任意の $x, y, z \in X$ に対して，$\rho(x, y) \leq \rho(x, z) + \rho(z, y)$．

集合 X が距離関数 ρ を有するとき，X を**距離空間** (metric space) といい，これを (X, ρ) と表す[3]．容易に見てとれるように，性質 (ρ.1)〜(ρ.3) は，内積空間の距離 d_V の性質を抽象化してとらえたものである．こうして，内積空間 V は d_V を距離関数とする距離空間と見ることができる．

5.3 開集合，閉集合，境界集合

この節を通して，V は $\mathbb{K}$ 上の内積空間であるとする．

5.3.1 開集合

正数 $r > 0$ とベクトル $u \in V$ に対して決まる，V の部分集合

$$B_r(u) := \{v \in V \mid \|u - v\| < r\} \tag{5.1}$$

を点 u を中心とする，半径 r の**開球** (open ball) または点 u の **r 近傍** (neighborhood) とよぶ．

■**例 5.4** ■ n 次元ユークリッドベクトル空間 $(\mathbb{R}^n, g_{\mathbb{R}^n})$ における点 $\mathbf{a} = (a_1, \cdots, a_n) \in \mathbb{R}^n$ を中心とする，半径 $r > 0$ の開球 $B_r(\mathbf{a})$ は，

$$B_r(\mathbf{a}) = \left\{ \mathbf{x} = (x_1, \cdots, x_n) \in \mathbb{R}^n \ \middle| \ \sum_{i=1}^n (x_i - a_i)^2 < r^2 \right\}$$

である．

V の部分集合 D が**開集合** (open set) であるとは，D の各点 u に対して，ある $\delta > 0$ が存在して，$B_\delta(u) \subset D$ となる場合をいう．

点 $u \in V$ を含む開集合を u の**近傍**とよぶ．

便宜上，空集合 $\emptyset$ は開集合であるとする．

---

[3] 1つの集合がもちうる距離関数は 1 つとは限らないので，距離空間は集合と距離関数の組で決まる．

V 自体が開集合であることは，定義から明らかである．

■ **例 5.5** ■ $V \setminus \{0_V\}$ は開集合である．実際，各点 $u \in V \setminus \{0_V\}$ に対して，$\delta = \|u\|_V (> 0)$ とおくと，$\|v - u\|_V < \delta$ ならば $v \in V \setminus \{0_V\}$ が成り立つ（∵ 仮に $v = 0_V$ ならば $\|u\|_V < \delta$ となって矛盾）．

■ **例 5.6** ■ 任意の有限個の点 $u_1, \cdots, u_N \in V$ に対して，$D = V \setminus \{u_1, \cdots, u_N\}$ は開集合である．

証明 $u \in D$ を任意にとり，$\delta := \min_{i=1,\cdots,n} \|u - u_i\|_V$ とおく．このとき，$\|v - u\|_V < \delta$ ならば，$v \neq u_i, i = 1, \cdots, N$. したがって，$v \in D$. ゆえに D は開集合である． ∎

【命題 5.4】 任意の $r > 0$ と $u \in V$ に対して，$B_r(u)$ は開集合である．

証明 $u_0 \in B_r(u)$ を任意にとる．$\|u_0 - u\| < r$ であるから，$\|u_0 - u\| < r - \delta$ となる $\delta \in (0, r)$ が存在する．このとき，$B_\delta(u_0) \subset B_r(u)$ である．実際，任意の $z \in B_\delta(u_0)$ に対して，$\|u - z\| \leq \|u - u_0\| + \|u_0 - z\| < \|u - u_0\| + \delta < r$. ∎

内積空間 (V, g) における開集合の全体を $\mathcal{O}(V, g)$ と記す．この集合族は次の定理に述べる顕著な性質をもつ：

【定理 5.5】

(i) $\emptyset, V \in \mathcal{O}(V, g)$.

(ii) 各 $n \in \mathbb{N}$ と任意の $O_1, \cdots, O_n \in \mathcal{O}(V, g)$ に対して，$\bigcap_{i=1}^n O_i \in \mathcal{O}(V, g)$.

(iii) 任意の添え字集合 Λ と任意の $O_\lambda \in \mathcal{O}(V, g), \lambda \in \Lambda$ に対して $\bigcup_{\lambda \in \Lambda} O_\lambda \in \mathcal{O}(V, g)$.

証明 (i) は自明．(ii) $\bigcap_{i=1}^n O_i \neq \emptyset$ の場合について示せば十分である．そこで $u \in \bigcap_{i=1}^n O_i$ とする．このとき，$u \in O_i, i = 1, \cdots, n$. したがって，各 $i = 1, \cdots, n$ に対して，正数 δ_i があって，$\|u - x\| < \delta_i, x \in V$ ならば $x \in O_i$. ゆえに，$\delta := \min_{i=1,\cdots,n} \delta_i$ とおけば，$\|u - x\| < \delta \implies x \in \bigcap_{i=1}^n O_i$. よって，$\bigcap_{i=1}^n O_i$ は開集合である．(iii) $u \in \bigcup_{\lambda \in \Lambda} O_\lambda$ とする．したがって，ある $\lambda_0 \in \Lambda$ があって，$u \in O_{\lambda_0}$. ゆえに，正数 δ が存在して，$\|u - x\| < \delta, x \in V \implies x \in O_{\lambda_0} \subset \bigcup_{\lambda \in \Lambda} O_\lambda$. よって，題意が成立する． ∎

定理 5.5(ii) は，開集合の族 $\mathcal{O}(V,g)$ が有限個の集合の共通部分をとる演算で閉じていること，また，定理 5.5(iii) は，$\mathcal{O}(V,g)$ が和集合をとる演算（関与する集合の個数は有限でも無限でもよい）で閉じていることを意味する．開集合の族 $\mathcal{O}(V,g)$ を内積空間 (V,g) の**位相** (topology) という．

!注意 5.3 一般に，集合 X の部分集合の族 $\mathcal{T}$ が，定理 5.5 において，V を X とし，$\mathcal{O}(V,g)$ のところを $\mathcal{T}$ で置き換えて得られる性質をもつとき，$\mathcal{T}$ を X の**位相**という．位相 $\mathcal{T}$ をもつ集合 X を**位相空間** (topological space) とよび，$(X,\mathcal{T})$ と記す．この場合，位相 $\mathcal{T}$ に属する集合を位相空間 $(X,\mathcal{T})$ の開集合という．内積空間 (V,g) は，$\mathcal{O}(V,g)$ を位相とする位相空間と見ることができる．本書では，紙数の都合上，残念ながら，位相空間の一般論を展開する余裕はない．

5.3.2 閉集合

V の部分集合 F について，F の補集合 $F^c = V \setminus F$ が開集合であるとき，F は**閉集合** (closed set) であるという．

■ **例 5.7** ■ 例 5.6 によって，V の任意の有限集合は閉集合である．

■ **例 5.8** ■ 正数 $r > 0$ と点 $u \in V$ 対して決まる，V の部分集合 $\bar{B}_r(u) := \{v \in V \mid \|u - v\| \leq r\}$ を点 u を中心とする，半径 r の**閉球** (closed ball) とよぶ．$\bar{B}_r(u)$ は閉集合である．実際，$\bar{B}_r(u)^c = \{v \in V \mid \|u-v\| > r\}$ であり，これは開集合であることがわかる（問題 1）．

■ **例 5.9** ■ V を内積空間とする．$r > 0$ と $u_0 \in V$ に対して定まる，V の部分集合 $S_r(u_0) := \{u \in V \mid \|u - u_0\| = r\}$ を **u_0 を中心とする，半径 r の球面**という．これは閉集合である（問題 2）．

V の部分集合 D に対して，D の収束列の極限となっているような点の全体

$$\bar{D} := \{u \in V \mid \lim_{n \to \infty} u_n = u \text{ となる } u_n \in D \text{ が存在}\} \tag{5.2}$$

を $\bar{D}$ の**閉包** (closure) とよぶ．

D の任意の点 u は，$u_n = u$ の極限とみなせるから，$u \in \bar{D}$．したがって

$$D \subset \bar{D}. \tag{5.3}$$

■ **例 5.10** ■ $V = \mathbb{R}, D = (a,b)$ ならば $\bar{D} = [a,b]$．

【命題 5.6】 任意の $D \subset V$ に対して，$\bar{D}$ は閉集合である．

証明 仮に $\bar{D}^c$ が開集合でないとすれば，点 $u_0 \in \bar{D}^c$ で，任意の $n \in \mathbb{N}$ に対して $B_{1/n}(u_0) \cap \bar{D} \neq \emptyset$ となるものがある．したがって，$u_n \in \bar{D}$ で $\|u_n - u_0\| < 1/n$ となるものが存在する．$\bar{D}$ の定義から，$\|y_n - u_n\| < 1/n$ となる $y_n \in D$ がある．したがって $\|y_n - u_0\| \leq \|y_n - u_n\| + \|u_n - u_0\| < 2/n$．ゆえに $\lim_{n\to\infty} \|y_n - u_0\| = 0$．これは $u_0 \in \bar{D}$ を意味するから矛盾． ∎

【命題 5.7】 $F \subset V$ が閉集合であるための必要十分条件は，$F = \bar{F}$ が成り立つことである．

証明 （必要性）F を閉集合とする．$\bar{F} \subset F$ を示せば十分である．これは $F^c \subset (\bar{F})^c$ と同値である．そこで，こちらを示す．仮定により，F^c は開集合であるから，任意の $u \in F^c$ に対して，正数 δ があって，$\|u - y\| < \delta \Longrightarrow y \in F^c$．もし，$u \notin (\bar{F})^c$ ならば，$u \in \bar{F}$ であるから，$\lim_{n\to\infty} u_n = u$ となる点列 $u_n \in F$ がある．n を十分大きくとれば，$\|u - u_n\| < \delta$．したがって，$u_n \in F^c$．だが，これは矛盾である．したがって，$u \in (\bar{F})^c$ でなければならない．

（十分性） 命題 5.6 からしたがう． ∎

次の事実は，与えられた集合が閉集合であることを証明するのに有用である：

【系 5.8】 $D \subset V$ とする．$u_n \in D, \lim_{n\to\infty} u_n = u \in V$ ならばつねに $u \in D$ が成り立つ（言い換えれば，D の任意の収束点列の極限がつねに D 内にある）ならば，D は閉集合である．

証明 仮定は，$\bar{D} = D$ を意味する．したがって，前命題により，D は閉集合である． ∎

5.3.3 内点，外点，境界

D を V の部分集合とし，$u \in V$ とする．D と u の関係について，次の 3 つの状況が考えられる：

(i) $u \in D$ かつある開球 $B_r(u)$ があって，$B_r(u) \subset D$ が成り立つ場合．このとき，u は D の**内点** (interior point) であるという．

(ii) u が $D^c = V \setminus D$ の内点である場合．このとき，u は D の**外点** (exterior point) であるという．

(iii) u が D の内点でも外点でもない場合．このとき，u は D の**境界点** (boundary point) であるという．

D の内点，外点，境界点の全体をそれぞれ，順に，$D^{\mathrm{int}}, D^{\mathrm{ext}}, \partial D$ で表す．∂D を D の**境界集合**あるいは単に**境界**とよぶ．容易にわかるように，これらの集合は互いに素であり

$$V = D^{\mathrm{int}} \cup \partial D \cup D^{\mathrm{ext}} \tag{5.4}$$

が成り立つ．

開集合の定義から，D が開集合であることと $D^{\mathrm{int}} = D$ は同値である．

【命題 5.9】

(i) D が開集合ならば，$\partial D = \bar{D} \setminus D$．

(ii) D が閉集合ならば，$\partial D = D \setminus D^{\mathrm{int}}$．

証明 (i) $u \in \bar{D} \setminus D$ とすれば，前例によって，u は D の内点ではない．u が D の外点もないことを示すために，仮に $u \in D^{\mathrm{ext}}$ としてみる．すると，ある定数 $\delta > 0$ があって，$v \in V, \|u - v\| < \delta$ ならば，$v \in D^{\mathrm{ext}}$．一方，$u \in \bar{D}$ であるから，D 内の点列 $\{u_n\}_n$ で，$\lim_{n \to \infty} u_n = u$ となるものがある．したがって，ある番号 n_0 があって，$n \geq n_0$ ならば $\|u - u_n\| < \delta$ となる．これは $u_n \in D^{\mathrm{ext}}$ を意味する．だが，$D \cap D^{\mathrm{ext}} = \emptyset$ であるから，これは矛盾である．ゆえに $u \notin D^{\mathrm{ext}}$．以上から，$u \in \partial D$．したがって，$\bar{D} \setminus D \subset \partial D$．

逆に，$u \in \partial D$ としよう．このとき，u は D の内点でも外点でもない．したがって，特に，$u \notin D$．仮に，$u \in \bar{D}^c$ とすると，$\bar{D}^c$ は開集合であるから，ある定数 $\delta > 0$ があって，$\|u - v\| < \delta$ ならば $v \in \bar{D}^c \subset D^c$．したがって，$u$ は D の外点である．だが，これは矛盾である．したがって，$u \in \bar{D}$．ゆえに，$u \in \bar{D} \setminus D$．よって，$\partial D \subset \bar{D} \setminus D$．

(ii) D が閉集合ならば，D^c は開集合であるから，$D^c = D^{\mathrm{ext}}$．したがって，$D \setminus D^{\mathrm{int}} \subset \partial D$．逆に，$u \in \partial D$ ならば，$u \notin D^{\mathrm{ext}} = D^c$ かつ $u \notin D^{\mathrm{int}}$．したがって，$u \in (D^{\mathrm{int}})^c \cap D = D \setminus D^{\mathrm{int}}$． ∎

5.4 有限次元ベクトル空間における距離の同値性

4.8節で見たように，有限次元ベクトル空間は無数の計量をもつ．これらの計量の比較に関して次の定理が成立する．

【定理 5.10】 V を有限次元ベクトル空間として，g を V の任意の計量（不定計量でも内積でもよい），h を V の任意の内積とする．このとき，定数 $C > 0$ が存在して，すべての $u, v \in V$ に対して

$$|g(u,v)| \leq C\sqrt{h(u,u)}\sqrt{h(v,v)} \tag{5.5}$$

が成り立つ．したがって，特に

$$|g(u,u)| \leq C\,h(u,u), \quad \forall u \in V. \tag{5.6}$$

証明 $\dim V = p$ とし，h に関する，V の正規直交基底を $\{e_1, \cdots, e_p\}$ とする．したがって，任意の $u \in V$ は $u = \sum_{i=1}^{p} u^i e_i$ $(u^i = h(e_i, u))$ と展開でき，$h(u,u) = \sum_{i=1}^{p} |u^i|^2$ が成り立つ．$g_{ij} := g(e_i, e_j)$ とおけば $g(u,v) = \sum_{i,j=1}^{p} (u^i)^* v^j g_{ij}$ であるから

$$|g(u,v)| \leq \sum_{i,j=1}^{p} |u^i||v^j||g_{ij}| \leq \sqrt{\sum_{i,j=1}^{p}|g_{ij}|^2}\sqrt{\sum_{i=1}^{p}|u^i|^2}\sqrt{\sum_{j=1}^{p}|v^j|^2}$$

$$(\because \text{和} \sum_{i,j} \text{に関するコーシー・シュヴァルツの不等式})$$

そこで，$C = \sqrt{\sum_{i,j=1}^{p}|g_{ij}|^2}$ とおけば (5.5) が得られる． ∎

!注意 5.4 この定理の要点の1つは，g は不定計量であってもよい，という点にある．

定理 5.10 から，次の重要な結果が得られる：

【系 5.11】 V を有限次元ベクトル空間として，g_1, g_2 を V の任意の 2 つの内積とする．このとき，正数 $c, d > 0$ が存在して，すべての $u \in V$ に対して，

$$cg_2(u,u) \leq g_1(u,u) \leq dg_2(u,u) \tag{5.7}$$

が成り立つ．

証明 第1の不等式は，定理5.10を $g = g_2, h = g_1$ として応用し，$c = 1/C$ にとればよい．第2の不等式は，定理5.10を $g = g_1, g_2 = h$ として応用すればよい．∎

(5.7) は
$$d^{-1}g_1(u,u) \leq g_2(u,u) \leq c^{-1}g_1(u,u) \tag{5.8}$$
と同値であるから，不等式 (5.7) は g_1, g_2 について（定数 c, d の不定性を除いて）対称的である．

不等式 (5.7) と (5.8) によって，V の点列が (V, g_1) において収束することと，それが (V, g_2) において収束することは同値である．さらに，次の重要な事実が証明される：

【命題 5.12】 V を有限次元ベクトル空間とし，g_1, g_2 を V の任意の内積とする．このとき，V の部分集合 D が内積空間 (V, g_1) の開集合であることと内積空間 (V, g_2) の開集合であることは同値である．したがって
$$\mathcal{O}(V, g_1) = \mathcal{O}(V, g_2). \tag{5.9}$$

証明 $\|u\|_i := \sqrt{g_i(u,u)}$ $(i = 1, 2)$ とおく．D が (V, g_1) の開集合であるとしよう．したがって，任意の点 $u \in D$ に対して，ある正数 $\delta > 0$ があって，$\|v - u\|_1 < \delta$ ならば $v \in D$．(5.7) の第2の不等式によって，定数 $c > 0$ があって，$\|v - u\|_1 \leq c \|v - u\|_2$ が成り立つ．したがって，$\|v - u\|_2 < \delta/c$ ならば（$\|v - u\|_1 < \delta$ となるので）$v \in D$．ゆえに，D は内積空間 (V, g_2) の開集合である．同様にして，今度は，(5.7) の第1の不等式を用いることにより，D が (V, g_2) の開集合ならば，それは (V, g_1) の開集合であることを示すことができる．∎

(5.9) は，有限次元ベクトル空間 V には，内積の取り方によらない位相
$$\mathcal{T}_V := \mathcal{O}(V, h) \tag{5.10}$$
（h は V の任意の内積）が存在することを示す．この位相を V の**標準位相**とよぶ．

5.5 有限次元不定計量空間の位相

(V, g) を有限次元不定計量ベクトル空間とする．V の部分集合 D が**開集合**であるとは，$D \in \mathcal{T}_V$ (i.e., 標準位相の元) であることと定義する．開集合の補集合

を**閉集合**とよぶ．内点，外点，境界点も内積空間の場合とまったく同様に定義される[4]．

ベクトル空間 V の点列 $\{u_n\}_n$ が $u \in V$ に**標準位相で収束する**とは，ある内積 h があって，$\lim_{n\to\infty} h(u_n-u, u_n-u) = 0$ が成り立つことと定義する．系 5.11 によって，この定義は，内積 h の取り方によらない．この場合，$u = \lim_{n\to\infty} u_n$ と記し，u を $\{u_n\}_n$ の**極限**とよぶ．

(V, g) における点列の収束は標準位相での意味でとる．

【定理 5.13】 (V, g) は有限次元不定計量ベクトル空間であるとする．$\lim_{n\to\infty} u_n = u$, $\lim_{n\to\infty} v_n = v$ $(u_n, v_n, u, v \in V)$ としよう[5]．このとき

$$\lim_{n\to\infty} g(u_n, v_n) = g(u, v). \tag{5.11}$$

証明 h を V の任意の内積とし，$\|u\|_h := \sqrt{h(u,u)}, u \in V$ とおく．恒等式 $g(u,v) - g(u',v') = g(u-u', v-v') + g(u-u', v') + g(u', v-v')$ $(u, v, u', v' \in V)$ と定理 5.10 により

$$|g(u,v) - g(u',v')|$$
$$\leq C(\|u-u'\|_h \|v-v'\|_h + \|u-u'\|_h \|v'\|_h + \|u'\|_h \|v-v'\|_h) \tag{5.12}$$

($C > 0$ は定数) が成り立つ．そこで，$u' = u_n, v' = v_n$ とし，$n \to \infty$ とすれば，(5.11) が得られる． ∎

5.6 計量アファイン空間

5.6.1 位相的側面

(V, g) を計量ベクトル空間とする．これを基準ベクトル空間とするアファイン空間 $\mathcal{A}$ を**計量アファイン空間**という．g が内積のとき，$\mathcal{A}$ を**正値計量アファイン空間**といい，g が不定計量のとき，$\mathcal{A}$ を**不定計量アファイン空間**とよぶ．

任意の 2 点 $P, Q \in \mathcal{A}$ に対して

$$\rho_g(P, Q) := \sqrt{|g(Q-P, Q-P)|} = \|Q - P\|_V \tag{5.13}$$

---
[4] 内積空間の内点の定義における $B_r(u)$ は，$\mathcal{T}_V$ の元としての開球と読む．
[5] 上の定義にしたがって，これは標準位相での収束である．

という量が定義される．これをPとQの**準距離**とよぶ．

■ **例 5.11** ■ (V, g) を計量ベクトル空間とするとき，これを基準ベクトル空間とするアファイン空間としての V は計量アファイン空間である．

$\mathcal{A}$ が正値計量アファイン空間ならば，ρ_g は $\mathcal{A}$ 上の距離関数である（問題3）．したがって，$(\mathcal{A}, \rho_g)$ は距離空間である．

しかし，$\mathcal{A}$ が不定計量アファイン空間の場合には，ρ_g は距離関数にはならない[6]．

$\mathcal{A}$ を有限次元計量アファイン空間とし，その基準ベクトル空間を (V, g) とする．

ベクトル空間の点列の場合と同様に，$\mathbb{N}$ から $\mathcal{A}$ への写像を $\mathcal{A}$ の**点列**とよび，$\{P_n\}_{n=1}^{\infty}$ $(P_n \in \mathcal{A})$ のように表す．点列 $\{P_n\}_{n=1}^{\infty}$ が点 $P \in \mathcal{A}$ に収束するとは，$\lim_{n\to\infty}(P_n - P) = 0_V$（不定計量ベクトル空間の場合は標準位相での収束）となるときをいう．

V における任意の内積を h とし，それが定めるノルムを $\|\cdot\|_h$ と記す．部分集合 $D \subset \mathcal{A}$ が次の性質をもつとき，D を $\mathcal{A}$ の**開集合**とよぶ：D の各点 $P \in D$ に対して，正数 $\delta > 0$ があって，$\|Q - P\|_h < \delta$ ならば，$Q \in D$．このように定義された開集合の全体を $\mathcal{T}_\mathcal{A}$ とおくと，これは $\mathcal{A}$ の位相であることがわかる．しかも，$\mathcal{T}_\mathcal{A}$ は内積 h の取り方によらないことがわかる．こうして，計量アファイン空間 $\mathcal{A}$ は $\mathcal{T}_\mathcal{A}$ を位相とする位相空間であることがわかる．$\mathcal{A}$ の開集合の補集合となっている部分集合を $\mathcal{A}$ の**閉集合**という．

点 $O \in \mathcal{A}$ を任意にとり，部分集合 $D \subset \mathcal{A}$ に対して，V の部分集合 D_O を

$$D_O := \{P - O \mid P \in D\} \tag{5.14}$$

によって定義する．次の命題は理論上も応用上も便利である：

【命題 5.14】

(i) D が開集合であるための必要十分条件は D_O が V の開集合であることである．

(ii) D が閉集合であるための必要十分条件は D_O が V の閉集合であることである．

---

[6] 4章の演習問題1で見たように，g が不定計量の場合，$g(w, w) = 0, w \neq 0$ をみたすベクトル $w \in W$ がある．すると，任意の点 $P \in \mathcal{A}$ に対して，$Q := P + w$ とおくと，$P \neq Q$ であるが，$\rho_g(P, Q) = 0$ が成り立つ．

証明 証明を通して，$\|\cdot\|$ は V の任意の内積に関するノルムを表す．

(i)（必要性） D は開集合であるとする．任意のベクトル $u \in D_O$ に対して，$P - O = u$ をみたす点 $P \in D$ がただ 1 つある．D は開集合であるから，定数 $\delta > 0$ があって，$\|P' - P\| < \delta$ ならば，$P' \in D$．$\|v - u\| < \delta$ としよう．このとき，$v = Q - O$ をみたす点 $Q \in \mathcal{A}$ がただ 1 つ存在し，$v - u = Q - P$ となるから，$Q \in D$ である．したがって，$v \in D_O$．ゆえに D_O は V の開集合である．

（十分性） D_O は V の開集合であるとし，点 $P \in D$ を任意にとり，$u := P - O$ とおく．このとき，$u \in D_O$ であるから，定数 $\delta > 0$ があって，$\|v - u\| < \delta$ ならば，$v \in D_O$．したがって，$\|Q - P\| < \delta$ ならば，$\|(Q - O) - u\| < \delta$ であるから，$Q - O \in D_O$，すなわち，$Q \in D$．ゆえに D は開集合である．

(ii) (i) の対偶をとればよい． ■

5.6.2 アファイン的計量同型

【定義 5.15】 $\mathcal{A}, \mathcal{A}'$ を計量アファイン空間とし，その基準ベクトル空間をそれぞれ，$(V, g), (V', g')$ とする．アファイン同型 $F : \mathcal{A} \to \mathcal{A}'$ で任意の $P, Q, P', Q' \in \mathcal{A}$ に対して

$$g'(F(P) - F(Q), F(P') - F(Q')) = g(P - Q, P' - Q') \tag{5.15}$$

をみたすものを**アファイン的計量同型写像**とよぶ．

次の事実は容易にわかる：(i) $F : \mathcal{A} \to \mathcal{A}'$ がアファイン的計量同型写像ならば，その逆写像 $F^{-1} : \mathcal{A}' \to \mathcal{A}$ もアファイン的計量同型写像である．(ii) $G : \mathcal{A}' \to \mathcal{A}''$（$\mathcal{A}''$ も計量アファイン空間）がアファイン的計量同型写像ならば，$G \circ F : \mathcal{A} \to \mathcal{A}''$ もアファイン的計量同型写像である．したがって，次の定義が可能である：

【定義 5.16】 計量アファイン空間 $\mathcal{A}$ から計量アファイン空間 $\mathcal{A}'$ へのアファイン的計量同型写像が存在するとき，$\mathcal{A}$ と $\mathcal{A}'$ は**計量同型**であるという．

計量アファイン空間の計量同型については，次の定理が基本的である：

【定理 5.17】 $\mathcal{A}, \mathcal{A}'$ を計量アファイン空間とし，その基準ベクトル空間をそれぞれ，$(V, g), (V', g')$ とする．もし，(V, g) と (V', g') が計量同型ならば，$\mathcal{A}$ と $\mathcal{A}'$ は計量同型である．

証明 $T:(V,g) \to (V',g')$ を計量同型写像とする．点 $O \in \mathcal{A}, O' \in \mathcal{A}'$ を固定し，写像 $F: \mathcal{A} \to \mathcal{A}'$ を $F(P) := O' + T(P-O), P \in \mathcal{A}$ によって定義すれば，これはアファイン同型写像である（定理 2.35）．さらに，(5.15) がみたされることも容易に確かめられる． ∎

5.6.3 計量アファイン空間の基本的なクラス

物理学や幾何学に現れる基本的な計量アファイン空間の範疇の例を2つとりあげておこう．

ユークリッド空間

n 次元ユークリッドベクトル空間を基準ベクトル空間とする計量アファイン空間を **n 次元ユークリッド空間** という．

n 次元複素ユークリッドベクトル空間を基準ベクトル空間とする計量アファイン空間を **n 次元複素ユークリッド空間** という．

【定理 5.18】

(i) 任意の2つの n 次元ユークリッド空間は計量同型である．

(ii) 任意の2つの n 次元複素ユークリッド空間は計量同型である．

証明 系 4.43 と定理 5.17 による． ∎

!注意 5.5 この定理にいう計量同型は規準的であるとは限らない．

■**例 5.12** n 次元数空間 $\mathcal{K}^n$（例 2.12）は，その基準ベクトル空間 $\mathbb{K}^n$ を，標準内積を内積とする内積空間と見るとき，計量アファイン空間である．それは，$\mathbb{K} = \mathbb{R}$ ($\mathbb{K} = \mathbb{C}$) のとき，n 次元ユークリッド空間（複素ユークリッド空間）の具象的実現の1つをあたえる[7]．上の同型定理（定理 5.18(i)）によって，任意の n 次元ユークリッド空間は n 次元ユークリッド空間としての $\mathcal{R}^n$ と計量同型である．この事実に基づいて，通常，n 次元ユークリッド空間と言えば，$\mathcal{R}^n$ のことを指す場合が多い．

同様に，任意の n 次元複素ユークリッド空間は計量アファイン空間としての $\mathcal{C}^n$ と計量同型である．

$\mathbb{E}^n$ を n 次元ユークリッド空間とし，その基準ベクトル空間を (V,g) とする．

---
[7] 括弧には括弧を対応させて読む．

$\mathbb{E}^n$ の中に 1 点 O を定め, $V_{\mathrm{O}} \cong V$ の正規直交系基底 $E = \{e_1, \cdots, e_n\}$ をとるとき, $(\mathrm{O}; E)$ を $\mathbb{E}^n$ の**正規直交座標系** (orthonormal coordinate system) という.

$(\mathrm{O}; E)$ を正規直交座標系とするとき, 任意の点 $\mathrm{P} \in \mathbb{E}^n$ に対して, $\mathrm{P} - \mathrm{O} = \sum_{i=1}^{n} x^i e_i$ $(x^i \in \mathbb{R})$ と展開できる. この場合の座標 $(x^1, \cdots, x^n)$ を点 P の**正規直交座標**という. 正規直交座標系 $(\mathrm{O}; E)$ では, O と P の距離は $\rho_g(\mathrm{O}, \mathrm{P}) = \|\mathrm{P} - \mathrm{O}\| = \sqrt{\sum_{i=1}^{n}(x^i)^2}$ と表される. 任意の点 $\mathrm{A}, \mathrm{B} \in \mathbb{E}^n$ に対して, それぞれの正規直交座標を $(a^1, \cdots, a^n), (b^1, \cdots, b^n)$ とすれば

$$\rho_g(\mathrm{A}, \mathrm{B}) = \sqrt{\sum_{i=1}^{n}(a^i - b^i)^2}$$

が成り立つ $(\mathrm{B} - \mathrm{A} = (\mathrm{B} - \mathrm{O}) - (\mathrm{A} - \mathrm{O})$ を用いよ$)$.

■ 例 5.13 ■ $\mathbb{E}^n$ の部分集合

$$S_r(\mathrm{P}) := \{\mathrm{Q} \in \mathbb{E}^n \mid \rho_g(\mathrm{P}, \mathrm{Q}) = r\}$$

を点 P を中心とする, 半径 r の**球面** (sphere) という. これは閉集合である.

ミンコフスキー空間

$(n+1)$ 次元ミンコフスキーベクトル空間を基準ベクトル空間とする計量アファイン空間を **$(n+1)$ 次元ミンコフスキー空間**という.

$(n+1)$ 次元複素ミンコフスキーベクトル空間を基準ベクトル空間とする計量アファイン空間を **n 次元複素ミンコフスキー空間**という.

【定理 5.19】

(i) 任意の 2 つの $(n+1)$ 次元ミンコフスキー空間は計量同型である.

(ii) 任意の 2 つの $(n+1)$ 次元複素ミンコフスキー空間は計量同型である.

証明   系 4.44 および定理 5.17 による.   ∎

!注意 5.6   ユークリッド空間の場合と同様, この定理にいう計量同型は規準的であるとは限らない.

■ 例 5.14 ■ $\mathcal{R}^{n+1}$ は, $(\mathbb{R}^{n+1}, g_{\mathrm{M}})$ (例 4.2) を基準ベクトル空間とする計量アファイン空間と見ることができる. これを $\mathcal{M}^{n+1}$ で表す. $\mathcal{M}^{n+1}$ は $(n+1)$ 次元ミンコ

フスキー空間の具象的実現の1つを与える．定理 5.19(i) に基づいて，通常，$(n+1)$ 次元ミンコフスキー空間と言えば，$\mathcal{M}^{n+1}$ を指す場合が多い．だが，この具象的実現で作業を行う場合には，座標表示によらない絶対的・普遍的性質が見えにくいという難点がある．

同様に，$(\mathbb{C}^{n+1}, g_{\mathrm{M}}^{\mathbb{C}})$（例 4.4）を基準ベクトル空間とする計量アファイン空間としての $\mathbb{C}^{n+1}$ は $(n+1)$ 次元複素ミンコフスキー空間の具象的実現の1つを与える．

■ **例 5.15** ■ $\mathbb{M}$ を $(n+1)$ 次元ミンコフスキー空間とし，(V, g) をその基準ベクトル空間——$(n+1)$ 次元ミンコフスキーベクトル空間——とする．正の実数 a と点 $P_0 \in \mathbb{M}$ に対して $(n+1)$ 次元ミンコフスキー空間 $\mathbb{M}$ の部分集合

$$\mathbb{H}_{\mathrm{dS}}(P_0) := \{P \in \mathbb{M} \mid g(P - P_0, P - P_0) = -a^2\} \tag{5.16}$$

が定まる．これを点 P_0 を中心とする，半径 a の n 次元ド・ジッター空間という．この集合は閉集合である（問題 5）．

$\mathbb{M} = V$（アファイン空間としての V）の場合を考えると，原点を中心とする，半径 $a > 0$ の n 次元ド・ジッター空間は

$$\mathbb{H}_{\mathrm{dS}} := \{x \in V \mid g(x, x) = -a^2\} \tag{5.17}$$

と表される．

4次元ド・ジッター空間は，物理学のコンテクストでは，たとえば，一般相対性理論における時空の1つのモデルとして登場する．

演習問題

1. 内積空間 V において，各 $u \in V$ に対して，集合 $\{v \in V \mid \|u - v\|_V > r\}$ は開集合であることを示せ．

2. 内積空間 V において，$u_0 \in V$ を中心とする，半径 $r > 0$ の球面 $S_r(u_0)$（例 5.9）は閉集合であることを示せ．

3. $\mathcal{A}$ が正値計量アファイン空間であるとき，(5.13) によって定義される写像 $\rho_g : \mathcal{A} \times \mathcal{A} \to \mathbb{R}$ は距離関数であることを示せ．

4. $\mathcal{A}$ を有限次元計量アファイン空間とし，その基準ベクトル空間を (V, g) とする．F を $\mathcal{A}$ の部分集合とする．F の点列 $\{\mathrm{P}_n\}_{n=1}^{\infty}$ が点 $\mathrm{P} \in \mathcal{A}$ に収束するならば，つねに $\mathrm{P} \in F$ が成り立つとする．このとき，F は閉集合であることを示せ．

5. n 次元ド・ジッター空間 $\mathbb{H}_{\mathrm{dS}}(P_0)$ (例 5.15) は, $(n+1)$ 次元ミンコフスキー空間の閉集合であることを示せ.

6. (**外積の連続性**) V を計量ベクトル空間とする (不定計量の場合は有限次元とする). V の点列 $\{u_n\}_n, \{v_n\}_n$ が $\lim_{n\to\infty} u_n = u \in V, \lim_{n\to\infty} v_n = v \in V$ をみたしているとする. このとき, $\lim_{n\to\infty} u_n \wedge v_n = u \wedge v$ を示せ.

6

ベクトル空間における曲線論

　この章から，ベクトル空間上の解析学を展開する．まず，一般のベクトル空間の部分集合（典型的には開集合）からベクトル空間への写像，すなわち，ベクトル空間上のベクトル値関数に関する連続性の概念を定義する．実数体 $\mathbb{R}$ の区間を定義域とし，ベクトル空間 V に値をとる連続写像は V における曲線とよばれる．この章では，ベクトル空間における曲線論の基礎的事項を論じる．これは，物理学においては，たとえば，古典力学における質点の運動論へ応用をもつ．

6.1　ベクトル空間上のベクトル値関数

　微分積分学において，多変数関数論，すなわち，$\mathbb{R}^n$ の部分集合から $\mathbb{R}$ への写像に関する解析学は重要な主題の1つである．この意味での多変数関数は，より普遍的な観点から見ると，ベクトル空間の部分集合からベクトル空間への写像という一般概念の特殊形態の1つにすぎないことがわかる．そこで，ベクトル空間に関わる普遍的構造や普遍的性質を徹底的に究めようとする現代的ベクトル解析においては，ベクトル空間の部分集合からベクトル空間への写像の一般的探究が重要な仕事の1つになる．この仕事の手始めとして，まず，そのような写像に関する極限と連続性の概念を定義する．

6.1.1　極限と連続性

　V, W を $\mathbb{K}$ 上の計量ベクトル空間とし，$D \subset V$ を V の部分集合とする．ただし，V, W の計量が不定計量の場合には，V, W は有限次元であるとする[1]．V のノルムを $\|\cdot\|_V$ と記す（W についても同様）[2]．

---

[1] 不定計量ベクトル空間の場合，それが有限次元であるならば，その位相として標準位相を採用することができる（5章，5.5節を参照）．

[2] どの計量ベクトル空間のノルムであるかが文脈から明らかな場合には，添え字 V を省略すること

【定義 6.1】 $F: D \to W$ とし，$u \in \bar{D}, w \in W$ とする[3]．このような写像 F を，D を定義域とし，W に値をとる**ベクトル値関数**あるいは D 上の **W 値関数**という（1 章，例 1.7 の術語を使えば，F は D 上の W 値ベクトル場）．

w の任意の近傍 U に対して，u の近傍 $N \subset V$ が存在して，$x \in N \cap D$ ならば（$u \in \bar{D}$ より，$N \cap D \neq \emptyset$）$F(x) \in U$ が成り立つとき，F は点 u において**極限値** w をもつといい，$\lim_{x \to u} F(x) = w$ と書く[4]．この場合，「$\lim_{x \to u} F(x)$ は存在する」ともいう．

この定義では $u \in V$ は D の点であるとは限らないことに注意．

【定義 6.2】 $D \subset V$，$F: D \to W$，$u \in D$ とする．$\lim_{x \to u} F(x)$ が存在して $F(u)$ に等しいとき，写像 F は**点 u において連続** (continuous) であるという．D の各点において F が連続であるとき，F は **D で連続**であるという．D 上の連続な W 値ベクトル場の全体を $C(D; W)$ という記号で表す．

■ **例 6.1** ■ D を m 次元ユークリッドベクトル空間 $\mathbb{R}^m$ の部分集合，$i = 1, \cdots, m$ に対して，$f_i: D \to \mathbb{K}$ を D 上の連続関数とすれば，$f := (f_1, \cdots, f_m): D \to \mathbb{R}^m$; $f(\mathbf{x}) = (f_1(\mathbf{x}), \cdots, f_m(\mathbf{x})) = \sum_{i=1}^m f_i(\mathbf{x}) \mathbf{e}_i$，$\mathbf{x} \in D$（$\mathbf{e}_1, \cdots, \mathbf{e}_m$ は $\mathbb{R}^m$ の標準基底）は D で連続である．

写像 $F, G: D \to W$ に対して，和 $F + G: D \to W$ とスカラー倍 $aF: D \to W$（$a \in \mathbb{K}$）が定義される（1 章，例 1.7 を参照）．これらの和とスカラー倍で $C(D; W)$ は $\mathbb{K}$ 上のベクトル空間になる．

写像 $\langle F, G \rangle_W : D \to \mathbb{K}$ を

$$\langle F, G \rangle_W (x) := \langle F(x), G(x) \rangle_W, \quad x \in D,$$

によって定義する．これをベクトル値関数 F, G の**対 (F, G) に対する計量関数**という．

もある．

[3] $\bar{D}$ は D の閉包を表す；5 章，5.3.2 項を参照．

[4] V, W がともに内積空間であれば，これは，次と同値である：任意の $\varepsilon > 0$ に対して，正数 $\delta > 0$ が存在して，$\|x - u\|_V < \delta$，$x \in D$ ならば $\|F(x) - w\|_W < \varepsilon$．他方，$V, W$ がともに有限次元の不定計量ベクトル空間の場合には，その位相は標準位相であるので，「$\lim_{x \to u} F(x) = w$」は次と同値である：任意の $\varepsilon > 0$ に対して，正数 $\delta > 0$ と V の内積 g および W の内積 h があって，$\sqrt{g(x-u, x-u)} < \delta$，$x \in D$ ならば $\sqrt{h(F(x) - w, F(x) - w)} < \varepsilon$．他の場合（$V$ が不定計量ベクトル空間で W が内積空間である場合と V が内積空間で W が不定計量ベクトル空間の場合）についても同様．

$f: D \to \mathbb{K}$（D 上のスカラー値関数）のとき，写像 $fF: D \to W$ を

$$(fF)(x) := f(x)F(x), \quad x \in D \tag{6.1}$$

によって定義する．この型の写像を**スカラー値関数とベクトル値関数の積**とよぶ．f が定数関数 $f(x) = a \in \mathbb{K}, x \in D$ ならば $fF = aF$（スカラー倍）である．

【**定理 6.3**】 $u \in \bar{D}$, $F, G : D \to W$, $f : D \to \mathbb{K}$ とし，$\lim_{x \to u} F(x)$, $\lim_{x \to u} G(x)$, $\lim_{x \to u} f(x)$ は存在するとする．このとき，次の (i)〜(iii) が成り立つ．

(i) $\lim_{x \to u}[F(x) + G(x)] = \lim_{x \to u} F(x) + \lim_{x \to u} G(x)$.

(ii) $\lim_{x \to u} f(x)F(x) = [\lim_{x \to u} f(x)][\lim_{x \to u} F(x)]$.

(iii) $\lim_{x \to u} \langle F, G \rangle_W (x) = \langle \lim_{x \to u} F(x), \lim_{x \to u} G(x) \rangle_W$.

証明 $\lim_{x \to u} F(x) = w_F$, $\lim_{x \to u} G = w_G$, $\lim_{x \to u} f(x) = a \in \mathbb{K}$ とする．

(i) W における任意の内積に関するノルムを $\|\cdot\|$ とすれば，3角不等式により，任意の $x \in D$ に対して

$$\|(F+G)(x) - w_F - w_G\| \leq \|F(x) - w_F\| + \|G(x) - w_G\|.$$

これから，主張が出る．

(ii) 任意の $x \in D$ に対して

$$\|(fF)(x) - aw_F\| = \|f(x)F(x) - aw_F\| = \|(f(x) - a)F(x) + a(F(x) - w_F)\|.$$

したがって，3角不等式により，

$$\|(fF)(x) - aw_F\| \leq |f(x) - a|\|F(x)\| + |a|\|F(x) - w_F\|.$$

この不等式とノルムの連続性および与えられた条件により，題意がしたがう．

(iii) W が内積空間の場合には，命題 5.2(ii) の証明と同様である．また，W が有限次元の不定計量空間の場合には，定理 5.13 の証明と同様である． ∎

この定理から次の事実が帰結される．

【系 6.4】 $F, G : D \to W$, $f : D \to \mathbb{K}$ が D で連続ならば, $F+G$, fF, $\langle F, G \rangle_W$ も D で連続である.

この系における $\langle F, G \rangle_W$ の連続性を**計量関数の連続性**とよぶ.

合成写像に関する連続については, 次の定理が成り立つ:

【定理 6.5】 $F : D \to W$ は連続であるとする. D' を W の部分集合で $F(D) \subset D'$ をみたすものとする. Z を $\mathbb{K}$ 上のベクトル空間とし, $H : D' \to Z$ を連続写像とする. このとき, 合成写像 $H \circ F : D \to Z [(H \circ F)(x) := H(F(x)), x \in D]$ は連続である.

証明 まず, V, W, Z が内積空間の場合を考える. $u \in D$ を任意にとる. F の連続性により, 任意の $\eta > 0$ に対して, 定数 $K_\eta > 0$ があって, $\|x - u\|_V < K_\delta$ ならば $\|F(x) - F(u)\|_W < \eta$ が成り立つ. また, H の連続性により, 任意の $\varepsilon > 0$ に対して, 定数 $K'_\varepsilon > 0$ があって, $\|F(x) - F(u)\|_V < K'_\varepsilon$ ならば $\|H(F(x)) - H(F(u))\|_Z < \varepsilon$ が成り立つ. そこで, 任意の $\varepsilon > 0$ に対して, η を $\eta < K'_\varepsilon$ となるようにとり, これに応じて定まる K_δ を δ_ε とすれば, $\|x-u\|_V < \delta_\varepsilon$ ならば $\|H(F(x)) - H(F(u))\|_Z < \varepsilon$ が成り立つ. これは $H \circ F$ の連続性を意味する.

V, W, Z の 1 つ以上が有限次元不定計量空間の場合には, 前段の証明において, 不定計量空間のノルムの部分を任意の内積の 1 つから決まるノルムで置き換えればよい. ∎

6.1.2 成分表示

$\dim W = n < \infty$ とし, $(w_1, \cdots, w_n)$ を W の基底としよう. このとき, 写像 $F : D \to W$ に対して, $F(x) \in W, x \in D$ であるから

$$F(x) = \sum_{i=1}^{n} F^i(x) w_i \tag{6.2}$$

と展開できる. ここで, $(F^1(x), \cdots, F^n(x))$ は $F(x)$ の基底 $w_1, \cdots, w_n$ に関する成分表示である. したがって, 各 F^i は D から $\mathbb{K}$ への写像 (スカラー値関数) を与える. この F^i を**基底 $(w_1, \cdots, w_n)$ に関する F の成分関数**とよぶ. もちろん, 成分関数は基底の取り方に依存している. 各 $i = 1, \cdots, n$ に対して, F^i が D で連続であるとき, 成分関数は D で連続であるという.

【定理 6.6】 $F: D \to W$ とする.

(i) ベクトル $u \in D$ について,$\lim_{x \to u} F(x)$ が存在するための必要十分条件は,各 $i = 1, \cdots, n$ に対して,$\lim_{x \to u} F^i(x)$ が存在することである.この場合

$$\lim_{x \to u} F(x) = \sum_{i=1}^{n} [\lim_{x \to u} F^i(x)] w_i \qquad (6.3)$$

が成り立つ.

(ii) $F: D \to W$ が連続であれば,W の任意の基底に関する成分関数も D で連続である.

(iii) W のある 1 つの基底に関する成分関数が D で連続であれば F は D で連続である.

証明 いずれも 5 章,命題 5.3 の証明と同様. ■

【定理 6.7】 V が有限次元ならば(W は有限次元である必要はない),任意の線形作用素 $T: V \to W$ は V 上で連続である.

証明 $\{e_1, \cdots, e_n\}$ を V の正規直交基底とし,各 $x \in V$ を $x = \sum_{i=1}^{n} \epsilon(e_i) \langle e_i, x \rangle e_i$ と展開する.このとき,$T(x) = \sum_{i=1}^{n} \epsilon(e_i) \langle e_i, x \rangle T(e_i)$.スカラー値関数:$x \mapsto \langle e_i, x \rangle$,$x \in V$ は連続である.ゆえに,T は連続である. ■

6.1.3 開集合に関する写像特性

次の定理は,ベクトル空間上の解析にとって基礎となる定理の 1 つである.

【定理 6.8】 $\phi: V \to W$ が全単射で $\phi^{-1}: W \to V$ が連続ならば,ϕ は V の任意の開集合を W の開集合にうつす(すなわち,U が V の開集合ならば $\phi(U)$ は W の開集合).

証明 $w \in \phi(U)$ とすれば,$w = \phi(x)$ となる $x \in U$ がただ 1 つ存在する.U は開集合であるから,定数 $\delta > 0$ があって,$\|x - y\|_V < \delta$ ならば,$y \in U$.ϕ^{-1} の連続性により,任意の $\varepsilon > 0$ に対して,定数 $K_\varepsilon > 0$ があって,$\|w - z\|_W < K_\varepsilon, z \in W$,ならば $\|x - \phi^{-1}(z)\|_V < \varepsilon$ が成り立つ.そこで,$\varepsilon < \delta$ であるように ε をとれば,$\|w - z\|_W < K_\varepsilon$ をみたす任意の $z \in W$ に対して $\phi^{-1}(z) \in U$,すなわち,$z \in \phi(U)$.ゆえに $\phi(U)$ は開集合である. ■

6.2 曲線

前節で導入したベクトル値関数のクラスのうちで, ベクトル空間上の解析学にとって最も基本的なのは, 実数体 (1 次元実内積空間) $\mathbb{R}$ の区間からベクトル空間への写像のクラスである (前節の記号で言えば, $V = \mathbb{R}$, $D = $ 区間 $(\subset \mathbb{R})$ の場合). 以下, この写像のクラスの基本的性質を論じる.

「$\mathbb{R}$ の区間」という言葉によって, 閉区間 $[a, b]$ $(-\infty < a < b < \infty)$, 開区間 (a, b), 半開区間 $(a, b]$, $[a, b)$, $[a, \infty)$, (a, ∞), $(-\infty, a]$, $(-\infty, a)$ または $\mathbb{R}$ 全体のいずれかを表すことにする. V を $\mathbb{K}$ 上の計量ベクトル空間とする. $\mathbb{R}$ の区間 J から V への連続写像 $X : J \to V$ を V 上の**曲線** (curve) とよぶ. 特に $J = [a, b]$ の場合, X を点 $X(a) \in V$ と点 $X(b) \in V$ を結ぶ曲線とよび, $X(a)$ を X の**始点**, $X(b)$ を X の**終点**という.

曲線 $X : [a, b] \to V$ が $X(a) = X(b)$ をみたすとき (つまり, 始点と終点が一致するとき), X は**閉曲線** (closed curve) であるという.

!注意 6.1 上の定義にしたがえば, ベクトル空間 V の中の曲線とは $\mathbb{R}$ の区間 J から V の中への連続な写像 X のことであって, 写像の像 $X(J) = \{X(t) \mid t \in J\}$ のことではない. だが, 慣習上, $X(J)$ も曲線とよぶ場合がある. また,「曲線 X 上の点 $X(t)$」というような言い方もする. 言うまでもなく, 上に定義した曲線の概念は, 私たちになじみの深い, 2 次元ユークリッドベクトル空間 $\mathbb{R}^2$ や 3 次元ユークリッドベクトル空間 $\mathbb{R}^3$ における曲線の概念を一般化したものであり, その普遍的本質をとらえたものである.

■ **例 6.2** ■ $\mathbb{R}^2$ の標準基底を $\mathbf{e}_1, \mathbf{e}_2$ とする. $R > 0$ を任意の定数とする. 写像 $C : [0, 2\pi] \to \mathbb{R}^2$ を $C(t) := R(\cos t)\mathbf{e}_1 + R(\sin t)\mathbf{e}_2 = (R\cos t, R\sin t)$, $t \in [0, 2\pi]$ によって, 定義すれば, これは $\mathbb{R}^2$ の曲線である. C の像 $C([0, 2\pi])$ は, 原点を中心とする, 半径 R の円周である.

■ **例 6.3** ■ $a, b > 0$ を正の定数とし, 写像 $X : [0, 2\pi] \to \mathbb{R}^2$ を $X(t) := a(\cos t)\mathbf{e}_1 + b(\sin t)\mathbf{e}_2$, $t \in [0, 2\pi]$ によって, 定義すれば, これは $\mathbb{R}^2$ の曲線である. X の像 $X([0, 2\pi])$ は, 原点を中心とする, 楕円である $((x, y) \in X([0, 2\pi]) \iff (x^2/a^2) + (y^2/b^2) = 1)$.

■ **例 6.4** ■ $f : [a, b] \to \mathbb{R}$ を連続関数とし, 写像 $X_f : [a, b] \to \mathbb{R}^2$ を $X_f(t) := t\mathbf{e}_1 + f(t)\mathbf{e}_2 = (t, f(t))$, $t \in [a, b]$ によって定義する. このとき, X_f は $\mathbb{R}^2$ の曲線である. この曲線の像 $X_f([a, b])$ は関数 f のグラフ $y = f(t)$ である.

■ **例 6.5** ■ $\mathbb{R}^n$ の標準基底を $\mathbf{e}_1, \cdots, \mathbf{e}_n$ とする．各 $i = 1, \cdots, n$ に対して，連続関数 $f_i : [a, b] \to \mathbb{R}$ が与えられているとする．このとき，写像 $X : [a, b] \to \mathbb{R}^n$ を $X(t) := \sum_{i=1}^n f_i(t) \mathbf{e}_i = (f_1(t), \cdots, f_n(t))$, $t \in [a, b]$ によって定義できる．これは $\mathbb{R}^n$ の曲線である．

6.3 曲線の微分

J を $\mathbb{R}$ の区間とし，X を J 上の V 値関数とする：$X : J \to V$ （連続性は仮定しない）．1 点 $t \in J$ を任意に定め，$K_t := \{h \mid t + h \in J, h \neq 0\}$ とし，写像 $G : K_t \to V$ を

$$G(h) := \frac{X(t+h) - X(t)}{h}, \quad h \in K_t$$

によって定義する．もし，$\lim_{h \to 0} G(h) \in V$ が存在するならば，X は**点 t において微分可能** (differentiable) であるといい，$\lim_{h \to 0} G(h) = X'(t) \in V$ と記し，これを**点 t における X の微分係数** (differential coefficient) という．すなわち

$$X'(t) := \lim_{h \to 0} \frac{X(t+h) - X(t)}{h}. \tag{6.4}$$

写像 X が J のすべての点 t に対して微分係数 $X'(t)$ をもち——このとき，**X は J 上で微分可能**であるという——，かつ $X' : J \to V; t \mapsto X'(t)$ が連続であるとき，X は**滑らか**または**連続微分可能**であるという．

写像 $X' : J \to V$ を V 値関数 X の**導関数** (derivative) とよび

$$X' = \frac{dX}{dt} = \dot{X} \tag{6.5}$$

とも記す[5]．

J が有限個の区間に分割され，その各部分の区間で X が滑らかであるとき，X は**区分的に滑らか**であるという．

記号を 1 つ導入しておく．$\mathbb{R}$ の点 a の近傍で定義された，V 値関数 f とスカラー値関数 $g : t \mapsto g(t) \in \mathbb{C}$ $(g(t) \neq 0, t \neq a)$ について，$\lim_{t \to a} f(t)/g(t) = 0$ が成り立つとき，$f(t) = o(g(t))$ $(t \to a)$ と記す[6]．言い換えれば，$o(g(t))$ $(t \to a)$ と書かれた V 値関数 $o(g(t))$ は $\lim_{t \to a} o(g(t))/g(t) = 0$ をみたす V 値関数のことである．

---

[5] $\dot{X}$ はニュートン流の記法であり，物理学ではよく用いられる．
[6] 実数値関数についてのランダウの記号の V 値関数への一般化．

次の定理は滑らかな V 値関数 X に関する基本的な構造定理の1つであるが，それは，特に，X が曲線であることを語る：

【定理 6.9】 $X : J \to V$ が滑らかならば，任意の $t, t+h \in J, h \in \mathbb{R}$ に対して

$$X(t+h) - X(t) = hX'(t) + o(h) \quad (h \to 0) \tag{6.6}$$

が成り立つ．したがって，特に，X は J 上で連続，すなわち，V 上の曲線である．

証明 $A(h) := h^{-1}[X(t+h) - X(t)] - X'(t)$ とおけば，$X(t+h) - X(t) = hX'(t) + hA(h)$．$X$ の微分可能性より，$\lim_{h \to 0} A(h) = 0$ であるから，$hA(h) = o(h)$ $(h \to 0)$ である． ∎

計量ベクトル空間 V は，集合としては，アファイン空間と見ることができる（例 2.13）．この観点からは，滑らかな V 値関数 X の導関数 $X'(t)$ は点 $X(t)$ を始点とする束縛ベクトル，すなわち，$V_{X(t)}$ の元である．これを曲線 X の点 $X(t)$ における**接ベクトル** (tangent vector) とよぶ（図 6.1）．

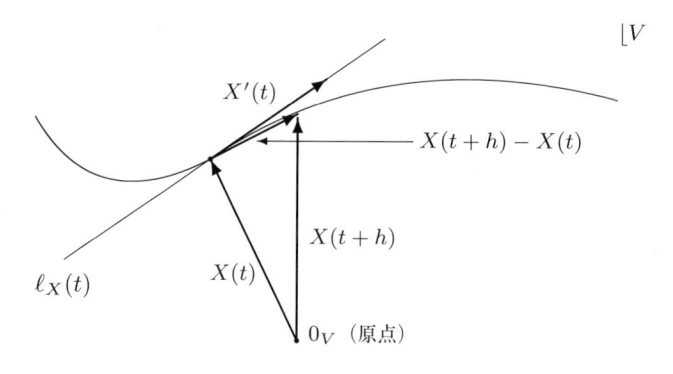

図 6.1 計量ベクトル空間 V における曲線の導関数の幾何学的イメージ

滑らかな曲線 $X : J \to V$ について，$X'(t) = 0$ をみたす点 $X(t)$ を曲線 X の**特異点** (singular point) という．また，$X'(t) \neq 0$ をみたす点 $X(t)$ は曲線 X の**通常点** (ordinary point) とよばれる．

点 $X(t_0)$ $(t_0 \in J)$ が X の通常点であるとき，アファイン空間としての V の部分集合

$$\ell_X(t_0) := \{X(t_0) + sX'(t_0) \mid s \in \mathbb{R}\} \tag{6.7}$$

を曲線 X の点 $X(t_0)$ における**接線** (tangent line) という．

■**例 6.6**■ 例 6.2 の曲線 C は連続微分可能であり，$\dot{C}(t) = -R(\sin t)\mathbf{e}_1 + R(\cos t)\mathbf{e}_2$．他の例についても考察せよ．

【定理 6.10】 $X, Y : J \to V$ を滑らかな曲線とし，$f : J \to \mathbb{K}$ を連続微分可能な関数とする．このとき，$X+Y$, fX, $\langle X, Y \rangle_V$ のいずれも J 上で微分可能であり，次が成り立つ：

(i) $(X+Y)'(t) = X'(t) + Y'(t)$.

(ii) $(fX)'(t) = f'(t)X(t) + f(t)X'(t)$.

(iii) $\langle X, Y \rangle_V'(t) = \langle X'(t), Y(t) \rangle_V + \langle X(t), Y'(t) \rangle_V$.

証明 (i), (ii) の証明は，スカラー値関数の対応する微分法則の証明と同様である．(iii) を証明しよう．$h \in \mathbb{R} \setminus \{0\}$ を $t+h \in J$ であるようにとる．このとき

$$\frac{\langle X, Y \rangle_V (t+h) - \langle X, Y \rangle_V (t)}{h}$$
$$= \left\langle \frac{X(t+h) - X(t)}{h}, Y(t+h) \right\rangle_V + \left\langle X(t), \frac{Y(t+h) - Y(t)}{h} \right\rangle_V$$
$$\xrightarrow{h \to 0} \langle X'(t), Y(t) \rangle_V + \langle X(t), Y'(t) \rangle_V$$

ここで，計量関数の連続性（系 6.4）を用いた． ∎

【補題 6.11】 $X : [a, b] \to V$ を滑らかな曲線とする．このとき，任意の $w \in V$ と $t \in [0, b-a]$ に対して

$$\langle X(a+t) - X(a), w \rangle = \int_0^1 t \langle X'(a+\alpha t), w \rangle \, d\alpha. \tag{6.8}$$

証明 $\alpha \in [0, 1]$ をパラメータとして，$X(a+\alpha t)$ ($t \in [0, b-a]$) を α の関数とみると，これは α について微分可能であり

$$\frac{d}{d\alpha} X(a+\alpha t) = tX'(a+\alpha t) \tag{6.9}$$

であることがわかる．したがって，任意の $w \in V$ との計量をとれば，計量関数の連続性により，$\langle X(a+\alpha t), w \rangle$ は α について微分可能であり，$\frac{d}{d\alpha} \langle X(a+\alpha t), w \rangle = t \langle X'(a+\alpha t), w \rangle$ が成り立つ．両辺を α について，0 から 1 まで積分すれば，(6.8) を得る． ∎

【定理 6.12】 滑らかな曲線 $X: J \to V$ について, $X'(t) = 0_V$, $t \in J$ が成り立つならば, X は J 上で定値である. すなわち, あるベクトル $w_0 \in V$ があって, すべての $t \in J$ に対して, $X(t) = w_0$.

証明 $a \in J$ を任意にとる. 仮定と (6.8) によって, $\langle X(a+t) - X(a), w \rangle = 0, a+t \in J$. これがすべての $w \in V$ に対して成り立つから, 計量の非退化性により, $X(a+t) - X(a) = 0$, すなわち, $X(a+t) = X(a)$. $a+t$ は, t を動かすとき, J の全体を動くから, 題意が成立する. ∎

【定理 6.13】 曲線 $X: J \to V$ は滑らかであるとする.

(i) V が内積空間の場合を考え, 各 $t \in J$ に対して $X(t) \neq 0_V$ とする. このとき, スカラー値関数 $\|X\|_V : J \to [0, \infty); t \mapsto \|X(t)\|_V$ は J 上で微分可能であり

$$\frac{d}{dt}\|X(t)\|_V = \frac{\operatorname{Re}\langle X(t), X'(t)\rangle_V}{\|X(t)\|_V} \tag{6.10}$$

が成り立つ. ただし, 複素数 $z \in \mathbb{C}$ に対して, $\operatorname{Re} z$ は z の実部を表す ($\mathbb{K} = \mathbb{R}$ の場合は, (6.10) の右辺において, Re は要らない).

(ii) V が有限次元不定計量空間の場合を考え, $\epsilon(X(t)) = 1, \forall t \in J$ または $\epsilon(X(t)) = -1, \forall t \in J$ とする. このとき, スカラー値関数 $\|X\|_V : J \to [0, \infty); t \mapsto \|X(t)\|_V$ は J 上で微分可能であり

$$\frac{d}{dt}\|X(t)\|_V = \epsilon(X(t))\frac{\operatorname{Re}\langle X(t), X'(t)\rangle_V}{\|X(t)\|_V} \tag{6.11}$$

が成り立つ.

証明 $\|X(t)\|^2 = \langle X(t), X(t)\rangle$ であるから, 定理 6.10(iii) によって, $\|X(t)\|^2$ は微分可能であり

$$\frac{d}{dt}\|X(t)\|^2 = \langle X'(t), X(t)\rangle + \langle X(t), X'(t)\rangle = 2\operatorname{Re}\langle X'(t), X(t)\rangle.$$

一方, $\|X(t)\| = \sqrt{\|X(t)\|^2}$ であるから, 合成関数の微分法により, $\|X(t)\|$ は微分可能であり

$$\frac{d}{dt}\|X(t)\| = \frac{1}{2}\frac{1}{\sqrt{\|X(t)\|^2}}\frac{d}{dt}\|X(t)\|^2.$$

ゆえに, (6.10) が得られる.

(ii) この場合には，$\|X(t)\|^2 = |\langle X(t), X(t)\rangle|$ であり，$\langle X(t), X(t)\rangle > 0$ の場合は (i) と同様である．$\langle X(t), X(t)\rangle < 0$ の場合は，$\|X(t)\|^2 = -\langle X(t), X(t)\rangle$ になるから，前者の場合にマイナスの符号をつけたものが得られる． ∎

この定理から，次の重要な事実が導かれる：

【系 6.14】 V を実計量ベクトル空間とし（計量が不定計量の場合は，V は有限次元であるとする），$X: J \to V$ を滑らかな曲線とする．V が有限次元不定計量空間の場合には，$\epsilon(X(t)) = 1, \forall t \in J$ または $\epsilon(X(t)) = -1, \forall t \in J$ のどちらかがみたされるとする．定数 $c > 0$ があって，すべての $t \in J$ に対して

$$\|X(t)\|_V = c \tag{6.12}$$

が成り立つとする．このとき，各 $t \in J$ に対して，$X(t)$ と $X'(t)$ は直交する：$\langle X(t), X'(t)\rangle_V = 0$.

証明 仮定により，$d\|X(t)\|_V/dt = 0$．これと V の実性および前定理により，$\langle X(t), X'(t)\rangle_V = 0$ がしたがう． ∎

！注意 6.2 V が内積空間の場合，条件 (6.12) は，曲線 X の像が原点を中心とする，半径 c の球面 $S_c := \{u \in V \mid \|u\|_V = c\}$ 上にあることを意味する．系 6.14 は，そのような，滑らかな曲線上の任意の点の位置ベクトルとその点における接ベクトルが直交することを語る．

■ 例 6.7 ■ 例 6.2 の曲線 C においては，$\|C(t)\|_{\mathbb{R}^2} = R, t \in [0, 2\pi]$ が成り立つ．したがって，上の系 6.14 の仮定がみたされる．ゆえに $C(t)$ と $\dot{C}(t)$ は直交する．これは，例 6.6 の結果を用いて，直接確かめることもできる．

この節を終えるにあたって，ベクトル値関数の高階の導関数の概念を定義をしておく．

写像 $X: J \to V$ が連続微分可能で $X': J \to V$ も連続微分可能であるとき，X は **2 回連続微分可能**であるといい，X' の導関数——X に関する **2 階導関数**という——を

$$\frac{d^2 X(t)}{dt^2} := \frac{d}{dt} X'(t) = \frac{d}{dt} \frac{dX(t)}{dt} \tag{6.13}$$

と記す．これを $X''(t)$ あるいは $\ddot{X}(t)$ と書く場合もある．

X'' が連続微分可能のとき，X は **3 回連続微分可能**であるといい，3 階導関数が $d^3 X(t)/dt^3 := dX''(t)/dt$ によって定義される．

以下，同様にして，任意の $n \in \mathbb{N}, n \geq 2$ に対して，X の n 回連続微分可能性の概念と **n 階導関数** $d^n X(t)/dt^n$ が定義される：

$$\frac{d^n X(t)}{dt^n} := \frac{d}{dt}\frac{d^{n-1}X(t)}{dt^{n-1}}.$$

$d^n X(t)/dt^n$ を $X^{(n)}(t)$ とも書く．

6.4 曲線の積分

V が有限次元計量ベクトル空間の場合を考える．V の任意の基底を 1 つ選び，これを $E = \{e_1, \cdots, e_N\}$ とする（$\dim V = N$ とする）．このとき，写像 $X : [a,b] \to V$ の $t \in [a,b]$ における値 $X(t) \in V$ は

$$X(t) = \sum_{i=1}^{N} X^i(t) e_i \tag{6.14}$$

と展開される．$X^1(t), \cdots, X^N(t)$ はベクトル $X(t)$ の基底 E に関する成分である．そこで，関数 $X^i : [a,b] \to \mathbb{K}$ を V 値関数 X の，**基底 E に関する成分関数**という．次の事実に注意しよう：

【定理 6.15】 $X : [a,b] \to V$ とする．

(i) X が点 $s \in [a,b]$ において連続であるための必要十分条件は各成分関数 X^i が点 s において連続であることである．

(ii) X が点 $t \in [a,b]$ において微分可能であるための必要十分条件は各成分関数 X^i が点 t において微分可能であることである．この場合，$\dot{X}(t) = \sum_{i=1}^{n} \dot{X}^i(t) e_i$.

証明 (i), (ii) のいずれの証明も 5 章，命題 5.3 の証明と同様． ∎

$X : [a,b] \to V$ を曲線としよう．定理 6.15(i) によって，各成分関数 X^i は $[a,b]$ 上の連続関数であるからリーマン積分 $\int_a^b X^i(t) dt$ が定義される[7]．そこで，$X(t)$

---

[7] 任意のスカラー値連続関数 $f : [a,b] \to \mathbb{K}$ に対して，$\int_a^b f(t) dt := \lim_{n \to \infty} \sum_{i=1}^{n} f(\xi_i)(t_i - t_{i-1})$ $(\xi_i \in [t_{i-1}, t_i])$．ただし，$t_0, \cdots, t_n$ は $[a,b]$ の分割：$a = t_0 < t_1 < \cdots < t_n = b$ であり，極限は $\max_{i=1,\cdots,n}(t_i - t_{i-1}) \to 0 \ (n \to \infty)$ となるような仕方でとる．詳しくは微分積分学の教科書を参照．

の展開 (6.14) に応じて

$$\int_a^b X(t)dt := \sum_{i=1}^N \left(\int_a^b X^i(t)dt \right) e_i \tag{6.15}$$

という，V のベクトルを定義し，これを a から b にわたる曲線 X の**リーマン積分**あるいは単に**積分**とよぶ．このような積分を**ベクトル値積分**という．この定義が意味をもつためには，(6.15) の右辺が，基底 E の取り方によらないことを示さなければならない．だが，これを行うことは読者の演習問題とする（問題 1）.

点 b から点 a にわたる曲線 X の積分は

$$\int_b^a X(t)dt := -\int_a^b X(t)dt \tag{6.16}$$

と定義する．また，$\int_a^a X(t)dt := 0_V$ とする．

曲線の積分についても，実数値関数の積分と類似の法則が成り立つ．だが，ここでは，それらを書き下すことは省略する．

【命題 6.16】 $X, Y : [a,b] \to V$ を曲線とするとき

$$\left\langle \int_a^b X(t)dt, \int_a^b Y(t)dt \right\rangle = \int_a^b dt \int_a^b ds \langle X(t), Y(s) \rangle. \tag{6.17}$$

証明 (6.15) により，$\left\langle \int_a^b X(t)dt, \int_a^b Y(t)dt \right\rangle = \sum_{i,j=1}^N \left(\int_a^b X^i(t)^* dt \right) \times \left(\int_a^b Y^j(s)ds \right) \langle e_i, e_j \rangle = \int_a^b dt \int_a^b ds \langle X(t), Y(s) \rangle.$ ∎

【命題 6.17】 V は内積空間であるとし，$X : [a,b] \to V$ を曲線とする．このとき，任意の $t \in [a,b]$ に対して

$$\left\| \int_a^t X(s)ds \right\| \le \int_a^t \|X(s)\|ds. \tag{6.18}$$

証明 式 (6.17) で $X = Y$ の場合を考え，シュヴァルツの不等式を使えば

$$\left\| \int_a^t X(s)ds \right\|^2 \le \int_a^t ds \int_a^t ds' \|X(s)\| \|X(s')\| = \left(\int_a^t \|X(s)\|ds \right)^2. \quad \blacksquare$$

次の定理は，通常の 1 変数実数値関数に関する微分・積分の場合と同様に，ベクトル値関数の微分と積分も互いに逆演算であることを語る：

【定理 6.18】 $X:[a,b]\to V$ を曲線とし，$Y(t)=\int_a^t X(s)ds$, $t\in[a,b]$ とおく．このとき，$Y:[a,b]\to V$ は滑らかな曲線であって，$Y'(t)=X(t)$, $t\in[a,b]$ が成り立つ．

証明 $E=\{e_1,\cdots,e_N\}$ を V の基底とし，X^i を基底 E に関する，X の成分関数とする．$Y^i(t):=\int_a^t X^i(s)ds$ とすれば，$Y(t)=\sum_{i=1}^N Y^i(t)e_i$. 通常の微分積分学の定理により，各 Y^i は連続微分可能であり，$dY^i(t)/dt=X^i(t)$. したがって，定理 6.15(ii) によって，Y は微分可能であり，$Y'(t)=\sum_{i=1}^N X^i(t)e_i=X(t)$. X は連続であるから，Y' は連続である．よって，Y は滑らかである． ∎

次の定理は，通常の微分積分学の基本定理を 1 実変数ベクトル値関数の場合へと拡張したものである：

【定理 6.19】 $X:[a,b]\to V$ を滑らかな曲線とするとき，任意の $t\in[a,b]$ に対して

$$X(t)-X(a)=\int_a^t X'(s)ds. \tag{6.19}$$

証明 $E=\{e_1,\cdots,e_N\}$ を V の基底とし，(6.14) のように展開する．このとき，$X(t)-X(a)=\sum_{i=1}^N[X^i(t)-X^i(a)]e_i$. スカラー値関数についての微分積分学の基本定理により，$X^i(t)-X^i(a)=\int_a^t \dot{X}^i(s)ds$ ($\dot{X}^i(s)=dX^i(s)/ds$). 他方，$X'(s)=\sum_{i=1}^N \dot{X}^i(s)e_i$. したがって，$\int_a^t X'(s)ds=\sum_{i=1}^N\left(\int_a^t \dot{X}^i(s)ds\right)e_i$. ゆえに (6.19) が得られる． ∎

関係式 (6.19) は次のことを語る：滑らかな曲線は，その導関数によって決定される．

6.5 曲線の長さ

V を計量ベクトル空間とする[8]．$X:[a,b]\to V$ を滑らかな曲線とし，$t\in[a,b)$ とする．十分小さい正の実数 $h>0$ に対して ($t+h\in[a,b]$)，$\|X(t+h)-X(t)\|_V$ ($h>0$) は，幾何学的・感覚的な描像としては，区間 $[t,t+h]$ に対する曲線 X の像 $X([t,t+h])$ の近似的な長さと見ることができる．一方，h が十分小

---

[8] 以前に約束したように，不定計量空間の場合は，有限次元であるとする．内積空間の場合は無限次元でもよい．

さければ，(6.6) によって，$X(t+h) - X(t)$ は近似的に $X'(t)h$ に等しいから，$\|X(t+h) - X(t)\|_V \approx \|X'(t)\|_V h$（$A \approx B$ は A と B が近似的に等しいことを表す記法）．したがって，$[a,b]$ の分割 $\Pi_n : a = t_0 < t_1 < \cdots < t_n = b$ を考え，$\delta_n := \max_{i=1,\cdots,n} |t_i - t_{i-1}|$ が十分小さいとき，$\sum_{i=1}^n \|X'(t_{i-1})\|_V (t_i - t_{i-1})$ は曲線 X の近似的な長さを与えると解釈される．そこで，**曲線 $X : [a,b] \to V$ の長さ**を

$$L_X := \lim_{\delta_n \to 0} \sum_{i=1}^n \|X'(t_{i-1})\|_V (t_i - t_{i-1}) \tag{6.20}$$

によって定義する．関数：$t \mapsto \|X'(t)\|_V$ は，計量関数の連続性（系 6.4）によって，連続であるから，この極限は実際に存在し

$$L_X = \int_a^b \|X'(t)\|_V \, dt \tag{6.21}$$

が成り立つ．

！注意 6.3 L_X は，X の像 $X([a,b])$（これは V の部分集合）の長さ——以下できちんと定義する——と一致するとは限らない．たとえば，n を自然数として，区間 $J_n := \bigcup_{k=0}^n [a+k\delta, b+k\delta]$（$\delta := b-a$）から V への写像 X_n を次のように定義する：$t \in [a+(2l+1)\delta, b+(2l+1)\delta]$（$l \geq 0$）ならば $X_n(t) := X(2b - t + 2l\delta)$；$t \in [a+2l\delta, b+2l\delta]$ ならば $X_n(t) := X(t - 2l\delta)$．写像 X_n は，描像的に言えば，X のグラフ $\{(t, X(t)) \mid t \in [a,b]\} \subset [a,b] \times V$（一般の写像のグラフの概念については，付録 A, A.4.2 項を参照）を $t = b, b+\delta, b+2\delta, \cdots, b+(n-1)\delta$ で順次反転させてできる，$\mathbb{R} \times V$ の部分集合をグラフとする写像である．写像 X_n は区分的に滑らかな曲線であり，$\dot{X}_n(t) = -\dot{X}(2b - t + 2l\delta)$, $t \in [a+(2l+1)\delta, b+(2l+1)\delta]$；$\dot{X}_n(t) = \dot{X}(t - 2l\delta)$, $t \in [a+2l\delta, b+2l\delta]$．したがって，$L_{X_n} = (n+1)L_X$．他方，明らかに，$X_n(J_n) = X([a,b])$．$X_n$ は単射ではないことに注意しよう．この種の現象が起きる具体的な例の 1 つについては，以下の例 6.9 を参照．

■ **例 6.8** ■（曲線の長さの成分表示）V が n 次元ユークリッドベクトル空間（i.e., n 次元実内積空間）の場合を考えよう．$e_1, \cdots, e_n$ を V の基底とし，$X(t) = \sum_{i=1}^n X^i(t) e_i$ と展開すれば，$\|X'(t)\|_V = \sqrt{\sum_{i,j=1}^n \dot{X}^i(t) \dot{X}^j(t) g_{ij}}$．ただし，$g_{ij} := \langle e_i, e_j \rangle_V$．したがって

$$L_X = \int_a^b \sqrt{\sum_{i,j=1}^n \dot{X}^i(t) \dot{X}^j(t) g_{ij}} \, dt. \tag{6.22}$$

特に，$e_1, \cdots, e_n$ が <u>正規直交基底</u> ならば，$g_{ij} = \delta_{ij}$ であるから

$$L_X = \int_a^b \sqrt{\sum_{i=1}^n \dot{X}^i(t)^2}\, dt \tag{6.23}$$

と表示される.

■ **例 6.9** ■ $R > 0$ を定数, m を整数とし, $C_m : [0, 2\pi] \to \mathbb{R}^2$ を $C_m(t) := R(\cos mt)\mathbf{e}_1 + R(\sin mt)\mathbf{e}_2$ によって定義する ($\mathbf{e}_1, \mathbf{e}_2$ は $\mathbb{R}^2$ の標準基底). $\dot{C}_m(t) := -Rm(\sin mt)\mathbf{e}_1 + Rm(\cos mt)\mathbf{e}_2$ であるから, $L_{C_m} = \int_0^{2\pi} R|m|dt = 2\pi|m|R$. C_m の像は円周 $\{(x,y) \mid x^2 + y^2 = R^2\}$ に等しいが, $|m| \neq 1$ ならば, C_m の長さと円周の長さは一致しないことに注意.

V の部分集合 C が単射な曲線 $X : [a,b] \to V$ の像であるとき, すなわち, $C = X([a,b])$ が成り立つとき, C を**曲線図形**とよぶ[9]. この場合, 曲線 X を C の**パラメータ（媒介変数または助変数）表示**といい, $[a,b]$ をその**パラメータ空間**とよぶ.

一般に, 連続微分可能な曲線 $Y : [a,b] \to V$ が単射で $\|Y'(t)\| \neq 0, t \in [a,b]$ をみたすとき, Y を**正則な可微分曲線**という[10].

正則な可微分曲線をそのパラメータ表示とする曲線図形を**正則な曲線図形**とよぶ.

ユークリッドベクトル空間 $\mathbb{R}^2$ や $\mathbb{R}^3$ における種々の曲線図形の例からも推察されるように, 曲線図形 C のパラメータ表示は 1 つとは限らない. それどころか無数に存在する. 実際, $f : [c,d] \to [a,b]$ ($c,d \in \mathbb{R}, c < d$) を全単射かつ連続な写像とし, $X_f : [c,d] \to V$ を

$$X_f(s) := X(f(s)), \quad s \in [c,d] \tag{6.24}$$

(i.e., $X_f = X \circ f$) とおけば, 定理 6.5 の応用により, X_f は連続かつ単射であり, $X_f([c,d]) = C$ が成り立つ. したがって, X_f も C のパラメータ表示である. この場合, f はパラメータ空間を変える写像と見ることができるので, 写像 f を C の**パラメータ変換**という. 次の事実に注意しよう:

【補題 6.20】 $f : [c,d] \to [a,b]$ が全単射かつ連続ならば, 次の 2 つのどちらかが成り立つ: (i) f は狭義単調増加で $f(c) = a, f(d) = b$, (ii) f は狭義単調減少で $f(c) = b, f(d) = a$.

---

[9] 慣習的には, C も曲線という場合が多い.
[10] V が内積空間の場合は, 条件 $\|Y'(t)\| \neq 0$ は $Y'(t) \neq 0_V$ と同値である.

証明 仮に,$a < f(c) < b$ としてみる.f の全単射性により,$f(t_0) = a$ となる $t_0 \in (c,d]$ がただ 1 つある.同様に $f(t_1) = b$ となる $t_1 \in (c,d]$ がただ 1 つあり,$t_0 \neq t_1$ である.もし,$t_0 < t_1$ ならば,中間値の定理により,$f(c) = f(s)$ となる $s \in (t_0, t_1)$ があることになる.だが,これは f の単射性に反する.同様に,$t_1 < t_0$ の場合も矛盾が出る.したがって,$f(c) = a$ または $f(c) = b$ でなければならない.同様にして,$f(d) = a$ または $f(d) = b$ が導かれる.ゆえに,次の 4 つの場合が可能である:(i) $f(c) = f(d) = a$; (ii) $f(c) = a, f(d) = b$; (iii) $f(c) = b, f(d) = b$; (iv) $f(c) = b, f(d) = a$.(i),(iii) は f の単射性により排除される.(ii) の場合,f の単射性により,f は狭義単調増加でなければならない.同様に,(iv) の場合は,f は狭義単調減少である. ∎

上の補題で,f が連続微分可能な場合を考えよう.このとき,$f'(s) > 0, s \in [c,d]$ ならば,(i) の場合が実現され,$f'(s) < 0, s \in [c,d]$ ならば,(ii) の場合が実現される.こうして,パラメータ変換について,2 つのクラスが見出される:

【定義 6.21】 $f : [c,d] \to [a,b]$ は全単射かつ連続微分可能であるとする.

(i) $f'(s) > 0, s \in [c,d]$ であるとき,曲線 X_f と X は**同じ向き**であるといい,f を**向きを保つパラメータ変換**とよぶ.この場合,$f(c) = a, f(d) = b$ である.

(ii) $f'(s) < 0, s \in [c,d]$ であるとき,曲線 X_f と X は**逆向き**であるといい,f を**向きを逆にするパラメータ変換**とよぶ.この場合,$f(c) = b, f(d) = a$ である.

パラメータ変換について基本的な性質を証明しよう.

【補題 6.22】 $X : [a,b] \to V$ を滑らかな曲線とし,$f : [c,d] \to [a,b]$ は連続微分可能であるとする.このとき,写像:$s \mapsto X(f(s))$ は連続微分可能であり

$$\frac{d}{ds} X_f(s) = f'(s) X'(f(s)), \quad s \in [c,d] \tag{6.25}$$

が成り立つ.

証明 $s \in [c,d]$ とし,$s + h \in [c,d]$ となるように $h \in \mathbb{R} \setminus \{0\}$ をとる.f に関する平均値の定理により,$f(s+h) - f(s) = f'(\xi)h$ をみたす ξ がある ($h > 0$ のと

きは，$\xi \in [s, s+h]$；$h < 0$ のときは，$\xi \in [s+h, s]$）．これと定理 6.9 の応用により，$X(f(s+h)) = X(f(s)) + f'(\xi)hX'(f(s)) + o(h)$　$(h \to 0)$．したがって

$$\frac{X(f(s+h)) - X(f(s))}{h} - f'(s)X'(f(s)) = (f'(\xi) - f'(s))X'(f(s)) + \frac{o(h)}{h}.$$

$\lim_{h \to 0} \xi = 0$ であり，$\lim_{h \to 0} o(h)/h = 0$ であるので，上式の右辺は，$h \to 0$ のとき，零ベクトルに収束する．したがって，題意が成立する．■

【定理 6.23】 $X : [a, b] \to V$ を滑らかな曲線とし（単射である必要はない），$f : [c, d] \to [a, b]$ は全単射かつ連続微分可能で $f'(s) \neq 0, s \in [c, d]$ をみたすとする．このとき

$$L_X = L_{X_f}. \tag{6.26}$$

証明 (6.21) において積分変数の変換 $t = f(s)$ を行う．このとき，補題 6.22 によって $L_X = \int_{f^{-1}(a)}^{f^{-1}(b)} \|\dot{X}_f(s)\|_V f'(s)|f'(s)|^{-1}ds$．補題 6.20 によって，$f'(s) > 0, s \in [c, d]$ または $f'(s) < 0, s \in [c, d]$ のいずれかが成り立つ．だが，いずれの場合にも (6.26) が成り立つことがわかる．■

曲線図形 C のパラメータ表示 X が連続微分可能であるとき，C の長さ $L(C)$ を

$$L(C) := L_X \tag{6.27}$$

によって定義する．上の定理 6.23 によって，これは，C のパラメータ表示によらない．したがって，それは C 自体だけから決まる量である．

一般に，V の部分集合に対して，それ自体だけから決まる量（対象）はその部分集合が有する**幾何学的な量（対象）**とよばれる[11]．

上述のことによって，連続微分可能かつ単射な曲線の像として表される曲線図形の長さは幾何学的な量である．

曲線図形 C の 2 つのパラメータ表示 X, Y について，X と Y が同じ向きであるとき，X と Y は**同値**であるといい，$X \sim Y$ と記す．実際，この関係 $\sim$ が同値関係であることは容易にわかる[12]．したがって，C のパラメータ表示の集合は 2

---

[11] 括弧には括弧を対応させて読む．
[12] 反射律は自明．$X \sim Y$ で $Y = X_f$ とすれば，f^{-1} も全単射かつ連続微分可能であり，$X = Y_{f^{-1}}$ であるので，$Y \sim X$．したがって，対称律が成立する．$X \sim Y, Y \sim Z$（Z も C のパラメータ表示）とし，$Y = X_f, Z = Y_g$（f, g はパラメータ空間からパラメータ空間への連続微分可能な全単射）とすれば，$Z = X_{f \circ g}$ であり，$f \circ g$ も向きを保つパラメータ変換になるので，$X \sim Z$．したがって，推移律も成立する．

つの同値類に類別される．これらの同値類の1つを指定することを C の**向きづけ**という．指定された同値類に属するパラメータ表示を**正の向きのパラメータ表示**，そうでないパラメータ表示を**負の向きあるいは逆向きのパラメータ表示**とよぶ．

!注意 6.4 注意 6.3 においても述べたように，曲線図形の長さと曲線の長さは，関連はしているが，異なる概念であることをもう一度強調しおく．曲線図形の長さは，曲線図形という，V の部分集合に対して決まる幾何学的量である．この場合，曲線図形を表す（写像としての）曲線の選び方（パラメータ表示の取り方）は，当の曲線図形にとっては，便宜的なものにすぎない（目的に応じて，適切なパラメータ表示をとればよい）．他方，曲線の長さは，ちょうど各ベクトルがみずからのノルムを固有のスカラー量として有するように，$\mathbb{R}$ の区間から V への（区分的に）連続微分可能な写像のそれぞれが有する固有のスカラー量である．

6.6 曲線に関する幾何学的概念

$X : [a,b] \to V$ を滑らかな曲線としよう．すでに見たように，各 $t \in [a,b]$ に対して，点 $X(a)$ から点 $X(t)$ までの曲線の長さは

$$L(t) := \int_a^t \|\dot{X}(s)\| ds \tag{6.28}$$

で与えられる．これを曲線 X に関する，点 $X(a)$ から点 $X(t)$ までの**弧長**とよぶ．以下，次の仮定のもとで考察を進める：

仮定 X: X は正則な可微分曲線である．

【補題 6.24】 関数 $L : [a,b] \to \mathbb{R}; t \mapsto L(t)$ は連続微分可能であり

$$L'(t) = \|X'(t)\|, \quad t \in [a,b]. \tag{6.29}$$

特に，L は狭義単調増加である．

証明 L が連続微分可能であり，(6.29) が成り立つことは，通常の微分積分学における基本的な定理からしたがう．(6.29) と仮定 X により，$L'(t) > 0, t \in [a,b]$. ゆえに L は狭義単調増加である． ∎

上の補題により

$$\Gamma_X := L([a,b]) \tag{6.30}$$

とおけば，L の逆関数
$$h := L^{-1} : \Gamma_X \to [a, b] \tag{6.31}$$
が定義される．したがって
$$h(L(t)) = t, \quad t \in [a, b], \quad L(h(\tau)) = \tau, \quad \tau \in \Gamma_X. \tag{6.32}$$

ベクトル値関数 $Y : \Gamma_X \to V$ を
$$Y(\tau) := X(h(\tau)), \quad \tau \in \Gamma_X \tag{6.33}$$
によって定義する．これを**曲線 X の弧長パラメータ表示**という．

逆関数定理により，h は微分可能であり
$$h'(\tau) = \frac{1}{\|X'(h(\tau))\|}. \tag{6.34}$$

ベクトル
$$T(t) := \frac{X'(t)}{\|X'(t)\|}, \quad t \in [a, b] \tag{6.35}$$
は単位ベクトルであり，点 $X(t)$ における，曲線 X の接ベクトルである．そこで，$T(t)$ を点 $X(t)$ における**単位接ベクトル**という．容易にわかるように，これは，向きを保つパラメータ変換 $f : [c, d] \to [a, b]$ で不変である．すなわち
$$\frac{X'_f(s)}{\|X'_f(s)\|} = T(f(s)), \quad s \in [c, d].$$

したがって，単位接ベクトルは，曲線の向きだけから決まる幾何学的対象である．ゆえに，単位接ベクトルの弧長に関する変化率
$$\kappa(t) := \frac{dT(h(\tau))}{d\tau} \quad (\tau = L(t)) \tag{6.36}$$
も，曲線の向きを保つパラメータ変換で不変である．単位接ベクトルの弧長に関する変化率は，幾何学的には，曲線の曲がり方の尺度を与える．この描像に基づいて，$\kappa(t)$ を曲線 X の点 $X(t)$ における**曲率ベクトル**という．曲率ベクトルの大きさ
$$k(t) := \|\kappa(t)\| \tag{6.37}$$
を**スカラー曲率**，その逆数を $1/k(t)$ を**曲率半径**とよぶ（以下の例 6.10 を参照）．

容易にわかるように
$$\kappa(t) = \frac{1}{\|X'(t)\|} \frac{dT(t)}{dt}, \tag{6.38}$$

とも表される．

■ **例 6.10** ■ 2次元ユークリッドベクトル空間 $\mathbb{R}^2$ において，点 $\mathbf{a} = (a_1, a_2) \in \mathbb{R}^2$ を中心とする半径 $R > 0$ の円 $C = \{(x, y) \in \mathbb{R}^2 \mid (x - a_1)^2 + (y - a_2)^2 = R^2\}$ を像とする次の曲線 $\mathbf{X} : [0, 2\pi] \to \mathbb{R}^2$ を考える：$\mathbf{X}(t) = \mathbf{a} + (R\cos t, R\sin t)$, $t \in [0, 2\pi]$. このとき，$\mathbf{X}'(t) = (-R\sin t, R\cos t)$ であるから，$\|\mathbf{X}'(t)\| = R$. したがって，$L(t) = Rt$ であり，単位接ベクトルは $\mathbf{T}(t) = (-\sin t, \cos t)$. したがって，$\mathbf{T}'(t) = -(\cos t, \sin t)$. ゆえに，(6.38) により，曲率ベクトルは，$\boldsymbol{\kappa}(t) = -(\cos t, \sin t)/R$ という形をとる．したがって，スカラー曲率 $k(t)$ は $k = 1/R$ であり，曲率半径は R である．$\boldsymbol{\kappa}(t)$ と $\mathbf{T}(t)$ は直交しており，κ は円周上の点から中心に向かう自由ベクトルであることに注意しよう（$\mathbb{R}^2$ をアフィン空間と見ている）．

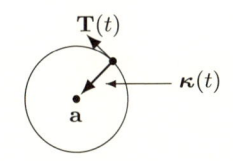

図 6.2 円における接ベクトルと曲率ベクトル

次の命題は，$dY(\tau)/d\tau$ が単位接ベクトルに等しいことを示す：

【命題 6.25】
$$\frac{dY(\tau)}{d\tau} = T(h(\tau)), \quad \tau \in \Gamma_X. \tag{6.39}$$

したがって，特に
$$\left\|\frac{dY(\tau)}{d\tau}\right\| = 1, \quad \tau \in \Gamma_X. \tag{6.40}$$

証明 $dY/d\tau = h'(\tau)X'(h(\tau))$ と (6.34) による． ∎

この命題と曲率ベクトルの定義により
$$\kappa(t) = \frac{d^2 Y(\tau)}{d\tau^2} \quad (\tau = L(t)) \tag{6.41}$$

が成り立つ．

次の命題は，V が実ベクトル空間のとき，**曲率ベクトルと単位接ベクトルが曲線上の任意の点で直交すること**を示す．

【命題 6.26】 V は実ベクトル空間であるとする．

(i) V が内積空間ならば，$\langle \kappa(t), T(t) \rangle = 0, t \in [a,b]$.

(ii) V が有限次元不定計量ベクトル空間であり，$\epsilon(X'(t)) = 1, \forall t \in [a,b]$ または $\epsilon(X'(t)) = -1, \forall t \in [a,b]$ が成り立つとする．このとき，$\langle \kappa(t), T(t) \rangle = 0$, $t \in [a,b]$.

証明 (6.40) が成り立つから，系 6.14 を $X(\tau)$ として，$Y'(\tau)$ をとり，応用すればよい．∎

【命題 6.27】 すべての $t \in [a,b]$ に対して

$$\frac{d^2 X(t)}{dt^2} = \frac{d\|X'(t)\|}{dt} \cdot T(t) + \|X'(t)\|^2 \kappa(t) \tag{6.42}$$

証明 $\tau = L(t)$ とする．このとき，$dX(t)/dt = (d\tau/dt)(dY/d\tau)$．したがって

$$\frac{d^2 X(t)}{dt^2} = \frac{d^2 \tau}{dt^2}\frac{dY}{d\tau} + \frac{d\tau}{dt}\frac{d\tau}{dt}\frac{d^2 Y}{d\tau^2}.$$

ゆえに (6.42) がしたがう．∎

V が命題 6.26 の (i) または (ii) の条件をみたすとき，式 (6.42) は，曲線 X の 2 階の導関数が，単位接ベクトルと，これに直交する曲率ベクトルの方向に直交分解されることを示す．

6.7 微分方程式と流れ

この節では，曲線に関する微分方程式について初等的な事柄を論述する．

6.7.1 ベクトル場と微分方程式

V を計量ベクトル空間とする（不定計量の場合は，有限次元とする）．V の部分集合 D に対して，写像 $F: D \to V; D \ni x \mapsto F(x) \in V$ を **D 上のベクトル場**という．F が D 上で連続であるとき，F を**連続なベクトル場**という．

D 上のベクトル場というのは，幾何学的には，D の各点に V のベクトルが分布している状況を表す（図 6.3）．

■ **例 6.11** ■ V が内積空間の場合を考え，$D = V \setminus \{0\}$ とし，写像 $F: D \to V$ を

$$F(x) = \frac{C}{\|x\|^p} \cdot \frac{x}{\|x\|}, \quad x \in D$$

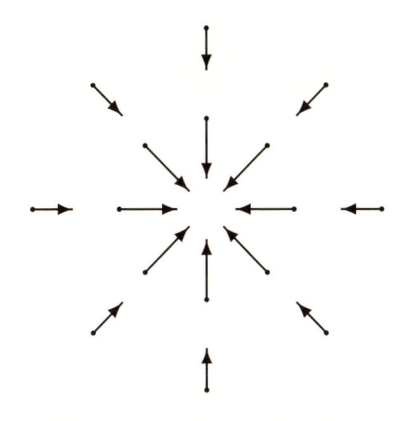

図 6.3 ベクトル場の描像 (例)

によって定義する.ただし, $C \in \mathbb{K} \setminus \{0\}, p \in \mathbb{R}$ は定数である.これは連続なベクトル場である.

$V = \mathbb{R}^3$ (3次元ユークリッドベクトル空間) で $p = 2$ の場合のベクトル場 F は,物理現象の基本的領域で現れる.

[具体例]

(i) 質量 $M > 0$ の質点が $\mathbb{R}^3$ の原点に置かれたとき,そのまわりには

$$\mathbf{F}_{\mathrm{N}}(\mathbf{x}) := -G\frac{M}{\|\mathbf{x}\|^2} \cdot \frac{\mathbf{x}}{\|\mathbf{x}\|},\ \mathbf{x} \in \mathbb{R}^3 \setminus \{0\}$$

――$G > 0$ は**重力定数**とよばれる物理定数――によって表されるベクトル場ができる.このベクトル場を**万有引力の場**とよぶ (符号に注意).位置 $\mathbf{x} \neq 0$ に質量 $m > 0$ の質点が置かれると質点 m は質点 M から,その大きさが $m\|\mathbf{F}_{\mathrm{N}}(\mathbf{x})\|$ の引力を受ける.

(ii) 電荷 $Q \in \mathbb{R} \setminus \{0\}$ をもつ質点――A とする――が $\mathbb{R}^3$ の原点に置かれたとき,そのまわりには

$$\mathbf{F}_{\mathrm{C}}(\mathbf{x}) := \frac{1}{4\pi\varepsilon_0}\frac{Q}{\|\mathbf{x}\|^2} \cdot \frac{\mathbf{x}}{\|\mathbf{x}\|},\ \mathbf{x} \in \mathbb{R}^3 \setminus \{0\}$$

――$\varepsilon_0 > 0$ は**真空の誘電率**とよばれる物理定数――によって表されるベクトル場ができる.このベクトル場を**電気的クーロン力の場**という.位置 $\mathbf{x} \neq 0$ に電荷 $q \in \mathbb{R} \setminus \{0\}$ の質点が置かれると,この質点は質点 A から $q\mathbf{F}_{\mathrm{C}}(\mathbf{x})$ の力を受ける.この力は,$qQ > 0$ ならば斥力であり,$qQ < 0$ ならば引力である.

D を V の開集合,$F : D \to V$ を連続なベクトル場とし,$J \subset \mathbb{R}$ を区間とする.$X : J \to V$ を曲線とし,$X(J) = \{X(t) \mid t \in J\} \subset D$ であるとする.定理 6.5 により,合成写像 $F \circ X : J \to V$ $((F \circ X)(t) := F(X(t)), t \in J)$ は連続である.

微分可能な曲線 $X : J \to D$ に関する関係式

$$\frac{dX(t)}{dt} = F(X(t)) \tag{6.43}$$

を**ベクトル場 F に同伴する 1 階の微分方程式**という.(6.43) をみたす微分可能な曲線 $X : J \to D$ を微分方程式 (6.43) の**解**または**解曲線**あるいは**積分曲線**とよぶ.上に注意したように,写像 : $J \ni t \mapsto F(X(t)) \in V$ は連続であるので,$dX(t)/dt$ は連続である.したがって,X は滑らかな曲線である.

同様に,自然数 n に対して,n 回微分可能な曲線 $X : J \to D$ に関する関係式

$$\frac{d^n X(t)}{dt^n} = F(X(t)) \tag{6.44}$$

を**ベクトル場 F に同伴する n 階の微分方程式**といい,(6.44) をみたす n 回微分可能な曲線 $X : J \to D$ を微分方程式 (6.44) の**解**とよぶ.

■ **例 6.12** ■ V を実内積空間とし,W を V の 2 次元部分空間とする.$\{e_1, e_2\}$ を W の任意の正規直交基底としよう.$R > 0$ を定数とし,写像 $X : \mathbb{R} \to W$ を

$$X(t) = (R \cos t) e_1 + (R \sin t) e_2$$

によって定義する.このとき,$\|X(t)\| = R$ であるので,X の像は中心が 0 で半径が R の円周である.容易にわかるように

$$X'(t) = -(R \sin t) e_1 + (R \cos t) e_2.$$

したがって,ベクトル場 $F : W \to W$ を

$$F(x) := -x^2 e_1 + x^1 e_2, \quad x = x^1 e_1 + x^2 e_2 \in W \ (x^1, x^2 \in \mathbb{R})$$

によって導入すれば

$$X'(t) = F(X(t))$$

と表される.言い換えれば,X は 1 階の微分方程式 $Y'(t) = F(Y(t))$ の解である.
さらに

$$X''(t) = -X(t).$$

したがって，ベクトル場 $L: W \to W$ を $L(x) := -x, x \in W$ によって定義すれば

$$X''(t) = L(X(t)).$$

ゆえに，X はベクトル場 L に同伴する 2 階の微分方程式 $Y''(t) = L(Y(t))$ の解である．

6.7.2 微分方程式の成分表示

$\dim V = N$ とし，$E := \{e_1, \cdots, e_N\}$ を V の基底とする．このとき，写像 $X : [a, b] \to D$ に対して，$X(t)$ ($t \in [a, b]$) を (6.14) のように展開できる．同様に

$$F(x) = \sum_{i=1}^{N} F^i(x) e_i, \quad x \in D \tag{6.45}$$

と展開できる．$\mathbb{K}^N$ の部分集合 D_E を

$$D_E := \left\{ (x^1, \cdots, x^N) \,\middle|\, \sum_{i=1}^{N} x^i e_i \in D \right\} \tag{6.46}$$

によって定義し，関数 $\widetilde{F}^i : D_E \to \mathbb{K}$ を

$$\widetilde{F}^i(x^1, \cdots, x^N) := F^i\left(\sum_{i=1}^{N} x^i e_i\right), \quad (x^1, \cdots, x^N) \in D_E \tag{6.47}$$

によって定義する．微分方程式 (6.43) が

$$\sum_{i=1}^{N} \frac{dX^i(t)}{dt} e_i = \sum_{i=1}^{N} F^i(X(t)) e_i$$

と書き直せることに注意すれば，(6.43) は，成分関数に関する連立微分方程式

$$\frac{dX^i(t)}{dt} = \widetilde{F}^i(X^1(t), \cdots, X^N(t)), \quad i = 1, \cdots, N \tag{6.48}$$

と同等であることがわかる．

逆に，N 個のスカラー値関数 $X^1(t), \cdots, X^N(t)$ についての連立微分方程式

$$\frac{dX^i(t)}{dt} = f^i(X^1(t), \cdots, X^N(t)), \quad i = 1, \cdots, N \tag{6.49}$$

を考えよう．ただし，$f^i : \Omega \to \mathbb{K}, i = 1, \cdots, N$（$\Omega$ は $\mathbb{K}^N$ の開集合）は与えられた関数である．このとき，次のようにして，(6.49) を 1 つのベクトル値関数に

についての微分方程式に直すことができる．まず，適当な N 次元ベクトル空間 V をとり（たとえば，$V = \mathbb{K}^N$），その基底を1つ選び，これを $E = \{e_1, \cdots, e_N\}$ とする．$D_\Omega \subset V$ を $D_\Omega := \{x = \sum_{i=1}^N x^i e_i \in V \mid (x^1, \cdots, x^N) \in \Omega\}$ とし，写像 $F : D_\Omega \to V$ を

$$F(x) := \sum_{i=1}^N f^i(x^1, \cdots, x^N) e_i, \quad x = \sum_{i=1}^N x^i e_i \in D_\Omega$$

によって定義する．さらに $X(t) := \sum_{i=1}^N X^i(t) e_i$ とおく．このとき，(6.49) は (6.43) の形をとる．この方法は，しばしば有用である．

6.7.3 微分方程式と積分方程式

V が有限次元である場合を考えよう．この場合には，曲線 $X : J \to D$ に対して積分 $\int_{t_0}^t F(X(s)) ds$ $(t_0, t \in J)$ が定義される．曲線 X が (6.43) の解ならば，定理 6.19 によって，任意の $t_0, t \in J$ に対して

$$X(t) = X(t_0) + \int_{t_0}^t F(X(s)) ds \tag{6.50}$$

が成り立つ．

逆に，曲線 $X : J \to D$ が (6.50) をみたせば，定理 6.18 によって，X は滑らかな曲線であり (6.43) の解である．こうして，V が有限次元の場合，微分方程式とベクトル値関数 X に関する方程式 (6.50)——この型の方程式を**積分方程式**とよぶ——は同値であることがわかる[13]．

6.7.4 初期値問題の解の存在と一意性の問題

微分方程式 (6.43) を考えよう．$t = t_0$ での値 $X(t_0)$ ——**初期値**または**初期条件**という——をあらかじめ指定して，(6.43) の解 $X : J \to D$ を求める問題を微分方程式 (6.43) に関する**初期値問題**という[14]．

物理や工学への応用において，パラメータ t が時刻を表す場合（このような場合が典型的），$X(t)$ は，考える問題ごとに定まる，時刻 t でのデータを表す（た

---

[13] 一般に，関数（ベクトル値関数も含める）を規定する関係式が微分を含まず，積分を用いて表されている場合，この型の関係式を**積分方程式**という．

[14] 微分方程式 (6.43) を解くということは，原理的な意味で，1回積分を行うことであるので，解は——存在するとすれば——通常の1階の常微分方程式（実数値関数についての1階の常微分方程式）のように，積分定数に相当する定ベクトル（t によらないベクトル）を含むことが推測される．解を一意的に求めるには，この定ベクトルを決める条件が必要である．そのような条件の1つが初期条件なのである．

とえば，時刻 t での質点の位置ベクトル）．この観点からは，微分方程式 (6.43) の初期値問題というのは，ある時刻でのデータから，後の任意の時刻でのデータを予言するという因果的描像に即した自然な問題であるということができる．

$t' = t - t_0$ とし，$Y(t') := X(t' + t_0)$ とおけば，(6.43) は

$$\frac{dY(t')}{dt'} = F(Y(t')) \tag{6.51}$$

と表される．また，$t = t_0$ は $t' = 0$ に対応する．したがって，(6.43) の初期値問題におけるパラメータ空間は $\mathbb{R}$ の原点を含む区間であるとして一般性を失わない．この場合には，曲線の $t = 0$ での値が初期値になる．

D_0 を D の部分集合とする．各 $u_0 \in D_0$ に対して，微分方程式 (6.43) の解 $X : D \to V$ で $X(t_0) = u_0$ をみたすものが存在するとき，初期値のクラス D_0 に対して，(6.43) は初期値問題の解をもつ，あるいは (6.43) に関する初期値問題の解は存在する，という言い方をする．

また，(6.43) の初期値問題の解が存在すると仮定した場合，それが，初期値 u_0 に対して，ただ 1 つに限るならば，(6.43) の初期値問題の解は（初期値 u_0 に対して）**一意的**であるという．

こうして，微分方程式 (6.43) の初期値問題に関しては，**解の存在の問題**と**一意性の問題**という 2 つの問題があることがわかる．これらの問題は，通常，積分方程式 (6.50) の解の存在と一意性の問題として解かれる．だが，この問題については，ここでは，残念ながら，これ以上深入りすることはできない[15]．そのかわり，初期値問題の存在と一意性が成立する場合に何が帰結されるかを，項をあらためて，見ておくことにしよう．

6.7.5 定常流

微分方程式 (6.43) で，$D = V$ かつパラメータ t の空間が $\mathbb{R}$ 全体である場合を考える．以下，初期値という言葉によって $t = 0$ での曲線の値を意味する．この項を通して次の条件を仮定する：

> **仮定**：各点 $u \in V$ に対して，これを初期値とする，(6.43) の解がただ 1 つ存在する．この解を $X_u(t)$ $(t \in \mathbb{R})$ とする（したがって，$X_u(0) = u$).

この仮定のもとで，各 $t \in \mathbb{R}$ に対して，写像 $\Phi_t : V \to V$ を

$$\Phi_t(u) := X_u(t), \quad u \in V \tag{6.52}$$

---

[15] たとえば，伊藤秀一『解析力学と常微分方程式』(共立出版，1998) を参照．

によって定義できる．この写像は，初期値 ($t=0$ での値) を，パラメータが t のときの値にうつす写像である．実数 $s, t \in \mathbb{R}$ に対して，Φ_s と Φ_t の合成写像を $\Phi_s \Phi_t$ と記す：$(\Phi_s \Phi_t)(u) := \Phi_s(\Phi_t(u))$, $u \in V$. 次の事実が成り立つ．

【命題 6.28】

(i) すべての $s, t \in \mathbb{R}$ に対して，写像の等式

$$\Phi_s \Phi_t = \Phi_{t+s} = \Phi_{s+t} \tag{6.53}$$

が成り立つ．

(ii) 各 $t \in \mathbb{R}$ に対して，$\Phi_t : V \to V$ は全単射であり，Φ_t^{-1} (Φ_t の逆写像) $= \Phi_{-t}$ が成り立つ．

証明 (i) 各 $u \in V$ と $t \in \mathbb{R}$ に対して，$X_u(t)$ を初期値とする解の，任意の点 s での値は $X_{X_u(t)}(s)$ である．他方，t を固定して，s の関数 $Y(s) := X_u(t+s)$ を考えると，これは微分方程式 $dY(s)/ds = F(Y(s))$ をみたす．したがって，解の一意性により，$Y(s) = X_{Y(0)}(s) = X_{X_u(t)}(s)$. したがって，$X_u(t+s) = X_{X_u(t)}(s)$. これは $\Phi_s(\Phi_t(u)) = \Phi_{t+s}(u)$ と同値である．$u \in V$ は任意であったから，(6.53) が得られる．

(ii) (6.53) において，$s = -t$ とすれば，$\Phi_0 = I$ (恒等写像) であるから，$\Phi_{-t} \Phi_t = I = \Phi_t \Phi_{-t}$. これから題意がしたがう． ∎

上の命題は，V 上の写像の集合 $\{\Phi_t \mid t \in \mathbb{R}\}$ が有する基本的性質を明らかにするものである．実は，この性質は，ある普遍的な理念の個別的な現れであることがわかる．その普遍的な理念は次の定義によって与えられる：

【定義 6.29】 M を空でない集合とする．

(I) M 上の写像からなる集合 T は次の性質をもつとき，M 上の**変換群**とよばれる：

(M.1) 任意の $f \in$ T は全単射である．

(M.2) $f, y \in$ T ならば，その合成写像 $fg := f \circ g$ も T の元である．

(M.3) $f \in$ T ならば，その逆写像 f^{-1} ——(M.1) によって，その存在が保証される—— も T に属する．

(II) M 上の変換群 T の任意の 2 つの $f, g \in \mathsf{T}$ に対して, $fg = gf$ が成り立つとき, T は**可換**であるという. 可換な変換群を**可換変換群**または**アーベル変換群**という.

(III) 実数体 $\mathbb{R}$ を添え字とする, M 上の変換群 $\{T_t \mid t \in \mathbb{R}\}$ について, $T_{t+s} = T_t T_s$, $s, t \in \mathbb{R}$ が成り立つとき, $\{T_t \mid t \in \mathbb{R}\}$ を **M 上の 1 パラメータ変換群**という.

この定義に関して, 若干の注意をしておく.

(1) M 上の変換群 T は必ず, 恒等写像 I を含む. 実際, $T \in \mathsf{T}$ ならば (M.3) によって, $T^{-1} \in \mathsf{T}$ である. したがって, (M.2) によって, $TT^{-1} \in \mathsf{T}$. $TT^{-1} = I$ であるから, $I \in \mathsf{T}$.

(2) $\{T_t \mid t \in \mathbb{R}\}$ が M 上の 1 パラメータ変換群であるならば, それは可換であり, $T_0 = I$, $T_t^{-1} = T_{-t}$ が成り立つ. 実際, $T_t T_s = T_{t+s} = T_{s+t} = T_s T_t$ であるから, $\{T_t \mid t \in \mathbb{R}\}$ は可換である. また, $T_0 = T_{0+0} = T_0 T_0$ であり, T_0 は全単射であるから, $T_0 = I$ がしたがう. したがって, $T_t T_{-t} = T_{-t} T_t = T_0 = I$. これは $T_t^{-1} = T_{-t}$ を意味する.

上の定義の (III) と命題 6.28 によって, 写像の集合 $\{\Phi_t \mid t \in \mathbb{R}\}$ は V 上の 1 パラメータ変換群である, ということができる.

変換群の他の例をあげておこう:

■ **例 6.13** ■ V 上の全単射な線形作用素の全体を $\mathrm{GL}(V)$ とする:

$$\mathrm{GL}(V) := \{T \in \mathsf{L}(V) \mid T \text{ は全単射}\}.$$

これは, V 上の変換群である. $\mathrm{GL}(V)$ を V 上の**一般線形変換群**という.

■ **例 6.14** ■ $u_0 \in V$ を任意に固定し, 各実数 $t \in \mathbb{R}$ に対して写像 $T_t : V \to V$ を

$$T_t(u) := u + tu_0, \quad u \in V$$

を定義する. 容易に見てとれるように, T_t はベクトル tu_0 による平行移動を表す. 各 T_t が全単射であり

$$T_{t+s} = T_t T_s = T_s T_t, \quad t, s \in \mathbb{R}$$

をみたすことは容易に確かめられる. したがって, $\{T_t \mid t \in \mathbb{R}\}$ は V 上の 1 パラ

メータ変換群である．$X_u(t) = T_t(u)$ とおくと，これは微分可能であり，微分方程式

$$\frac{dX(t)}{dt} = u_0$$

の初期値問題の解である（初期値は u）．

写像の族 $\{\Phi_t \mid t \in \mathbb{R}\}$ から，写像 $\Phi : V \times \mathbb{R} \to V$ を

$$\Phi(u, t) := \Phi_t(u), \quad (u, t) \in V \times \mathbb{R} \tag{6.54}$$

によって定義できる．この写像を**微分方程式 (6.43) に同伴する流れ** (flow) または**連続な力学系**とよぶ[16]．

各 $u \in V$ に対して，$X_u(t) = \Phi(u, t)$ であるから，流れ Φ は解曲線を包括的に記述する写像である．

流れの性質を調べよう．まず，各 $u \in V$ に対して，写像 $X_u : \mathbb{R} \to V$ は $t = 0$ で点 u を通る滑らかな曲線であることに注意する．

【命題 6.30】

(i) $u, v \in V$ が $u \notin X_v(\mathbb{R})$ をみたすならば，2 つの曲線 X_u と X_v は交わらない．すなわち，$X_u(\mathbb{R}) \cap X_v(\mathbb{R}) = \emptyset$．

(ii) $V = \bigcup_{u \in V} X_u(\mathbb{R})$．

証明　(i) 対偶を証明する．そこで，$X_u(\mathbb{R}) \cap X_v(\mathbb{R}) \neq \emptyset$ であるとする．このとき，$s, t \in \mathbb{R}$ で $X_u(t) = X_v(s)$ をみたすものがある．これは $\Phi_t(u) = \Phi_s(v)$ を意味する．左から，Φ_{-t} を作用させ，(6.53) を用いると $u = \Phi_{s-t}(v)$．これは，$u = X_v(s - t)$ を意味する．したがって，$u \in X_v(\mathbb{R})$ である．

(ii) 任意の $v \in V$ をとる．すると，仮定により，v を初期値とする，(6.43) の解 X_v が一意的に存在する．したがって，$v \in \bigcup_{u \in V} X_u(\mathbb{R})$．ゆえに $V \subset \bigcup_{u \in V} X_u(\mathbb{R})$．逆向きの包含関係は自明．∎

命題 6.30 の (i) は，(6.43) の二つの解曲線で異なる初期値をもつものどうし（ただし，一方の解曲線の初期値は他方の解曲線上にはないとする）は決して交

---

[16] これらの名称のよってきたる描像については以下を参照．

わらないこと，(ii) は，V 全体が (6.43) の解曲線の像で埋め尽くされていることを意味する．こうして，V は互いに交わらない曲線の像で埋め尽くされることがわかる．このような曲線の集合に対する幾何学的描像の 1 つは，それを V 上に存在する何らかの流れと見ることである．この観点から，解曲線の全体 $\{X_u | u \in V\}$ を**ベクトル場 F から定まる，V 上の流れ**とよぶ．この場合，各解曲線をこの流れの**流線**という．

微分方程式 (6.43) において，t は時刻を表すパラメータとし，$X(t)$ は点の運動によって生じる曲線であるとしよう．このとき，$dX(t)/dt$ は，時刻 t での位置 $X(t)$ の**瞬間変化率**，すなわち，**速度**を表す．微分方程式 (6.43) は，この速度が，時刻 t に陽によらず，位置だけに関係することを示す．このような点の運動は**定常である** (stationary) とよばれる．この描像に基づいて，微分方程式 (6.43) の解曲線のつくる流れを**定常流**とよぶ．容易にわかるように，各流線は時間によって変化しない．

■ **例 6.15** ■ 例 6.14 の流れ $\{X_u \mid u \in V\}$ $(X_u(t) = T_t(u) = u + tu_0, t \in \mathbb{R})$ は，ベクトル u_0 に平行な直線の全体である（図 6.4）．

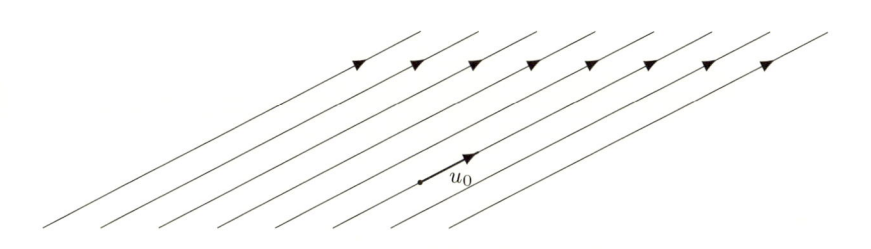

図 6.4 ベクトル u_0 に平行な直線の流れ

6.7.6 より一般の微分方程式

微分方程式 (6.44) の一般化の 1 つとして，ベクトル場 F がパラメータ t による場合が考えられる．すなわち，写像 $F : D \times [a, b] \to V$; $D \times [a, b] \ni (x, t) \mapsto F(x, t) \in V$ から定まる微分方程式

$$\frac{d^n X(t)}{dt^n} = F(X(t), t) \tag{6.55}$$

である（例については，問題 6 を参照）．

n 階の微分方程式 (6.55) は，次のようにして，直和ベクトル空間 $\bigoplus^n V$ にお

けるベクトル場に同伴する 1 階の微分方程式に書き換えられる．写像 $\mathcal{F}: D \times V^{n-1} \times [a,b] \to \bigoplus^n V$ を

$$\mathcal{F}(x_1, \cdots, x_n, t) := (x_2, x_3, \cdots, x_n, F(x_1, t)), \ (x_1, x_2, \cdots, x_n) \in D \times \bigoplus^{n-1} V$$

によって定義する．

$$X_1(t) := X(t), \ X_2(t) := \frac{dX(t)}{dt}, \ \cdots, \ X_k(t) := \frac{d^{k-1}X(t)}{dt^{k-1}}, \ \cdots,$$
$$X_n(t) := \frac{d^{n-1}X(t)}{dt^{n-1}}$$

とし，$\mathcal{X}(t) := (X_1(t), \cdots, X_n(t))$ とおけば (6.55) は

$$\frac{d\mathcal{X}(t)}{dt} = \mathcal{F}(X(t), t) \tag{6.56}$$

と 1 つにまとめられる．ただし，$d\mathcal{X}(t)/dt := (dX_1(t)/dt, \cdots, dX_n(t)/dt)$．こうして，曲線の微分方程式論は，基本的に，1 階の微分方程式に関する理論に帰着される．

演習問題

1. 式 (6.15) の右辺は，V の基底の取り方によらないことを示せ．

2. $R > 0, h > 0$ を定数として，曲線 $\mathbf{X}: \mathbb{R} \to \mathbb{R}^3 := \{(x,y,z) \mid x,y,z \in \mathbb{R}\}$ （3 次元ユークリッドベクトル空間）を

$$\mathbf{X}(t) := (R\cos t, R\sin t, ht), \quad t \in \mathbb{R}$$

によって定義する．この型の曲線を**円柱螺線**（らせん）という．この曲線における x, y 座標は半径 R の円周を描き，z 座標は 1 回転（反時計回り）ごとに $2\pi h$ だけ増加する．

曲線 $\mathbf{X}$ について次の問いに答えよ．

(i) 点 A: $(R, 0, 0)$（$t = 0$ に対応する点）における接線の方程式を座標 x, y, z を用いて表せ．

(ii) 曲線 $\mathbf{X}$ が，任意の点 $\mathbf{X}(t)$ から 1 回転する間に描く弧の長さ ℓ を求め，これが t によらないことを確認せよ．

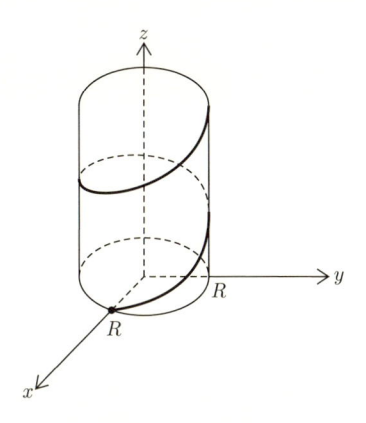

図 6.5 円柱螺線

(iii) 点 $\mathbf{X}(t)$ における曲率ベクトル $\boldsymbol{\kappa}$ を求めよ.

(iv) 点 $\mathbf{X}(t)$ におけるスカラー曲率 k を求めよ.

3. V を実内積空間とし, $F:[a,b] \to V$ を 2 回連続微分可能な曲線とする[17]. これから, 曲線 $X:[a,b] \to \mathbb{R} \oplus V$ (1次元ユークリッドベクトル空間 $\mathbb{R}$ と V の直和内積空間; 4.2.3 項を参照) を

$$X(t) := (t, F(t)) \in \mathbb{R} \oplus V, \quad t \in [a,b]$$

によって定義する. これは曲線 F のグラフをその像とする曲線である.

(i) 点 $X(a)$ から点 $X(t)$ までの弧長 $L(t)$ は $L(t) = \int_a^t \sqrt{1+\|F'(s)\|^2}\,ds$ で与えられることを示せ.

(ii) 点 $X(t)$ における単位接ベクトル $T(t)$ を求めよ.

(iii) 点 $X(t)$ における曲率ベクトル κ は

$$\kappa = \left(-\frac{\langle F'(t), F''(t)\rangle}{(1+\|F'(t)\|^2)^2}, \frac{F''(t)}{1+\|F'(t)\|^2} - \frac{\langle F'(t), F''(t)\rangle}{(1+\|F'(t)\|^2)^2}F'(t)\right)$$

で与えられることを示せ.

注意: 上の結果は, 次のことを意味する:(1)$F'(c)=0$ となる点 $c \in [a,b]$ に対しては, $\kappa = (0, F''(c))$ を意味する. (2) $F''(t) = 0$ となる点 $X(t)$ では $\kappa = 0$.

---

[17] 応用上, 重要な例として, $V = \mathbb{R}^n$ (n 次元の標準ユークリッドベクトル空間) の場合がある.

(iv) 点 $X(t)$ におけるスカラー曲率 k は

$$k = \frac{\sqrt{(1+\|F'(t)\|^2)\|F''(t)\|^2 - \langle F'(t), F''(t)\rangle^2}}{(1+\|F'(t)\|^2)^{3/2}}$$

という表示をもつことを示せ.

注意： (iii) に対する注意によって，$F'(c) = 0$ となる点 $c \in [a,b]$ に対しては，$k = \|F''(c)\|$ である.

(v) $F'(t) = \alpha(t)F''(t)$ $(\alpha(t) \in \mathbb{R})$ ならば

$$k = \frac{\|F''(t)\|}{(1+\|F'(t)\|^2)^{3/2}}$$

であることを示せ.

注意： $V = \mathbb{R}$ の場合には, $F''(c) \neq 0$ となる点 c では, $\alpha := F'(c)/F''(c)$ とおくことにより, (v) の仮定はみたされる. したがって, この場合, $k = |F''(c)|/(1+|F'(c)|^2)^{3/2}$. これは通常の関数 $F : [a,b] \to \mathbb{R}$ のグラフの曲率を与える.

4. $a \in \mathbb{R}, R > 0$ を定数とし, 写像 $X : \mathbb{R} \to \mathbb{R}^2$ （2 次元ユークリッドベクトル空間 $\mathbb{R}^2$) を

$$X(t) = (Re^{at}\cos t, Re^{at}\sin t)$$

によって定義する. この曲線は**対数螺線**とよばれる.

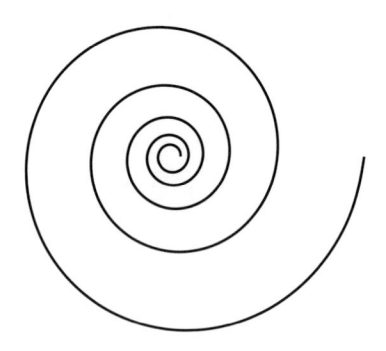

図 6.6 対数螺線

対数螺線上の任意の点 $X(t)$ における曲率半径は $\|X'(t)\|$ に等しいことを証明せよ.

5. D を V (内積空間または有限次元不定計量空間) の開集合とし,$\Phi:[0,\infty)\to\mathbb{R}$ は連続であるとする.写像 $F:D\to V$ を $F(x):=\Phi(\|x\|)x$, $x\in D$ によって定義する.F は連続なベクトル場であることを示せ.

6. V を $\mathbb{K}$ 上の有限次元計量ベクトル空間,$P:[a,b]\to\mathbb{K}$ を連続関数,$Q:[a,b]\to V$ を V 上の曲線とする.V 上の曲線 $X:[a,b]\to V$ に関する微分方程式
$$\frac{dX(t)}{dt}=Q(t)+P(t)X(t)\cdots(*)$$
を考える[18].

   (i) 各 $u\in V$ に対して,これを初期値とする微分方程式 $(*)$ の解,つまり,$X(t_0)=u$ をみたす解 $(t_0\in[a,b])$ は,存在するならば,ただ 1 つであることを示せ.

   (ii) $X(t_0)=u$ となる,$(*)$ の解を求めよ.

---

[18] $F:V\times[a,b]\to V$ を $F(x,t):=Q(t)+P(t)x$, $(x,t)\in V\times[a,b]$ によって定義すれば,$(*)$ は,$dX(t)/dt=F(X(t),t)$ と書けることに注意.すなわち,これは,微分方程式を定義するベクトル場がパラメータ t による例の 1 つである.

7

スカラー場とベクトル場の理論

　一般に，ベクトル空間またはアファイン空間の部分集合上のスカラー値関数（ベクトル値関数）はスカラー場（ベクトル場）とよばれる[1]．この章では，スカラー場とベクトル場の一般論を展開する．

7.1　スカラー場

　ベクトル空間上のベクトル値関数のうちで最も基本的なものは，その値がスカラーであるもの，すなわち，ベクトル空間上の $\mathbb{K}$ 値関数である．この節では，この型の関数の解析を行う．

7.1.1　微分係数

　V を $\mathbb{K}$ 上の計量ベクトル空間，$D \subset V$ を部分集合とする[2]．D から $\mathbb{C}$ への写像 $f: D \to \mathbb{C}$ を D 上の**スカラー場**または**スカラー値関数**という．$\mathbb{K} = \mathbb{R}$ かつ $f(D) \subset \mathbb{R}$ ($\mathbb{C}$) の場合，f を D 上の**実スカラー場**（**複素スカラー場**）という[3]．

　この章を通して，V が内積空間の場合には，$\|\cdot\|$ によって，V のノルムを表し，V が不定計量ベクトル空間の場合には，$\|\cdot\|$ によって，V の任意の内積から定まるノルムを表す．

　以下，特に断らない限り，D は V の開集合であるとする．$x \in D$ とすれば，D が開集合であることから，ある $\delta_x > 0$ があって，$\|x - y\| < \delta_x$ ならば，$y \in D$ である．したがって，特に，$y \in V \setminus \{0\}, |h| < \delta_x/\|y\|, h \in \mathbb{K}$ ならば，$x + hy \in D$ である．この事実のおかげで次の定義が可能である：

---

[1] 括弧には括弧を対応させて読む．
[2] 前章に引き続き，計量が不定計量の場合には，V は有限次元であるとする．
[3] 括弧には括弧を対応させて読む．

7.1 スカラー場

【定義 7.1】 $f: D \to \mathbb{K}$ とする.

(i) 点 $x \in D, y \in V$ に対して

$$f'(x, y) := \lim_{h \to 0} \frac{f(x + hy) - f(x)}{h} \tag{7.1}$$

が存在するとき, f は点 x において $\boldsymbol{y}$ **方向に微分可能**であるといい, $f'(x, y)$ を $\boldsymbol{x}$ **における**, $\boldsymbol{f}$ **の** $\boldsymbol{y}$ **方向への微分係数**とよぶ.

(ii) すべての $x \in D$ と $y \in V$ に対して, $f'(x, y)$ が存在するとき, f は D 上で**微分可能**であるという.

(iii) f が D 上で微分可能であって, 任意の $y \in V$ に対して, $f'(x, y)$ が x に関して D 上で連続であるとき, f は D において**連続微分可能**であるという. このようなスカラー場の全体を $C^1_{\mathbb{K}}(D)$ で表す.

■ **例 7.1** ■ D を $\mathbb{R}^2 = \{\mathbf{x} = (x^1, x^2) \mid x^j \in \mathbb{R},\ j = 1, 2\}$ の開集合とし, $f: D \to \mathbb{R}$ は変数 x^1, x^2 について偏微分可能であるとし, 各偏導関数 $\partial_i f(\mathbf{x}) = \partial f(\mathbf{x})/\partial x^i$ $(i = 1, 2)$ は D 上で連続であるとする. このとき, f は任意の点 $\mathbf{x} \in D$ において, 任意の $\mathbf{y} \in \mathbb{R}^2$ の方向に微分可能であり, $f'(\mathbf{x}, \mathbf{y}) = \sum_{i=1}^{2} \frac{\partial f(\mathbf{x})}{\partial x^i} y_i$ が成り立つ (問題 1).

次の命題はほとんど自明であるが, 具体的な関数 f の微分係数を計算する上でしばしば有用である.

【命題 7.2】 f を定義 7.1 のものとする. 各 $x \in D, y \in V$ に対して, $\mathbb{K}$ 上の関数 : $h \mapsto f(x + hy)$ が $h = 0$ で微分可能であること[4]と f が D 上で微分可能であることは同値である. この場合

$$\left. \frac{d}{dh} f(x + hy) \right|_{h=0} = f'(x, y) \tag{7.2}$$

が成り立つ.

証明 各 $x \in D, y \in V$ に対して, $\mathbb{K}$ 上の関数 : $h \mapsto f(x + hy)$ が $h = 0$ で微分可能であるとすれば, $\lim_{h \to 0}[f(x + hy) - f(x)]/h$ が存在する. したがって, $f'(x, y)$ は存在し, (7.2) が成り立つ.

---

[4] 複素変数 $\zeta \in \mathbb{C}$ の複素数値関数 $g(\zeta)$ が点 $\zeta_0 \in \mathbb{C}$ で微分可能であるとは, $\lim_{h \to 0}[g(\zeta_0 + h) - g(\zeta_0)]/h$ が存在するときをいう. この極限を g の点 ζ_0 での微分係数といい, $g'(\zeta_0)$ あるいは $dg(\zeta)/d\zeta|_{\zeta=\zeta_0}$ のように表す.

逆に，f が D 上で微分可能であれば，$\lim_{h \to 0}[f(x+hy)-f(x)]/h$ が存在する．したがって，h の関数 $f(x+hy)$ は $h=0$ で微分可能である． ∎

次の定理は，1 変数関数に関する平均値の定理の一般化である．

【定理 7.3】(平均値の定理) $f: D \to \mathbb{R}$ （実数値関数）とする．$x \in D, y \in V$ とし，任意の $t \in [0,1]$ に対して，$x+ty \in D$ かつ $f'(x+ty, y)$ は存在すると仮定する．このとき，$\theta \in (0,1)$ が存在して

$$f(x+y) - f(x) = f'(x+\theta y, y) \tag{7.3}$$

が成り立つ．

証明 $t \in [0,1]$ に対して，$g(t) := f(x+ty)$ とおく．このとき，$-t \le h \le 1-t$ に対して，$g(t+h) - g(t) = f(x+ty+hy) - f(x+ty)$．したがって，$g$ は微分可能であって，$g'(t) = f'(x+ty, y)$ が成り立つ．実数値関数 g に対する平均値の定理により，$g(1) - g(0) = g'(\theta)$ となる $\theta \in (0,1)$ がある．ゆえに，(7.3) を得る． ∎

!注意 7.1 D が $\mathbb{R}^n = \{\mathbf{x} = (x^1, \cdots, x^n) \mid x^j \in \mathbb{R}, j = 1, \cdots, n\}$ の開集合で $f: D \to \mathbb{R}$ の場合，上の定理は，多変数関数（n 実変数関数）に対する平均値の定理を与える．

次の定理は以下の理論展開の基礎となる．

【定理 7.4】 $f: D \to \mathbb{K}$ は D 上で連続微分可能であるとする．このとき，任意の $x \in D$ に対して，$f'(x, y)$ は y について線形である．

証明 $x \in D, y, z \in V, a \in \mathbb{K}$ とする．まず，$f'(x, ay) = af'(x, y) \cdots (*)$ を示そう．$a = 0$ ならば，$[f(x+hay) - f(x)]/h = 0$ $(h \in \mathbb{K}, h \ne 0)$．したがって，$f'(x, ay) = 0 = af'(x, y)$．次に $a \ne 0$ のときは

$$\lim_{h \to 0} \frac{f(x+hay) - f(x)}{h} = a \lim_{h \to 0} \frac{f(x+hay) - f(x)}{ha} = af'(x, y).$$

したがって，$(*)$ が成り立つ．

次に, $f'(x, y+z) = f'(x,y) + f'(x,z) \cdots (**)$ を示す. $\mathbb{K} = \mathbb{C}$ の場合は, $f(x) = \mathrm{Re}\, f(x) + i\mathrm{Im}\, f(x)$ と書けるから[5], $(**)$ は, f が実数値の場合に対して証明すれば十分である. $|h|$ を十分小として $(h \neq 0)$

$$\frac{f(x+hy+hz) - f(x)}{h} = \frac{f(x+hy+hz) - f(x+hy)}{h} + \frac{f(x+hy) - f(x)}{h} \tag{7.4}$$

と書く. 平均値の定理により, $\frac{f(x+hy+hz)-f(x+hy)}{h} = f'(x+hy+\theta hz, z)$ をみたす $\theta \in (0,1)$ がある. そこで, $f'(x,z)$ の x についての連続性を使えば, $h \to 0$ のとき, 右辺は $f'(x,z)$ に収束する. また, $(f(x+hy) - f(x))/h \to f'(x,y)$ $(h \to 0)$. ゆえに $(**)$ が得られる. ∎

定理 7.4 によって, 次の定義が可能となる.

【定義 7.5】 $f : D \to \mathbb{K}$ が D 上で連続微分可能であるとき, 各 $x \in D$ に対して, 線形写像 $df(x) : V \to \mathbb{R}$ を $df(x)(y) := f'(x,y)$, $y \in V$ によって定義する (したがって, $df(x) \in V^*$). $df(x)$ を $x \in D$ における f の **微分係数** とよぶ.

写像 $df : D \to V^*$; $D \ni x \mapsto df(x) \in V^*$ (D の各点に, その点での f の微分係数を対応させる写像) を f の **微分形式** (differential form) という.

❗注意 7.2 V が有限次元ならば, 内積から決まる距離の同値性によって, V の開集合上のスカラー場の微分係数は V の計量の選び方に依存しない.

■ **例 7.2** ■ V が有限次元の場合を考え, $f : D \to \mathbb{K}$ は連続微分可能であるとする. $e_1, \cdots, e_n$ を V の基底とすれば, 任意の $x \in V$ は

$$x = \sum_{i=1}^{n} x^i e_i \tag{7.5}$$

と展開できる ($(x^1, \cdots, x^n) \in \mathbb{K}^n$). 基底 E を固定したときに定まる, V から $\mathbb{K}^n$ への同型写像を i_E とする (例 2.4):

$$i_E(x) = (x^1, \cdots, x^n), \quad x = \sum_{i=1}^{n} x^i e_i \in V. \tag{7.6}$$

このとき, i_E^{-1} と f の合成写像

$$f_E := f \circ i_E^{-1} \tag{7.7}$$

---

[5] 複素数 z に対して, その実部と虚部をそれぞれ, $\mathrm{Re}\, z, \mathrm{Im}\, z$ で表す.

は D_E（(6.46) で $N=n$ としたもの）から $\mathbb{K}$ への写像，すなわち，n 変数関数である：
$$f_E(x^1,\cdots,x^n) = f(i_E^{-1}(x^1,\cdots,x^n)), \quad (x^1,\cdots,x^n) \in D_E.$$

(7.5) という関係のもとでは，$f_E(x^1,\cdots,x^n) = f(x)$ が成り立つ．この意味で，基底 E を任意に 1 つ固定するとき，f は，$x \in V$ の成分の関数と見ることができる．関数 f_E が成分変数 x^i について偏微分可能であるとき，その偏導関数 $\partial f_E/\partial x^i$ を $\partial f/\partial x^i$ あるいは $\partial f(x)/\partial x^i$ と記す．この場合，f は x^i について偏微分可能であるという．

ベクトル e_i の方向への f の微分は次のように計算される：
$$\begin{aligned}
f'(x, e_i) &= \lim_{h \to 0} \frac{f(x + he_i) - f(x)}{h} \\
&= \lim_{h \to 0} \frac{f_E(x^1,\cdots,x^i+h,\cdots,x^n) - f_E(x^1,\cdots,x^n)}{h} \\
&= \frac{\partial f_E(x^1,\cdots,x^n)}{\partial x^i} = \frac{\partial f(x)}{\partial x^i}.
\end{aligned} \tag{7.8}$$

したがって，任意の $y \in V$ を $y = \sum_{i=1}^n y^i e_i$ と展開し，$f'(x,y)$ の y についての線形性を用いると
$$f'(x,y) = \sum_{i=1}^n \frac{\partial f(x)}{\partial x^i} y^i \tag{7.9}$$

が得られる．$\{\phi^1,\cdots,\phi^n\} \subset V^*$ を $\{e_1,\cdots,e_n\}$ の双対基底とすれば $y^i = \phi^i(y)$ であるから
$$f'(x,y) = \sum_{i=1}^n \frac{\partial f(x)}{\partial x^i} \phi^i(y).$$

$y \in V$ は任意であるから
$$df(x) = \sum_{i=1}^n \frac{\partial f(x)}{\partial x^i} \phi^i \tag{7.10}$$

が導かれる．したがって，双対基底 $\{\phi^i\}_i$ に関する $df(x)$ の成分表示は
$$\left(\frac{\partial f(x)}{\partial x^1}, \cdots, \frac{\partial f(x)}{\partial x^n} \right) \tag{7.11}$$

である．

基底 $\{e_i\}_i$ を 1 つ固定するごとに，D の点 x の展開 $x = \sum_{i=1}^n x^i e_i$ に同伴する形で D 上の**座標関数** $f^i : x \to x^i; f^i(x) := x^i$ が定義される（これは基底の取り方に依存する）．この場合，(7.10) によって
$$df^i(x) = \phi^i, \quad i = 1,\cdots,n \tag{7.12}$$

が成り立つ．つまり，V の基底 $\{e_i\}_i$ を1つ定めたときに定まる座標関数の微分形式の組は $\{e_i\}_i$ の双対基底を与える．そこで，通常，記号の混用であるが，座標関数 f^i を単に x^i と書く．したがって

$$dx^i = \phi^i. \tag{7.13}$$

ただ，くれぐれも，dx^i は座標関数 x^i の微分形式であること，およびこれは V の基底の取り方に依存していることを明晰に意識していてほしい．図式的に書けば次のようになる．

V の基底：$\{e_i\}_i \longrightarrow$ 成分表示（座標関数）：$(x^i)_i \longrightarrow \{dx^i\}_i : \{e_i\}_i$ の双対基底 \hfill (7.14)

!注意 7.3 (7.13), (7.14) によって，通常の微分積分学では，単なるシンボルとしてしか意味をもたない記号 dx^i に微分形式として数学的な意味がついたことになる．

7.1.2 有限次元計量ベクトル空間におけるスカラー場の連続微分可能性の特徴づけ

V が有限次元の場合におけるスカラー場 $f : D \to \mathbb{K}$ の連続微分可能性を座標表示を用いて特徴づけておこう．これは，具体的な問題の解析への応用上重要である．$\dim V = n \in \mathbb{N}$ とし，$E = \{e_1, \cdots, e_n\}$ を V の基底の1つとする．V の任意の点 $x \in V$ の，基底 E に関する成分を $(x^1, \cdots, x^n)$ とする（すなわち，(7.5) のように展開する）．同型写像 $i_E : V \to \mathbb{K}^n$ による，D の像を D_E とおく：

$$D_E := i_E(D) = \left\{ (x^1, \cdots, x^n) \,\middle|\, \sum_{i=1}^n x^i e_i \in D \right\}. \tag{7.15}$$

【補題 7.6】 D_E は，$\mathbb{K}^n$ の開集合である．

証明 命題 6.7 により，i_E および i_E^{-1} は連続である．したがって，定理 6.8 によって，i_E は V の開集合を $\mathbb{K}^n$ の開集合にうつす． ∎

D 上のスカラー場 $f : D \to \mathbb{K}$ に対して，(7.7) によって定義される写像 f_E は D_E 上の関数である．

【命題 7.7】 $f : D \to \mathbb{K}$ が連続微分可能であるための必要十分条件は，D_E 上の関数 f_E が各変数 x^i について D_E 上で偏微分可能であり，かつ各偏導関数 $\partial f_E / \partial x^i$ $(i = 1, \cdots, n)$ が連続であることである．

証明 (必要性) $f: D \to \mathbb{K}$ が連続微分可能であるとしよう．このとき，例 7.2 の計算により，f_E は各変数 x^i について D_E 上で偏微分可能であり，$\partial f_E / \partial x^i = f'(x, e_i)$ $(i = 1, \cdots, n)$ が成り立つ．右辺は x について連続であるから，$\partial f_E / \partial x^i$ は D_E 上で連続である $(x = i_E^{-1}(x^1, \cdots, x^n)$ および i_E^{-1} は連続写像であることに注意).

(十分性) f_E は各変数 x^i について D_E 上で偏微分可能であり，かつ各偏導関数 $\partial f_E / \partial x^i$ $(i = 1, \cdots, n)$ が連続であるとしよう．このとき，多変数関数に関する一般的定理により

$$f_E(x^1 + hy^1, \cdots, x^n + hy^n) - f_E(x^1, \cdots, x^n)$$
$$= \sum_{i=1}^n \frac{\partial f_E(x^1, \cdots, x^n)}{\partial x^i} hy^i + o(h) \quad (h \to 0)$$

が成り立つ[6]．任意の $x \in D, h \in \mathbb{K}, y \in V$ に対して

$$f(x + hy) - f(x) = f_E(x^1 + hy^1, \cdots, x^n + hy^n) - f_E(x^1, \cdots, x^n)$$

であるから

$$f(x + hy) - f(x) = \sum_{i=1}^n \frac{\partial f_E(x^1, \cdots, x^n)}{\partial x^i} hy^i + o(h) \quad (h \to 0).$$

これと $\lim_{h \to 0} o(h)/h = 0$ によって

$$\lim_{h \to 0} \frac{f(x + hy) - f(x)}{h} = \sum_{i=1}^n \frac{\partial f_E(x^1, \cdots, x^n)}{\partial x^i} y^i$$

が成り立つ．したがって，f は微分可能であり

$$f'(x, y) = \sum_{i=1}^n \frac{\partial f_E(x^1, \cdots, x^n)}{\partial x^i} y^i \tag{7.16}$$

である．仮定により，右辺は $(x^1, \cdots, x^n) \in D_E$ について連続であるから，$x \in D$ についても連続である $((x^1, \cdots, x^n) = i_E(x)$ に注意)． ∎

---

[6] たとえば，黒田成俊『微分積分』(共立出版，2002) の p.286 の定理 8.10 と p.285 の定義 8.9 を参照．

7.1.3 微分形式が 0 となるスカラー場

スカラー場の微分形式を解析する上で基本となる開集合のクラスを導入しよう:

【定義 7.8】 D を V の開集合, $a \in V$ とする. もし, すべての $x \in D$ に対して, x と a を結ぶ線分 $\{a + t(x-a) \mid t \in [0,1]\}$ が D に含まれるならば, D は a を中心とする**星型集合** (star-shaped set) であるという.

【定理 7.9】 D は点 $a \in V$ を中心とする星型集合であるとし, $f : D \to \mathbb{R}$ は連続微分可能であるとする. もし, $df = 0$ ならば, f は D 上で定数である.

証明 任意の $x \in D$ に対して, $a + (x-a) \in D$ であるから, 定理 7.3 によって, $f(x) = f(a)$ (定数). ∎

7.1.4 微分係数 $df(x)$ の幾何学的意味

$f : D \to \mathbb{K}$ は微分可能であるとする. $|h| \neq 0$ $(h \in \mathbb{K})$ が十分小さいならば, (7.1) によって, $df(x)(y) \approx [f(x+hy) - f(x)]/h$ であり, $df(x)(y)$ の y についての線形性を使うと $df(x)(hy) \approx f(x+hy) - f(x)$ となる. そこで, $u = hy$ とおけば, $\|u\|$ が十分小さいとき

$$df(x)(u) \approx f(x+u) - f(x) \quad (\|u\| \approx 0). \tag{7.17}$$

ゆえに, $df(x)$ の u における値 $df(x)(u)$ は, $\|u\|$ が十分小さいとき, 点 $x+u$ と点 x における f の値の差に近似的に等しい (図 7.1).

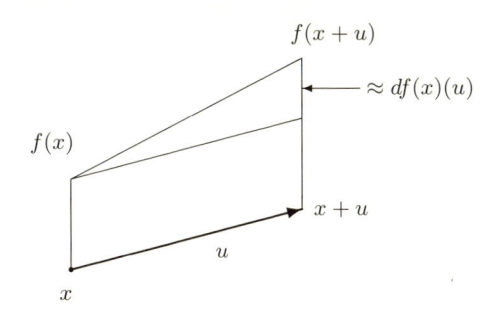

図 **7.1** 微分係数の幾何学的意味

7.1.5　勾配ベクトル

すでに注意したように，V が有限次元ならば，V の開集合上のスカラー場の微分係数の概念は V の計量の選び方には依存していない．次に計量の選び方に依存しうる——しかし，基底の取り方にはよらない——微分的概念を定義しよう．

【定理 7.10】 V を有限次元計量ベクトル空間，D は V の開集合，$f: D \to \mathbb{K}$ は連続微分可能とする．このとき，各 $x \in D$ に対して，ただ 1 つのベクトル $v_f(x) \in V$ が定まり

$$f'(x,y) = \langle v_f(x), y \rangle, \quad y \in V \tag{7.18}$$

が成り立つ．

証明　$x \in D$ を任意に固定するとき，対応：$y \mapsto f'(x,y)$ は V^* の元である．表現定理（定理 4.45）によって，題意にいう $v_f(x) \in V$ がただ 1 つ存在する．∎

定理 7.10 のベクトル $v_f(x)$ は D から V への写像 $v_f : x \mapsto v_f(x)$ を定める．この写像を $\operatorname{grad} f$ と記し，f の**勾配**または**グラディエント** (gradient) という：

$$f'(x,y) = \langle \operatorname{grad} f(x), y \rangle, \quad x \in D, y \in V. \tag{7.19}$$

したがって

$$\lim_{h \to 0} \frac{f(x+hy) - f(x)}{h} = \langle \operatorname{grad} f(x), y \rangle, \quad x \in D, y \in V. \tag{7.20}$$

$\operatorname{grad} f(x)$ を x における f の**勾配ベクトル**という．容易にわかるように，任意のスカラー $\alpha \in \mathbb{K}$ に対して，$\operatorname{grad}(\alpha f)(x) = \alpha^* \operatorname{grad} f(x)$．したがって，$\mathbb{K} = \mathbb{C}$ の場合は，対応：$f \mapsto \operatorname{grad} f$ は反線形である．他方，対応 $\operatorname{grad} : C^1_{\mathbb{R}}(D) \to C(D;V); C^1_{\mathbb{R}}(D) \ni f \mapsto \operatorname{grad} f$ は線形である．この線形作用素 grad を**勾配作用素**とよぶ．

7.1.6　勾配ベクトルと微分形式

(7.19) によって

$$df(x)(y) = \langle \operatorname{grad} f(x), y \rangle, \quad y \in V \tag{7.21}$$

であるから

$$i_*(df(x)) = \operatorname{grad} f(x). \tag{7.22}$$

ただし，i_* は V^* と V の標準同型である（4 章，4.11.2 項を参照）．したがって，

x における勾配ベクトル $\operatorname{grad} f(x)$ を知ることと f の x における微分係数 $df(x)$ を知ることは同値である．しかし，$df(x) \in V^*$ であり，一方，$\operatorname{grad} f(x) \in V$ であって，後者は V をアフィン空間として見たとき，x を始点とする束縛ベクトルと考えられる．$df(x)$ と $\operatorname{grad} f(x)$ は概念的には異なるものであることを強調しておく[7]．

7.1.7 勾配の連続性

【定理 7.11】 V を有限次元計量ベクトル空間，D は V の開集合とする．$f: D \to \mathbb{K}$ が連続微分可能ならば，$\operatorname{grad} f: D \to V$ は連続である．

証明 $\{e_i\}_i$ を V の正規直交基底とすれば，$\operatorname{grad} f(x) = \sum_{i=1}^n \epsilon(e_i) \langle e_i, \operatorname{grad} f(x) \rangle \times e_i$ と展開できる．したがって，$f'(x, e_i) = \langle e_i, \operatorname{grad} f(x) \rangle^*$．これから

$$\operatorname{grad} f(x) = \sum_{i=1}^n \epsilon(e_i) f'(x, e_i)^* e_i. \tag{7.23}$$

各 $f'(x, e_i)$ は x について連続であるから，$\operatorname{grad} f(x)$ も連続である． ■

■ **例 7.3** ■ $e_1, \cdots, e_n$ が V の正規直交基底ならば，(7.23) と (7.8) より

$$\operatorname{grad} f(x) = \sum_{i=1}^n \epsilon(e_i) \left(\frac{\partial f(x)}{\partial x^i} \right)^* e_i. \tag{7.24}$$

ただし，$x = \sum_{i=1}^n x^i e_i$．したがって，この正規直交基底による，$\operatorname{grad} f(x)$ の成分表示は

$$\left(\epsilon(e_1) \left(\frac{\partial f(x)}{\partial x^1} \right)^*, \cdots, \epsilon(e_n) \left(\frac{\partial f(x)}{\partial x^n} \right)^* \right) \tag{7.25}$$

である．$df(x)$ の成分表示との違いに注意．

!注意 7.4 V がユークリッドベクトル空間の場合には，V の正規直交基底 $\{e_i\}_i$ による，$\operatorname{grad} f(x)$ の成分表示とその双対基底による，$df(x)$ の成分表示は一致する（∵ $\epsilon(e_i) = 1$ で $f(x) \in \mathbb{R}$）．しかし，正規直交基底でない基底による，それらの成分表示は一致しない．

---

[7] この点も，$V = \mathbb{R}^n$ だけの場合を扱う旧式のベクトル解析では，明晰につかみにくい．

7.1.8 ベクトル値関数とスカラー値関数の合成関数の微分法

【定理 7.12】 V を有限次元計量ベクトル空間，D は V の開集合とする．$f : D \to \mathbb{K}$ は連続微分可能であるとし，$X : [a,b] \to D$ を滑らかな曲線とする．このとき，合成関数 $f(X(\cdot)) : [a,b] \to \mathbb{K}$ は，$[a,b]$ 上で微分可能であり

$$\frac{d}{dt}f(X(t)) = \left\langle \operatorname{grad} f(X(t)), \dot{X}(t) \right\rangle. \tag{7.26}$$

したがって，特に，任意の $t_0, t \in [a,b]$ に対して

$$f(X(t)) - f(X(t_0)) = \int_{t_0}^{t} \left\langle \operatorname{grad} f(X(s)), \dot{X}(s) \right\rangle ds. \tag{7.27}$$

証明 $g(t) := f(X(t))$ とおく．$h \in \mathbb{R} \setminus \{0\}$ として

$$\frac{g(t+h) - g(t)}{h} = \frac{f(X(t+h)) - f(X(t))}{h}.$$

定理 6.9 によって，$X(t+h) = X(t) + \dot{X}(t)h + o(h) = X(t) + h(\dot{X}(t) + r(h))$ ($r(h) = o(h)/h$)．(7.20) によって，$f(x+hy) = f(x) + \langle \operatorname{grad} f(x), y \rangle h + o(h)$．これを応用すれば

$$\frac{f(X(t+h)) - f(X(t))}{h} = \left\langle \operatorname{grad} f(X(t)), \dot{X}(t) + r(h) \right\rangle + \frac{o(h)}{h}.$$

そこで，$h \to 0$ とすれば，(7.26) が得られる．(7.26) を t_0 から t まで積分すれば (7.27) が得られる． ∎

7.1.9 勾配ベクトルの幾何学的意味

定数 $c \in \mathbb{K}$ に対して，$f : D \to \mathbb{K}$ の値が c となる点 $x \in V$ の集合

$$L_c(f) := \{x \in V \mid f(x) = c\} \tag{7.28}$$

をスカラー場 f の**等位面** (level surface) あるいは**等ポテンシャル面**という．c が f の値域になければ，$L_c(f) = \emptyset$ である[8]．$L_c(f)$ 内の任意の滑らかな曲線を $X(t)$ とする（いま，その存在は仮定する）．したがって，$f(X(t)) = c \cdots (*)$．すると，

---

[8] たとえば，$V = \mathbb{R}^2$，D が $\mathbb{R}^2$ の開集合で $f : D \to \mathbb{R}$ の場合，f のグラフ $x^3 = f(x^1, x^2)$，$(x^1, x^2) \in D$ は，$\mathbb{R}^3 = \{(x^1, x^2, x^3) \mid x^i \in \mathbb{R}, i = 1, 2, 3\}$ 内の曲面を表す．x^3 軸の正の向きに曲面の高さを測るとすれば，この例の f の等位面は，f の高さが一定となる点の集合 ($\subset D$)，すなわち，等高線を与える．

(7.26) によって，$\left\langle \operatorname{grad} f(X(t)), \dot{X}(t) \right\rangle = 0$．$\dot{X}(t)$ は曲線 X の点 $X(t)$ における接ベクトルを表すから，次の幾何学的描像が得られる：点 $x \in V$ における勾配ベクトル $\operatorname{grad} f(x)$ は，f の等位面内の曲線の点 x における接線と直交するベクトルである．

V が内積空間の場合には，勾配ベクトル $\operatorname{grad} f(x)$ は，前段で述べた幾何学的特性のほかに，もう1つ興味深い幾何学的意味をもつことが次のようにしてわかる．任意のベクトル $u \in V \setminus \{0\}$ に対して，f の微分係数の幾何学的解釈により (7.1.4 項)，$|df(x)(u)|/\|u\|$ は，点 x における，スカラー場 f の，ベクトル u の方向への増加率の大きさを表す．他方，(7.21) とシュヴァルツの不等式により

$$\frac{|df(x)(u)|}{\|u\|} \leq \|\operatorname{grad} f(x)\|, \quad x \in D.$$

ここで，等号が成立するのは，シュヴァルツの不等式における等号成立の必要十分条件により（定理 4.19(i)），定数 $k \in \mathbb{K} \setminus \{0\}$ があって，$u = k \operatorname{grad} f(x)$ となる場合である．したがって，点 x において f の増加率の大きさを最大にするベクトルの方向は $\operatorname{grad} f(x)$ の方向であることがわかる．ゆえに，点 x から $\operatorname{grad} f(x)$ の方向に平行移動するとき，かつこのときに限り，スカラー場 f の増加率の大きさは最大になる．

7.2 微分積分学の基本定理の普遍形

勾配ベクトル場の概念を用いると1変数での微分積分学の基本定理の普遍形を見出すことができる．これを $V = \mathbb{R}^n$ の場合に応用すれば，多変数の微分積分学の基本定理が得られる．準備として，まず，ベクトル場の線積分を定義する．

7.2.1 ベクトル場の線積分

V を計量ベクトル空間とし（内積空間の場合は無限次元でもよい），D を V の開集合とする．次の定義は，通常の微分積分学で習う線積分の普遍化である：

【定義 7.13】 $F : D \to V; D \ni x \mapsto F(x) \in V$ を連続なベクトル場，$X : J \to D$ を区分的に滑ら曲線とする（J は $\mathbb{R}$ の区間）．このとき，**ベクトル場 F の，X に沿う積分**——**線積分**ともいう——を

$$\int_X \langle F, dx \rangle := \int_J \langle F(X(t)), X'(t) \rangle \, dt$$

によって定義する（J が無限区間，開区間，あるいは半開区間の場合は，右辺の積分は存在すると仮定する）[9]．

【命題 7.14】 線積分 $\int_X \langle F, dx \rangle$ は曲線 X の向きを保つパラメータ変換で不変である．

証明 J が閉区間 $J = [a, b]$ の場合だけを示す（他の場合も同様）．$h : [c, d] \to [a, b]$ を全単射かつ連続微分可能な写像で $h(c) = a$, $h(d) = b$, $h'(s) > 0$, $s \in [c, d]$ をみたすものとし，$Y(s) := X(h(s))$, $s \in [c, d]$ とする．したがって，$Y'(s) = h'(s) X'(h(s))$ であり，したがって，$t = h(s)$ と変数変換すれば，通常のリーマン積分の変数変換公式により，$\int_c^d \langle F(Y(s)), Y'(s) \rangle ds = \int_a^b \langle F(X(t)), X'(t) \rangle dt$．したがって，題意が成立する． ■

C を V における曲線図形とし，X をそのパラメータ表示とする．**曲線図形 C に沿うベクトル場 F の線積分** $\int_C \langle F, dx \rangle$ を

$$\int_C \langle F, dx \rangle := \int_X \langle F, dx \rangle \tag{7.29}$$

によって定義する．命題 7.14 によって，$\int_C \langle F, dx \rangle$ は曲線図形 C とその向きだけで決まる幾何学的な量である．

■ **例 7.4** ■ $f : [a, b] \to \mathbb{R}$ を連続微分可能な関数とし，2 次元ユークリッドベクトル空間 $\mathbb{R}^2 = \{\mathbf{x} = (x^1, x^2) \mid x^1, x^2 \in \mathbb{R}\}$ において，曲線 $\mathbf{X}(t) = (t, f(t))$, $t \in [a, b]$ を考える．この曲線の像——$C_\mathbf{X}$ とする——は f のグラフ $x^2 = f(x^1)$ に他ならない．$\mathbb{R}^2$ の部分集合 D はこのグラフを含む開集合とし，$\mathbf{F} : D \to \mathbb{R}^2$; $\mathbf{x} \mapsto \mathbf{F}(\mathbf{x}) = (F^1(\mathbf{x}), F^2(\mathbf{x})) \in \mathbb{R}^2$ を連続なベクトル場とする．$\dot{\mathbf{X}}(t) = (1, f'(t))$ であるから，$\int_\mathbf{X} \langle \mathbf{F}, d\mathbf{x} \rangle = \int_a^b F^1(\mathbf{X}(t)) dt + \int_a^b F^2(\mathbf{X}(t)) f'(t) dt$．これは，通常の微分積分学で習う線積分 $\int_{C_\mathbf{X}} F^1(x^1, x^2) dx^1 + \int_{C_\mathbf{X}} F^2(x^1, x^2) dx^2$ に等しい．

■ **例 7.5** ■ $\dim V = n < \infty$ の場合を考え，D, F, X, J は定義 7.13 のものとする．$e_1, \cdots, e_n$ を V の任意の基底とする．$V \ni x = \sum_{i=1}^n x^i e_i$, $F(x) = \sum_{i=1}^n F^i(x) e_i$, $X(t) = \sum_{i=1}^n X^i(t) e_i$ と展開する．このとき，$\dot{X}(t) = \sum_{i=1}^n \dot{X}^i(t) e_i$ であるから，$g_{ij} := \langle e_i, e_j \rangle$ とおけば

$$\int_X \langle F, dx \rangle = \sum_{i,j=1}^n \int_J g_{ij} F^i(X(t))^* \dot{X}^j(t) dt. \tag{7.30}$$

---
[9] 左辺全体を 1 つのシンボルと見る．

特に $e_1, \cdots, e_n$ が下線{正規直交基底}ならば

$$\int_X \langle F, dx \rangle = \sum_{i=1}^n \int_J \epsilon(e_i) F^i(X(t))^* \dot{X}^i(t) dt. \tag{7.31}$$

7.2.2 スカラー場に関する微分積分学の基本定理

この項では，V は有限次元計量ベクトル空間であるとする．

【定理 7.15】 $f : D \to \mathbb{K}$ は連続微分可能であるとする．$x_0, x_1 \in D$ として，これらの点は D 内の区分的に滑らかな曲線で結ばれるとする．このとき，x_0 と x_1 を結ぶ，D 内の任意の区分的に滑らかな曲線 X に対して

$$\int_X \langle \text{grad}\, f, dx \rangle = f(x_1) - f(x_0). \tag{7.32}$$

証明 $g(t) = f(X(t))$ とおくと，$g'(t) = \langle \text{grad}\, f(X(t)), X'(t) \rangle$. したがって，
$\int_X \langle \text{grad}\, f, dx \rangle = \int_a^b g'(t) dt = g(b) - g(a) = f(x_1) - f(x_0)$. ∎

【系 7.16】 $f : D \to \mathbb{K}$ は連続微分可能であるとする．このとき，D 内の任意の滑らかな閉曲線 X に対して，$\int_X \langle \text{grad}\, f, dx \rangle = 0$．

証明 X が閉曲線ならば，前定理の記号では，$x_0 = x_1$ であるから，$f(x_0) = f(x_1)$. したがって，(7.32) の右辺は 0 である． ∎

7.3 スカラー場の高階の微分とラプラシアン

7.3.1 定義

スカラー場に対する高階の微分の概念を定義することも可能である．$f : D \to \mathbb{K}$ を連続微分可能なスカラー場としよう．各 $y \in V$ に対して，$f_{1,y} : D \to \mathbb{K}$ を

$$f_{1,y}(x) := f'(x, y), \quad x \in D$$

によって定義する．これは D 上の連続なスカラー場である．そこで，もし，各 $y \in V$ に対して，$f_{1,y}$ が D 上で微分可能ならば，f は **D 上で 2 回微分可能**であるという．この場合，$z \in V$ として

$$f''(x; y, z) := f'_{1,y}(x, z) \tag{7.33}$$

とおく（右辺は，$f_{1,y}$ の，点 x における z 方向への微分係数）．これを，**点 x に**

おける f の (y, z) 方向への 2 階微分係数という. 加えて, 各 $y, z \in V$ に対して, 対応: $D \ni x \mapsto f''(x; y, z)$ が連続ならば f は D 上で 2 回連続微分可能であるという.

【定理 7.17】 $f : D \to \mathbb{K}$ は D 上で 2 回連続微分可能であるとする. このとき:

(i) 各 $x \in D$ に対して, 対応: $V^2 \ni (y, z) \mapsto f''(x; y, z)$ は双線形である.

(ii) V が有限次元ならば, $f''(x; y, z)$ は y, z について対称である:

$$f''(x; y, z) = f''(x; z, y), \quad y, z \in V. \tag{7.34}$$

証明 (i) 定理 7.4 をベクトル場 $f_{1,y}$ に応用することにより, $f'_{1,y}(x, z)$ は z について線形である. また, $f_{1,y}(x)$ は y について線形であるから, その微分係数 $f'_{1,y}(x, z)$ も線形である. ゆえに $f''(x; y, z)$ は y, z について双線形である.

(ii) $\{e_1, \cdots, e_n\}$ を V の基底とする. 例 7.2 によって

$$f''(x; y, z) = \sum_{i=1}^{n} \frac{\partial f_{1,y}(x)}{\partial x^i} z^i = \sum_{i,j=1}^{n} \frac{\partial}{\partial x^i} \frac{\partial f(x)}{\partial x^j} y^j z^i. \tag{7.35}$$

特に, $f''(x; e_j, e_i) = \frac{\partial}{\partial x^i} \frac{\partial f(x)}{\partial x^j}$. この関数は, すべての $i, j = 1, \cdots, n$ について連続であるから, 通常の多変数関数の偏導関数に関するシュヴァルツの定理[10]によって, $\frac{\partial}{\partial x^i} \frac{\partial f(x)}{\partial x^j} = \frac{\partial}{\partial x^j} \frac{\partial f(x)}{\partial x^i}$. これを用いると, (7.35) の右辺は, $f''(x; z, y)$ に等しいことがわかる. ■

$f : D \to \mathbb{K}$ が 2 回連続微分可能であるとき, 各 $y_1, y_2 \in V$ に対して, スカラー場 $f_{2,y_1,y_2} : D \to \mathbb{K}$ を

$$f_{2,y_1,y_2}(x) := f''(x; y_1, y_2)$$

によって定義できる. 各 $y_1, y_2 \in V$ に対して, f_{2,y_1,y_2} が D 上で微分可能ならば, f は D 上で 3 回微分可能であるという. この場合, $y_3 \in V$ として

$$f'''(x; y_1, y_2, y_3) := f'_{1,y_1,y_2}(x, y_3) \tag{7.36}$$

によって定義される対象を, **点 x における f の (y_1, y_2, y_3) 方向への 3 階微分係**

---

[10] たとえば, 黒田成俊『微分積分』(共立出版, 2002) の p.297.

数という．加えて，各 $y_1, y_2, y_3 \in V$ に対して，対応：$D \ni x \mapsto f'''(x; y_1, y_2, y_3)$ が連続ならば f は D 上で **3 回連続微分可能である**という．

以下，同様にして，一般の自然数 n に対して，スカラー場 $f : D \to \mathbb{K}$ の n 階の微分の概念が定義される．f が D 上で n 階微分可能なとき，$y_1, \cdots, y_n \in V$ に対して，**点 x における f の $(y_1, \cdots, y_n)$ 方向への n 階微分係数** $f^{(n)}(x; y_1, \cdots, y_n)$ は

$$f^{(1)}(x; y_1) := f'(x, y_1), \quad f^{(n)}(x; y_1, \cdots, y_n) := f'_{n-1, y_1, \cdots, y_{n-1}}(x, y_n) \ (n \geq 2) \tag{7.37}$$

によって定義される．ただし，$f_{k, y_1, \cdots, y_k}(x) := f^{(k)}(x; y_1, \cdots, y_k)$, $k = 1, 2, \cdots, n-1$. これらの高階の微分係数についても定理 7.17 の自然な一般化が成り立つ．だが，それを書き下すことは，割愛する．

7.3.2　ラプラシアン

V が有限次元の実計量ベクトル空間の場合を考え，$f : D \to \mathbb{R}$ を D 上で 2 回連続微分可能な実数値スカラー場としよう．このとき，各 $x \in D$ と $y \in V$ に対して，写像 $f''(x, y) : V \to \mathbb{R}$ を

$$f''(x, y)(z) := f''(x; y, z), \quad z \in V \tag{7.38}$$

によって定義すれば，定理 7.17(i) により，$f''(x, y) \in V^*$. そこで，$f''(x) : V \to V^*$ を

$$f''(x)(y) := f''(x, y), \quad y \in V \tag{7.39}$$

によって定義できる．したがって，$i_* : V^* \to V$ を標準的計量同型とすれば（4 章, 4.11.2 項を参照），$i_* f''(x) \in \mathsf{L}(V)$. この線形作用素のトレース（2.10 節）を

$$L_f(x) := \mathrm{Tr}[i_* f''(x)], \quad x \in D \tag{7.40}$$

とすれば，対応 $L_f : x \mapsto L_f(x)$ は D 上のスカラー場を与える．

対応：$f \mapsto L_f$ は 2 回連続微分可能なスカラー場に連続なスカラー場を割り当てる構造と見ることができる．これを写像論の観点からとらえるために，スカラー場を要素する集合を導入しよう．

D 上の連続な $\mathbb{K}$ 値スカラー場の全体を $C_{\mathbb{K}}(D)$ で表す．D 上の n 回連続微分可能な $\mathbb{K}$ 値スカラー場の全体を $C_{\mathbb{K}}^n(D)$ とする[11]．これは，写像の和とスカラー

---
[11] いまは，$n = 1, 2$ の場合だけを考えれば十分である．

倍によって $\mathbb{K}$ 上のベクトル空間になる (1 章, 例 1.3 を参照).

上述の事実により, 写像 $\Delta : C^2_{\mathbb{R}}(D) \to C_{\mathbb{R}}(D)$ を

$$\Delta(f) := L_f, \quad f \in C^2_{\mathbb{R}}(D) \tag{7.41}$$

によって定義できる. 容易にわかるように, Δ は線形である. このようにして定義される線形作用素 Δ を D 上の**ラプラス作用素**または**ラプラシアン**という.

f が D 上の複素数値関数の場合には, $f(x) = f_1(x) + if_2(x)$ [i は虚数単位, $f_1(x) := \Re f(x)$ ($f(x)$ の実部), $f_2(x) := \Im f(x)$ ($f(x)$ の虚部)] という表示を用いて

$$\Delta f := \Delta f_1 + i \Delta f_2 \tag{7.42}$$

と定義する. このとき, Δ は $C^2_{\mathbb{C}}(D)$ から $C_{\mathbb{C}}(D)$ への線形作用素である.

ラプラシアンを用いて, 理論上も応用上も重要な役割を果たすことになる, D 上の関数のクラスを導入することができる: スカラー場 $\phi \in C^2_{\mathbb{C}}(D)$ が

$$\Delta \phi = 0 \tag{7.43}$$

をみたすとき, すなわち, $\phi \in \ker \Delta$ であるとき, ϕ を D 上の**調和関数** (harmonic function) という. 方程式 (7.43) を**ラプラス方程式** (Laplace equation) という (調和関数の例については, 次の項を参照).

7.3.3 ラプラシアンの座標表示と調和関数の例

前項で導入したラプラシアンという線形作用素は, その定義から明らかなように, 座標の取り方によらない絶対的な対象である. だが, 具体的な問題では, 座標表示を用いると便利な場合が多い. そこで, 次にラプラシアンの座標表示を見ておこう.

$f : D \to \mathbb{R}$ を上述のスカラー場とする. $\dim V = n$, $E = \{e_1, \cdots, e_n\}$ を V の任意の基底とし, E の双対基底を $\{\phi^1, \cdots, \phi^n\}$ とする. このとき, (7.35) によって

$$f''(x)(y) = \sum_{i,j=1}^n \frac{\partial^2 f(x)}{\partial x^i \partial x^j} y^i \phi^j. \tag{7.44}$$

したがって, $i_* f''(x)(u) = \sum_{i,j=1}^n \frac{\partial^2 f(x)}{\partial x^i \partial x^j} u^i \left(\sum_{k=1}^n g^{jk} e_k \right)$. ただし, $g_{ij} := \langle e_i, e_j \rangle_V$ であり, g^{ij} は計量行列 (g_{ij}) の逆行列の (i,j) 成分である (4 章, 4.11.3

項を参照). ゆえに, トレースの公式 (2.39) を応用することにより

$$(\Delta f)(x) = \sum_{i=1}^{n}\sum_{j=1}^{n} g^{ij}\frac{\partial^2 f(x)}{\partial x^i \partial x^j} \tag{7.45}$$

という美しい表式が得られる.

特に, <u>E が正規直交基底の場合</u>には, $g^{ij} = \epsilon(e_i)\delta^{ij}$ となるので

$$(\Delta f)(x) = \sum_{i=1}^{n} \epsilon(e_i)\frac{\partial^2 f(x)}{(\partial x^i)^2} \tag{7.46}$$

という形をとる.

■ **例 7.6** ■

(i) V が n 次元 <u>ユークリッドベクトル空間の場合</u>. この場合, $\epsilon(e_i) = 1$ であるから

$$\Delta\phi(x) = \Delta_n\phi(x) := \sum_{i=1}^{n}\frac{\partial^2 \phi(x)}{(\partial x^i)^2}. \tag{7.47}$$

ここで, 作用素

$$\Delta_n := \sum_{i=1}^{n}\frac{\partial^2}{(\partial x^i)^2} \tag{7.48}$$

は **$\mathbb{R}^n$ におけるラプラシアン**または **n 次元ラプラシアン**とよばれる.

(ii) V が $n = s+1$ 次元 <u>ミンコフスキーベクトル空間の場合</u>. この場合, $\{e_0, e_1, \cdots, e_s\}$ をローレンツ基底とし, $x = \sum_{\mu=0}^{s} x^\mu e_\mu$ とすれば, $\epsilon(e_0) = 1, \epsilon(e_i) = -1, i = 1, \cdots, s$ であるので

$$\Delta\phi(x) = \Box_{s+1}\phi(x) := \frac{\partial^2 \phi(x)}{(\partial x^0)^2} - \sum_{i=1}^{s}\frac{\partial^2 \phi(x)}{(\partial x^i)^2}. \tag{7.49}$$

となる. ここで, 作用素

$$\Box_{s+1} := \frac{\partial^2}{(\partial x^0)^2} - \sum_{i=1}^{s}\frac{\partial^2}{(\partial x^i)^2} \tag{7.50}$$

は $(s+1)$ 次元の**ダランベールシャン** (d'Alembertian) とよばれる.

!注意 7.5 通常, ラプラシアンという語は (したがって, ラプラス方程式も), ユークリッドベクトル空間のそれ (i.e., Δ_n) に限定して使われる場合が多い. しかし, **本書にいうラプラシアンは**, 上の例からわかるように, **不定計量ベクトル空間の場合も**

含むものである．この点は特に強調しておきたい．すなわち，本書におけるラプラシアンは，ユークリッドベクトル空間におけるラプラシアンとダランベールシャンを含む統一概念なのである．しかも，単に統一概念であるというだけでなく，(7.40) という形において，ラプラシアンの，座標から自由な，普遍的・絶対的本質をとらえたものである．

■ **例 7.7** ■（クーロン型ポテンシャル） V を n 次元ユークリッドベクトル空間とし，スカラー場 $\varphi: V \setminus \{0\} \to V$ を

$$\varphi(x) = \frac{\alpha}{\|x\|}$$

によって定義する．ただし，$\alpha \in \mathbb{R}, \alpha \neq 0$ は実定数である．このとき，φ は調和関数 $\iff n = 3$ (問題 2)．

■ **例 7.8** ■ V を $(s+1)$ 次元ミンコフスキーベクトル空間とし，ベクトル $k \in V$ は $\langle k, k \rangle = 0$ をみたすとする．f を $\mathbb{R}$ 上の 2 回連続微分可能な複素数値関数とし，スカラー場 $\phi_k: V \to \mathbb{R}$ を

$$\phi_k(x) := f(\langle k, x \rangle), \quad x \in V$$

によって定義する．このとき，ϕ_k は調和関数である：$\Delta\phi_k(x) = 0$ （問題 3）．

具体的な例としては，**V における平面波** $\phi_k(x) = A_k e^{i\langle k,x \rangle}$ がある（A_k は定数）．

7.3.4 スカラー場の高階の連続微分可能性の特徴づけ

$\dim V = n$ とし，E, D_E, f_E は 7.1.2 項のものとする．

【**命題 7.18**】 $p \in \mathbb{N}$ とする．スカラー場 $f: D \to \mathbb{K}$ が p 回連続微分可能であるための必要十分条件は，D_E 上で f_E の p 階までの偏導関数が存在し，かつ各偏導関数 $\partial^r f_E / \partial x^{i_1} \cdots \partial x^{i_r}$ ($r = 1, \cdots, p, \; i_1, \cdots, i_r = 1, \cdots, n$) が連続であることである．この場合

$$f^{(r)}(x; y_1, \cdots, y_r) = \sum_{i_1, \cdots, i_r = 1}^{n} \frac{\partial^r f_E(x)}{\partial x^{i_1} \cdots \partial x^{i_r}} y_1^{i_1} \cdots y_r^{i_r},$$
$$x \in D, \; y_k \in V, \; k = 1, \cdots, r \quad (7.51)$$

が成り立つ．

証明 （必要性） $f: D \to \mathbb{K}$ が p 回連続微分可能であるとしよう．このとき，命題 7.7 の証明と同様の計算により，D_E 上で f_E の p 階までの偏導関数は存在し，

(7.51) が成り立つことがわかる．したがって，特に

$$f^{(r)}(x; e_{i_1}, \cdots, e_{i_r}) = \frac{\partial^r f_E(x)}{\partial x^{i_1} \cdots \partial x^{i_r}}. \tag{7.52}$$

左辺は $x \in D$ について連続であるから，右辺は D_E 上で連続である．

(十分性) 命題 7.7 の十分性の証明と同様（p についての帰納法で証明せよ）．

7.4 ベクトル場の微分

7.4.1 定義

V を計量ベクトル空間（不定計量の場合は有限次元とする），W を有限次元計量ベクトル空間とし，$D \subset V$ を開集合とする．写像 $u: D \to W$ を考える（すなわち，u は D 上の W 値ベクトル場）．点 $x \in D$ と $y \in V$ に対して

$$u'(x, y) := \lim_{h \to 0} \frac{u(x + hy) - u(x)}{h} \in W \tag{7.53}$$

が存在するとき，u は**点 x において y 方向に微分可能**であるといい，$u'(x, y)$ を**点 x における，u の y 方向への微分係数**という．

すべての $x \in D$ と $y \in V$ に対して，$u'(x, y)$ が存在するとき，u は D 上で**微分可能**であるという．この場合，もし，対応：$x \mapsto u'(x, y) \in W$ が x について連続であるならば，u は D において**連続微分可能**であるという．

D 上の連続微分可能な W 値ベクトル場の全体を $C^1(D; W)$ で表す．この集合は，$C(D; W)$ の場合と同様，ベクトル値写像の和とスカラー倍に関して，$\mathbb{K}$ 上のベクトル空間になる．

定理 7.4 の拡張として，次の事実が成立する：

【定理 7.19】 $u \in C^1(D; W)$ とする．このとき，各 $x \in D$ に対して，対応：$V \ni y \mapsto u'(x, y)$ は線形である．

証明 $\dim W = m$ とし，$w_1, \cdots, w_m$ を W の任意の基底とする．このとき，$u(x) = \sum_{i=1}^m u^i(x) w_i$ と展開できる．成分関数 u^i は D から $\mathbb{K}$ への写像である．u の連続微分可能性により，u^i も D 上で連続微分可能であり

$$u'(x, y) = \sum_{i=1}^m (u^i)'(x, y) w_i \tag{7.54}$$

が成り立つ[12]．定理 7.4 によって，$(u^i)'(x,y)$ は y について線形であるから，$u'(x,y)$ は y について線形である． ∎

!注意 7.6 上の証明から，W の任意の基底 $\{w_1, \cdots, w_m\}$ について

$$u'(x,y) = \sum_{i=1}^{m} du^i(x)(y) w_i \tag{7.55}$$

と書けることがわかる（du^i は u^i の微分形式）．

$u: D \to W$ は D 上で連続微分可能であるとする．このとき，定理 7.19 によって，各 $x \in D$ に対して，線形作用素 $u'(x): V \to W$ を

$$u'(x)(y) := u'(x,y), \quad y \in V \tag{7.56}$$

によって定義できる．この線形作用素を点 x における u の**微分係数**または**導関数**という．

W 値ベクトル場に対する高階の微分の概念を定義することも可能である．$u: D \to W$ は連続微分可能な W 値ベクトル場としよう．各 $y \in V$ に対して，$u_{1,y}: D \to W$ を

$$u_{1,y}(x) := u'(x, y), \quad x \in D$$

によって定義する．これは D 上の W 値の連続なベクトル場である．そこで，もし，$u_{1,y}$ が D 上で微分可能ならば，u は **D 上で 2 回微分可能である**という．この場合，$z \in V$ として

$$u''(x; y, z) := u'_{1,y}(x, z) \tag{7.57}$$

とおく（右辺は，$u_{1,y}$ の点 x における z 方向への微分係数）．加えて，各 $y, z \in V$ に対して，対応：$D \ni x \mapsto u'_{1,y}(x, z)$ が連続ならば u は **D 上で 2 回連続微分可能である**という．

D 上で 2 回連続微分可能な W 値ベクトル場の全体を $C^2(D; W)$ で表す．この集合も，$C(D; W), C^1(D, W)$ と同様に，ベクトル値写像の和とスカラー倍に関して，$\mathbb{K}$ 上のベクトル空間になる．

【定理 7.20】 $u \in C^2(D; W)$ とする．このとき，各 $x \in D$ に対して，対応：$V^2 \ni (y, z) \mapsto u''(x; y, z)$ は双線形である．

---
[12] 命題 5.3 の証明と同様．

証明 定理 7.19 をベクトル場 $u_{1,y}$ に応用することにより,$u'_{1,y}(x,z)$ は z について線形である.また,$u_{1,y}(x)$ は y について線形であるから,その微分係数 $u'_{1,y}(x,z)$ も線形である.ゆえに $u''(x;y,z)$ は y,z について双線形である. ∎

7.4.2 微分係数の共役作用素

この項では,V,W はともに有限次元であるとする.この場合には,各線形作用素 $T \in \mathsf{L}(V,W)$ に,その共役作用素 $T^* \in \mathsf{L}(W,V)$ が同伴する.そこで,線形作用素 $u'(x) : V \to W$ の共役作用素 $u'(x)^* : W \to V$ がどういう形をとるかを見よう:

【定理 7.21】 $u : D \to W$ は D 上で連続微分可能であるとする.このとき,任意の $x \in D, w \in V$ に対して,

$$u'(x)^*(w) = \operatorname{grad} \langle w, u(x) \rangle_W. \tag{7.58}$$

ただし,右辺はスカラー場 $: x \mapsto \langle w, u(x) \rangle$ の勾配である.

証明 共役作用素の定義により,$\langle u'(x)^*(w), y \rangle_V = \langle w, u'(x)(y) \rangle_W$,$y \in V, w \in W \cdots (*)$.$f(x) := \langle w, u(x) \rangle_W$ とおけば,$(*)$ の右辺は $df(x)(y)$ に等しく,これは $\langle \operatorname{grad} f(x), y \rangle_V$ に等しい.ゆえに $\langle u'(x)^*(w), y \rangle_V = \langle \operatorname{grad} f(x), y \rangle_V$.これがすべての $y \in V$ について成り立つから,$u'(x)^*(w) = \operatorname{grad} f(x)$ でなければならない.これは (7.58) に他ならない ∎

7.4.3 行列表示

以下,V,W は有限次元であるとし,$u : D \to W$ は連続微分可能であるとする.微分係数 $u'(x) \in \mathsf{L}(V,W)$ の行列表示がどうなるかを見てみよう.$\dim V = n, \dim W = m$ とし,$E = \{e_i\}_{i=1,\cdots,n}$ を V の任意の基底,$F = \{f_j\}_{j=1,\cdots,m}$ を W の任意の基底とする.各 $x \in D$ に対して $u(x) \in W$ であるから

$$u(x) = \sum_{j=1}^{m} u^j(x) f_j, \quad x \in D$$

と展開できる.$(u^1(x), \cdots, u^m(x)) \in \mathbb{K}^m$ は,基底 F に関する $u(x)$ の成分表示である.したがって,$u'(x,y) = \sum_{j=1}^{m} du^j(x)(y) f_j$,$y \in V$ を得る.これは

$$u'(x)(y) = \sum_{j=1}^{m} du^j(x)(y) f_j = \sum_{k=1}^{n} \sum_{j=1}^{m} \frac{\partial u^j(x)}{\partial x^k} y^k f_j \tag{7.59}$$

を意味する．ただし，$x = \sum_{i=1}^n x^i e_i, y = \sum_{i=1}^n y^i e_i$．したがって，基底 E, F に関する $u'(x)$ の行列表示は

$$\left(u'(x)_i^j\right) = \begin{pmatrix} \frac{\partial u^1(x)}{\partial x^1} & \frac{\partial u^1(x)}{\partial x^2} & \cdots & \frac{\partial u^1(x)}{\partial x^n} \\ \frac{\partial u^2(x)}{\partial x^1} & \frac{\partial u^2(x)}{\partial x^2} & \cdots & \frac{\partial u^2(x)}{\partial x^n} \\ & \cdots & \cdots & \\ \frac{\partial u^m(x)}{\partial x^1} & \frac{\partial u^m(x)}{\partial x^2} & \cdots & \frac{\partial u^m(x)}{\partial x^n} \end{pmatrix} \tag{7.60}$$

となる．この行列を V と W の与えられた基底 E, F に関する，W 値ベクトル場 $u(x)$ の**ヤコビ行列** (Jacobi matrix) または**関数行列**という．

7.4.4 テイラーの公式

標準的な微分積分学で学ぶ，$\mathbb{R}^n$ 上のスカラー値関数に関するテイラーの公式は，次のように普遍化される：

【定理 7.22】(**ベクトル場に関するテイラー** (Taylor) **の公式**)　V, W は有限次元であるとする．各 $x_0 \in D$ に対して，$D_{x_0} := D \setminus \{x_0\}$ とおく．ベクトル場 $v_{x_0} : D_{x_0} \to W$ で $\lim_{x \to x_0} v_{x_0}(x) = 0_W$ かつ

$$u(x) = u(x_0) + u'(x_0)(x - x_0) + v_{x_0}(x) \|x - x_0\|, \quad x \in D_{x_0} \tag{7.61}$$

をみたすものが存在する．ここで，$\|\cdot\|$ は，V が有限次元不定計量ベクトル空間の場合には，V の任意の内積から決まるノルムを表す．

証明　$x \in D_{x_0}$ ならば，$\|x - x_0\| \neq 0$ であるから，$v_{x_0} : D_{x_0} \to V$ を

$$v_{x_0}(x) := \frac{u(x) - u(x_0) - u'(x_0)(x - x_0)}{\|x - x_0\|} = \frac{u(x) - u(x_0)}{\|x - x_0\|} - u'(x_0)n(x),$$
$x \in D_{x_0}$

によって定義できる．ただし，$n(x) := (x - x_0)/\|x - x_0\|$．これを用いると (7.61) が成り立つので，$\lim_{x \to x_0} v_{x_0}(x) = 0$ を示せばよい．$f_1, \cdots, f_m$ を W の 1 つの基底とし，$u(x) = \sum_{i=1}^m u^i(x) f_i$ と展開する．このとき，$u'(x)(y) = \sum_{i=1}^m (u^i)'(x, y) f_i$ であるから，$v_{x_0}(x) = \sum_{i=1}^m \phi^i(x) f_i$ と書ける．ただし，

$$\phi^i(x) := \frac{u^i(x) - u^i(x_0)}{\|x - x_0\|} - (u^i)'(x_0, n(x)).$$

したがって，$\lim_{x \to x_0} \phi^i(x) = 0$ $(i = 1, \cdots, n) \cdots (*)$ を示せば十分である．平均値の定理（定理 7.3）により，ある $\theta, 0 < \theta < 1$ があって

$$\frac{u^i(x) - u^i(x_0)}{\|x - x_0\|} = (u^i)'(x_0 + \theta(x - x_0), n(x))$$

が成り立つ．したがって，$\phi^i(x) = \langle \operatorname{grad} u^i(x_0 + \theta(x - x_0)) - \operatorname{grad} u^i(x_0), n(x) \rangle$．シュヴァルツの不等式と $\|n(x)\| = 1$ を用いると

$$|\phi^i(x)| \leq \|\operatorname{grad} u^i(x_0 + \theta(x - x_0)) - \operatorname{grad} u^i(x_0)\|.$$

$\operatorname{grad} u^i$ は x_0 で連続であるから（定理 7.11），$x \to x_0$ のとき，右辺は 0 に収束する．ゆえに $(*)$ が成り立つ． ∎

テイラーの公式の意味の 1 つは次の通りである．

一般に，写像 $L : V \to W$ が定ベクトル $a \in W$ と線形作用素 $T : V \to W$ を用いて

$$L(x) = a + Tx, \quad x \in V$$

と表されるとき，L を **V 上の 1 次式**という．これは，V, W をアフィン空間と見るとき，アフィン写像である（2 章，2.11.6 項）．

写像 $G : V \to W$ を

$$G(x) := u(x_0) + u'(x_0)(x - x_0), \quad x \in V$$

によって定義すると，(7.61) は

$$\lim_{x \to x_0} \frac{u(x) - G(x)}{\|x - x_0\|} = 0$$

を意味する．この意味で，$G(x)$ は x_0 の近傍における $u(x)$ の近似を与える．しかも，G は V 上の 1 次式である．よって，連続微分可能な W 値関数はその定義域の任意の点の近傍において，その点での値と微分係数から決まる 1 次式により，近似できる．しかも，$G(x)$ による近似は，次の定理の意味で 1 次式による最良の近似を与える．

【定理 7.23】 $L : V \to W$ を 1 次式とする．もし，$\lim_{x \to x_0}(u(x) - L(x))/\|x - x_0\| = 0$，$x \in D_{x_0}$ ならば，$L(x) = G(x), x \in D$．

証明 $L(x) = b + T(x-x_0), x \in V$ $(b \in W, T \in \mathsf{L}(V,W))$ として一般性を失わない[13]. $x \in D$ に対して

$$\frac{u(x) - L(x)}{\|x - x_0\|} = \frac{u(x_0) - b}{\|x - x_0\|} + Sn(x) + v_{x_0}(x).$$

ただし，$S = u'(x_0) - T$. 3角不等式と $\|n(x)\| = 1$ によって

$$\frac{\|u(x) - L(x)\|}{\|x - x_0\|} \geq \frac{\|u(x_0) - b\|}{\|x - x_0\|} - \|S\| - \|v_{x_0}(x)\|.$$

もし，$u(x_0) \neq b$ とすれば，右辺は，$x \to x_0$ のとき，無限大に発散する．したがって $u(x) - L(x) = S(x - x_0) + v_{x_0}(x)\|x - x_0\|$. これと3角不等式により

$$\frac{\|S(x - x_0)\|}{\|x - x_0\|} \leq \|v_{x_0}(x)\| + \frac{\|u(x) - L(x)\|}{\|x - x_0\|}.$$

したがって，$\lim_{x \to x_0} \|S(x - x_0)\|/\|x - x_0\| = 0$. これは，$x$ を x_0 に近づける仕方によらない．すると一般的命題（問題4）により，$S = 0$ でなければならない．すなわち，$T = u'(x_0)$. よって，$L(x) = G(x)$. ∎

7.4.5 ベクトル場の2階の微分とベクトル場に対するラプラシアンの作用

次の定理は，スカラー場の微分係数に関する定理（定理 7.17）のベクトル場版である：

【定理 7.24】 $u : D \to W$ は D 上で2回連続微分可能であるとする．$\dim W = m$ とし，$w_1, \cdots, w_m$ を W の任意の基底とし，

$$u(x) = \sum_{j=1}^{m} u^j(x) w_j \tag{7.62}$$

と展開する．このとき：

各 $x \in D$ に対して，対応：$V^2 \ni (y, z) \mapsto u''(x; y, z)$ は双線形であり

$$u''(x; y, z) = \sum_{j=1}^{m} (u^j)''(x; y, z) w_j \tag{7.63}$$

が成り立つ $((u^j)''(x; y, z)$ はスカラー場 $u^j : D \to \mathbb{K}$ の2階微分係数).

---
[13] $L(x) = a + Tx$ ならば，$b = a + Tx_0$ とすればよい．

証明 (7.54) により
$$u_{1,y}(x) = \sum_{j=1}^{m} u_{1,y}^j(x) w_j.$$

したがって，任意の $z \in V$ に対して
$$u'_{1,y}(x,z) = \sum_{j=1}^{m} (u_{1,y}^j)'(x,z) w_j.$$

これは (7.63) を意味する．$(u^j)''(x;y,z)$ は y, z について双線形であるから，$u''(x;y,z)$ もそうである． ∎

V が有限次元のとき，D 上で2回連続微分可能なベクトル場 $u : D \to W$ に対して，ラプラシアンの作用 Δu を

$$(\Delta u)(x) := \sum_{j=1}^{m} (\Delta u^j)(x) w_j \tag{7.64}$$

によって定義する．右辺が W の基底 $\{w_j\}_j$ の取り方によらないことは容易に確かめられる．

7.4.6 高階の微分

スカラー場の場合と同様の考え方に立って，ベクトル場 $u : D \to W$ に関する3階以上の微分の概念を次のように帰納的に定義することができる．すなわち，$n \geq 2$ に対して，$(n-1)$ 階までの微分可能性が定義でき，$(n-1)$ 階の微分係数 $u^{(n-1)}(x; y_1, \cdots, y_{n-1}) \in W$ ($x \in D, y_1, \cdots, y_{n-1} \in V$) は各 $y_1, \cdots, y_{n-1}$ について線形であるとする ($u^{(1)}(x; y_1) := u'(x, y_1)$)．このとき，各 $y_1, \cdots, y_{n-1} \in V$ に対して，ベクトル場 $u_{n-1, y_1, \cdots, y_{n-1}} : D \to W$ を

$$u_{n-1, y_1, \cdots, y_{n-1}}(x) := u^{(n-1)}(x; y_1, \cdots, y_{n-1}) \tag{7.65}$$

によって定義する．もし，$u_{n-1, y_1, \cdots, y_{n-1}}$ が微分可能であるならば，u は n 回微分可能であるという．この場合

$$u^{(n)}(x; y_1, \cdots, y_n) := u'_{n-1, y_1, \cdots, y_{n-1}}(x, y_n), \quad y_n \in V \tag{7.66}$$

とおき，これを点 x における u の $(y_1, \cdots, y_n)$ 方向への n 階微分係数という．

$u^{(n)}(x; y_1, \cdots, y_n)$ がすべての $(y_1, \cdots, y_n) \in V^n$ に対して，x について D 上で連続であるとき，u は **n 回連続微分可能**であるという．

W 値ベクトル場 u は n 回連続微分可能であるとし，$u(x) \in W$ を (7.62) のように展開する．このとき，各成分関数 $u^j: D \to \mathbb{K}$ は n 回連続微分可能であって

$$u^{(n)}(x; y_1, \cdots, y_n) = \sum_{j=1}^m (u^j)^{(n)}(x; y_1, \cdots, y_n) w_j \tag{7.67}$$

が成り立つ（証明は容易）．

V が有限次元ならば，$u^{(n)}(x; y_1, \cdots, y_n)$ は $y_1, \cdots, y_n$ について対称であること，すなわち，任意の置換 $\sigma \in \mathsf{S}_n$ に対して

$$u^{(n)}(x; y_{\sigma(1)}, \cdots, y_{\sigma(n)}) = u^{(n)}(x; y_1, \cdots, y_n)$$

が成り立つことも，$n = 2$ の場合と同様にして確かめられる．

【系 7.25】 $\dim V = n \in \mathbb{N}$ とし，E, D_E は 7.1.2 項のものとする．$u: D \to W$ が n 回連続微分可能であるための必要十分条件は，各成分関数 u^j を D_E 上の関数と見たとき，それが n 回まで偏導関数をもち，かつそれらが D_E 上で連続であることである．この場合，展開 (7.62) に応じて

$$u^{(r)}(x; y_1, \cdots, y_r) = \sum_{j=1}^m \sum_{i_1, \cdots, i_r = 1}^n \frac{\partial^r u^j(x)}{\partial x^{i_1} \cdots \partial x^{i_r}} y_1^{i_1} \cdots y_r^{i_r} w_j \tag{7.68}$$

が成り立つ $(x = \sum_{i=1}^n x^i e_i \in D)$．

証明 命題 7.18 の証明と同様（(7.67) に注意）． ∎

7.5 ベクトル場の発散

7.5.1 定義と基本的性質

連続微分可能なベクトル場から自然な仕方で導かれるスカラー場が存在することを見よう．

V を $\mathbb{K}$ 上の n 次元計量ベクトル空間とし，D を V の開集合とする．ベクトル場 $u: D \to V$ は連続微分可能であるとする．このとき，$u'(x) \in \mathsf{L}(V)$ であるから，$u'(x)$ に固有のスカラー量の 1 つとして，そのトレース $\mathrm{Tr}\, u'(x)$ がある（2 章，2.10 節を参照）．そこで次の定義を設ける．

【定義 7.26】 D 上のスカラー場 $\operatorname{div} u : D \to \mathbb{K}$ を

$$\operatorname{div} u(x) := \operatorname{Tr} u'(x), \quad x \in D \tag{7.69}$$

によって定義し，これを u の**発散** (divergence) という．

線形作用素のトレースは計量によらないから，$\operatorname{div} u(x)$ は計量によらない，u だけから決まる量である．

V の任意の基底 $\{e_i\}_{i=1,\cdots,n}$ に関する u の成分関数を $(u^i)_{i=1}^n$ とし，$u'(x)$ の行列表示（7.4.3項）を用いると

$$\operatorname{div} u(x) = \sum_{i=1}^n \frac{\partial u^i(x)}{\partial x^i} \tag{7.70}$$

という表示が得られる．

！注意 7.7 成分表示に頼る旧式のベクトル解析（$\mathbb{R}^n$ 上のベクトル解析）では，いきなり，$\operatorname{div} u(\mathbf{x})$ [$\mathbf{x} = (x^1, \cdots, x^n) \in \mathbb{R}^n$] を (7.70) で定義する場合が多い．しかし，これでは $\operatorname{div} u(x)$ の数学的本質ないし起源を認識することは困難であろう．ここで与えた定義から明らかなように，ベクトル場の発散というのは，$\mathbb{R}^n$ におけるベクトル場だけでなく，任意の計量ベクトル空間におけるベクトル場に対しても（座標表示や計量とは独立に）定義される絶対的・普遍的な対象である．(7.70) はその特殊な表示にすぎない．線形作用素があれば，それをスカラーと結びつける量の1つとしてトレースを考えるのは自然であるから，$\operatorname{div} u$ に関する上述の定義は，数学的に自然な展開の1つなのである．さらに言えば，このような観点に立つことによってはじめて，線形作用素論との有機的なつながりも把握することができ，より普遍的かつ高次の認識を得ることができるのである．

■ **例 7.9** ■ $C \in \mathbb{R}, p > 0$ を定数とし，$V = \mathbb{R}^n$ におけるベクトル場 $\mathbf{F}(\mathbf{x}) = C\mathbf{x}/\|\mathbf{x}\|^p$, $x \in \mathbb{R}^n \setminus \{0\}$ の発散を求めてみよう．$\mathbb{R}^n$ の標準基底に関する $\mathbf{F}(\mathbf{x})$ の成分を $F^1(\mathbf{x}), \cdots, F^n(\mathbf{x})$ とすれば $F^i(\mathbf{x}) = Cx^i/(\sum_{i=1}^n (x^i)^2)^{p/2}$. したがって

$$\frac{\partial F^i(\mathbf{x})}{\partial x^i} = \frac{1}{\|\mathbf{x}\|^p} - p\frac{(x^i)^2}{\|\mathbf{x}\|^{p+2}}.$$

ゆえに

$$\operatorname{div} \mathbf{F}(\mathbf{x}) = \frac{n-p}{\|\mathbf{x}\|^p}.$$

したがって，特に，$n = p \implies \operatorname{div} \mathbf{F}(\mathbf{x}) = 0$.

【命題 7.27】 $u : D \to V$ が連続微分可能ならば，$\mathrm{div}\, u : D \to \mathbb{K}$ は連続である．

証明 (7.70) の右辺の各項の関数 $\partial u^i(x)/\partial x^i$ は連続である．したがって，題意が成立する． ∎

7.5.2 発散の幾何的ないし物理的描像

3 次元ユークリッドベクトル空間 V において任意の正規直交基底 $E := \{e_1, e_2, e_3\}$ をとり，この基底による，任意の点 $x \in V$ の座標表示を (x^1, x^2, x^3) とする．すなわち，$x = x^1 e_1 + x^2 e_2 + x^3 e_3$．$D$ を V の開集合とし，D 上のベクトル場 $u : D \to V$ が与えられたとする．これは，物理的には，たとえば，**流体**（液体，気体）や**熱**あるいは**電場**や**磁場**のような "場の流れ" を記述する（$\|u(x)\|$ は，点 x において，$u(x)$ の "向き" に，単位面積，単位時間あたりに流れる "**場の流量**" を表す）．$u(x) = \sum_{i=1}^{3} u^i(x) e_i$ と展開する．

点 $x \in D$ を中心とする，1 辺の長さがそれぞれ，a_1, a_2, a_3 の非常に "小さい" 直方体 $\mathcal{R}_x = \{y = (y^1, y^2, y^3) \mid |y^i - x^i| \leq a_i, i = 1, 2, 3\}$ を考える（図 7.2）．

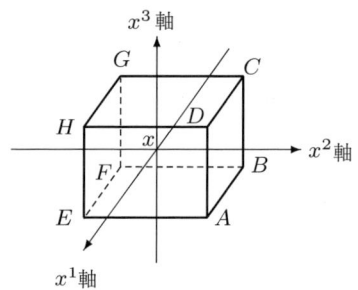

$$\overline{AB} = a_1, \quad \overline{AE} = a_2, \quad \overline{AD} = a_3$$

図 7.2 微小直方体 $\mathcal{R}_x$

このとき，x^1 軸の正の向きに向かって出ていく流量（= [面 $ADHE$ から出ていく流量] − [面 $BCGF$ から入る流量]）は近似的に

$$(\langle e_1, u(x + a_1 e_1/2) \rangle - \langle e_1, u(x - a_1 e_1/2) \rangle) a_2 a_3 \approx \frac{\partial u^1(x)}{\partial x^1} |\mathcal{R}_x|.$$

ただし，$|\mathcal{R}_x| := a_1 a_2 a_3$ は $\mathcal{R}_x$ の体積である．同様に，x^2 軸の正の向きに向かって出ていく流量（= [面 $ABCD$ から出ていく流量] − [面 $EFGH$ から入る流量]）は近似的に

$$(\langle e_2, u(x+a_2e_2/2)\rangle - \langle e_2, u(x-a_2e_2/2)\rangle)\,a_1a_3 \approx \frac{\partial u^2(x)}{\partial x^2}|\mathcal{R}_x|$$

であり，x^3 軸の正の向きに向かって出ていく流量（=[面 $DCGH$ から出ていく流量]−[面 $ABFE$ から入る流量]）は近似的に

$$(\langle e_3, u(x+a_3e_3/2)\rangle - \langle e_3, u(x-a_3e_3/2)\rangle)\,a_1a_2 \approx \frac{\partial u^3(x)}{\partial x^3}|\mathcal{R}_x|$$

である．したがって，直方体 $\mathcal{R}_x$ から流れ出る総流量を $I(x)$ とすれば

$$I(x) = |\mathcal{R}_x|(\operatorname{div} u(x) + o(|\mathcal{R}_x|))$$

と表される．したがって

$$\lim_{|\mathcal{R}_x|\to 0} I(x)/|\mathcal{R}_x| = \operatorname{div} u(x). \tag{7.71}$$

ところで，$\lim_{|\mathcal{R}_x|\to 0} I(x)/|\mathcal{R}_x|$ は点 x における**場の流出量密度**（単位体積あたりの流出量）である．よって，u が何らかの場の流れを表すとした場合，$\operatorname{div} u(x)$ は点 x における場の流出量密度を表す．したがって，$D_E := \{(x^1, x^2, x^3) \in \mathbb{R}^3 \mid \sum_{i=1}^3 x^i e_i \in D\}$ 上の関数としての $\operatorname{div} u : (x^1, x^2, x^3) \mapsto \operatorname{div} u\left(\sum_{i=1}^3 x^i e_i\right)$ の積分 $\int_{D_E} \operatorname{div} u(x) dx^1 dx^2 dx^3$ は，D 全体から流れ出る場の総量であると解釈される[14]．

■ **例 7.10** ■ 時刻 t，点 x における流体の速度を $v(t, x) \in V$ とし，点密度（単位体積あたりの質量）を $\rho(t, x)$ とするとき，ベクトル場 $u(t, x) = \rho(t, x)v(t, x)$ は**流束密度**とよばれる．$u(t, x)$ は時刻 t，点 x において，単位時間に単位断面積を流れる流体のベクトル量を表すベクトルである．

流体は V のどの点でも生成したり消滅したりすることがないとしよう．このとき，物理的に見ると，時刻 t において，任意の点 x における単位体積あたりの流体の減少量は $-\partial \rho/\partial t$ であり，これは，上の解釈にしたがえば，$\operatorname{div} u$ に等しくなければならない．したがって

$$\operatorname{div} u = -\frac{\partial \rho}{\partial t}$$

が成り立つはずである．この関係式は生成・消滅をしない流体の方程式の基本条件として要請（仮定）される式であって，通常，**連続の方程式**とよばれている．

---

[14] 7.8.1 項において，抽象ベクトル空間上のスカラー場の積分を定義する．また，発散に関する積分定理については，10 章で詳しく論じる．

7.5.3 ラプラシアンとの関係

各 $u \in C^1(D;V)$ に対して，$\mathrm{div}\, u \in C_{\mathbb{K}}(D)$ を割り当てる対応は $C^1(D;V)$ から $C_{\mathbb{K}}(D)$ への 1 つの写像を定義する．この写像を div という記号で表し，これを**発散作用素**とよぶ．これが線形であることは容易にわかる．次の興味深い事実がある：

【命題 7.28】 $C^2_{\mathbb{R}}(D)$ から $C_{\mathbb{R}}(D)$ への線形作用素として，作用素の等式

$$\Delta = \mathrm{div}\,\mathrm{grad} \tag{7.72}$$

が成り立つ．

証明 $f \in C^2_{\mathbb{R}}(D)$ とする．$\{e_1, \cdots, e_n\}$ を V の正規直交基底としよう．このとき，(7.70) と (7.24) によって，$(\mathrm{div}\,\mathrm{grad}\, f)(x) = \sum_{i=1}^n \epsilon(e_i) \frac{\partial^2 f(x)}{(\partial x^i)^2}$．これは，(7.46) によって，$(\Delta f)(x)$ に等しい．したがって，$\Delta f = \mathrm{div}\,\mathrm{grad}\, f$．これがすべての $f \in C^2_{\mathbb{R}}(D)$ について成り立つから，(7.72) が得られる． ∎

(7.72) から，ただちに次の結果が導かれる：

【系 7.29】 スカラー場 $\phi : D \to \mathbb{R}$ が調和関数ならば，$\mathrm{div}\,\mathrm{grad}\, \phi = 0$.

この系は，**調和関数の勾配の発散は 0** であることを語る．

そこで，スカラー場の勾配として決まるベクトル場のクラスを導入する．

【定義 7.30】 ベクトル場 $u : D \to V$ に対して $u = \mathrm{grad}\, f$ をみたす $f \in C^1_{\mathbb{K}}(D)$ があるとき，f（または $-f$）をベクトル場 u の**ポテンシャル** (potential) または**ポテンシャル関数**という．このようなベクトル場を**勾配ベクトル場** (gradient vector field) という．

系 7.29 から次の命題が導かれる：

【命題 7.31】 $u : D \to V$ が調和関数の勾配ベクトル場ならば，$\mathrm{div}\, u = 0$ である．

7.6 3次元ユークリッドベクトル空間上のベクトル解析

この節では，3次元ユークリッドベクトル空間に固有の性質を論じる．

7.6.1 ベクトル場の回転

V が3次元ユークリッドベクトル空間の場合を考え，向きを1つ固定する．D を V の開集合とし，$u: D \to V$ を連続微分可能なベクトル場とする（すなわち，$u \in C^1(D; V)$）．各 $x \in D$ に対して，$u'(x) - u'(x)^*$ は V 上の反対称作用素であるから，3次元ユークリッドベクトル空間における反対称作用素の表現定理（定理 4.77 を参照）の応用により，次の定理を得る．

【定理 7.32】 各 $u \in C^1(D; V)$ に対して，ベクトル場 $F_u : D \to V$ がただ1つ存在し

$$u'(x)(y) - u'(x)^*(y) = F_u(x) \times y, \quad y \in V$$

が成り立つ．

この定理によって，その一意的存在が保証されるベクトル場 F_u を $\operatorname{rot} u$ と書き，u の**回転** (rotation) という．したがって，

$$u'(x)(y) - u'(x)^*(y) = (\operatorname{rot} u(x)) \times y, \quad y \in V. \tag{7.73}$$

V の基底に関する $\operatorname{rot} u(x)$ の成分表示を見てみよう．e_1, e_2, e_3 を V の正規直交基底とし，$e_1 \wedge e_2 \wedge e_3$ が正の基底となるように V の向きづけをとる．$u(x) = \sum_{i=1}^{3} u^i(x) e_i, x = \sum_{i=1}^{3} x^i e_i$ と展開する．$T = u'(x) - u'(x)^*$ とすれば，定理 4.77 の証明から，$\operatorname{rot} u(x) = T_2^3 e_1 + T_3^1 e_2 + T_1^2 e_3$ である．他方，$u'(x)$ の行列表示はヤコビ行列 $(\partial u^i(x) / \partial x^j)$ で与えられる（7.4.3 項を参照）．また，一般に，有限次元実ベクトル空間 W 上の線形作用素 $S \in \mathsf{L}(W)$ の任意の1つの基底に関する行列表示を $\hat{S} = (S_j^i)$ とすれば，S^* の行列表示は $\hat{S}$ の転置行列 ${}^t\hat{S}$ で与えられる $(({}^t\hat{S})_j^i = S_i^j)$．これらの事実を用いると，$T_i^j = \dfrac{\partial u^j(x)}{\partial x^i} - \dfrac{\partial u^i(x)}{\partial x^j}$ を得る．ゆえに

$$\operatorname{rot} u(x) = \left(\frac{\partial u^3(x)}{\partial x^2} - \frac{\partial u^2(x)}{\partial x^3} \right) e_1 + \left(\frac{\partial u^1(x)}{\partial x^3} - \frac{\partial u^3(x)}{\partial x^1} \right) e_2 \\ + \left(\frac{\partial u^2(x)}{\partial x^1} - \frac{\partial u^1(x)}{\partial x^2} \right) e_3. \tag{7.74}$$

これが，正規直交基底 $\{e_1, e_2, e_3\}$ による $\operatorname{rot} u(x)$ の展開である．この表式から，$\operatorname{rot} u$ は連続なベクトル場であることもわかる．

！注意 7.8 3次元ユークリッドベクトル空間の"標準的"実現 $\mathbb{R}^3$ でのベクトル解

析(通常の入門的ベクトル解析)では,いきなり,$\operatorname{rot} u(x)$ を (7.74) で定義する場合が多い(しかも,e_1, e_2, e_3 として,$\mathbb{R}^3$ の標準基底をとる).しかし,これでは,$\operatorname{div} u(x)$ の場合と同様,$\operatorname{rot} u(x)$ の数学的本質はわからないであろう.この本質は,上述のように,あらかじめ座標系を設定しない絶対的アプローチによって判明するのである.要するに,$\operatorname{rot} u(x)$ というのは,V の向きを決めれば,ベクトル場 u から一意的に定まる絶対的・普遍的な対象であり,それを正規直交基底で表示すれば (7.74) のようになるということなのである.

次の点も注目に値する.(7.73) の左辺は,線形作用素 $u'(x)$ の反対称部分の 2 倍である.したがって,回転 $\operatorname{rot} u$ は,$u'(x)$ の反対称部分から決まる.

他方,W が有限次元実計量ベクトル空間の場合,任意の $T \in \mathsf{L}(W)$ に対して,$\operatorname{Tr} T = \operatorname{Tr} T^*$ であるから

$$\operatorname{Tr} u'(x) = \frac{\operatorname{Tr}(u'(x) + u'(x)^*)}{2}$$

と書ける.この事実を考慮すると,u の発散 $\operatorname{div} u(x)$ は線形作用素 $u'(x)$ の対称部分と結びついていることがわかる.こうして,線形作用素 $u'(x)$ の対称部分と反対称部分はそれぞれ,別の役割を担っていることがわかる.ここに数学における普遍的理念としての対称性,反対称性の具象的実現の美しい例が見られる.

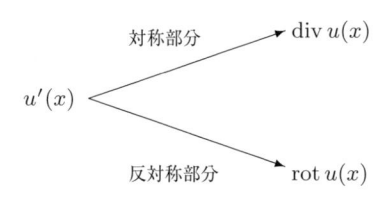

図 7.3 $u'(x)$ の "分節"

【命題 7.33】 V を 3 次元ユークリッドベクトル空間とし,$u : D \to V$ を連続微分可能なベクトル場で $\operatorname{rot} u$ も連続微分可能であるとする.$f \in C^2_{\mathbb{R}}(D)$ とする.このとき,以下の諸式が成り立つ.

$$\operatorname{div} \operatorname{rot} u = 0, \tag{7.75}$$

$$\operatorname{rot} \operatorname{grad} f = 0, \tag{7.76}$$

$$\operatorname{rot}(\operatorname{rot} u) = \operatorname{grad} \operatorname{div} u - \Delta u. \tag{7.77}$$

証明 e_1, e_2, e_3 を V の正規直交基底の 1 つとし,$e_1 \wedge e_2 \wedge e_3$ は正の元であると

する[15]. $x = \sum_{i=1}^{3} x^i e_i$ とし, $\partial_i := \partial/\partial x^i$ とする. このとき, $\operatorname{div}\operatorname{rot} u(x) = \sum_{i=1}^{3} \partial_i (\operatorname{rot} u(x))^i$. (7.74) を用いて, 右辺を計算すると 0 になることがわかる. したがって, (7.75) が成立する. (7.76) は, $\operatorname{grad} f(x) = \sum_{i=1}^{3} \partial_i f(x) e_i$ と (7.74) から得られる. (7.77) を示すために, $v := \operatorname{rot} u$ とおくと, $(\operatorname{rot} v)^1 = \partial_2 v^3 - \partial_3 v^2 = \partial_2 (\partial_1 u^2 - \partial_2 u^1) - \partial_3 (\partial_3 u^1 - \partial_1 u^3) = \partial_1 (\partial_1 u^1 + \partial_2 u^2 + \partial_3 u^3) - (\partial_1^2 + \partial_2^2 + \partial_3^2) u^1 = (\operatorname{grad}\operatorname{div} u)^1 - (\Delta u)^1$. 同様に, $(\operatorname{rot} v)^i = (\operatorname{grad}\operatorname{div} u)^i - (\Delta u)^i, i = 2, 3$ も示される. したがって, (7.77) が成り立つ. ∎

7.6.2 回転の幾何的ないし物理的意味

7.5.2 項と同じ設定で考える. D の任意の点 P をとり, 点 P の位置ベクトルを x とする. 図 7.4 のように "微小な" 3 角形 PQR をとり ($y, z \in V, \|y\| \ll 1, \|z\| \ll 1$), この 3 角形の周囲を P $\to$ Q $\to$ R $\to$ P というふうに 1 周する曲線図形を C とする. 点 P におけるベクトル場 u の値を $u(\mathrm{P}) = u(x)$ のように表す.

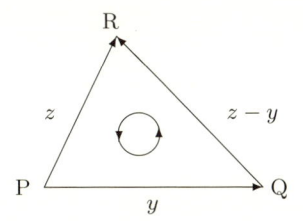

図 7.4 3 角形 PQR に沿う u の線積分

C に沿っての u の線積分 $\int_C \langle u, dx \rangle$ を考える. これは, 近似的に

$$\int_C \langle u, dx \rangle$$
$$\approx \left\langle \frac{u(\mathrm{P}) + u(\mathrm{Q})}{2}, y \right\rangle + \left\langle \frac{u(\mathrm{Q}) + u(\mathrm{R})}{2}, z - y \right\rangle + \left\langle \frac{u(\mathrm{R}) + u(\mathrm{P})}{2}, (-z) \right\rangle$$
$$= \frac{1}{2} \{ \langle u(\mathrm{P}) - u(\mathrm{R}), y \rangle + \langle u(\mathrm{Q}) - u(\mathrm{P}), z \rangle \}$$

と見積もることができる. さらに

$$\langle u(\mathrm{P}) - u(\mathrm{R}), y \rangle = \sum_{i=1}^{3} [u^i(x) - u^i(x+z)] y^i$$

---
[15] 基底の取り方によらないことがあらかじめわかっているベクトル量についての関係式を証明するには, 適当な 1 つの基底を用いて, その関係式を証明すれば十分である.

$$\approx -\sum_{j=1}^{3} \frac{\partial u^i(x)}{\partial x^j} z^j y^i.$$

同様に
$$\langle u(\mathrm{Q}) - u(\mathrm{P}), z \rangle \approx \sum_{j=1}^{3} \frac{\partial u^i(x)}{\partial x^j} y^j z^i.$$

したがって
$$\int_C \langle u, dx \rangle \approx \frac{1}{2} \sum_{i,j=1}^{3} \frac{\partial u^i}{\partial x^j}(z^i y^j - y^i z^j)$$
$$= \frac{1}{2} \sum_{i<j} \left(\frac{\partial u^i}{\partial x^j} - \frac{\partial u^j}{\partial x^i} \right)(z^i y^j - y^i z^j).$$

したがって，$n_C := y \times z / \|y \times z\|, |S_C| = \|y \times z\|/2$ とおけば

$$\int_C \langle u, dx \rangle \approx \langle \operatorname{rot} u, n_C \rangle |S_C|. \tag{7.78}$$

と書ける．n_C は 3 角形 PQR に垂直な単位ベクトル，$|S_C|$ は 3 角形 PQR の面積である．詳細は省略するが，式 (7.78) は，多角形近似できるような面の周囲として与えられる "微小な" 閉曲線図形 C に対しても成り立つ．ゆえに，$\operatorname{rot} u(x)$ というベクトルは，そのような任意の微小な閉曲線図形 C に沿うベクトル場 u の線積分を，近似的に，C の面ベクトル $|S_C| n_C$ （そのノルムが面積に等しく，面に垂直なベクトル）との内積として与えるようなベクトルと解釈することが可能である．

簡単のため，$V = \mathbb{R}^3$ の場合を考え，e_1, e_2, e_3 として，$\mathbb{R}^3$ の標準基底をとる．S を $\mathbb{R}^3$ の曲面でその境界 ∂S は単射で滑らかな閉曲線の像になっているとする．S の各点 x には法線方向の単位ベクトル $n(x)$ が存在し，対応：$x \mapsto n(x)$ は連続であるとする．このとき，S を微小な 3 角形に分割し，各 3 角形において，(7.78) が成り立つことに注意すれば，発見法的に

$$\int_{\partial S} \langle u, dx \rangle = \int_S \langle \operatorname{rot} u, n \rangle \, dS \tag{7.79}$$

（右辺は面積分）が成り立つことが予想される．だが，ここでは，この美しい関係式——通常，**ストークスの定理**とよばれる——に対する厳密な証明を与えることはしない．本書の目的の 1 つは，(7.79) を，もっと普遍的な定理の特殊な場合と

して導くことにある．本書の10章でそれを行う．いまは，式 (7.79) の背後にある幾何的・物理的描像を心に留めておいていただければ十分である[16]．

7.6.3 調和ベクトル場

すでに見たように，ベクトル場 u の微分係数 $u'(x)$ から2つの固有の対象 $\mathrm{div}\, u(x)$ と $\mathrm{rot}\, u(x)$ が導かれた．3次元ユークリッドベクトル空間 V の基底の1つによって線形作用素 $u'(x)$ を行列表示すると，それは9個の成分関数からなる．他方，$\mathrm{div}\, u(x)$ と $\mathrm{rot}\, u(x)$ を知るということは，基本的に，$u'(x)$ の9個の成分関数のうち $(1+3)$ 個 $= 4$ 個を知るということになるから，一般には，$\mathrm{div}\, u(x)$ と $\mathrm{rot}\, u(x)$ だけからは $u'(x)$ を復元できない．そこで，その不定性の度合いを調べるために，D 上の2つのベクトル場 $u, v : D \to V$ が

$$\mathrm{div}\, u(x) = \mathrm{div}\, v(x), \quad \mathrm{rot}\, u(x) = \mathrm{rot}\, v(x), \quad x \in D$$

をみたすとき，u と v は如何なる関係にあるかを問うのは自然である．上式は

$$\mathrm{div}(u(x) - v(x)) = 0, \quad \mathrm{rot}(u(x) - v(x)) = 0$$

と同値である．そこで，次の定義を設ける．

【定義 7.34】 V を3次元ユークリッドベクトル空間，$D \subset V$ を開集合とする．連続微分可能なベクトル場 $F : D \to V$ が

$$\mathrm{div}\, F(x) = 0, \quad \mathrm{rot}\, F(x) = 0, \quad x \in D$$

をみたすとき，F を**調和ベクトル場** (harmonic vector field) という[17]．

こうして，上記の問題は，調和ベクトル場の性質を調べる問題になる．

調和ベクトル場の概念を用いると，2つのベクトル場 $u, v : D \to V$ の発散および回転が等しいとき，それらの差 $u - v$ は調和ベクトル場である，と言い表すことができる．

【命題 7.35】 $F : D \to V$ が調和ベクトル場ならば，$\Delta F = 0$．

---

[16] あるクラスの曲面 S に対して，(7.79) が成立することの証明は，微分積分学の教科書や初等的なベクトル解析の本に載っている．たとえば，黒田成俊『微分積分』の p.406 を参照．
[17] 命名の意は以下の命題 7.35 で述べる事実による．

証明 (7.77) を $u = F$ として応用すればよい. ∎

(7.76) と調和関数の定義により, 次の事実がただちにしたがう.

【命題 7.36】 $\phi : D \to V$ が調和関数ならば, $\mathrm{grad}\,\phi$ は調和ベクトル場である.

この命題は, 調和関数の勾配ベクトル場は調和ベクトル場であることを語る.

■ **例 7.11** ■ V を 3 次元ユークリッドベクトル空間とする. $\alpha \in \mathbb{R}$ を定数とし

$$F(x) := -\alpha \frac{x}{\|x\|^3}, \quad x \in V \setminus \{0\}$$

とすれば

$$F(x) = \mathrm{grad}\,\frac{\alpha}{\|x\|}$$

と書ける (問題 5). スカラー場 $\alpha/\|x\|$ は調和関数であるから (例 7.7), 上の命題によって, F は調和ベクトル場である.

■ **例 7.12** ■ $v \neq 0$ を V の定ベクトル, $D = \{x \in V \mid v \times x \neq 0\}$ とする. このとき, D は開集合であることがわかる. ベクトル場 $u : D \to V$ を

$$u(x) := \frac{v \times x}{\|v \times x\|^2}, \quad x \in D$$

によって定義する. このベクトル場は調和ベクトル場である (問題 10).

7.7 パラメータ付き図形と接空間

K を $\mathbb{R}^m$ ($m \leq n$) の開集合または直方体 (1 次元区間の m 個の直積集合[18]) とし, $c : K \to V;\ K \ni \mathbf{t} = (t^1, \cdots, t^m) \to c(\mathbf{t}) \in V$ を微分可能な写像とする. このとき, 各 $i = 1, \cdots, m$ に対して, t^i 以外の変数をとめると, c は t^i を変数とするベクトル値関数と見ることができる. その場合, c は t^i について微分可能である. そこで, その導関数を $\partial c(\mathbf{t})/\partial t^i$ と表す. この型のベクトル値関数を**ベクトル値関数 c の偏導関数**とよぶ. 容易にわかるように, V の任意の基底 $e_1, \cdots, e_n$ を用いて, $c(\mathbf{t}) = \sum_{j=1}^n c^j(\mathbf{t}) e_j$ と展開するとき, 各係数関数 $c^j : K \to \mathbb{R}$ は微分可能であり

$$\frac{\partial c(\mathbf{t})}{\partial t^i} = \sum_{j=1}^n \frac{\partial c^j(\mathbf{t})}{\partial t^i} e_j \tag{7.80}$$

---

[18] $J_1 \times \cdots \times J_m$ (各 J_i は $\mathbb{R}$ の区間) という形の集合. この形の集合では, 境界を含めて, 微分可能性の概念が定義できる.

が成り立つ.

【定義 7.37】 $1 \leq m \leq n$ とする.V の部分集合 D について,次の条件 (i), (ii) がみたされるとき,D を**パラメータ付き m 次元図形**とよぶ:

(i) $\mathbb{R}^m$ $(m \leq n)$ の開集合または直方体 K から V への単射かつ連続微分可能な写像 $c: K \to V$ があって,$c(K) = D$.

(ii) 各 $\mathbf{t} = (t^1, \cdots, t^m) \in K$ に対して,m 個のベクトル $\frac{\partial c(\mathbf{t})}{\partial t^1}, \cdots, \frac{\partial c(\mathbf{t})}{\partial t^m}$ は,各 $\mathbf{t} \in K$ に対して,線形独立である.

c を D の**パラメータ表示**という.

この定義において,$m=1$ の場合の D は,6 章で導入した正則な曲線図形である.$m=2$ の場合の D を**正則曲面**,$m=n-1$ の場合の D を**正則超曲面**とよぶ.

パラメータ付き m 次元図形 D のパラメータ表示は 1 つとは限らない.実際,L を $\mathbb{R}^m$ の開集合または直方体とし,$d: L \to K; L \ni \mathbf{s} \mapsto d(\mathbf{s}) \in K$ を全単射かつ連続微分可能な写像とすれば,$u := c \circ d: L \to V$ も D のパラメータ表示である.この場合

$$\frac{\partial u(\mathbf{s})}{\partial s^i} = \sum_{k=1}^{m} \frac{\partial d^k(\mathbf{s})}{\partial s^i} \frac{\partial c(\mathbf{t})}{\partial t^k}\bigg|_{\mathbf{t}=d(\mathbf{s})}, \quad \mathbf{s} \in L, i = 1, \cdots, m. \tag{7.81}$$

したがって,写像 d の関数行列 $(\partial d^k(\mathbf{s})/\partial s^i)$ が正則ならば,m 個のベクトル $\partial u(\mathbf{s})/\partial s^i, i = 1, \cdots, m$, は,各 $\mathbf{s} \in L$ に対して,線形独立である.そこで,関数行列 $(\partial d^k(\mathbf{s})/\partial s^i)$ が正則であるパラメータ変換 d は**正則**であるという.こうして正則なパラメータ変換でうつりあうパラメータ表示はどれも D のパラメータ表示である.

■ **例 7.13** ■ $V = \mathbb{R}^3 = \{(x, y, z) \mid x, y, z \in \mathbb{R}^3\}$ で K が $\mathbb{R}^2 = \{(x, y) \mid x, y \in \mathbb{R}^2\}$ の開集合または直方体(いまの場合,長方形)の場合を考え,$f: K \to \mathbb{R}$ は単射で連続微分可能であるとする.写像 $c: K \to \mathbb{R}^3$ を $c(x, y) := (x, y, f(x, y)), (x, y) \in K$ によって定義すれば(上の一般論での t^1, t^2 をそれぞれ,x, y と書いている),これは f のグラフ $z = f(x, y)$ によって表される曲面である.これを S_f とする.c が単射で連続微分可能かつ

$$\frac{\partial c(x, y)}{\partial x} = \mathbf{e}_1 + \partial_x f(x, y) \mathbf{e}_3, \quad \frac{\partial c(x, y)}{\partial y} = \mathbf{e}_2 + \partial_y f(x, y) \mathbf{e}_3$$

であることは容易にわかる．ただし，$\mathbf{e}_1, \mathbf{e}_2, \mathbf{e}_3$ は $\mathbb{R}^3$ の標準基底である．したがって，$\partial c(x,y)/\partial x, \partial c(x,y)/\partial y$ は線形独立であることもわかる．ゆえに，S_f は $\mathbb{R}^3$ の正則超曲面である．

■ **例 7.14** ■ 写像 $c : (0,\pi) \times [0, 2\pi) \to \mathbb{R}^3$ を

$$c(\theta, \phi) := R(\sin\theta\cos\phi, \sin\theta\sin\phi, \cos\theta)$$
$$= (R\sin\theta\cos\phi)\mathbf{e}_1 + (R\sin\theta\sin\phi)\mathbf{e}_2 + (R\cos\theta)\mathbf{e}_3$$

($\theta \in (0,\pi), \phi \in [0, 2\pi)$) によって定義する．$c$ の像は，$\mathbb{R}^3$ の原点を中心とする，半径 R の球面 $S_R^2 = \{(x,y,z) \in \mathbb{R}^3 \mid x^2 + y^2 + z^2 = R^2\}$ から北極 $(0,0,R)$ と南極 $(0,0,-R)$ を除いたものである．c は単射で連続微分可能であり

$$\frac{\partial c(\theta,\phi)}{\partial \theta} = (R\cos\theta\cos\phi)\mathbf{e}_1 + (R\cos\theta\sin\phi)\mathbf{e}_2 - (R\sin\theta)\mathbf{e}_3,$$
$$\frac{\partial c(\theta,\phi)}{\partial \phi} = -(R\sin\theta\sin\phi)\mathbf{e}_1 + (R\sin\theta\cos\phi)\mathbf{e}_2$$

が成り立つことは容易に確かめられる．これは $\partial c(\theta,\phi)/\partial\theta, \partial c(\theta,\phi)/\partial\phi$ が線形独立であることを示す．よって，$S_R^2 \setminus \{(0,0,\pm R)\}$ は正則超曲面である．

！注意 7.9 球面全体 S_R^2 を 1 つのパラメータ表示で表すことはできない．このような部分集合を一般的・系統的に扱うための概念が**多様体** (manifold) とよばれるものである．だが，残念ながら，本書では，紙数の都合上，多様体の理論まで踏み込むことはできない．

D を V のパラメータ付き m 次元図形とし，c をそのパラメータ表示の 1 つとする．このとき，D の各点 $x = c(\mathbf{t})$ において，m 個のベクトル $\partial c(\mathbf{t})/\partial t^i, i = 1, \cdots, m$ によって生成される m 次元部分空間

$$T_x(D) := \mathcal{L}\left(\{\partial c(\mathbf{t})/\partial t^1, \cdots, \partial c(\mathbf{t})/\partial t^m\}\right) \tag{7.82}$$

を点 x における，D の**接空間**といい，その元を**接ベクトル**とよぶ．(7.81) によって，$T_x(D)$ は，正則なパラメータ変換でうつりあう (D の) パラメータ表示によらない（したがって，それは，D に付随して決まる幾何学的な対象である）．

7.8 積分量

7.8.1 スカラー場の体積積分

(V, g) を n 次元実計量ベクトル空間とし，向きを 1 つ指定する．D を V の開

集合とし，$f : D \to \mathbb{R}$ を連続なスカラー場とする．通常のユークリッド空間 $\mathbb{R}^n$ の中に定義域をもつ関数の体積積分の一般化として，D 上での f の積分を定義することを考える．そのために，V の基底 $E = \{e_1, \cdots, e_n\}$ ごとに定まる同型写像 $i_E : V \to \mathbb{R}^n$ を利用する（7.1.2 項を参照）．基本的な考え方は，合成写像 $f_E = f \circ i_E^{-1}$ が $D_E \subset \mathbb{R}^n$ 上の関数であることに注目し，f_E の D_E 上での n 重リーマン積分 $\int_{D_E} f_E(x^1, \cdots, x^n) dx^1 \cdots dx^n$ でもって f の D 上での積分を定義することである（もちろん，それが存在する場合のみ）．だが，この積分は基底の取り方に依存することが次のようにしてわかる（したがって，それを f の D 上での積分の定義として使うことはできない）．実際，別の基底 $\bar{E} := \{\bar{e}_1, \cdots, \bar{e}_n\}$ をとり，底変換：$E \to \bar{E}$ の行列を $P = (P^i_j)$ とする：$\bar{e}_j = \sum_{i=1}^n P^i_j e_i$．基底 $\bar{E}$ に関する，$x \in V$ の成分を $(\bar{x}^1, \cdots, \bar{x}^n)$ とすれば，$x^i = \sum_{j=1}^n P^i_j \bar{x}^j$．容易にわかるように，$f_E(x^1, \cdots, x^n) = f_{\bar{E}}(\bar{x}^1, \cdots, \bar{x}^n)$．これらの事実と変数変換の公式により

$$\int_{D_E} f_E(x^1, \cdots, x^n) dx^1 \cdots dx^n = \int_{D_{\bar{E}}} f_{\bar{E}}(\bar{x}^1, \cdots, \bar{x}^n) |\det P| d\bar{x}^1 \cdots d\bar{x}^n. \tag{7.83}$$

したがって，$|\det P| \neq 1$ ならば，積分 $\int_{D_E} f_E(x^1, \cdots, x^n) dx^1 \cdots dx^n$ は V の基底の取り方による．そこで，この困難を克服するために，本質的な工夫が必要となるが，結論的に言えば，次のようにすればよいことがわかる[19]．

基底 E は，指定された V の向きに関して正であるとする．基底 E に関する計量行列を g_E とする：

$$(g_E)_{ij} := g(e_i, e_j), \quad i, j = 1, \cdots, n. \tag{7.84}$$

これを用いて

$$\int_D f(x) dx := \int_{D_E} f_E(x^1, \cdots, x^n) \sqrt{|\det g_E|} dx^1 \cdots dx^n \tag{7.85}$$

というスカラー量 $\int_D f(x)dx$ を定義する（右辺の積分は存在する場合のみを考える）．このスカラー量を **f の D 上での積分**とよぶ．ここで，上式の右辺に数因子 $\sqrt{|\det g_E|}$ が挿入されているが，まさにこれによって，右辺の積分が，基底 E の取り方によらないことが保証されるのである（証明は次の段落で行う）．こうして，V の向きと D, f だけから定まる幾何学的な量 $\int_D f(x) dx$ が発見される．な

---

[19] 紙数の都合上，発見法的な考察は省略する．

お，ここで行った積分 $\int_D f(x)dx$ の定義は，V が不定計量ベクトル空間の場合にも適用されることを強調しておく．

(7.85) の右辺が基底 E の取り方によらないことを証明しよう．別の正の基底 $\bar{E} := \{\bar{e}_1, \cdots, \bar{e}_n\}$ をとり，底変換：$E \to \bar{E}$ の行列を上述のように $P = (P^i_j)$ とする．2つの基底 $E, \bar{E}$ はともに正であるから，$e_1 \wedge \cdots \wedge e_n$ と $\bar{e}_1 \wedge \cdots \wedge \bar{e}_n$ は同じ向きをもつ．したがって，$\det P > 0$．容易にわかるように，$(g_{\bar{E}})_{ij} = \sum_{k,l=1}^n P^k_i P^l_j (g_E)_{kl}$ であるから，行列の等式

$$g_{\bar{E}} = {}^t P g_E P \tag{7.86}$$

が成り立つ（${}^t P$ は P の転置行列）．これは

$$\det g_{\bar{E}} = (\det P)^2 \det g_E \tag{7.87}$$

を意味する．$\det P > 0$ により

$$\sqrt{|\det \bar{g}_E|} = \det P \sqrt{|\det g_E|}. \tag{7.88}$$

この事実と公式 (7.83) を用いると，(7.85) の右辺は $\int_{D_{\bar{E}}} f_{\bar{E}}(\bar{x}^1, \cdots, \bar{x}^n) \sqrt{|\det g_{\bar{E}}|} \times d\bar{x}^1 \cdots d\bar{x}^n$ に等しいことがわかる．こうして，(7.85) の右辺は，正の基底の取り方によらないことがわかる．

いまの証明からわかるように，象徴的記号 $\sqrt{|\det g_E|} dx^1 \cdots dx^n$ は向きを保つ基底（座標）の変換で不変である．そこで，この記号に対応する，真の数学的存在，すなわち，V 上の n 次微分形式 $\sqrt{|\det g_E|} dx^1 \wedge \cdots \wedge dx^n$ を V の**不変体積要素**とよぶ．

!注意 7.10 上述の積分の定義 $\int_D f(x)dx$ において，E として負の基底を用いることも可能である．この場合，$\bar{E}$ が正の基底ならば（$\det P < 0$ であるから）

$$\int_{D_E} f_E(x^1, \cdots, x^n) \sqrt{|\det g_E|} dx^1 \cdots dx^n$$
$$= - \int_{D_{\bar{E}}} f_{\bar{E}}(\bar{x}^1, \cdots, \bar{x}^n) \sqrt{|\det g_{\bar{E}}|} d\bar{x}^1 \cdots d\bar{x}^n.$$

したがって，積分の定義の際に採用する基底の正負に関する任意性は，符号の違いだけであることがわかる．

!注意 7.11 E として正の正規直交基底をとれば，$|\det g_E| = 1$ であるから

$$\int_D f(x)dx = \int_{D_E} f_E(x^1, \cdots, x^n) dx^1 \cdots dx^n \tag{7.89}$$

が成り立つ．だが，これは，普遍的な量 $\int_D f(x)dx$ に対する，あくまでも正規直交基底による表示にすぎないことを肝に銘じておく必要がある．

一般に $\mathbb{R}^n$ の開集合または直方体 G から $\mathbb{R}^n$ への微分可能写像 $\phi: G \to \mathbb{R}^n; \mathbf{t} \mapsto \phi(\mathbf{t}) = (\phi^1(\mathbf{t}), \cdots, \phi^n(\mathbf{t}))$ に対して，その（標準基底に関する）関数行列 $(\partial_j \phi^i(\mathbf{t}))$ の行列式

$$\frac{\partial(\phi^1(\mathbf{t}), \cdots, \phi^n(\mathbf{t}))}{\partial(t^1, \cdots, t^n)} := \det(\partial_j \phi^i(\mathbf{t})) = \begin{vmatrix} \frac{\partial \phi^1(\mathbf{t})}{\partial t^1} & \frac{\partial \phi^1(\mathbf{t})}{\partial t^2} & \cdots & \frac{\partial \phi^1(\mathbf{t})}{\partial t^n} \\ \frac{\partial \phi^2(\mathbf{t})}{\partial t^1} & \frac{\partial \phi^2(\mathbf{t})}{\partial t^2} & \cdots & \frac{\partial \phi^2(\mathbf{t})}{\partial t^n} \\ \vdots & \vdots & \cdots & \vdots \\ \frac{\partial \phi^n(\mathbf{t})}{\partial t^1} & \frac{\partial \phi^n(\mathbf{t})}{\partial t^2} & \cdots & \frac{\partial \phi^n(\mathbf{t})}{\partial t^n} \end{vmatrix} \tag{7.90}$$

を ϕ の**関数行列式**または**ヤコビアン**という．

■ **例 7.15** ■ D を V のパラメータ付き n 次元図形とし，そのパラメータ表示の1つを $c: G \to V$ とする（G は $\mathbb{R}^n$ の開集合または直方体）．$x = \sum_{i=1}^n x^i e_i$ と展開する．$f: D \to \mathbb{R}$ は連続であるとする．このとき，(7.89) と変数変換 $x^i = c^i(\mathbf{t})$ により

$$\int_D f(x)dx = \int_G f(c(\mathbf{t})) \left| \frac{\partial(c^1(\mathbf{t}), \cdots, c^n(\mathbf{t}))}{\partial(t^1, \cdots, t^n)} \right| dt^1 \cdots dt^n \tag{7.91}$$

となる．

7.8.2 ベクトル場の面積分

S を V の正則超曲面とし，そのパラメータ表示の1つを $c: G \to V$ とする（G は $\mathbb{R}^{n-1}$ の開集合または直方体）．V が不定計量ベクトル空間の場合には

$$\det\left(\left\langle \frac{\partial c(\mathbf{t})}{\partial t^i}, \frac{\partial c(\mathbf{t})}{\partial t^j} \right\rangle\right) \neq 0, \quad \forall \mathbf{t} = (t^1, \cdots, t^{n-1}) \in G \tag{7.92}$$

も仮定する[20]．

系 4.79, 系 4.80 によって，S の接空間 $T_{c(\mathbf{t})}$ の直交補空間 $T_{c(\mathbf{t})}^\perp$ は 1 次元である．$T_{c(\mathbf{t})}^\perp$ の元を点 $c(\mathbf{t})$ における S の**法ベクトル** (normal vector) または**法線ベクトル**という．S の各点 $x \in S$ に対して，この点での S の法ベクトル $N(x) \in T_x^\perp$ を1つ割り当てる対応 N を S 上の**法ベクトル場**という．

---
[20] V が内積空間の場合には，この条件は，上記の設定のもとで自動的にみたされる（4 章，注意 4.16）．

各 $\mathbf{t} \in G$ に対して，$N(c(\mathbf{t})), \partial c(\mathbf{t})/\partial t^1, \cdots, \partial c(\mathbf{t})/\partial t^{n-1}$ は V の基底をなすが，この基底が，V の与えられた向きづけに関して，正の基底をなすとき，$N(c(\mathbf{t}))$ を点 $c(\mathbf{t})$ における S の**外向き法ベクトル**という．

$e_1, \cdots, e_n$ を V の任意の正規直交基底とし，$c(\mathbf{t}) = \sum_{i=1}^{n} c^i(\mathbf{t}) e_i$ と展開する．(4.95) によって，各 $x = c(\mathbf{t}) \in S$ に対して

$$N(x) := \sum_{j=1}^{n} (-1)^{j+1} \epsilon(e_j) \begin{vmatrix} \frac{\partial c^1(\mathbf{t})}{\partial t^1} & \frac{\partial c^2(\mathbf{t})}{\partial t^1} & \cdots & \widehat{\frac{\partial c^j(\mathbf{t})}{\partial t^1}} & \cdots & \frac{\partial c^n(\mathbf{t})}{\partial t^1} \\ \frac{\partial c^1(\mathbf{t})}{\partial t^2} & \frac{\partial c^2(\mathbf{t})}{\partial t^2} & \cdots & \widehat{\frac{\partial c^j(\mathbf{t})}{\partial t^2}} & \cdots & \frac{\partial c^n(\mathbf{t})}{\partial t^2} \\ \vdots & \vdots & \cdots & \vdots & \cdots & \vdots \\ \frac{\partial c^1(\mathbf{t})}{\partial t^{n-1}} & \frac{\partial c^2(\mathbf{t})}{\partial t^{n-1}} & \cdots & \widehat{\frac{\partial c^j(\mathbf{t})}{\partial t^{n-1}}} & \cdots & \frac{\partial c^n(\mathbf{t})}{\partial t^{n-1}} \end{vmatrix} e_j \quad (7.93)$$

は $T_x^\perp \setminus \{0\}$ の元である．

いま，各 $\mathbf{t} \in G$ に対して，$N(c(\mathbf{t}))$ が外向き法ベクトルであるように V の向きが指定されているとする．このとき，S 上の任意の連続ベクトル場 $u: S \to V$ の S に沿う面積分 $\int_S \langle u, dS \rangle$ を

$$\int_S \langle u, dS \rangle := \int_G \langle u(c(\mathbf{t})), N(c(\mathbf{t})) \rangle \, dt^1 \cdots dt^{n-1} \quad (7.94)$$

によって定義する．ただし，右辺の多重積分は存在するものとする．この定義が，次の意味で，S のパラメータ表示によらないことを示すのはそれほど難しくない．すなわち，$\mathbb{R}^{n-1}$ の開集合 G' から G への全単射かつ連続微分可能な写像 $\phi : G' \to G; \mathbf{s} \mapsto \phi(\mathbf{s})$ $(\mathbf{s} \in G')$ で $\det((\partial \phi_i(\mathbf{s})/\partial s_j)) > 0$, $\mathbf{s} \in G'$ をみたすもの——このようなパラメータ変換を**向きを保つパラメータ変換**という——に対して $\int_G \langle u(c(\mathbf{t})), N(c(\mathbf{t})) \rangle \, dt^1 \cdots dt^{n-1} = \int_{G'} \langle u((c \circ \phi)(\mathbf{s})), N((c \circ \phi)(\mathbf{s})) \rangle \, ds_1 \cdots ds_{n-1}$ が成り立つ[21]．

!注意 7.12 正則な超曲面に沿うベクトル場の面積分は，S のかわりに，G の部分集合 G_0 の像 $c(G_0)$ をとった場合も，G_0 上の多重積分が定義される限り，まったく同様に定義される．

■ **例 7.16** ■(**関数のグラフからできる正則超曲面**) V が n 次元ユークリッドベクトル空間 $\mathbb{R}^n$ の場合を考えよう[22]．G を $\mathbb{R}^{n-1}$ の開集合とし，$f : D \to \mathbb{R}$ は単射で連続

---

[21] 多重積分に関する変数変換公式と合成写像に対する関数行列式の積法則（たとえば，佐武一郎『線型代数学』（裳華房，1976, 32 版）の p.76, 定理 A）を用いよ [後者を知らなくても，行列式の積法則 $|AB| = |A||B|$（A, B は任意の（同じ次数の）正方行列）を使って，それを導くことができる].
[22] より具体的には，$n = 3$ の場合をイメージしながら読むと理解しやすいであろう．

微分可能であるとする．写像 $c: G \to \mathbb{R}^n$ を $c(\mathbf{t}) := (\mathbf{t}, f(\mathbf{t})) \in \mathbb{R}^{n-1} \times \mathbb{R} = \mathbb{R}^n$ によって定義する．これは単射かつ連続微分可能であり

$$\frac{\partial c(\mathbf{t})}{\partial t^i} = \mathbf{e}_i + \frac{\partial f(\mathbf{t})}{\partial t^i}\mathbf{e}_n, \quad i = 1, \cdots, n-1.$$

ただし，$\mathbf{e}_1, \cdots, \mathbf{e}_n$ は $\mathbb{R}^n$ の標準基底である．したがって，$\partial c(\mathbf{t})/\partial t^1, \cdots, \partial c(\mathbf{t})/\partial t^{n-1}$ は線形独立である．よって，$S := c(G)$ (関数 $t^n = f(\mathbf{t})$ のグラフ) は，$\mathbb{R}^n$ の正則超曲面である．さらに

$$N(c(\mathbf{t})) = (-1)^n \left(\sum_{k=1}^{n-1} \frac{\partial f(\mathbf{t})}{\partial t^k} \mathbf{e}_k - \mathbf{e}_n \right)$$

とおくと，これは S 上の外向き法ベクトル場である[23]．したがって，S 上の任意のベクトル場 $u(\mathbf{x}) = \sum_{i=1}^n u^i(\mathbf{x})\mathbf{e}_i$ ($\mathbf{x} = \sum_{i=1}^n x^i \mathbf{e}_i$) に対して

$$\int_S \langle u(\mathbf{x}), dS \rangle = (-1)^n \int_G \left(\sum_{i=1}^{n-1} u^i(c(\mathbf{t})) \frac{\partial f(\mathbf{t})}{\partial t^i} - u^n(c(\mathbf{t})) \right) dt^1 \cdots dt^{n-1}.$$

演習問題

1. 例 7.1 の事実を証明せよ．

2. 例 7.7 の事実を証明せよ．

3. 例 7.8 の事実を証明せよ．

4. V, W を内積空間とし，$T \in \mathsf{L}(V, W)$ とする．$\lim_{x \to 0} \|Tx\|/\|x\| = 0$ ならば $T = 0$ であることを証明せよ．

5. V を n 次元実計量ベクトル空間とし，$V_+ := \{x \in V \mid \langle x, x \rangle > 0\}$ とする．

    (i) V_+ は開集合であることを示せ．

    (ii) $\Phi : (0, \infty) \to \mathbb{R}$ は微分可能であるとし，$f(x) := \Phi(\|x\|)$, $x \in V_+$ とおく．このとき

    $$\operatorname{grad} f(x) = \Phi'(\|x\|) \frac{x}{\|x\|}, \quad x \in V_+$$

    を示せ．

---

[23] $\mathbb{R}^n$ の向きは，$\mathbf{e}_1 \wedge \cdots \wedge \mathbf{e}_n$ が正の元であるように指定する．$N(c(\mathbf{t})) \wedge \frac{\partial c(\mathbf{t})}{\partial t^1} \wedge \cdots \wedge \frac{\partial c(\mathbf{t})}{\partial t^{n-1}} = F(\mathbf{t})\mathbf{e}_1 \wedge \cdots \wedge \mathbf{e}_n, F(\mathbf{t}) > 0$ という形になることを示せ．

6. V を 3 次元ユークリッドベクトル空間とし,e_1, e_2, e_3 を正規直交基底で $e_1 \wedge e_2 \wedge e_3$ が正の元となっているものとする.D を V の開集合とし,$u : D \to V$ を連続微分可能なベクトル場とする.このとき,$\operatorname{rot} u(x) = \sum_{i=1}^{3} e_i \times u'(x, e_i)$ を証明せよ.

7. V を 3 次元ユークリッドベクトル空間とし,$w \in V$ とする.ベクトル場 $u_w : V \to V$ を $u_w(x) := w \times x, x \in V$ によって定義する.

    (i) $u_w'(x)(y) = w \times y, \ y \in V$ を示せ.

    (ii) $u_w'(x)^*(y) = -w \times y, \ y \in V$ を示せ.

    (iii) $\operatorname{rot} u_w(x) = 2w$ を示せ.

8. V を $\mathbb{K}$ 上の n 次元計量ベクトル空間とし,D を V の開集合とする.$f : D \to \mathbb{K}$ を連続微分可能なスカラー場,$u : D \to V$ を連続微分可能なベクトル場とする.

    (i) $\operatorname{div} f(x)u(x) = \langle \operatorname{grad} f(x), u(x) \rangle + f(x) \operatorname{div} u(x), \quad x \in D$ を示せ.

    (ii) $f(x) \neq 0, x \in D$ ならば,$\operatorname{grad} \frac{1}{f(x)} = -\frac{1}{(f(x)^*)^2} \operatorname{grad} f(x)$ を示せ.

9. V を 3 次元ユークリッドベクトル空間とし,D を V の開集合とする.$f : D \to \mathbb{R}$ を連続微分可能なスカラー場,$u, v : D \to V$ を連続微分可能なベクトル場とする.

    (i) $F : D \to V$ を $F(x) := u(x) \times v(x), x \in D$ によって定義する.F は微分可能であり,$F'(x, y) = u'(x, y) \times v(x) + u(x) \times v'(x, y), y \in V$ が成り立つことを示せ.

    (ii) $\operatorname{div} u \times v = \langle \operatorname{rot} u, v \rangle - \langle u, \operatorname{rot} v \rangle$ を示せ.

    (iii) $\operatorname{rot} f(x)u(x) = (\operatorname{grad} f(x)) \times u(x) + f(x) \operatorname{rot} u(x)$ を示せ.

10. 例 7.12 の事実を証明せよ.

11. V を $\mathbb{K}$ 上の n 次元計量ベクトル空間,D を V の開集合とし,$f : D \to \mathbb{K}$ は微分可能であるとする.$E = \{e_1, \cdots, e_n\}$ を V の任意の基底とする.$g_{ij} := \langle e_i, e_j \rangle$ とし,行列 $\hat{g} = (g_{ij})$ の逆行列 $\hat{g}^{-1}$ を (g^{ij}) とする(命題 4.29 によっ

て，$\hat{g}^{-1}$ は存在). 基底 E に関する $\mathrm{grad}\, f(x)\ (x\in D)$ の成分関数を $u^i(x)$ とすれば ($\mathrm{grad}\, f(x) = \sum_{i=1}^n u^i(x) e_i$)

$$u^i(x) = \sum_{j=1}^n g^{ij} \left(\frac{\partial f(x)}{\partial x^j} \right)^*$$

が成り立つことを示せ．

12. 2次元ユークリッドベクトル空間 $\mathbb{R}^2$ のベクトル場 $\mathbf{A}: \mathbb{R}^2 \setminus \{\mathbf{0}\} \to \mathbb{R}^2$ を

$$\mathbf{A}(\mathbf{x}) = \frac{-x^2}{\|\mathbf{x}\|^2} \mathbf{e}_1 + \frac{x^1}{\|\mathbf{x}\|^2} \mathbf{e}_2, \quad \mathbf{x} \in \mathbb{R}^2 \setminus \{\mathbf{0}\}$$

によって定義する（$\mathbf{e}_1, \mathbf{e}_2$ は $\mathbb{R}^2$ の標準基底）．原点を中心とする半径 $R > 0$ の円周 $C := \{\mathbf{x} \in \mathbb{R}^2 \mid \|\mathbf{x}\| = R\}$ に沿う線積分 $\int_C \langle \mathbf{A}, d\mathbf{x} \rangle$ を求めよ．ただし，C の向きは反時計回りとする．

8

テンソル場の理論

有限次元実計量ベクトル空間の中の部分集合 D の各点にテンソルを対応させる写像を D 上のテンソル場という.この章では,テンソル場の理論の初等的部分を論述する.

8.1 テンソル場

8.1.1 定義

V を n 次元実計量ベクトル空間(不定計量空間でもよい)とし,V^* を V の双対空間とする.便宜上,$\bigotimes^0 V^* := \mathbb{R}$ とおく.D を V の部分集合としよう.$p \in \{0\} \cup \mathbb{N}$ に対して,D から p 階の共変テンソルの空間 $\bigotimes^p V^*$ への写像 $T : D \to \bigotimes^p V^*;\, D \ni x \mapsto T(x) \in \bigotimes^p V^*$ を D 上の **p 階共変テンソル場**という[1].特に 1 階共変テンソル場,すなわち,D から V^* への写像(D 上の V^* 値ベクトル場)を **D 上の双対ベクトル場**という.

V の任意の基底を $E = \{e_1, \cdots, e_n\}$ とし,この基底に関する座標関数を x^i——V の任意の点 $x = \sum_{i=1}^n x^i e_i$ に第 i 成分 x^i を対応させる写像——とすれば,7 章の例 7.2 で見たように,x^i の微分形式の組 $\{dx^1, \cdots, dx^n\}$ は E の双対基底をなす.したがって

$$E_p^* := \{dx^{i_1} \otimes \cdots \otimes dx^{i_p} \mid i_k = 1, \cdots, n,\, k = 1, \cdots, p\} \tag{8.1}$$

は $\bigotimes^p V^*$ の基底を形成する.ゆえに,D 上の任意の p 階共変テンソル場 T は

$$T(x) = \sum_{i_1, \cdots, i_p = 1}^n T_{i_1 \cdots i_p}(x) dx^{i_1} \otimes \cdots \otimes dx^{i_p}, \quad x \in D \tag{8.2}$$

---

[1] したがって,上の規約によれば,0 階共変テンソル場は D 上の実スカラー場である.

と展開される．展開係数 $T_{i_1\cdots i_p}(x)$ は基底 E_p^* に関するテンソル $T(x)$ の成分表示である．

!注意 8.1 $p=0$ と $p\neq 0$ の場合をいちいち分けて書くのは煩雑なので，$p=0$ の場合の式 (8.2) は，"$dx^{i_1}\otimes\cdots\otimes dx^{i_p}$" を 1 とし，$T_{i_1\cdots i_p}(x) = T(x)$ と読む（規約）．

2つ以上の共変テンソル場 $T^{(i)} : D \to \bigotimes^{p_i} V^*$ $(i=1,\cdots,N, p_i \in \{0\}\cup \mathbb{N})$ に対して，$(p_1+\cdots+p_N)$ 階の共変テンソル場 $\bigotimes_{i=1}^N T^{(i)} : D \to \bigotimes^{p_1+\cdots+p_N} V^*$ を

$$(\bigotimes_{i=1}^N T^{(i)})(x) := \bigotimes_{i=1}^N T^{(i)}(x), \quad x \in D \tag{8.3}$$

によって定義する．

!注意 8.2 以上の定義は，**p 階反変テンソル場**，すなわち，D から $\bigotimes^p V$ への写像や**混合テンソル場**，すなわち，D から $(\bigotimes^r V) \otimes (\bigotimes^s V^*)$ $(r,s \geq 0)$ への写像に対してもなされる．以下では，もっぱら共変テンソル場だけについて理論を展開するが，同様の理論展開は，反変テンソル場や混合テンソル場に対しても可能である．

8.1.2 対称共変テンソル場と反対称共変テンソル場

共変テンソルの範疇として，対称共変テンソルと反対称共変テンソルがあった．これに対応して，共変テンソル場も 2 つの種類に分かれる．

V の部分集合 D 上の共変テンソル場 T の各点 $x \in D$ での値 $T(x) \in \bigotimes^p V^*$ が対称（反対称）テンソルであるとき，T を **p 階の対称（反対称）共変テンソル場**という[2]．p 階の反対称共変テンソル場を **p 次微分形式**ともよぶ．D 上の p 次微分形式の全体を $A_p(D)$ と記す．

■ **例 8.1** ■ $i,j = 1,\cdots,n$ に対して，実数値関数 $g_{ij} : D \to \mathbb{R}$ で $g_{ij}(x) = g_{ji}(x)$, $x \in D$ をみたすものが与えられたとする．V^* の基底の 1 つを $\{\phi^1,\cdots,\phi^n\}$ とし，写像 $g : D \to \bigotimes^2 V^*$ を

$$g(x) := \sum_{i,j=1}^n g_{ij}(x)\phi^i \otimes \phi^j$$

によって定義する．任意の $u,v \in V$ に対して，$g(x)(u,v) = \sum_{i,j=1}^n g_{ij}(x)\phi^i(u)\phi^j(v)$ であるから，$g(x)(u,v) = g(x)(v,u)$ が成り立つ．したがって，g は 2 階の対称共変テンソル場である．

---

[2] 括弧には括弧を対応させて読む．

もし，各 $x \in D$ に対して，n 次の行列 $(g_{ij}(x))$ が正則ならば $g(x)$ は点 x での接ベクトル空間 $V_x (= V)$ の 1 つの計量を与える（定理 4.31）．このような 2 階対称共変テンソル場は D 上の**計量テンソル場**とよばれる．

V の基底 $E = \{e_1, \cdots, e_n\}$ を前項のものとする．すでに知っているように（定理 3.31）

$$\mathcal{B}_p^* := \{dx^{i_1} \wedge \cdots \wedge dx^{i_p} \mid 1 \leq i_1 < \cdots < i_p \leq n\} \tag{8.4}$$

は $\bigwedge^p V^*$ の基底を形成する．ゆえに，D 上の任意の p 次微分形式 ψ は

$$\psi(x) = \sum_{i_1 < \cdots < i_p} \psi_{i_1 \cdots i_p}(x) dx^{i_1} \wedge \cdots \wedge dx^{i_p}, \quad x \in D \tag{8.5}$$

と展開される．展開係数 $\psi_{i_1 \cdots i_p}(x)$ は基底 $\mathcal{B}_p^*$ に関するテンソル $\psi(x)$ の成分表示である．3.8.2 項で注意しておいたように，$\psi_{i_1 \cdots i_p}(x)$ は，添え字 $i_1, \cdots, i_p$ について反対称化されているものとする．

部分集合 D 上の p 階共変テンソル場は $\bigotimes^p V^*$ 値ベクトル場である．したがって，D が開集合の場合には，共変テンソル場に対して，7.4 節で定義した微分の概念が適用される．そこで，D が開集合の場合，D 上の k 回連続微分可能な p 次微分形式の全体を $A_p^k(D)$ で表す．ただし，$k = 0$ の場合，すなわち，$A_p^0(D)$ は，D 上の連続な $\bigwedge^p V^*$ 値関数の全体と読む．容易にわかるように

$$A_{n+1}^k(D) := \{0\} \quad (k \geq 0). \tag{8.6}$$

ただし，右辺の 0 は $\bigotimes^{n+1} V^*$ の零ベクトルである．

8.1.3　ベクトル値写像によるテンソル場の引き戻し

D を V の開集合とする．W を m 次元実計量ベクトル空間とし，F を W の開集合とする．$u : D \to W$ を微分可能な W 値ベクトル場で $u(D) \subset F$ をみたすものとする．A を F 上の p 階共変テンソル場としよう：$A : F \to \bigotimes^p W^*$．このとき，各 $x \in D$ に対して，写像 $(u^*A)_x : V^p \to \mathbb{R}$ を

$$(u^*A)_x(v_1, \cdots, v_p) := A(u(x))(u'(x)v_1, \cdots, u'(x)v_p), \quad (v_1, \cdots, v_p) \in V^p \tag{8.7}$$

——$p = 0$ の場合は，$(u^*A)_x := A(u(x)) \in \mathbb{R}$——によって定義できる．ここで，$u'(x) : V \to W$ は W 値ベクトル場 u の導関数である（7 章，7.4 節を参照）．右

辺は，$v_1,\cdots,v_p$ について p-線形であるから，$(u^*A)_x \in \bigotimes^p V^*$. そこで，写像 $u^*A : D \to \bigotimes^p V^*$ を

$$(u^*A)(x) := (u^*A)_x, \quad x \in D \tag{8.8}$$

によって定義すれば，これは D 上の p 階共変テンソル場である．この共変テンソル場 u^*A を A の，u による**引き戻し**とよぶ．

こうして，ベクトル空間 W におけるテンソル場 A が与えられたとき，このテンソル場に対して，V におけるテンソル場が，ある自然な仕方で，付随する構造の存在が知られる．

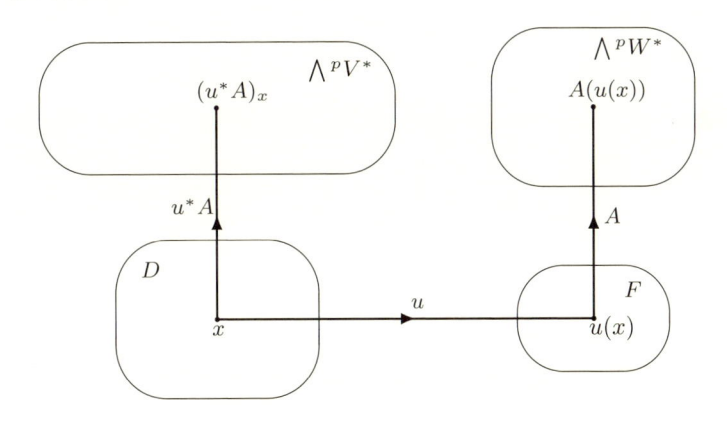

図 8.1 引き戻しのイメージ

共変テンソル場の引き戻しに関する基本的性質を見ておこう．

【定理 8.1】 $A : F \to \bigotimes^p W^*$, $B : F \to \bigotimes^q W^*$, $a, b \in \mathbb{R}$ とする ($p, q \in \{0\} \cup \mathbb{N}$). このとき，次の (i), (ii) が成立する：(i) (線形性) $p = q$ のとき $u^*(aA + bB) = au^*A + bu^*B$, (ii) $u^*(A \otimes B) = (u^*A) \otimes (u^*B)$.

証明 (i) 容易．
(ii) 任意の $x \in D, v_i \in V, i = 1, \cdots, p+q$ に対して

$$(u^*(A \otimes B))_x(v_1, \cdots, v_p, v_{p+1}, \cdots, v_{p+q})$$
$$= (A(u(x)) \otimes B(u(x)))(u'(x)v_1, \cdots, u'(x)v_{p+q})$$
$$= A(u(x))(u'(x)v_1, \cdots, u'(x)v_p) B(u(x))(u'(x)v_{p+1}, \cdots, u'(x)v_{p+q})$$

$$= (u^*A)_x(v_1, \cdots, v_p)(u^*B)_x(v_{p+1}, \cdots, v_{p+q})$$
$$= ((u^*A)(x) \otimes (u^*B)(x))(v_1, \cdots, v_{p+q}).$$

したがって,$(u^*(A \otimes B))_x = (u^*A)(x) \otimes (u^*B)(x) = ((u^*A) \otimes (u^*B))(x), x \in D$. ゆえに題意が成立する. ∎

【補題 8.2】 $w_1, \cdots, w_m$ を W の任意の基底とし,$X = \sum_{j=1}^{m} X^j w_j \in F$ ($X^j \in \mathbb{R}$) と展開する.このとき

$$u^*(dX^j) = d(u^*X^j). \tag{8.9}$$

ただし,(8.9) における X^j は W 上の第 j 座標関数を表す[3].

証明 $e_1, \cdots, e_n$ を V の任意の基底とし,$x \in D$ を $x = \sum_{i=1}^{n} x^i e_i$ と展開する.また,$u(x) = \sum_{j=1}^{m} u^j(x) w_j$ とする.任意の $v \in V$ に対して

$$(u^*(dX^j))(x)(v) = (dX^j)(u'(x)v) = \sum_{i=1}^{n} u'(x)_i^j v^i = \sum_{i=1}^{n} \frac{\partial u^j(x)}{\partial x^i}(dx^i)(v).$$

したがって,$(u^*(dX^j))(x) = \sum_{i=1}^{n}(\partial u^j(x)/\partial x^i)dx^i$.一方,右辺は $(du^j)(x)$ に等しい.さらに,$u^j(x) = (u^*X^j)(x)$.ゆえに (8.9) がしたがう. ∎

【定理 8.3】 F が開集合であるとき,F 上の連続微分可能な実数値関数 $f : F \to \mathbb{R}$ に対して

$$d(u^*f) = u^*(df). \tag{8.10}$$

証明 引き戻しの定義によって,$(u^*f)(x) = f(u(x)), x \in D$.したがって

$$(d(u^*f))(x) = \sum_{i=1}^{n} \frac{\partial}{\partial x^i} f(u(x)) dx^i = \sum_{i=1}^{n} \sum_{j=1}^{m} \frac{\partial u^j(x)}{\partial x^i} \cdot \frac{\partial f(X)}{\partial X^j}\bigg|_{X=u(x)} dx^i$$
$$= \sum_{j=1}^{m} \frac{\partial f(X)}{\partial X^j}\bigg|_{X=u(x)} (du^j)(x) \cdots (*).$$

他方,$du^j = d(X^j \circ u) = d(u^*X^j) = u^*dX^j$ (最後の等号は補題 8.2 による).この事実と定理 8.1(i) によって,$(*)$ は $(u^*df)(x)$ に等しいことがわかる. ∎

---

[3] すなわち,$X^j(Y) = Y^j, Y = \sum_{j=1}^{m} Y^j w_j \in W$.

8.2 外微分作用素

k 回連続微分可能な p 次微分形式の集合 $A_p^k(D)$ は，写像の和とスカラー倍に関して，実ベクトル空間である（例 1.7）．D 上の連続微分可能な実スカラー場 $f \in C_{\mathrm{IR}}^1(D) = A_0^1(D)$ に対して，その微分形式 $df \in A_1^0(D)$ を対応させる写像は $d: f \mapsto df$ は線形である．そこで，任意の $p = 1, \cdots, n$ に対しても，p 次微分形式の"微分"と考えられる写像で $A_p^1(D)$ の元を $A_{p+1}^0(D)$ の中へとうつすものを考えるのは自然である．次の定理はそのような写像の一意的存在に関するものである：

【定理 8.4】 次の性質 (d.1)〜(d.4) をもつ線形作用素 $d_p : A_p^1(D) \to A_{p+1}^0(D)$ $(p = 0, 1, \cdots, n)$ の組 $(d_p)_{p=0}^n$ がただ 1 つ存在する．

(d.1) 任意の $f \in A_0^1(D)$ に対して，$d_0 f = df$.

(d.2) 任意の $\psi \in A_p^1(D)$ と $\phi \in A_q^1(D)$ $(p, q = 0, 1, \cdots, n)$ に対して
$$d_p(\psi \wedge \phi) = (d_p \psi) \wedge \phi + (-1)^p \psi \wedge d_q \phi. \tag{8.11}$$

(d.3) 各 $p = 0, 1, \cdots, n-1$ と任意の $\psi \in A_p^2(D)$ に対して，$d_{p+1} d_p \psi = 0$.

(d.4) $d_n = 0$.

証明 V の任意の基底を $E = \{e_1, \cdots, e_n\}$ とし，この基底に関する座標関数を x^i $(i = 1, \cdots, n)$ とする．このとき，任意の $\psi \in A_p^1(D)$ は表示 (8.5) をもつ．

（一意性）定理にいう線形作用素の組 $(d_p)_{p=0}^n$ が存在したとしよう．$\psi \in A_p^1(D)$ を任意にとる．このとき，d_p の線形性と (d.2) によって
$$d_p \psi = \sum_{i_1 < \cdots < i_p} (d_0 \psi_{i_1 \cdots i_p}) \wedge dx^{i_1} \wedge \cdots \wedge dx^{i_p} + \sum_{i_1 < \cdots < i_p} \psi_{i_1 \cdots i_p} d_p (dx^{i_1} \wedge \cdots \wedge dx^{i_p}).$$

(d.2) を繰り返し使うと
$$d_p(dx^{i_1} \wedge \cdots \wedge dx^{i_p}) = \sum_{k=1}^p (-1)^{k-1} dx^{i_1} \wedge \cdots \wedge d_1(dx^{i_k}) \wedge \cdots \wedge dx^{i_p}.$$

そこで，(d.1) と (d.3) を用いると，右辺は 0 である．したがって（再び $d_0 = d$（条件 (d.1)）を使って）
$$d_p \psi = \sum_{i_1 < \cdots < i_p} (d \psi_{i_1 \cdots i_p}) \wedge dx^{i_1} \wedge \cdots \wedge dx^{i_p}. \tag{8.12}$$

これは d_p が一意的に定まることを示す（∵ 別に線形作用素の組 $(d'_p)_{p=0}^n$ ($d'_p : A^1_p(D) \to A^0_{p+1}(D)$) で (d.1)〜(d.4) をみたすものがあったとすれば，上と同じ議論によって，$d'_p\psi$ は (8.12) の右辺で与えられる．したがって，$d_p\psi = d'_p\psi$. $\psi \in A^1_p(D)$ は任意であったから，$d_p = d'_p$). $p = n$ ならば，(8.12) の右辺は $\bigwedge^{n+1} V^*$ の元であるから，それは零テンソルでなければならない．すなわち，$d_n\psi = 0, \psi \in A^1_n(D)$. したがって，$d_n = 0$.

（存在性）　$p = 0, 1, \cdots, n$ と任意の $\psi \in A^1_p(D)$ に対して，$d_p\psi \in A^0_{p+1}(D)$ を (8.12) によって定義する．これが線形であることは容易に確かめられる．(d.1) が成立するのは定義から明らか．

任意の $f \in C^1_{\mathrm{IR}}(D)$ と $i_1, \cdots, i_p$ ($i_k = 1, \cdots, n$) に対して

$$d_p(f dx^{i_1} \wedge \cdots \wedge dx^{i_p}) = df \wedge dx^{i_1} \wedge \cdots \wedge dx^{i_p}$$

が成り立つ（∵ $i_k = i_l$ となる相異なる k, l があれば，両辺とも 0 で等号が成立．そうでない場合には，$i_1, \cdots, i_p$ を並べ換えて，$i_1 < \cdots < i_p$ の場合を示せば十分．だが，これは d_p の定義そのものである）．

d_p の線形性により，(d.2) は，$f, g \in C^1_{\mathrm{IR}}(D)$ として，$\psi(x) = f(x)dx^{i_1} \wedge \cdots \wedge dx^{i_p}, \phi(x) = g(x)dx^{j_1} \wedge \cdots \wedge dx^{j_q}$ ($i_1 < \cdots < i_p, j_1 < \cdots < j_q$) の場合について示せば十分である．この場合，$\psi \wedge \phi = f(x)g(x)dx^{i_1} \wedge \cdots \wedge dx^{i_p} \wedge dx^{j_1} \wedge \cdots \wedge dx^{j_q}$ であるから

$$d(\psi \wedge \phi) = \{d(fg)\} \wedge dx^{i_1} \wedge \cdots \wedge dx^{i_p} \wedge dx^{j_1} \wedge \cdots \wedge dx^{j_q}.$$

一方，$d(fg) = g(df) + fdg$ であり，

$$gdf \wedge dx^{i_1} \wedge \cdots \wedge dx^{i_p} \wedge dx^{j_1} \wedge \cdots \wedge dx^{j_q} = (d\psi) \wedge \phi,$$
$$fdg \wedge dx^{i_1} \wedge \cdots \wedge dx^{i_p} \wedge dx^{j_1} \wedge \cdots \wedge dx^{j_q}$$
$$= (-1)^p f dx^{i_1} \wedge \cdots \wedge dx^{i_p} \wedge dg \wedge dx^{j_1} \wedge \cdots \wedge dx^{j_q}$$
$$= (-1)^p \psi \wedge d\phi.$$

ゆえに (d.2) が成立する．

(d.3) は，$\psi(x) = f(x) dx^{i_1} \wedge \cdots \wedge dx^{i_p}$ ($i_1 < \cdots < i_p$) という形の $\psi \in A^2_p(D)$ に対して示せば十分である．この場合

$$d_p\psi = \sum_{j=1}^n \frac{\partial f(x)}{\partial x^j} dx^j \wedge dx^{i_1} \wedge \cdots \wedge dx^{i_p}$$

であるから

$$d_{p+1}(d_p\psi) = \sum_{k=1}^{n}\sum_{j=1}^{n}\frac{\partial^2 f(x)}{\partial x^k \partial x^j}dx^k \wedge dx^j \wedge dx^{i_1} \wedge \cdots \wedge dx^{i_p}$$

一方，$dx^k \wedge dx^j = -dx^j \wedge dx^k$ であり，$\dfrac{\partial^2 f(x)}{\partial x^k \partial x^j} = \dfrac{\partial^2 f(x)}{\partial x^j \partial x^k}$ であるから，上式の右辺は $-d_{p+1}(d_p\psi)$ に等しい．したがって，$2d_{p+1}(d_p\psi) = 0$，すなわち，$d_{p+1}(d_p\psi) = 0$ である．よって，(d.3) が成り立つ． ∎

【定義 8.5】 定理 8.4 がその一意的存在を保証する線形作用素の組 $(d_p)_{p=0}^{n}$ の要素 d_p を p 次の**外微分作用素** (exterior differential operator) という．$\psi \in A_p^1(D)$ に対して，$d_p\psi$ を ψ の**外微分**という．

!注意 8.3 その定義から明らかなように，外微分作用素は V の計量にはよっていない．すなわち，外微分作用素は計量とは独立な概念である．

【命題 8.6】 $\psi \in A_p^1(D)$ を (8.5) のように展開するとき

$$d_p\psi = \sum_{j_1<\cdots<j_{p+1}}\left(\sum_{k=1}^{p+1}(-1)^{k-1}\frac{\partial \psi_{j_1\cdots\hat{j}_k\cdots j_{p+1}}}{\partial x^{j_k}}\right)dx^{j_1}\wedge\cdots\wedge dx^{j_{p+1}}. \quad (8.13)$$

ただし，$\hat{j}_k$ は j_k を除くことを指示する記号である．

証明 (8.12) において

$$d\psi_{i_1\cdots i_p} = \sum_{j=1}^{n}\frac{\partial \psi_{i_1\cdots i_p}}{\partial x^j}dx^j$$

であるから

$$d_p\psi = \sum_{i_1<\cdots<i_p}\sum_{j=1}^{n}\frac{\partial \psi_{i_1\cdots i_p}}{\partial x^j}dx^j \wedge dx^{i_1} \wedge \cdots \wedge dx^{i_p}.$$

右辺の和を $j < i_1 < \cdots < i_p$, $i_1 < j < i_2 < \cdots < i_p$, $\cdots$, $i_1 < \cdots < i_p < j$ という $(p+1)$ 個の場合に分けて加える．この場合

$$\sum_{i_1<\cdots<i_{k-1}<j<i_k<\cdots<i_p}\frac{\partial \psi_{i_1\cdots i_p}}{\partial x^j}dx^j \wedge dx^{i_1} \wedge \cdots \wedge dx^{i_p}$$

$$= \sum_{i_1<\cdots<i_{k-1}<j<i_k<\cdots<i_p} (-1)^{k-1} \frac{\partial \psi_{i_1\cdots i_p}}{\partial x^j}$$
$$\times dx^{i_1} \wedge \cdots \wedge dx^{i_{k-1}} \wedge dx^j \wedge dx^{i_k} \wedge \cdots \wedge dx^{i_p}$$
$$= \sum_{l_1<\cdots<l_{p+1}} (-1)^{k-1} \frac{\partial \psi_{l_1\cdots \hat{l}_k \cdots l_{p+1}}}{\partial x^{l_k}} dx^{l_1} \wedge \cdots \wedge dx^{l_{p+1}}.$$

これを $k = 1, \cdots, p+1$ まで加えることにより,(8.13) が得られる(和の変数も変える).∎

!注意 8.4 (8.13) の右辺の括弧の中の関数が基底 E_{p+1}^* に関する $d_p\psi$ の成分表示を与える.すなわち,基底 $dx^{j_1} \wedge \cdots \wedge dx^{j_{p+1}}, j_1 < \cdots < j_{p+1}$,に関する $d_p\psi$ の成分は

$$(d_p\psi)_{j_1\cdots j_{p+1}} = \sum_{k=1}^{p+1} (-1)^{k-1} \frac{\partial \psi_{j_1\cdots \hat{j}_k \cdots j_{p+1}}}{\partial x^{j_k}} \tag{8.14}$$

で与えられる.

■ **例 8.2** ■ 任意の $\psi \in A_1^1(D)$ を

$$\psi(x) = \sum_{j=1}^n \psi_j(x) dx^j$$

と展開するとき

$$d_1\psi = \sum_{i<j} \left(\frac{\partial \psi_j}{\partial x^i} - \frac{\partial \psi_i}{\partial x^j} \right) dx^i \wedge dx^j.$$

したがって,特に,$\dim V = 3$ の場合には

$$d_1\psi = \left(\frac{\partial \psi_2}{\partial x^1} - \frac{\partial \psi_1}{\partial x^2} \right) dx^1 \wedge dx^2 + \left(\frac{\partial \psi_3}{\partial x^2} - \frac{\partial \psi_2}{\partial x^3} \right) dx^2 \wedge dx^3$$
$$+ \left(\frac{\partial \psi_1}{\partial x^3} - \frac{\partial \psi_3}{\partial x^1} \right) dx^3 \wedge dx^1. \tag{8.15}$$

!注意 8.5 (8.15) は,テンソル $d_1\psi$ の,基底 $\{dx^2 \wedge dx^3, dx^3 \wedge dx^1, dx^1 \wedge dx^2\}$ に関する成分が

$$\left(\frac{\partial \psi_3}{\partial x^2} - \frac{\partial \psi_2}{\partial x^3}, \frac{\partial \psi_1}{\partial x^3} - \frac{\partial \psi_3}{\partial x^1}, \frac{\partial \psi_2}{\partial x^1} - \frac{\partial \psi_1}{\partial x^2} \right)$$

であることを示す.これは 3 次元ユークリッドベクトル空間の正規直交基底に関する成分が (ψ_1, ψ_2, ψ_3) であるベクトル場 u_ψ の回転 $\text{rot}\, u_\psi$ の成分と同じである(7.6.1 項を参照).だが,$d_1\psi$ と $\text{rot}\, u_\psi$ は別物であることに注意しよう.前者は 2 階の反

対称テンソル場，後者はベクトル場である．しかも前者はユークリッドベクトル空間以外の計量ベクトル空間でも定義される．この例は，ベクトル解析においては，成分だけ見ていたのでは，その本質がつかめないことを教える例の1つである．

■ **例 8.3** ■　$\psi \in A_{n-1}^1(D)$ とし

$$\psi = \sum_{i_1 < \cdots < i_{n-1}} \psi_{i_1 \cdots i_{n-1}} dx^{i_1} \wedge \cdots \wedge dx^{i_{n-1}}$$

とすれば

$$\begin{aligned} d_{n-1}\psi &= \sum_{i_1 < \cdots < i_{n-1}} \sum_{j=1}^n \frac{\partial \psi_{i_1 \cdots i_{n-1}}}{\partial x^j} dx^j \wedge dx^{i_1} \wedge \cdots \wedge dx^{i_{n-1}} \\ &= \sum_{j=1}^n \varepsilon_j \frac{\partial \psi_{1 \cdots \hat{j} \cdots n}}{\partial x^j} dx^1 \wedge dx^2 \wedge \cdots \wedge dx^n. \end{aligned} \tag{8.16}$$

ただし，ε_j は，置換 $(j, i_1, \cdots, i_{n-1}) \mapsto (1, 2, \cdots, n)$ の符号である．

たとえば，$\dim V = 3$ ならば

$$d_2\psi = \left(\frac{\partial \psi_{23}}{\partial x^1} + \frac{\partial \psi_{31}}{\partial x^2} + \frac{\partial \psi_{12}}{\partial x^3}\right) dx^1 \wedge dx^2 \wedge dx^3.$$

ここで，$\psi_{13} = -\psi_{31}$ を用いた．

8.3　反対称反変テンソル場に対する外微分作用素

D 上の $\bigwedge^p V$-値写像を D 上の **p 階反対称反変テンソル場**という．微分形式（反対称共変テンソル場）の場合と同様，k 回連続微分可能な p 階反対称反変テンソル場の全体を $\widetilde{A}_p^k(D)$ とする．この節の目的は，微分形式に対する外微分作用素から，自然な仕方で，反対称反変テンソル場に対して同様の働きをする作用素が導かれることを示すことである．

4.11.4項において，一般の有限次元実計量ベクトル空間 V に関して，V^* と V の間には標準的な計量同型 $i_* : V^* \to V$ が存在することが示された．$\{\phi^i\}_{i=1,\cdots,n}$ が V^* の正規直交基底であるとき，$\{i_*\phi^i\}_{i=1,\cdots,n}$ は V の正規直交基底である．したがって，ベクトル空間に関する同型定理（定理2.12）によって，ベクトル空間同型写像 $i_{*,p} : \bigwedge^p V^* \to \bigwedge^p V$ で

$$i_{*,p}(\phi^{i_1} \wedge \cdots \wedge \phi^{i_p}) = (i_*\phi^{i_1}) \wedge \cdots \wedge (i_*\phi^{i_p}), \quad i_1 < \cdots < i_p \tag{8.17}$$

をみたすものがただ 1 つ存在する.なお,$i_{*,0} : \mathbb{R} \to \mathbb{R}$ は $i_{*,0} := 1$ と定義する.同型写像 $i_{*,p}$ は計量を保存することも容易にわかる.したがって,$i_{*,p}$ は計量同型である.そこで,任意の $\psi \in A_p^k(D)$ に対して,D 上の p 階反対称反変ベクトル場 $\widetilde{i}_{*,p}\psi$ を

$$(\widetilde{i}_{*,p}\psi)(x) := i_{*,p}\psi(x), \quad x \in D \tag{8.18}$$

によって定義する.

【補題 8.7】 $k \in \{0\} \cup \mathbb{N}, p = 0, \cdots, n$ を任意に固定する.

(i) $\widetilde{i}_{*,p}\psi \in \widetilde{A}_p^k(D), \quad \psi \in A_p^k(D).$

(ii) $\widetilde{i}_{*,p}$ は $A_p^k(D)$ から $\widetilde{A}_p^k(D)$ への同型写像である.

証明 (i) $\{e_1, \cdots, e_n\}$ を V の正規直交基底とし,$\psi(x)$ を (8.5) のように展開する.このとき ($i_*(dx^i) = \epsilon(e_i)e_i$ に注意)

$$i_{*,p}\psi(x) = \sum_{i_1 < \cdots < i_p} \psi_{i_1 \cdots i_p}(x)\epsilon(e_{i_1})\cdots\epsilon(e_{i_p})e_{i_1} \wedge \cdots \wedge e_{i_p}. \tag{8.19}$$

関数 $\psi_{i_1 \cdots i_p}\epsilon(e_{i_1})\cdots\epsilon(e_{i_p})$ と ψ の微分可能性に関する性質は同じなので題意がしたがう.

(ii) 写像 $\widetilde{i}_{*,p}$ が線形であることは容易にわかる.単射性を示すために,$\psi \in A_p^k(D)$ が $\widetilde{i}_{*,p}\psi = 0$ をみたすとしよう.このとき,各 $x \in D$ に対して,$i_{*,p}\psi(x) = 0$.$i_{*,p}$ は全単射であるから,$\psi(x) = 0$.ゆえに $\psi = 0$.

任意の $u \in \widetilde{A}_p^k(D)$ に対して,$\psi_u : D \to \bigwedge^p V^*$ を $\psi_u(x) := i_{*,p}^{-1}u(x), x \in D$ によって定義すれば,(i) と同様にして,$\psi_u \in A_p^k(D)$ である.また,明らかに,$i_{*,p}\psi_u(x) = u(x)$ であるので,$\widetilde{\psi}_u = u$.ゆえに,$\widetilde{i}_{*,p}$ は全射である.∎

補題 8.7 によって,写像 $\widetilde{d}_p : \widetilde{A}_p^1(D) \to \widetilde{A}_{p+1}^0(D)$ を

$$\widetilde{d}_p := \widetilde{i}_{*,p+1} d_p \widetilde{i}_{*,p}^{-1} \tag{8.20}$$

によって定義できる.これは反対称反変テンソル場に対する微分演算——d_p から自然な仕方で誘導される——を与える.$\widetilde{d}_p$ を**反対称反変テンソル場に関する p 次の外微分作用素**という.作用素の組 $(\widetilde{d}_p)_{p=0}^n$ も $(d_p)_{p=0}^n$ と同様の性質をもつ.

8.3.1 勾配作用素との関係

【命題 8.8】 $\widetilde{A}_0^1(D)$ から $\widetilde{A}_1^0(D)$ への線形作用素として

$$\mathrm{grad} = \widetilde{d}_0. \tag{8.21}$$

証明 (8.20) の特別な場合として，$p=0$ の場合を考えると，$\widetilde{d}_0 = \widetilde{i}_* d_0$. (8.19) によって，右辺は grad に等しい． ∎

8.3.2 正規直交基底による表示

作用素 $\widetilde{d}_p$ の具体的な作用を見るために，$\{e_i\}_{i=1,\cdots,n}$ を V の正規直交基底とし，任意の $u \in \widetilde{A}_p^1(D)$ を

$$u(x) = \sum_{i_1 < \cdots < i_p} u^{i_1 \cdots i_p}(x) e_{i_1} \wedge \cdots \wedge e_{i_p}$$

と展開する．このとき

$$(\widetilde{i}_{*,p}^{-1} u)(x) = \sum_{i_1 < \cdots < i_p} \epsilon(e_{i_1}) \cdots \epsilon(e_{i_p}) u^{i_1 \cdots i_p}(x) \phi^{i_1} \wedge \cdots \wedge \phi^{i_p}$$

であることに注意する．ただし，$\{\phi^i\}_i$ は $\{e^i\}_i$ の双対基底である ($i_*(\phi^i) = \epsilon(e_i)e_i$ に注意)．したがって

$$\begin{aligned}
&(d_p \widetilde{i}_{*,p}^{-1} u)(x) \\
&= \sum_{j_1 < \cdots < j_{p+1}} \left(\sum_{k=1}^{p+1} (-1)^{k-1} \epsilon(e_{j_1}) \cdots \widehat{\epsilon(e_{j_k})} \cdots \epsilon(e_{j_{p+1}}) \frac{\partial u^{j_1 \cdots \hat{j}_k \cdots j_{p+1}}(x)}{\partial x^{j_k}} \right) \\
&\quad \times \phi^{j_1} \wedge \cdots \wedge \phi^{j_{p+1}}.
\end{aligned}$$

ゆえに

$$(\widetilde{d}_p u)(x) = \sum_{j_1 < \cdots < j_{p+1}} \left(\sum_{k=1}^{p+1} (-1)^{k-1} \epsilon(e_{j_k}) \frac{\partial u^{j_1 \cdots \hat{j}_k \cdots j_{p+1}}(x)}{\partial x^{j_k}} \right) e_{j_1} \wedge \cdots \wedge e_{j_{p+1}}. \tag{8.22}$$

なお，これは，あくまでも，正規直交基底による表示であることに注意しよう．

8.3.3 ユークリッドベクトル空間の場合の特殊構造

V がユークリッドベクトル空間の場合を考え，$\{e_i\}_{i=1,\cdots,n}$ を V の正規直交

基底, $\{\phi^i\}_{i=1,\cdots,n}$ をその双対基底とする. ユークリッドベクトル空間の場合, $\epsilon(\phi^i) = \epsilon(e_i) = 1, i = 1, \cdots, n$ であるので, 基底 $\{\phi^{i_1} \wedge \cdots \wedge \phi^{i_p} \mid i_1 < \cdots < i_p\}$ に関する, テンソル $\psi(x) \in \bigwedge^p V^*$ の成分 $\psi_{i_1 \cdots i_p}(x)$ と, 基底 $\{e_{i_1} \wedge \cdots \wedge e_{i_p} \mid i_1 < \cdots < i_p\}$ に関する, $i_{*,p}\psi(x)$ の成分 $\psi^{i_1 \cdots i_p}(x)$ は等しい. しかも, この性質は V の正規直交基底の取り方に依存しない. したがって, $\psi(x)$ と $i_{*,p}\psi(x)$ の同一視はいたって簡単な形をとることになる. 言い換えると, 正規直交基底を用いた成分表示による解析では, $\bigwedge^p V^*$ と $\bigwedge^p V$ を区別する必要はない. この場合, $\widetilde{d}_p$ と d_p も自然に同一視される (V がユークリッドベクトル空間の場合, (8.22) において, $\epsilon(e_j) = 1, j = 1, \cdots, n$ となるので, 成分表示において, $\widetilde{d}_p$ と d_p の作用の仕方はまったく同じ). 以下では, ユークリッドベクトル空間においては, この同一視を適宜用いる.

8.3.4　3次元ユークリッドベクトル空間における回転と外微分作用素の関係

V を3次元ユークリッドベクトル空間とし, 向きを1つ定め, この向きに関するホッジのスター作用素を $*$ とする. D を V の開集合とする.

【命題 8.9】　すべての $u \in \widetilde{A}^1_1(D)$ に対して

$$\operatorname{rot} u = * \widetilde{d}_1 u. \tag{8.23}$$

証明　(e_1, e_2, e_3) を V の正規直交基底で, 固定された向きに関して正の基底をなすものとする. $u(x) = \sum_{i=1}^3 u^i(x) e_i, x \in D$ と展開する. 例 8.2 と同様の計算により

$$\begin{aligned}(\widetilde{d}_1 u)(x) &= \left(\frac{\partial u^3(x)}{\partial x^2} - \frac{\partial u^2(x)}{\partial x^3}\right) e_2 \wedge e_3 \\ &+ \left(\frac{\partial u^1(x)}{\partial x^3} - \frac{\partial u^3(x)}{\partial x^1}\right) e_3 \wedge e_1 + \left(\frac{\partial u^2(x)}{\partial x^1} - \frac{\partial u^1(x)}{\partial x^2}\right) e_1 \wedge e_2.\end{aligned}$$

これと例 4.25 により (8.23) がしたがう. ∎

命題 8.9 は, $\widetilde{A}^1_1(D)$ から $\widetilde{A}^0_1(D)$ への線形作用素として

$$\operatorname{rot} = * \widetilde{d}_1 \tag{8.24}$$

が成り立つことを語る.

8.4 異なる次数の外微分作用素の統一化

k 回連続微分可能な p 次微分形式の空間 $A_p^k(D)$ はベクトル空間であるから，それらの直和ベクトル空間

$$A^k(D) := \bigoplus_{p=0}^n A_p^k(D)$$
$$= \{\psi = (\psi^{(0)}, \psi^{(1)}, \cdots, \psi^{(n)}) \mid \psi^{(j)} \in A_p^k(D), j = 0, \cdots, n\} \quad (8.25)$$

が考えられる．写像 $d : A^1(D) \to A^0(D)$ を

$$(d\psi)^{(0)} := 0, \quad (8.26)$$
$$(d\psi)^{(p)} := d_{p-1}\psi^{(p-1)}, \quad 1 \leq p \leq n \quad (8.27)$$

によって定義する．よりあらわに書けば

$$d\psi := (0, d_0\psi^{(0)}, d_1\psi^{(1)}, \cdots, d_{n-1}\psi^{(n-1)}) \in A^0(D).$$

容易にわかるように，d は線形である．この作用素 d を**外微分作用素**という．

テンソル場 $\psi^{(p)} \in A_p^k(D)$ に対して

$$\hat{\psi}^{(p)} := (0, \cdots, 0, \psi^{(p)}, 0, \cdots, 0) \in A^k(D)$$

とすれば，任意の $\psi = (\psi^{(p)})_{p=0}^n \in A^k(D)$ は

$$\psi = \sum_{p=0}^n \hat{\psi}^{(p)} \quad (8.28)$$

と書ける．$A_p^k(D)$ と $A^k(D)$ の部分空間

$$\hat{A}_p^k(D) := \{\hat{\psi}^{(p)} \mid \psi^{(p)} \in A_p^k(D)\}$$

は同型である．この意味で，$A_p^k(D)$ と $\hat{A}_p^k(D)$ を同一視し，$A_p^k(D)$ を $A^k(D)$ の部分空間と見る．この場合，$\hat{\psi}^{(p)}$ と $\psi^{(p)}$ が同一視される．この同一視のもとで (8.28) は

$$\psi = \sum_{p=0}^n \psi^{(p)} \quad (8.29)$$

と表される．また，いま言及した同一視にしたがって，$\psi \in A^k(D)$ について，$\psi^{(q)} = 0, q \neq p$ が成り立つとき，$\psi \in A_p^k(D)$ であるという．

表示 (8.29) を用いて，任意の $\psi, \phi \in A^k(D)$ に対して，$\psi \wedge \phi \in A^k(D)$ を

$$\psi \wedge \phi := \sum_{p,q=0, p+q\leq n} \psi^{(p)} \wedge \phi^{(q)} \tag{8.30}$$

によって定義することができる．

次の定理に述べる事実は，定理 8.4 から，ただちにしたがう：

【定理 8.10】 $k \in \mathbb{N}, p = 0, 1, \cdots, n$ とする．

(i) d は $A_p^k(D)$ を $A_p^{k-1}(D)$ にうつす．

(ii) 任意の $\psi \in A_p^1(D)$ と $\phi \in A^1(D)$ に対して

$$d(\psi \wedge \phi) = (d\psi) \wedge \phi + (-1)^p \psi \wedge d\phi. \tag{8.31}$$

(iii) 任意の $\psi \in A^2(D)$ に対して，$d^2\psi = 0$.

上述の議論とまったく並行したやり方において，反対称反変テンソル場に対する外微分作用素 $\widetilde{d}_p, p = 0, 1, \cdots, n$ についても，それらを統一する単一の外微分作用素 $\widetilde{d}$ を，直和ベクトル空間 $\bigoplus_{p=0}^n \widetilde{A}_p^1(D)$ から $\bigoplus_{p=0}^n \widetilde{A}_p^0(D)$ への線形作用素として定義することができる．詳細を埋めることは読者にまかせよう．

8.5 微分形式の引き戻し

p 次微分形式は p 階の反対称共変テンソル場であるから，8.1 節で導入した，テンソル場に対する引き戻しの概念が適用される．この側面を手短に見ておく．

W を m 次元の実計量ベクトル空間とし，F を W の部分集合とする．D 上の W 値ベクトル場 $u : D \to W$ は連続微分可能であるとし，$u(D) \subset F$ とする．

【定理 8.11】

(i) 任意の $\theta \in A_p(F), \chi \in A_q(F)$ $(0 \leq p, q \leq m)$ に対して

$$u^*(\theta \wedge \chi) = (u^*\theta) \wedge (u^*\chi). \tag{8.32}$$

(ii) F が開集合であるとき，任意の $\theta \in A_p^1(F)$ に対して

$$d(u^*\theta) = u^*(d\theta). \tag{8.33}$$

注意 8.6 (8.33) において，左辺にある d は $A^1(D)$ における外微分作用素であり，右辺にある d は $A^1(F)$ における外微分作用素である．本来ならば，それらに対して，異なる記号を使うべきかもしれないが，それは記号的に少し煩雑になる．どの空間で働く外微分作用素であるかを明晰に意識していれば混乱のおそれはないはずである．

証明 (i) $\theta \wedge \chi = (p+q)!/(p!q!) A_{p+q}(\theta \otimes \chi)$ と定理 8.1 を使えばよい．

(ii) X^j を補題 8.2 のものとすれば，$\theta = \sum_{j_1 < \cdots < j_p} \theta_{j_1 \cdots j_p} dX^{j_1} \wedge \cdots \wedge dX^{j_p}$ と展開できる．したがって，(i) と外微分作用素の性質によって

$$d(u^*\theta) = \sum_{j_1 < \cdots < j_p} d(u^*\theta_{j_1 \cdots j_p}) \cdot (u^* dX^{j_1}) \wedge \cdots \wedge (u^* dX^{j_p})$$
$$+ \sum_{j_1 < \cdots < j_p} (u^*\theta_{j_1 \cdots j_p}) \cdot d[u^* dX^{j_1} \wedge \cdots \wedge u^* dX^{j_p}].$$

定理 8.3 によって，$d(u^*\theta_{j_1 \cdots j_p}) = u^* d\theta_{j_1 \cdots j_p}$ であり

$$d[(u^* dX^{j_1}) \wedge \cdots \wedge (u^* dX^{j_p})] = d[(du^* X^{j_1}) \wedge \cdots \wedge (du^* X^{j_p})] = 0.$$

($\because d^2 = 0$.) したがって，(8.33) がしたがう． ∎

任意の $\theta \in A_p^1(F)$ に対して，$u^*\theta$ の成分表示（座標表示）がどのようなものであるかを調べておこう．$\{e_1, \cdots, e_n\}$ を V の基底の 1 つとし，$\{w_1, \cdots, w_m\}$ を W の基底の 1 つとする．$x = \sum_{i=1}^n x^i e_i$, $y_l = \sum_{i=1}^n y_l^i e_i$ $(l = 1, \cdots, p)$, $u(x) = \sum_{j=1}^m u^j(x) w_j$ と展開する．また，$\{w_1, \cdots, w_m\}$ の双対基底を $\{\eta^1, \cdots, \eta^m\}$ とするとき，$\bigwedge^p W^*$ の基底 $\eta^{j_1} \wedge \cdots \wedge \eta^{j_p}$, $j_1 < \cdots < j_p$, に関する $\theta(X)$, $X \in F$ の成分を $\theta_{j_1 \cdots j_p}(X)$ で表す．このとき，(8.7) と (7.48) によって

$$(u^*\theta)(x)(y_1, \cdots, y_p) = \sum_{i_1, \cdots, i_p = 1}^n \sum_{j_1, \cdots, j_p = 1}^m \frac{\partial u^{j_1}(x)}{\partial x^{i_1}} \cdots \frac{\partial u^{j_p}(x)}{\partial x^{i_p}} y_1^{i_1} \cdots y_p^{i_p}$$
$$\times \theta(u(x))(w_{j_1}, \cdots, w_{j_p})$$
$$= \sum_{i_1, \cdots, i_p = 1}^n \sum_{j_1, \cdots, j_p = 1}^m \frac{\partial u^{j_1}(x)}{\partial x^{i_1}} \cdots \frac{\partial u^{j_p}(x)}{\partial x^{i_p}} y_1^{i_1} \cdots y_p^{i_p}$$
$$\times \theta_{j_1 \cdots j_p}(u(x)).$$

したがって

$$(u^*\theta)_{i_1 \cdots i_p}(x) = \sum_{j_1, \cdots, j_p = 1}^m \frac{\partial u^{j_1}(x)}{\partial x^{i_1}} \cdots \frac{\partial u^{j_p}(x)}{\partial x^{i_p}} \theta_{j_1 \cdots j_p}(u(x)). \tag{8.34}$$

これが求める成分表示式である．したがって

$$(u^*\theta)(x) = \sum_{1\leq i_1<i_2<\cdots<i_p\leq n} \sum_{j_1,\cdots,j_p=1}^{m} \frac{\partial u^{j_1}(x)}{\partial x^{i_1}}\cdots\frac{\partial u^{j_p}(x)}{\partial x^{i_p}}\theta_{j_1\cdots j_p}(u(x))dx^{i_1}\wedge\cdots dx^{i_p}. \tag{8.35}$$

8.6　ポアンカレの補題

再び，V は実 n 次元計量ベクトル空間とし，D は V の開集合であるとする．微分形式の基本的なクラスを導入する．

【定義 8.12】　D 上の p 次微分形式 $\psi\in A_p^1(D)$ が $d_p\psi=0$ をみたすとき，ψ は**閉形式** (closed form) であるという．この場合，ψ は閉であるともいう．

!注意 8.7　D 上の p 次微分形式 $\psi\in A_p^1(D)$ が閉であることは，言い換えれば，$\psi\in\ker d_p$ ということに他ならない．

■ **例 8.4** ■　任意の $\phi\in A_p^2(D)$ に対して，$\psi=d_p\phi$ は閉形式である（∵ (d.3)）．

【定義 8.13】　D 上の p 次微分形式 $\psi\in A_p^0(D)$ に対して，$\phi\in A_{p-1}^1(D)$ が存在して $\psi=d_{p-1}\phi$ が成り立つとき，ψ は**完全** (exact) または**完全形式** (exact form) であるという．

外微分作用素の性質 (d.3) によって，**微分可能な完全形式はつねに閉形式である．**

では，逆に，閉形式は完全であろうか．答は，一般的には否である．反例をあげよう．

■ **例 8.5** ■　V を 2 次元ユークリッドベクトル空間とし，$\{e_1,e_2\}$ を V の任意の正規直交基底とする．$D=V\setminus\{0\}$ とし，D 上の 1 次微分形式 A を

$$A = -\frac{x^2}{\|x\|^2}dx^1 + \frac{x^1}{\|x\|^2}dx^2$$

によって定義する（$x=x^1e_1+x^2e_2\in D$）．直接計算により，$d_1A=0$，すなわち，A は閉形式であることがわかる．しかし，A は完全ではない．すなわち，$A=d\phi$ となる $\phi\in A_0^1(D)$ は存在しない．実際，仮にそのような ϕ が存在したとすれば

$$\frac{\partial \phi}{\partial x^1} = -\frac{x^2}{\|x\|^2} = -\frac{x^2}{(x^1)^2 + (x^2)^2}, \quad \frac{\partial \phi}{\partial x^2} = \frac{x^1}{\|x\|^2} = \frac{x^1}{(x^1)^2 + (x^2)^2}.$$

これから，$x^2 \neq 0$ なる領域において，$\phi(x) = -\tan^{-1}(x^1/x^2) + C$．ただし，$C$ は定数である．しかし，右辺の関数は $x^1 \neq 0$ のとき，点 $(x^1, 0) \in \mathbb{R}^2$ で不連続である．これは ϕ の連続性と矛盾する．

!注意 8.8 上の例で，たとえば，$D_+ = \{x^1 e_1 + x^2 e_2 \mid x_2 > 0, x^1 \in \mathbb{R}\}$, $D_- = \{x^1 e_1 + x^2 e_2 \mid x_2 < 0, x^1 \in \mathbb{R}\}$ を考え，$A_\pm$ をそれぞれ，$D_\pm$ 上に制限した A とすれば，$A_\pm$ は完全な閉形式である．この例では，D 全体で定義された同一の ϕ を用いて，$A = d_1 \phi$ と表せないという点が本質的である．

結論から言うと，D 上の閉形式が完全であるか否かは D の形状による．この問題に関しては次の定理が基本的である．

【定理 8.14】(ポアンカレの補題[4]) D を V の原点を中心とする星型集合とする (定義 7.8 を参照)．このとき，各 $p = 1, \cdots, n-1$ について，任意の微分可能な p 次閉形式は完全である．すなわち，$\psi \in A_p^1(D)$ が $d_p \psi = 0$ をみたすならば，$\psi = d_{p-1} \phi$ となる $\phi \in A_{p-1}^2(D)$ が存在する．

証明 仮定により，任意の $x \in D$ と $t \in [0,1]$ に対して，$tx \in D$ である．定理 6.19 により——そこでの V として $\bigwedge^p V^*$ を考え，$X : [0,1] \to \bigwedge^p V^*$ として，$X(t) = t^p \psi(tx) \in \bigwedge^p V^*, t \in [0,1]$ ($x \in D$ は固定) をとる——

$$\psi(x) = \int_0^1 \frac{d}{dt} t^p \psi(tx) dt = \int_0^1 \left\{ p t^{p-1} \psi(tx) + t^p \frac{d}{dt} \psi(tx) \right\} dt.$$

一方，$\frac{d}{dt} \psi(tx) = \sum_{j=1}^n x^j \left(\frac{\partial \psi}{\partial x^j} \right)(tx)$ であり

$$\frac{\partial \psi}{\partial x^j}(x) = \sum_{i_1 < \cdots < i_p} \frac{\partial}{\partial x^j} \psi_{i_1 \cdots i_p}(x) dx^{i_1} \wedge \cdots \wedge dx^{i_p}.$$

$d_p \psi = 0$ より，$\sum_{k=1}^{p+1} (-1)^{k-1} \partial \psi_{j_1 \cdots \hat{j}_k \cdots j_{p+1}} / \partial x^{j_k} = 0$ であるから

$$\frac{\partial \psi}{\partial x^j} = \sum_{j_2 < \cdots < j_{p+1}} \sum_{l=2}^{p+1} (-1)^l \frac{\partial}{\partial x^{j_l}} \psi_{jj_2 \cdots \hat{j}_l \cdots j_{p+1}} dx^{j_2} \wedge \cdots \wedge \cdots \wedge dx^{j_{p+1}}.$$

---

[4] Henri Poincaré (1854–1912)，フランスの傑出した数学者，数理物理学者．

そこで
$$\omega_j := \sum_{i_1<\cdots<i_{p-1}} \psi_{ji_1\cdots i_{p-1}} dx^{i_1} \wedge \cdots \wedge dx^{i_{p-1}}$$

とおけば，$\frac{d}{dt}\psi(tx) = \sum_{j=1}^n x^j (d\omega_j)(tx)$. $\eta \in A^1_{p-1}(D)$ を $\eta(x) := \sum_{j=1}^n x^j \omega_j(x)$ によって定義すれば

$$d\eta(x) = \sum_{j=1}^n \{dx^j \wedge \omega_j(x) + x^j d\omega_j(x)\} = p\psi(x) + \sum_{j=1}^n x^j d\omega_j(x).$$

以上をまとめると，$t^p \frac{d}{dt}\psi(tx) = t^{p-1}(d\eta)(tx) - pt^{p-1}\psi(tx)$ が導かれるので，$\psi(x) = \int_0^1 t^{p-1}(d\eta)(tx)dt$ が得られる．そこで，$\phi(x) = \int_0^1 t^{p-2}\eta(tx)dt$ とおけば，$\psi = d_{p-1}\phi$ を得る．∎

!注意 8.9 定理 8.14 は D が任意の点 $a \in V$ を中心とする星型集合の場合にも成り立つ．これは次の理由による．いまの場合，$D_0 := \{y - a \mid y \in D\}$ とすれば，D_0 は原点を中心とする星型集合である．$\psi \in A^1_p(D)$ に対して，$\widetilde{\psi} \in A^1_p(D_0)$ を $\widetilde{\psi}(x) := \psi(x + a), x \in D_0$ によって定義できる．このとき，$d_p\psi = 0$ ならば，$d_p\widetilde{\psi} = 0$ であることは容易にわかる．したがって，定理 8.14 によって，$\widetilde{\psi} = d_{p-1}\widetilde{\phi}$ をみたす $\widetilde{\phi} \in A^2_{p-1}(D_0)$ が存在する．そこで，$\phi(y) := \widetilde{\phi}(y - a), y \in D$ と定義すれば，$\phi \in A^2_{p-1}(D)$ であり，$\psi = d_{p-1}\phi$ が成り立つ．

次の定理は3次元ユークリッドベクトル空間におけるベクトル解析において有用である．

【定理 8.15】 V を3次元ユークリッドベクトル空間とし，$D \subset V$ は V の任意の点を中心とする星型集合であるとする．D 上のベクトル場 u は $\mathrm{rot}\, u = 0$ をみたすとする．このとき，スカラー場 $f \in C^2_{\mathbb{R}}(D)$ で $u = \mathrm{grad}\, f$ となるものが存在する．

証明 仮定と命題 8.9 によって，$*\widetilde{d_1}u = 0$. 両辺に $*$ を作用させ，$**T = T, T \in \bigwedge^2 V$（命題 4.73 の応用）を用いると，$\widetilde{d_1}u = 0$. したがって，ポアンカレの補題により，$u = d_0 f$ となる $f \in C^2_{\mathbb{R}}(D)$ が存在する．$d_0 f = \mathrm{grad}\, f$ であるから，題意が成立する．∎

8.7 余微分作用素

外微分作用素 d_p は p 次微分形式を $(p+1)$ 次微分形式へうつす線形写像であった．そこで，逆に，$(p+1)$ 次微分形式を p 次微分形式にうつす写像で d_p と自然な関係にあるものを探すことを考える．$\bigwedge^n V^*$ の基底 ω_n $(|\langle \omega_n, \omega_n \rangle| = 1)$ を1つ固定し，これが属する向きに関するホッジのスター作用素を $*$ とする．

【定義 8.16】 写像 $\delta : A_p^1(D) \to A_{p-1}^0(D)$ $(A_{-1}^0(D) := \{0\}$ とする）を

$$\delta := \begin{cases} (-1)^{np+n+1} * d *; & p \geq 1 \text{ のとき} \\ 0; & p = 0 \text{ のとき} \end{cases} \tag{8.36}$$

によって定義し，これを**余微分作用素** (codifferential operator) という．$\phi \in A_p^1(D)$ に対する $\delta\phi = (-1)^{np+n+1} * (d_p(*\phi))$ を ϕ の**余微分** (coderivative) という．

余微分作用素の基本的性質は次の定理で与えられる．

【定理 8.17】
(i) $\delta^2 \psi = 0$, $\psi \in A_p^2(D)$.
(ii) $*\delta d = d\delta *$.
(iii) $\delta d * = *d\delta$.

証明 (i) $\psi \in A_p^2(D)$ を任意にとる．$\delta^2 \psi = (-1)^{n(p-1)+n+1}(-1)^{np+n+1} * d * *d * \psi$. 一方，$\phi = *\psi$ とおけば，$\phi \in A_{n-p}^2(D)$ であり（したがって，$d\phi \in A_{n-p+1}^1(D)$），$* * d\phi = (-1)^{(n-p+1)(p-1)}\epsilon(\omega_n) d\phi$ である（命題 4.73）．したがって，$\delta^2 \psi = (\text{定数}) \times *dd\phi = 0$ $(\because d^2\phi = 0)$.

(ii) $*\delta d\psi = (-1)^{n(p+1)+n+1} * * d * d\psi = (-1)^{n(p+1)+n+1}(-1)^{(n-p)p}\epsilon(\omega_n) d * d\psi$. $(-1)^{(n-p)p}\epsilon(\omega_n)\psi = * * \psi$ および $(-1)^{n(p+1)} = (-1)^{n(n-p)}$ を使えば，$*\delta d\psi = (-1)^{n(p+1)+n+1} d * d * *\psi = d\delta * \psi$.

(iii) (ii) より，$*\delta d\psi = d\delta *\psi$. 左から，$*$ を作用させ，$**\delta d\psi = (-1)^{(n-p)p}\delta d\psi$ に注意すれば，$(-1)^{(n-p)p}\delta d\psi = *d\delta *\psi$. $\phi = *\psi$ とおくと，$\delta d * \phi = *d\delta\phi$ と書ける．ゆえに，$\delta d* = *d\delta$. ∎

余微分作用素の作用の具体的な成分表示を見てみよう．$\{e_i\}_{i=1,\cdots,n}$ を V の正規直交基底とし，この基底に関する座標関数を $x^i, i = 1, \cdots, n$ とする．$\omega_n =$

$dx^1 \wedge \cdots \wedge dx^n$ とする.任意の $\psi \in A_p^1(D)$ は (8.5) のように展開できる.このとき

$$*\psi(x) = \sum_{i_1 < \cdots < i_p} \psi_{i_1 \cdots i_p}(x) \varepsilon \epsilon(dx^{j_1}) \cdots \epsilon(dx^{j_{n-p}}) dx^{j_1} \wedge \cdots \wedge dx^{j_{n-p}}.$$

ただし,ε は置換:$(i_1, \cdots, i_p, j_1, \cdots, j_{n-p}) \mapsto (1, \cdots, n)$ の符号である $(j_1 < \cdots < j_{n-p})$. したがって

$$d*\psi(x) = \sum_{i_1 < \cdots < i_p} \sum_{j=1}^{n} \frac{\partial \psi_{i_1 \cdots i_p}(x)}{\partial x^j} \varepsilon \epsilon(dx^{j_1}) \cdots \epsilon(dx^{j_{n-p}}) dx^j \wedge dx^{j_1} \wedge \cdots \wedge dx^{j_{n-p}}.$$

右辺の和の各項においては,$j \neq j_k, k = 1, \cdots, n-p$ の場合のみが寄与しうる(そうでない場合の項は 0).したがって,$(i_1, \cdots, i_p)$ を 1 つ固定するごとに,j の可能な値は $j = i_1, \cdots, i_p$ である.そこで,$i_1 < \cdots < i_p$ を固定し

$$\eta_l(x) = \frac{\partial \psi_{i_1 \cdots i_p}(x)}{\partial x^{i_l}} \varepsilon \epsilon(dx^{j_1}) \cdots \epsilon(dx^{j_{n-p}}) \\ \times dx^{i_l} \wedge dx^{j_1} \wedge \cdots \wedge dx^{j_{n-p}}$$

とおく $(l = 1, \cdots, p)$. したがって

$$d*\psi = \sum_{i_1 < \cdots < i_p} \sum_{l=1}^{p} \eta_l.$$

いま,$j_1 < \cdots < j_{k-1} < i_l < j_k < \cdots < j_{n-p}$ としよう.このとき

$$\eta_l = (-1)^{k-1} \frac{\partial \psi_{i_1 \cdots i_p}}{\partial x^{i_l}} \varepsilon \epsilon(dx^{j_1}) \cdots \epsilon(dx^{j_{n-p}}) dx^{j_1} \wedge \cdots \wedge dx^{j_{k-1}} \wedge dx^{i_l} \wedge \cdots \wedge dx^{j_{n-p}}.$$

したがって

$$*\eta_l = (-1)^{k-1} \frac{\partial \psi_{i_1 \cdots i_p}}{\partial x^{i_l}} \varepsilon' \varepsilon \epsilon(dx^{i_l}) \epsilon(\omega_n) \\ \times dx^{i_1} \wedge \cdots dx^{i_{l-1}} \wedge \widehat{dx}^{i_l} \wedge \cdots \wedge dx^{i_p}.$$

ただし,ε' は置換:$(j_1, \cdots, j_{k-1}, i_l, \cdots, j_{n-p}, i_1, \cdots, \hat{i}_l, \cdots, i_p) \mapsto (1, \cdots, n)$ の符号である.したがって,$\varepsilon' \varepsilon$ は置換:

$$(i_1, \cdots, i_p, j_1, \cdots, j_{n-p}) \mapsto (j_1, \cdots, j_{k-1}, i_l, \cdots, j_{n-p}, i_1, \cdots, \hat{i}_l, \cdots, i_p)$$

の符号であり

$$\varepsilon' \varepsilon = (-1)^{n-p-k+1}(-1)^{l-1}(-1)^{np+p} = (-1)^{np+n+1}(-1)^k(-1)^{l-1}$$

であることがわかる．ゆえに

$$*\eta_l = -(-1)^{np+n+1}(-1)^{l-1}\frac{\partial \psi_{i_1\cdots i_p}}{\partial x^{i_l}}\epsilon(dx^{i_l})\epsilon(\omega_n)$$
$$\times dx^{i_1}\wedge\cdots dx^{i_{l-1}}\wedge \widehat{dx^{i_l}}\wedge\cdots\wedge dx^{i_p}$$
$$= -(-1)^{np+n+1}\frac{\partial \psi_{i_l i_1\cdots \hat{i}_l\cdots i_p}}{\partial x^{i_l}}\epsilon(dx^{i_l})\epsilon(\omega_n)$$
$$\times dx^{i_1}\wedge\cdots dx^{i_{l-1}}\wedge \widehat{dx^{i_l}}\wedge\cdots\wedge dx^{i_p}.$$

ここで第2の等号を得るのに成分関数 $\psi_{i_1\cdots i_p}$ の添え字に関する反対称性を用いた．以上を整理すれば

$$\delta\psi = -\sum_{j_1<\cdots<j_{p-1}}\left(\sum_{j=1}^n \frac{\partial \psi_{jj_1\cdots j_{p-1}}}{\partial x^j}\epsilon(dx^j)\right)\epsilon(\omega_n)dx^{j_1}\wedge\cdots dx^{j_{p-1}} \quad (8.37)$$

という表式が導かれる．ただし，これは正規直交基底を用いた場合の表示である．

特に，$p=1$ の場合は

$$\delta\psi = -\sum_{j=1}^n \frac{\partial \psi_j}{\partial x^j}\epsilon(dx^j)\epsilon(\omega_n), \quad \psi \in A_1(D). \quad (8.38)$$

これから，ベクトル場 $u \in \widetilde{A}_1^1(D)$ の発散と余微分作用素に関して，次の関係が得られる：

$$\mathrm{div}\, u = -\epsilon(\omega_n)\widetilde{i}_{*,0}\delta\widetilde{i}_{*,1}^{-1}u, \quad u \in \widetilde{A}_1^1(D). \quad (8.39)$$

■ **例 8.6** ■ V がユークリッドベクトル空間の場合，$\epsilon(dx^i)=1, \epsilon(\omega_n)=1$ であるから

$$\delta\psi = -\sum_{j_1<\cdots<j_{p-1}}\left(\sum_{j=1}^n \frac{\partial \psi_{jj_1\cdots j_{p-1}}}{\partial x^j}\right)dx^{j_1}\wedge\cdots dx^{j_{p-1}}, \quad \psi \in A_p^1(D). \quad (8.40)$$

特に，$p=1$ の場合

$$\delta\psi = -\sum_{j=1}^n \frac{\partial \psi_j}{\partial x^j}, \quad \psi \in A_1^1(D). \quad (8.41)$$

【**定義 8.18**】 V の向きを1つ固定し，作用素 $\Delta_{\mathrm{LB}}: A_p^2(D)\to A_p^2(D)$ を次のように定義する：

$$\Delta_{\mathrm{LB}} := d\delta + \delta d. \quad (8.42)$$

これを**ラプラス (Laplace)–ベルトラーミ (Beltrami) 作用素**とよぶ[5]。

!注意 8.10 $A_0^2(D)$ ($p=0$ の場合) に対するラプラス–ベルトラーミ作用素の形は $\Delta_{\mathrm{LB}} = \delta d$ である ($\because \delta|A_0^1(D) = 0$).

【定義 8.19】 $\Delta_{\mathrm{LB}}\psi = 0$ をみたす微分形式 $\psi \in A_p^2(D)$ を D 上の **p 次調和形式** (harmonic form) という．特に，0 次調和形式を**調和関数** (harmonic function) という．

次の事実はラプラス–ベルトラーミ作用素の定義から，ただちにしたがう．

【命題 8.20】 $\psi \in A_p^1(D)$ が $d\psi = 0, \delta\psi = 0$ をみたすならば，ψ は調和形式である．

ラプラス–ベルトラーミ作用素の作用が成分表示でどのように表されるか調べよう．$\{e_i\}_{i=1,\cdots,n}$ を V の正規直交基底とし，この基底に関する座標関数を $x^i, i = 1, \cdots, n$ とする ($x = \sum_{i=1}^n x^i e_i \in V$).

$p \geq 1$ とし，$\psi \in A_p^2(D)$ が (8.5) で与えられるとすれば，命題 8.6 と (8.37) によって

$$\delta d\psi = -\sum_{i_1<\cdots<i_p}\left(\sum_{j=1}^n \frac{\partial^2 \psi_{i_1\cdots i_p}}{(\partial x^j)^2}\epsilon(dx^j)\epsilon(\omega_n)\right)dx^{i_1}\wedge\cdots\wedge dx^{i_p}$$
$$+\sum_{i_1<\cdots<i_p}\left(\sum_{j=1}^n\sum_{k=1}^p(-1)^{k-1}\frac{\partial^2 \psi_{ji_1\cdots \hat{i}_k\cdots i_p}}{\partial x^j \partial x^{i_k}}\epsilon(dx^j)\epsilon(\omega_n)\right)$$
$$\times dx^{i_1}\wedge\cdots\wedge dx^{i_p}. \tag{8.43}$$

一方

$$d\delta\psi = -\sum_{i_1<\cdots<i_p}\left(\sum_{j=1}^n\sum_{k=1}^p(-1)^{k-1}\frac{\partial^2 \psi_{ji_1\cdots \hat{i}_k\cdots i_p}}{\partial x^j \partial x^{i_k}}\epsilon(dx^j)\epsilon(\omega_n)\right)$$
$$\times dx^{i_1}\wedge\cdots\wedge dx^{i_p}. \tag{8.44}$$

---

[5] ラプラス (Pierre Simon Marquis de Laplace, 1749–1827) はフランスの偉大な数学者，天文学者，数理物理学者．天体力学を飛躍的に発展させた．その壮大な著書『天体力学 全 5 巻』(1700–1825) は天体力学の古典といわれる．太陽系生成のモデルを提示したことでも有名（いわゆるカント・ラプラス星雲説）．その他の理論物理学や確率論でも大きな貢献をした．ベルトラーミ (Eugenio Beltrami, 1835–1900) はイタリアの数学者．非ユークリッド幾何学の先駆的研究や弾性学において大きな貢献をした．

これは (8.43) の第 2 項と打ち消し合う. ゆえに

$$\Delta_{\mathrm{LB}}\psi = -\sum_{i_1<\cdots<i_p}\left(\sum_{j=1}^n \frac{\partial^2 \psi_{i_1\cdots i_p}}{(\partial x^j)^2}\epsilon(dx^j)\epsilon(\omega_n)\right)dx^{i_1}\wedge\cdots\wedge dx^{i_p}. \quad (8.45)$$

物理への応用上重要な場合を 2 つ見ておこう.

(i) V がユークリッドベクトル空間の場合. $\epsilon(dx^i)=1, \epsilon(\omega_n)=1$ であるから, 任意の $\psi\in A_p^2(D)$ に対して

$$\Delta_{\mathrm{LB}}\psi = -\sum_{i_1<\cdots<i_p}(\Delta_n\psi_{i_1\cdots i_p})dx^{i_1}\wedge\cdots\wedge dx^{i_p} \quad (8.46)$$

である. ただし, Δ_n は n 次元ラプラシアンである (例 7.6(i)).

(ii) V が $(n+1)$ 次元ミンコフスキーベクトル空間である場合. V^* の正規直交基底 $\{dx^i\}_{i=0,\cdots,n}$ として, $\langle dx^0, dx^0\rangle=1, \langle dx^j, dx^j\rangle=-1, j=1,\cdots,n$ となるものをとり, $\omega_{n+1}=dx^0\wedge\cdots\wedge dx^n$ とする. このとき, $\epsilon(dx^0)=1, \epsilon(dx^j)=-1, j=1,\cdots,n, \epsilon(\omega_{n+1})=(-1)^n$ であるから, 任意の $\psi\in A_p^2(D)$ に対して

$$\Delta_{\mathrm{LB}}\psi = (-1)^{n+1}\sum_{i_1<\cdots<i_p}(\Box_{n+1}\psi_{i_1\cdots i_p})dx^{i_1}\wedge\cdots\wedge dx^{i_p} \quad (8.47)$$

となる. ただし, $\Box_{n+1}$ は $(n+1)$ 次元**ダランベールシャン**である (例 7.6(ii)).

演習問題

V を n 次元実計量ベクトル空間とする. $e_1,\cdots,e_n$ を V の任意の基底とし, $x\in V$ を $x=\sum_{i=1}^n x^i e_i$ $(x^i\in\mathbb{R})$ と展開する.

1. $n=2$ の場合を考える. 次の微分形式 ψ のそれぞれに対して, その外微分 $d\psi$ を求めよ.

    (i) $\psi = x^1 dx^1 - x^2 dx^2$ (ii) $\psi = x^1 dx^2 - x^2 dx^1$ (iii) $\psi = \dfrac{x^1 dx^2 + x^2 dx^1}{(x^1)^2 + (x^2)^2}$

2. $n=2$ の場合を考える. F を $\mathbb{R}$ 上の連続微分可能な関数とし, $a,b\in\mathbb{R}$ を定数とする. e_1, e_2 として正規直交基底をとる.

    (i) 微分形式 $\psi = F(\langle x,x\rangle)(ax^1 dx^1 + bx^2 dx^2)$ の外微分 $d\psi$ を求めよ.

(ii) 微分形式 $\phi = F(\langle x, x \rangle)(ax^2 dx^1 + bx^1 dx^2)$ の外微分 $d\phi$ を求めよ.

3. $n = 3$ の場合を考える．次の微分形式 ψ のそれぞれに対して，その外微分 $d\psi$ を求めよ.

   (i) $\psi = x^1 dx^2 \wedge dx^3 + x^2 dx^3 \wedge dx^1 + x^3 dx^1 \wedge dx^2$.
   (ii) $\psi = \dfrac{x^1 dx^2 \wedge dx^3 + x^3 dx^1 \wedge dx^2 + x^2 dx^3 \wedge dx^1}{[(x^1)^2 + (x^2)^2 + (x^3)^2]^{3/2}}$.

4. $(n-1)$ 次微分形式 $\psi = \sum_{i=1}^{n}(-1)^{i-1}x^i dx^1 \wedge \cdots \wedge \widehat{dx^i} \wedge \cdots \wedge dx^n$ に対して，$d\psi$ を求めよ.

5. D を $\mathbb{R}^2$ の開集合とし，$f, g : D \to \mathbb{R}$ は連続微分可能であるとする．微分形式 $\omega = f dx^1 + g dx^2$ が閉であるための必要十分条件を求めよ.

6. 次の微分形式 ψ は閉であることを示せ.

   (i) $\psi = [\eta(x_1) - 2x^1 x^2]dx^1 + [\chi(x^2) - (x^1)^2]dx^2$ (η, χ は任意の微分可能な 1 実変数関数).
   (ii) $\psi = \dfrac{x^2 dx^1 - x^1 dx^2}{(x^1)^2 - (x^2)^2}$.

7. 前問の閉形式の完全性について考察せよ.

8. $\rho : (0, \infty) \to \mathbb{R} \setminus \{0\}$ は微分可能であるとし，$(n-1)$ 次微分形式

$$\psi = \frac{1}{\rho(r)} \sum_{i=1}^{n}(-1)^{i-1} x^i dx^1 \wedge \cdots \wedge \widehat{dx^i} \wedge \cdots \wedge dx^n$$

を考える．ただし，$r = \sqrt{\sum_{i=1}^{n}(x^i)^2}$ とする.

   (i) $d\psi$ を求めよ.
   (ii) ψ が閉であるための必要十分条件を求めよ.

9

ストークスの定理

有限次元実計量ベクトル空間上の微分形式の積分を定義し、この積分に関して、普遍性が高く、しかもたいへん美しい積分定理を導く。

9.1 曲方体と鎖体

この節と次の節で、微分形式の積分を定義するための準備を行う。

p を自然数とし、閉区間 $[0,1]$ の p 個の直積集合

$$[0,1]^p := [0,1] \times \cdots \times [0,1] = \{\mathbf{t} = (t^1, \cdots, t^p) \mid t^i \in [0,1], i = 1, \cdots, p\} \quad (9.1)$$

を **p 方体** (p-cube) とよぶ。便宜上、$\mathbb{R}^0 := \{0\}$, $[0,1]^0 := \{0\}$ と規約する。

V を n 次元実計量ベクトル空間とし、D を V の部分集合とする。$p \geq 0$ に対して、p 方体から D への連続写像 $c : [0,1]^p \to D$ を D 内の**特異 p 方体** (singular p-cube) または**曲 p 方体**という。

この定義にしたがえば、D 内の曲 0 方体は写像 $c : \{0\} \to D$ のことであり、したがって、これは D 内に 1 点 $c(0)$ を定めることと同じである。この意味で曲 0 方体は D 内の 1 点とみなせる。

!注意 9.1 言葉の使い方の問題であるが、曲 p 方体は、$[0,1]^p$ から D への連続写像 c のことであって、D の部分集合のことではないことに注意されたい。しかし、便宜上、c の像 $c([0,1]^p)$ も曲 p 方体という場合もある。

c を D 内の曲 p 方体とする。各 $i = 1, \cdots, p$ に対して、V 値関数 $: t^i \mapsto c(\mathbf{t}) = c(t^1, \cdots, t^p) \in D$ が $[0,1]$ 上で微分可能であり、その偏導関数 $\partial c(\mathbf{t})/\partial t^i$ が $[0,1]^p$ 上で連続であるとき、c を**可微分な曲 p 方体**とよぶ。

■ **例 9.1** ■ $\mathbb{R}^p \subset V$ の場合、$I^p : [0,1]^p \to \mathbb{R}^p$, $I^p(\mathbf{t}) := \mathbf{t}$, $\mathbf{t} \in [0,1]^p$ によって定義される曲 p 方体を $\mathbb{R}^p$ における**標準 p 方体** (standard p-cube) とよぶ。

p 方体の一般化として，p 個の有界閉区間 $[a_i, b_i]$ $(i=1,\cdots,p)$ の直積 $P := [a_1, b_1] \times \cdots \times [a_p, b_p]$ を考えることができる．この型の集合を **p 直方体** (p-rectangle) という．P から D への連続写像 $F : P \to D$ を**素 p 鎖体** (elementary p-chain) または**素 p チェイン**という．素 1 鎖体は D 内の曲線である（6 章を参照）．素 2 鎖体を D 内の**曲面**とよぶ．この写像との関連において，P は，幾何学的には，部分集合 $F(P)$ の点をパラメータで表示する場合のそのパラメータが属する集合（パラメータ空間）を表す．

素 p 鎖体 $F : P \to D$ に対して，$c_F : [0,1]^p \to D$ を

$$c_F(\mathbf{t}) := F(a_1 + (b_1 - a_1)t^1, \cdots, a_p + (b_p - a_p)t^p), \quad \mathbf{t} = (t^1, \cdots, t^p) \in [0,1]^p$$

によって定義すれば，c_F は曲 p 方体である．したがって，素 p 鎖体は変数変換により，曲 p 方体に帰着できる．以下でもっぱら曲 p 方体だけを扱うのは，この理由による．具体的な問題への応用では，素 p 鎖体をそのまま扱ったほうが便利な場合が多い．だが，純粋理論展開を行うには非本質的な煩わしさがある．

曲 p 方体 $c : [0,1]^p \to D$ の像（値域）$c([0,1]^p) = \{c(\mathbf{t}) \mid \mathbf{t} \in [0,1]^p\}$ を**曲 p 方体 c の台** (support) とよび，$\operatorname{supp} c$ と記す：

$$\operatorname{supp} c := c([0,1]^p). \tag{9.2}$$

$\operatorname{supp} c$ は，幾何学的には，写像 c によってパラメータ表示ができるような，D の部分集合である．実は，もっと詳しく次の事実を証明できる：

【補題 9.1】 $\operatorname{supp} c$ は V の閉集合である．

証明 $\operatorname{supp} c$ の点列 x_n が $x \in V$ に収束しているとする：$\lim_{n \to \infty} x_n = x$．$x_n = f(\mathbf{t}_n)$ となる $\mathbf{t}_n \in [0,1]^p$ が存在する．$\{\mathbf{t}\}_n$ は有界点列である．したがって，ボルツァーノ–ワイエルシュトラスの定理[1]により，収束する部分列 $\mathbf{t}_{n_j}$ がとれる．$\mathbf{a} := \lim_{j \to \infty} \mathbf{t}_{n_j}$ とすれば，$\mathbf{a} \in [0,1]^p$ であり，c の連続性により，$\lim_{j \to \infty} c(\mathbf{t}_{n_j}) = c(\mathbf{a})$ が成り立つ．したがって，$x = c(\mathbf{a}) \in \operatorname{supp} c$．ゆえに $\operatorname{supp} c$ は閉集合である． ∎

！注意 9.2 $\operatorname{supp} c$ を台とする曲 p 方体は一意的には決まらない．実際，$\tau : [0,1]^p \to [0,1]^p$ を全射かつ連続な任意の写像とすれば，τ と c の合成写像 $c \circ \tau : [0,1]^p \to D$

---
[1] たとえば，黒田成俊『微分積分』（共立出版，2002）の p.269 を参照．

も台を $\operatorname{supp} c$ とする曲 p 方体である．これは，$\operatorname{supp} c$ の点を表すパラメータ表示の非一意性と関連する構造である（τ は $\operatorname{supp} c$ の点を表すパラメータの変換を与える写像）．

以下の例が示唆するように，$\mathbb{R}^d$ 内の曲 p 方体の例をつくるには，$\mathbb{R}^d$ における極座標的な見方が役に立つ．

■ **例 9.2** ■ $\mathbb{R}^2$ における**原点を中心とする半径 $R > 0$ の閉円盤**（図 9.1(a)）

$$B_R := \{\mathbf{x} = (x^1, x^2) \in \mathbb{R}^2 \mid |\mathbf{x}| \leq R\} \tag{9.3}$$

を台とする曲 2 方体を求めてみよう．結論から言うと

$$c_R^2(r, t) := (rR\cos(2\pi t), rR\sin(2\pi t)), \quad (r, t) \in [0,1]^2 \tag{9.4}$$

によって定義される写像 $c_R^2 : [0,1]^2 \to \mathbb{R}^2$ がそのような曲 2 方体の 1 つである（変数 t^1, t^2 のかわりに r, t を用いている）．実際，c_R^2 は連続（実際には，無限回微分可能）であり，$\operatorname{supp} c_R^2 = B_R$ が成り立つことは容易に確かめられる．

■ **例 9.3** ■ a, b $(a < b)$ を実定数とし，写像 $f, g : [a, b] \to \mathbb{R}$ は単射かつ連続であり

$$f(a) = g(a), \quad f(b) = g(b), \quad g(x) < f(x), \quad x \in (a, b)$$

をみたすとする．$\ell(t) := a + (b-a)t, t \in [0,1]$ とおき，写像 $c_{f,g} : [0,1]^2 \to \mathbb{R}^2$ を

$$c_{f,g}(t^1, t^2) := \left(\ell(t^1), g(\ell(t^1)) + [f(\ell(t^1)) - g(\ell(t^1))]t^2\right), \quad (t^1, t^2) \in [0,1]^2$$

によって定義する．このとき，$c_{f,g}$ は曲 2 方体である．さらに

$$D_{f,g} := \{(x, y) \mid x \in [a, b], g(x) \leq y \leq f(x)\}$$

——関数 f のグラフ $y = f(x)$ と g のグラフ $y = g(x)$ で囲まれた部分の集合（境界も含む）——とおけば（図 9.1(b)），$\operatorname{supp} c_{f,g} = D_{f,g}$ が成り立つ．

■ **例 9.4** ■ $\mathbf{a} = (a^1, a^2) \in \mathbb{R}^2$ を定ベクトルとする．$C_1, C_2 : [0,1] \to \mathbb{R}^2$ を閉曲線で

$$C_j(t) := \mathbf{a} + (r_j(t)\cos(2\pi t), r_j(t)\sin(2\pi t)), \quad j = 1, 2, \quad t \in [0,1]$$

と表されるものとする．ただし，r_j は $[0,1]$ 上の単射かつ連続な関数で

$$0 \leq r_1(t) < r_2(t), \quad t \in [0,1]; \quad r_j(0) = r_j(1), \quad j = 1, 2$$

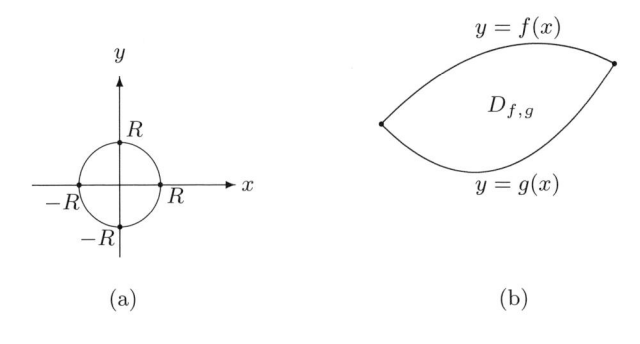

図 9.1 閉円盤 (a) とグラフで囲まれた集合 (b)

をみたすものとする (図 9.2). C_1 の像と C_2 の像で囲まれた集合を D とする (境界も含める). このような集合は**変形された円環領域**とよばれる. 写像 $\rho : [0,1]^2 \to \mathbb{R}$ を

$$\rho(r,t) := r_1(t) + (r_2(t) - r_1(t))r, \quad (r,t) \in [0,1]^2$$

によって定義し

$$c(r,t) := \mathbf{a} + (\rho(r,t)\cos(2\pi t), \rho(r,t)\sin(2\pi t))$$

とおく. このとき, c は曲 2 方体であり, $\mathrm{supp}\, c = D$ が成り立つ.

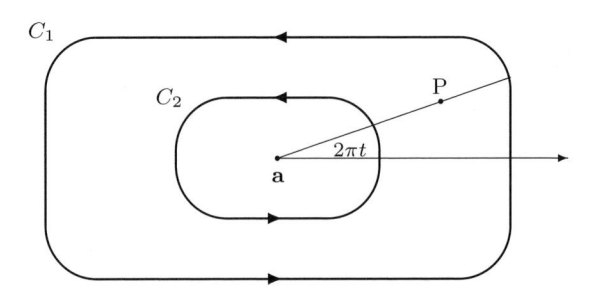

$$\mathrm{P} : \mathbf{a} + (\rho(r,t)\cos(2\pi t), \rho(r,t)\sin(2\pi t))$$

図 9.2 変形された円環領域

■ **例 9.5** ■ 3 次元ユークリッドベクトル空間 $\mathbb{R}^3$ の点 $\mathbf{a} = (a^1, a^2, a^3)$ を中心とする, 半径 R の球を台とするような曲 3 方体の 1 つは

$$c_R^3(\mathbf{t}) := \mathbf{a} + (t^1 R \cos(2\pi t^2)\sin \pi t^3, t^1 R \sin(2\pi t^2)\sin t^3, t^1 R \cos \pi t^3),$$
$$\mathbf{t} = (t^1, t^2, t^3) \in [0,1]^3$$

によって定義される写像 $c_R^3 : [0,1]^3 \to \mathbb{R}^3$ によって与えられる.

次に，複数の曲 p 方体の"和"と"スカラー倍"を定義したい．この目的のためには，第 1 章で導入した，任意の集合から生成されるベクトル空間の概念が役立つ．いま，V の部分集合 D 内の曲 p 方体の全体を $\mathcal{S}_p$ とし，$\mathcal{S}_p$ によって生成される実ベクトル空間を $\mathcal{C}_p(D)$ とする．すなわち，このベクトル空間の任意の元は，$\mathcal{S}_p$ から $\mathbb{R}$ への写像で $\mathcal{S}_p$ の有限個の点を除いては 0 となるようなものである．任意の $c \in \mathcal{S}_p$ に対して，写像 $f_c : \mathcal{S}_p \to \mathbb{R}$ を $f_c(c) := 1, f_c(c') := 0, c' \neq c$ によって定義すれば，$f_c \in \mathcal{C}_p(D)$ であり，任意の $f \in \mathcal{C}_p(D)$ は $f = \sum_i a_i f_{c_i} \cdots (*)$ という形に一意的に表される $(a_i \in \mathbb{R}, c_i \in \mathcal{S}_p$, 和は有限項にわたる). 第 1 章でも注意したように，f_{c_i} と c_i を同一視し，$f = \sum_i a_i c_i$ と記す．この意味で，曲 p 方体の線形結合が定義される．$\mathcal{C}_p(D)$ の元を D 内の**特異 p 鎖体**または**特異 p チェイン**という．以下では，特異 p 鎖体のことを単に **p 鎖体**または **p チェイン**とよぶことにする．

p 鎖体 $c = \sum_i a_i c_i$ において，各 c_i が可微分であるとき，c は**可微分**であると定義する．

!注意 9.3 文献によっては，曲 p 方体 c_i の整数係数 $m_i \in \mathbb{Z}$ による線形結合 $\sum_i m_i c_i \in \mathcal{C}_p(D)$ を (特異) p 鎖体という場合ある．本書では，上に定義した意味で用いる．

一般の p 鎖体 $c = \sum_i a_i c_i$ の台は

$$\operatorname{supp} c := \bigcup_i \operatorname{supp} c_i \tag{9.5}$$

によって定義される．したがって，$\operatorname{supp} c$ は，有限個の閉集合の和集合であるから，閉集合である．

9.2 境鎖体

この節では，D 内の p 鎖体 c に対して，$\operatorname{supp} c$ の境界をその像の中に含む $(p-1)$ 鎖体の概念を定義し，その基本的な性質を証明する．

まず，簡単な場合として，標準 p 方体 I^p の場合を考察する (例 9.1). 各 $i = 1, \cdots, p$ に対して，$\mathbb{R}^p$ 内の 2 つの曲 $(p-1)$ 方体 $I_{(i,0)}^p, I_{(i,1)}^p : [0,1]^{p-1} \to \mathbb{R}^p$ を次のように定義する:

$$I^1_{(1,0)}(\{0\}) := 0 \quad I^1_{(1,1)}(\{0\}) := 1 \quad (p=0) \tag{9.6}$$

$$I^p_{(i,0)}(\mathbf{t}) := (t^1, \cdots, t^{i-1}, 0, t^i, \cdots, t^{p-1}), \tag{9.7}$$

$$I^p_{(i,1)}(\mathbf{t}) := (t^1, \cdots, t^{i-1}, 1, t^i, \cdots, t^{p-1}), \quad \mathbf{t} \in [0,1]^{p-1}, \ p \geq 1. \tag{9.8}$$

$I^p_{(i,0)}, I^p_{(i,1)}$ をそれぞれ，I^p の $(i, 0)$ **境面**，$(i, 1)$ **境面**という

■ **例 9.6** ■ $p = 2$ の場合，$I^2_{(i,\alpha)}$ $(i = 1, 2, \alpha = 0, 1)$ は次で与えられる：

$$I^2_{(1,0)}(t) = (0,t), \quad I^2_{(1,1)} = (1,t), \quad I^2_{(2,0)}(t) = (t,0), \quad I^2_{(2,1)}(t) = (t,1), \quad t \in \mathbb{R}.$$

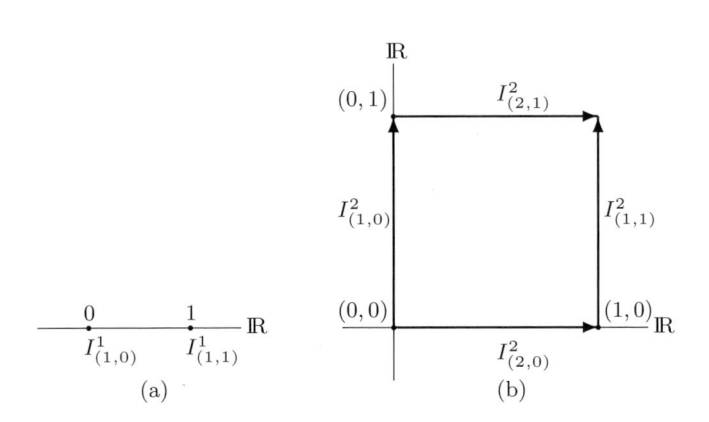

図 9.3 曲 1 方体の境面 (a) と曲 2 方体の境面 (b) の幾何学的描像

図 9.3(b) においては，写像 $I^2_{(i,\alpha)}$ の像（値域）が描かれている．矢印は，像内の点がパラメータの増大に対応して動く向きを表す．これから，「境面」という概念の感覚的・幾何学的描像がつかめるであろう．

$p = 3$ の場合についても同様の作業を行ってみよ．

境面 $I^p_{(i,\alpha)}$ に対して，$(-1)^{i+\alpha}$ を $I^p_{(i,\alpha)}$ の**符号**という．この符号を係数とする線形結合

$$\partial I^p := \sum_{i=1}^{p} \sum_{\alpha=0,1} (-1)^{i+\alpha} I^p_{(i,\alpha)} \tag{9.9}$$

を I^p の**境鎖体** (boundary chain) とよぶ（図 9.4）．

次に，一般の曲 p 方体 $c : [0,1]^p \to D \subset V$ の境鎖体を定義しよう．まず，各 (i, α) $(i = 1, \cdots, p, \alpha = 0, 1)$ に対して，$c_{(i,\alpha)} : [0,1]^{p-1} \to D$ を

$$c_{(i,\alpha)}(\mathbf{t}) := c(I^p_{(i,\alpha)}(\mathbf{t})), \quad \mathbf{t} \in [0,1]^{p-1} \tag{9.10}$$

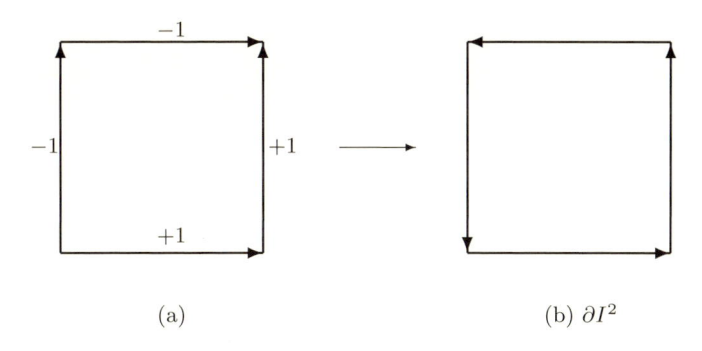

図 9.4 I^2 の境面の符号 (a) と ∂I^2 の幾何学的描像 (b)

によって定義し，これを c の (i, α) **境面**という．これを用いて，D 内の $(p-1)$ 鎖体 ∂c を

$$\partial c := \sum_{i=1}^{p} \sum_{\alpha=0,1} (-1)^{i+\alpha} c_{i,\alpha} \in \mathcal{C}_{p-1}(D) \tag{9.11}$$

によって定義する．この $(p-1)$ 鎖体を c の**境鎖体**とよぶ．

鎖体と境鎖体に関連する基本的な幾何学的事実の 1 つを命題として述べておく：

【命題 9.2】 任意の p 鎖体 c に対して

$$\partial(\text{supp}\, c) \subset \text{supp}(\partial c). \tag{9.12}$$

ただし，左辺は c の台の境界集合（5 章を参照）を表し，右辺は，境鎖体 ∂c の台を表す．

証明 まず，c が曲 p 方体の場合を考える．容易に確かめられるように

$$[0,1]^p \setminus (0,1)^p = \bigcup_{i=1}^{p} \bigcup_{\alpha=0,1} I^p_{(i,\alpha)}([0,1]^{p-1}). \tag{9.13}$$

したがって

$$c([0,1]^p \setminus (0,1)^p) = \bigcup_{i=1}^{p} \sup_{\alpha=0,1} c(I^p_{(i,\alpha)}([0,1]^{p-1})) = \text{supp}(\partial c). \tag{9.14}$$

また，任意の閉集合 $A \subset \mathbb{R}^p$ に対して，$\partial A = A \setminus A^{\text{int}}$（$\partial A$ は A の境界集合）であるから，これを $A = \text{supp}\, c$ として応用すれば

$$\partial(\text{supp}\, c) = (\text{supp}\, c) \setminus c((0,1)^p) \tag{9.15}$$

を得る．容易に確かめられるように，この式の右辺は，$c([0,1]^p \setminus (0,1)^p)$ に含まれる．この事実と (9.14) により，(9.12) が導かれる．

次に $c = \sum_i a_i c_i$ ($a_i \in \mathbb{R}, c_i \in \mathcal{S}_p$) の場合には

$$\partial(\operatorname{supp} c) = \partial \left(\bigcup_i \operatorname{supp} c_i \right) \subset \bigcup_i \partial(\operatorname{supp} c_i) \subset \bigcup_i \operatorname{supp}(\partial c_i).$$

ここで，最後の包含関係を得るのに前段の結果を用いた．最右辺は，定義によって，$\operatorname{supp}(\partial c)$ に等しい．よって，(9.12) が成り立つ． ∎

!注意 9.4 (9.12) において，等号は一般には成立しない（以下の例を参照）．

■ **例 9.7** ■ 例 9.2 の曲 2 方体 c_R^2 について

$$(c_R^2)_{(1,0)}(t) = (0,0), \ (c_R^2)_{(1,1)}(t) = (R\cos 2\pi t, R\sin 2\pi t),$$
$$(c_R^2)_{(2,0)}(t) = (tR, 0), \ (c_R^2)_{(2,1)}(t) = (tR, 0), \quad t \in [0,1]$$

であるから，$\partial c_R^2 = C_R - C_0$ となる．ただし，$C_R(t) := (R\cos 2\pi t, R\sin 2\pi t)$, $C_0(t) := (0,0)$, $t \in [0,1]$．この例では，∂c_R^2 の台は，$\operatorname{supp} c_R^2 = B_R$ の境界 $(= \operatorname{supp} C_R)$ に等しくないことに注意．

■ **例 9.8** ■ 写像 $h_a, h_b, C_f, C_g : [0,1] \to \mathbb{R}^2$ を

$$h_a(t) := (a, f(a)), \ h_b := (b, f(b)),$$
$$C_f(t) := (\ell(t), f(\ell(t))), \ C_g(t) := (\ell(t), g(\ell(t))), \quad t \in [0,1]$$

によって定義する．このとき，例 9.7 の場合と同様にして $((c_{f,g})_{(i,\alpha)}(t), i=1,2, \alpha = 0,1$ を具体的に計算する)，例 9.3 の曲 2 方体 $c_{f,g}$ について，$\partial c_{f,g} = h_b - h_a + C_g - C_f$ が成り立つ．したがって，この例では，$\partial(\operatorname{supp} c_{f,g}) = \operatorname{supp}(\partial c_{f,g})$ が成り立っている．

■ **例 9.9** ■ 例 9.4 の曲 2 方体 c については，$\partial c = C_1 - C_2$ がわかる．

■ **例 9.10** ■ $r \geq 0$ に対して，写像 $S_r, N_r^\pm : [0,1]^2 \to \mathbb{R}^3$ を

$$S_r(s,t) := (r\cos(2\pi s)\sin(\pi t), r\sin(2\pi s)\sin(\pi t), r\cos(\pi t)),$$
$$N_r^\pm(s,t) := (0, 0, +sr), \qquad (s,t) \in [0,1]^2$$

によって定義する．これらの曲 2 方体を用いると例 9.5 の曲 3 方体 c_R^3 について，$\partial c_R^3 = S_R - S_0 - N_R^+ + N_R^-$ がわかる．

最後に，任意の p 鎖体 $c = \sum_i a_i c_i$ $(a_i \in \mathbb{R}, c_i \in \mathcal{S}_p)$ に対する**境鎖体** ∂c を

$$\partial c := \sum_i a_i \partial c_i \in \mathcal{C}_{p-1}(D) \tag{9.16}$$

によって定義する．

容易にわかるように，対応 $\partial : \mathcal{C}_p(D) \ni c \mapsto \partial c \in \mathcal{C}_{p-1}(D)$ は $\mathcal{C}_p(D)$ から $\mathcal{C}_{p-1}(D)$ への線形作用素である．この作用素を**境界作用素** (boundary operator) という．この作用素の特徴的な性質の１つは次の命題によって与えられる：

【命題 9.3】 $\qquad\qquad\qquad \partial^2 = 0.$

証明 境界作用素 ∂ の線形性により，任意の曲 p 方体 $c : [0,1]^p \to D$ に対して，$\partial(\partial c) = 0$ を示せば十分である．(9.11) および

$$\partial c_{(i,\alpha)} = \sum_{j=1}^{p-1} \sum_{\beta=0,1} (-1)^{j+\beta} (c_{(i,\alpha)})_{(j,\beta)}$$

$[(c_{(i,\alpha)})_{(j,\beta)}$ は $c_{(i,\alpha)}$ の (j,β) 境面$]$ であるから

$$\partial(\partial c) = \sum_{i=1}^{p} \sum_{\alpha=0,1} \sum_{j=1}^{p-1} \sum_{\beta=0,1} (-1)^{i+\alpha+j+\beta} (c_{(i,\alpha)})_{(j,\beta)}. \tag{9.17}$$

そこで，$(c_{(i,\alpha)})_{(j,\beta)}$ の性質を調べる．任意の $\mathbf{t} \in [0,1]^{p-2}$ に対して

$$(c_{(i,\alpha)})_{(j,\beta)}(\mathbf{t}) = c_{i,\alpha}(I^{p-1}_{(j,\beta)}(\mathbf{t})) = c(I^{p}_{(i,\alpha)}(I^{p-1}_{(j,\beta)}(\mathbf{t})))$$

であるから，結局，$I^{p}_{(i,\alpha)}(I^{p-1}_{(j,\beta)}(\mathbf{t}))$ がいかなるものであるかを見ればよい．

$i \le j$ の場合を考える．このとき

$$I^{p}_{(i,\alpha)}(I^{p-1}_{(j,\beta)}(\mathbf{t})) = I^{p}_{(i,\alpha)}(t^1, \cdots, t^{j-1}, \beta, t^j, \cdots, t^{p-2})$$
$$= (t^1, \cdots, t^{i-1}, \alpha, t^i, \cdots, t^{j-1}, \beta, t^j, \cdots, t^{p-2}).$$

同様に

$$I^{p}_{(j+1,\beta)}(I^{p-1}_{(i,\beta)}(\mathbf{t})) = I^{p}_{(j+1,\beta)}(t^1, \cdots, t^{i-1}, \beta, t^i, \cdots, t^{p-2})$$
$$= (t^1, \cdots, t^{i-1}, \alpha, t^i, \cdots, t^{j-1}, \beta, t^j, \cdots, t^{p-2}).$$

したがって，$I^{p}_{(i,\alpha)}(I^{p-1}_{(j,\beta)}(\mathbf{t})) = I^{p}_{(j+1,\beta)}(I^{p-1}_{(i,\beta)}(\mathbf{t}))$. ゆえに，$i \le j$ ならば $(c_{(i,\alpha)})_{(j,\beta)} = (c_{(j+1,\beta)})_{(i,\alpha)} \cdots (*)$．式 (9.17) の右辺の i,j に関する和を $i \le j$ と $i > j$ の部分に分け，$(*)$ を用いると，それらは，互いに打ち消し合うことがわかる．よって，$\partial(\partial c) = 0$ がしたがう． ∎

9.3　p 鎖体上の p 次微分形式の積分

すでに知っているように，$\mathbb{R}^p$ の標準基底 $\mathbf{e}_1, \cdots, \mathbf{e}_p$ に関する座標関数を t^i とすれば（$\mathbb{R}^p \ni \mathbf{t} = \sum_{i=1}^p t^i \mathbf{e}_i$），双対基底は，$dt^1, \cdots, dt^p$ と表される．したがって，$\bigwedge^p (\mathbb{R}^p)^*$ の基底として，$dt^1 \wedge \cdots \wedge dt^p$ がとれる．

η を $[0,1]^p$ 上の連続な p 次微分形式としよう．前段で述べた事実によって，$[0,1]^p$ 上の連続関数 f_η がただ 1 つあって，$\eta = f_\eta dt^1 \wedge \cdots \wedge dt^p$ と表される．そこで，η の $[0,1]^p$ 上での積分 $\int_{[0,1]^p} \eta$ を

$$\int_{[0,1]^p} \eta := \int_{[0,1]^p} f_\eta(\mathbf{t}) dt^1 \cdots dt^p \tag{9.18}$$

によって定義する．ただし，右辺は $[0,1]^p$ 上の関数 f_η に関する多重積分である[2]．

$(\mathbb{R}^p)^*$ の向きを，$dt^1 \wedge \cdots \wedge dt^p$ が正の元となるようにとり，$\mathbf{e}_1, \cdots, \mathbf{e}_p$ が正規直交基底となる，$\mathbb{R}^p$ の計量を任意に 1 つ固定する．このとき，$f_\eta = *\eta$ であるから，$\int_{[0,1]^p} \eta = \int_{[0,1]^p} (*\eta)(\mathbf{t}) d\mathbf{t}$ が成り立つ（右辺はスカラー場 $*\eta$ の体積積分；7.8.1 項を参照）．

V の開集合 D の上の p 次微分形式 ψ と可微分な曲 p 方体 $c\colon [0,1]^p \to D$ に対して，積分 $\int_c \psi$ を

$$\int_c \psi := \int_{[0,1]^p} c^*\psi \quad (p \geq 1) \tag{9.19}$$

によって定義する．ただし，$c^*\psi$ は ψ の c による引き戻しであり（8.5 節を参照），右辺は，前段の定義において，η が $c^*\psi$ の場合の積分である．$p = 0$ の場合には

$$\int_c \psi := \psi(c(0)) \tag{9.20}$$

と定義する（この場合は，ψ は D 上の実数値連続関数）．

積分 $\int_c \psi$ を座標系を用いて，具体的に書き下してみよう．$E = \{e_i\}_{i=1,\cdots,n}$ を V の任意の基底とし，各 $x \in D$ を $x = \sum_{i=1}^n x^i e_i$ と展開する（$x^i \in \mathbb{R}$）．このとき

$$\psi(x) = \sum_{1 \leq i_1 < \cdots < i_p \leq n} \psi_{i_1 \cdots i_p}(x) dx^{i_1} \wedge \cdots \wedge dx^{i_p} \tag{9.21}$$

と書ける（$\psi_{i_1 \cdots i_p}$ は ψ の成分関数）．微分形式の引き戻しに関する一般的な公式 (8.35) によって

---

[2] 多重積分については，たとえば，黒田成俊『微分積分』（共立出版，2002）の 10 章を参照．

$$(c^*\psi)(\mathbf{t}) = \sum_{1\leq i_1<\cdots<i_p\leq n} \psi_{i_1\cdots i_p}(c(\mathbf{t}))\frac{\partial(c^{i_1},c^{i_2},\cdots,c^{i_p})}{\partial(t^1,\cdots,t^p)}dt^1\wedge\cdots\wedge dt^p \quad (9.22)$$

が成り立つことがわかる[3]. ただし, $(c^1(\mathbf{t}),\cdots,c^d(\mathbf{t}))$ は点 $c(\mathbf{t}) \in D$ の基底 E に関する座標であり——$c(\mathbf{t}) = \sum_{i=1}^{d} c^i(\mathbf{t})e_i$——

$$\frac{\partial(c^{i_1},c^{i_2},\cdots,c^{i_p})}{\partial(t^1,\cdots,t^p)} := \det\begin{pmatrix} \frac{\partial c^{i_1}}{\partial t^1} & \frac{\partial c^{i_1}}{\partial t^2} & \cdots & \frac{\partial c^{i_1}}{\partial t^p} \\ \frac{\partial c^{i_2}}{\partial t^1} & \frac{\partial c^{i_2}}{\partial t^2} & \cdots & \frac{\partial c^{i_2}}{\partial t^p} \\ \vdots & \cdots & \cdots & \vdots \\ \frac{\partial c^{i_p}}{\partial t^1} & \frac{\partial c^{i_p}}{\partial t^2} & \cdots & \frac{\partial c^{i_p}}{\partial t^p} \end{pmatrix} \quad (9.23)$$

は, $\mathbb{R}^p$ 値関数 $[0,1]^p \ni \mathbf{t} \mapsto (c^{i_1}(\mathbf{t}),\cdots,c^{i_p}(\mathbf{t}))$ の関数行列式である. したがって

$$\int_c \psi = \sum_{i_1<\cdots<i_p} \int_{[0,1]^p} \psi_{i_1\cdots i_p}(c(\mathbf{t}))\frac{\partial(c^{i_1},c^{i_2},\cdots,c^{i_p})}{\partial(t^1,\cdots,t^p)}dt^1\cdots dt^p. \quad (9.24)$$

特別な場合として, η が $[0,1]^p$ 上の p 次微分形式であるとき, $(I^p)^*\eta = \eta$ であるから

$$\int_{I^p} \eta = \int_{[0,1]^p} \eta \quad (9.25)$$

となる.

一般の p 鎖体 $c = \sum_i a_i c_i$ ($a_i \in \mathbb{R}, c_i \in \mathcal{S}_p$) に対する積分 $\int_c \psi$ は

$$\int_c \psi := \sum_i a_i \int_{c_i} \psi \quad (9.26)$$

と定義する.

■ **例 9.11** ■ $c : [0,1] \to V$ は D 内の可微分な曲 1 方体で単射であるとし, $C := c([0,1])$ とおく. V の任意の正規直交基底 $\{e_i\}_{i=1,\cdots,n}$ の 1 つをとり, $c(t) = \sum_{i=1}^{n} c^i(t)e_i$, $x = \sum_{i=1}^{n} x^i e_i \in D$ と展開する. このとき, D 上の 1 次微分形式 $\psi = \sum_{i=1}^{n} \psi_i dx^i$ に対して

$$\int_c \psi = \sum_{i=1}^{n} \int_0^1 \psi_i(c(t))\dot{c}^i(t)dt.$$

---

[3] (8.35) をいまの文脈に応用するには, 次の読み替えをすればよい:

$$V \to \mathbb{R}^p \ ; \ W \to V$$
$$u \to c \ ; \ \theta \to \psi \ ; \ n \to p \ ; \ m \to n \ ; \ dx^i \to dt^i.$$

したがって, いまの文脈では, (8.35) における $i_1,\cdots,i_p$ についての和は $i_1,\cdots,i_p$ が $1,2,3,\cdots,p$ の置換となっている場合だけであることに注意.

標準的同型 $i_*: V^* \to V$ を用いると

$$\sum_{i=1}^n \psi_i(c(t))\dot{c}^i(t) = \langle i_*\psi(c(t)), \dot{c}(t)\rangle$$

と書ける．したがって

$$\int_c \psi = \int_C \langle i_*\psi, dx\rangle,$$

すなわち，$\int_c \psi$ は D 上のベクトル場 $i_*\psi$ の C に沿っての線積分である（7.2.1 項を参照）．

■**例 9.12** ■ V を n 次元実計量ベクトル空間，S を V の正則超曲面（7 章参照）で，そのパラメータ表示として，$(n-1)$ 曲方体 $c: [0,1]^{n-1} \to V$ がとれるものする．V の正規直交基底 $E = \{e_i\}_{i=1,\cdots,n}$ は，$e_1 \wedge \cdots \wedge e_n$ が正の向きとなるように選ぶ．$S \subset D$ とする．D 上の $(n-1)$ 次微分形式 $\psi = \sum_{j=1}^n (-1)^{j-1}\psi_j dx^1 \wedge \cdots \wedge \widehat{dx^j} \wedge \cdots \wedge dx^n$ に対して

$$\int_c \psi = \sum_{j=1}^n \int_{[0,1]^{n-1}} (-1)^{j-1}\psi_j(c(t))\frac{\partial(c^1(t),\cdots,\widehat{c^j(t)},\cdots,c^n(t))}{\partial(t_1,\cdots,t_{n-1})}dt_1\cdots dt_{n-1}. \tag{9.27}$$

これとベクトル場の超曲面に沿う面積分の定義 [(7.94) 式] を照らし合わせると

$$\int_c \psi = \int_S \langle \tilde{\psi}, dS\rangle \tag{9.28}$$

であることがわかる．ただし，$\tilde{\psi} := \sum_{j=1}^n \psi_j e_j$．

■**例 9.13** ■ $\dim V = n$ とし，Ω を V のパラメータ付き n 次元図形とする（7 章）．Ω は n 曲方体 $c: [0,1]^n \to V$ の像であるとする．$c([0,1]^n)$ を含む開集合上の n 次微分形式 $\psi = \rho_E dx^1 \wedge \cdots \wedge dx^n$ に対して

$$\int_c \psi = \int_{[0,1]^n} \rho_E(c(t))\frac{\partial(c^1(t),\cdots,c^n(t))}{\partial(t_1,\cdots,t_n)}dt_1\cdots dt_n$$
$$= \int_\Omega \rho_E(x^1,\cdots,x^n)dx^1\cdots dx^n. \tag{9.29}$$

ただし，$\partial(c^1(t),\cdots,c^n(t))/\partial(t_1,\cdots,t_n) > 0$ とする．座標系 (V, E) では，$*\psi(x) = \rho_E(x^1,\cdots,x^n)$ $(x = \sum_{i=1}^n x^i e_i)$ であるから，最後の式は，スカラー場 $*\psi$ の Ω 上での積分である（7.9.1 項を参照）．よって

$$\int_c \psi = \int_\Omega (*\psi)(x)dx. \tag{9.30}$$

9.4 ストークスの定理

以上の準備のもとで，現代ベクトル解析の最も美しく，かつ重要な到達点の1つをなす定理を述べることができる：

【定理 9.4】(抽象的ストークスの定理[4]) $D \subset V$ とし，c を D 内の可微分な p 鎖体とする $(p \geq 1)$．このとき，D 上の任意の連続微分可能な $(p-1)$ 次微分形式 ψ に対して

$$\int_c d\psi = \int_{\partial c} \psi \tag{9.31}$$

が成り立つ．

この定理を証明するために，鍵となる補題を1つ用意する．

【補題 9.5】 $[0,1]^p$ 上の任意の可微分な $(p-1)$ 次微分形式 $(p \geq 1)\gamma$ に対して

$$\int_{I^p} d\gamma = \int_{\partial I^p} \gamma. \tag{9.32}$$

証明 $\bigwedge^{p-1}(\mathbb{R}^p)^*$ の基底として，次の p 個の元の組がとれる：$dt^1 \wedge \cdots \wedge \widehat{dt^i} \wedge \cdots \wedge dt^p,\ i = 1, \cdots, p$．ただし，$\widehat{dt^i}$ は dt^i を除くこと指示する記号である．したがって，γ は次の形の p 個の $(p-1)$ 次微分形式 $\eta^{(i)}\ (i=1,\cdots,p)$ の和として表される：$\eta^{(i)} := f_i dt^1 \wedge \cdots \wedge \widehat{dt^i} \wedge \cdots \wedge dt^p$．ただし，$f_i : [0,1]^p \to \mathbb{R}$ は連続微分可能な関数である．ゆえに，$\gamma = \eta^{(i)}$ の場合に (9.32) を証明すれば十分である．

まず，$p = 1$ の場合は，(9.32) の左辺 $= \int_0^1 \gamma'(t)dt = \gamma(1) - \gamma(0) = $ (9.32) の右辺 となるので，確かに成立する（要するに，この単純な場合は，1変数の場合の微分積分学の基本定理である）．

次に，$p \geq 2$ の場合を考えよう．この場合は

$$d\eta^{(i)} = (-1)^{i-1} \frac{\partial f_i}{\partial t^i} dt^1 \wedge \cdots \wedge dt^p.$$

---

[4] $V = \mathbb{R}^3$ の場合における，古典的な意味でのストークスの定理（8.5 節を参照）と峻別するために「抽象的」という接頭語をつけた．慣習的には，抽象的ストークスの定理も（総称的な意味で）ストークスの定理とよばれることが多い．ストークス (Sir George Gabriel Stokes, 1819–1903) はイギリスの数理物理学者．ケンブリッジ大学教授 (1849) およびロンドン王立協会会長を歴任．光学における「ストークスの法則」や球体が粘性流体中を落下するときの速度に関する「ストークスの抵抗法則」あるいは流体力学の基礎方程式の1つであるナヴィエ–ストークス方程式など数学と物理学の双方にわたって独創的な研究が多い．

したがって

$$\begin{aligned}
\int_{I^p} d\eta^{(i)} &= \int_{[0,1]^p} (-1)^{i-1} \frac{\partial f_i}{\partial t^i} dt^1 \cdots dt^p \\
&= \int_{[0,1]^{p-1}} (-1)^{i-1} \left(\int_0^1 \frac{\partial f_i}{\partial t^i} dt^i \right) dt^1 \cdots \widehat{dt^i} \cdots dt^p \\
&\qquad (\because \text{多積分の累次積分化可能定理}) \\
&= \int_{[0,1]^{p-1}} (-1)^{i-1} \left[f_i(I_{(i,1)}^p(\mathbf{s})) - f_i(I_{(i,0)}^p(\mathbf{s})) \right] ds^1 \cdots ds^{p-1} \\
&\qquad (\because \text{微分積分学の基本定理}). \tag{9.33}
\end{aligned}$$

ここで，$\mathbf{s} = (s^1, \cdots, s^{p-1}) \in [0,1]^{p-1}$．他方，(9.22) を応用することにより

$$(I_{(j,\alpha)}^p {}^* \eta^{(i)})(\mathbf{s}) = \delta_{ji} f_i(I_{(i,\alpha)}^p(\mathbf{s})) ds^1 \wedge \cdots \wedge ds^{p-1}$$

がわかる．したがって

$$\begin{aligned}
\int_{\partial I^p} \eta^{(i)} &= \sum_{j=1}^p \sum_{\alpha=0,1} (-1)^{j+\alpha} \int_{[0,1]^{p-1}} \delta_{ji} f_i(I_{(i,\alpha)}^p(\mathbf{s})) ds^1 \cdots ds^{p-1} \\
&= (-1)^i \int_{[0,1]^{p-1}} f_i(I_{(i,0)}^p(\mathbf{s})) ds^1 \cdots ds^{p-1} \\
&\quad + (-1)^{i+1} \int_{[0,1]^{p-1}} f_i(I_{(i,1)}^p(\mathbf{s})) ds^1 \cdots ds^{p-1}.
\end{aligned}$$

これは，式 (9.33) に等しい．よって，$\gamma = \eta^{(i)}$ の場合の (9.32) が成立する．∎

定理 9.4 の証明 c を D 上の任意の曲 p 方体とすれば，定理 8.11(ii) により，$c^*(d\psi) = d(c^*\psi)$ が成り立つ．これと補題 9.5 により

$$\begin{aligned}
\int_c d\psi &= \int_{[0,1]^p} c^*(d\psi) = \int_{[0,1]^p} d(c^*\psi) = \int_{I^p} d(c^*\psi) = \int_{\partial I^p} c^*\psi \\
&= \sum_{j=1}^p \sum_{\alpha=0,1} (-1)^{j+\alpha} \int_{[0,1]^{p-1}} I_{(j,\alpha)}^p {}^* (c^*\psi) \\
&= \sum_{j=1}^p \sum_{\alpha=0,1} (-1)^{j+\alpha} \int_{c \circ I_{(j,\alpha)}^p} \psi = \int_{\partial c} \psi.
\end{aligned}$$

したがって，曲 p 方体 c に対して，(9.31) が成立する．

一般の p 鎖体 $c = \sum_i a_i c_i$ ($a_i \in \mathbb{R}, c_i \in \mathcal{S}_p$) の場合の (9.31) を示すには，積分 $\int_c d\psi$ の定義 (9.26) と前段の結果を使えばよい．∎

9.5 応用――古典的積分定理の導出

抽象的ストークスの定理の応用として,古典的なベクトル解析――$V = \mathbb{R}^2$, $\mathbb{R}^3, \cdots, \mathbb{R}^n, \cdots$ の場合のベクトル解析――における積分定理がいたって簡単に導かれることを示そう.

9.5.1 平面におけるグリーンの定理

D を $\mathbb{R}^2 = \{\mathbf{r} = (x, y) \mid x, y \in \mathbb{R}\}$ のパラメータ付き 2 次元図形で,単射かつ可微分な曲 2 方体 $c : [0,1]^2 \to \mathbb{R}^2$ の台になっているとする:$\operatorname{supp} c = D$. また,$D$ の境界 ∂D は $\operatorname{supp}(\partial c)$ に等しいとする.v_1, v_2 を D 上の連続微分可能な実数値関数とする.これらの関数から,ベクトル場 $\mathbf{v} := v_1 \mathbf{e}_1 + v_2 \mathbf{e}_2$ をつくる($\mathbf{e}_1, \mathbf{e}_2$ は $\mathbb{R}^2$ の標準基底).$i_* : (\mathbb{R}^2)^* \to \mathbb{R}^2$ を標準同型とすれば,$i_*^{-1} \mathbf{v} = v_1 dx + v_2 dy$. 抽象的ストークスの定理をこの 1 次微分形式に応用すれば

$$\int_c d(i_*^{-1}\mathbf{v}) = \int_{\partial c} i_*^{-1}\mathbf{v}.$$

容易にわかるように

$$d(i_*^{-1}\mathbf{v}) = \left(\frac{\partial v_2}{\partial x} - \frac{\partial v_1}{\partial y}\right) dx \wedge dy.$$

これらの事実と例 9.11 と例 9.13 における事実を用いると

$$\int_D \left(\frac{\partial v_2}{\partial x} - \frac{\partial v_1}{\partial y}\right) dxdy = \int_{\partial D} \langle \mathbf{v}, d\mathbf{r} \rangle \tag{9.34}$$

が得られる(右辺は,ベクトル場 $\mathbf{v}$ の ∂D に沿う線積分).これは,通常,**平面上のグリーン**[5]**の定理**あるいは**グリーン–ストークスの定理**とよばれるものである.関係式 (9.34) を**グリーンの公式**ともいう.

9.5.2 平面におけるガウスの定理

D は前項と同じものとし,$\mathbf{u} : D \to \mathbb{R}^2$ を D 上の連続微分可能なベクトル場とする.∂D のパラメータ表示を $\mathbf{C} : [0,1] \to \mathbb{R}^2$ とし,$\mathbf{C}(t) = C^1(t)\mathbf{e}_1 + C^2(t)\mathbf{e}_2$ と展開する.グリーンの公式 (9.34) において,$v_2 = u_1, v_1 = -u_2$ とおけば

$$\int_D \operatorname{div} \mathbf{u} \, dxdy = \int_0^1 \left[-u_2(\mathbf{C}(t))\dot{C}^1(t) + u_1(\mathbf{C}(t))\dot{C}^2(t)\right] dt$$

を得る.右辺をさらに変形するために,点 $\mathbf{C(t)}$ での外向き法ベクトル $\mathbf{n}(\mathbf{C}(t))$

---

[5] George Green (1793–1841). イギリスの数学者.数学を電磁気学へ応用をした.

が $\mathbf{n}(\mathbf{C}(t)) = \dot{C}^2(t)\mathbf{e}_1 - \dot{C}^1(t)\mathbf{e}_2$ で与えられることに注意しよう[6]. $\mathbf{n}(\mathbf{C}(t))$ を用いると

$$-u_2(\mathbf{C}(t))\dot{C}^1(t) + u_1(\mathbf{C}(t))\dot{C}^2(t) = \langle \mathbf{u}(\mathbf{C}(t)), \mathbf{n}(\mathbf{C}(t)) \rangle.$$

したがって

$$\int_D \mathrm{div}\,\mathbf{u}\,dxdy = \int_0^1 \langle \mathbf{u}(\mathbf{C}(t)), \mathbf{n}(\mathbf{C}(t)) \rangle\,dt.$$

右辺の積分は，通常，記号的に，$\int_{\partial D} \langle \mathbf{u}, d\mathbf{n} \rangle$ と表される．以上から

$$\int_D \mathrm{div}\,\mathbf{u}\,dxdy = \int_{\partial D} \langle \mathbf{u}, d\mathbf{n} \rangle \tag{9.35}$$

が導かれる．この事実を**平面におけるガウス**[7]**の定理**または**発散定理**とよぶ．

9.5.3 $\mathbb{R}^3$ におけるストークスの定理

D を3次元ユークリッドベクトル空間 $\mathbb{R}^3 = \{\mathbf{r} = (x,y,z) \mid x,y,z \in \mathbb{R}\}$ の正則超曲面とし，単射かつ可微分な曲2方体 $c: [0,1]^2 \to \mathbb{R}^3$ の台になっているとする：$\mathrm{supp}\,c = D$. また，D の境界 ∂D は $\mathrm{supp}(\partial c)$ に等しいとする．$\mathbf{v}: D \to \mathbb{R}^3$ を D 上の連続微分可能なベクトル場とする．$\mathbf{v} = \sum_{i=1}^3 v^i \mathbf{e}_i$ （$\mathbf{e}_1, \mathbf{e}_2, \mathbf{e}_3$ は $\mathbb{R}^3$ の標準基底）と展開し，1次微分形式 $\phi := v^1 dx + v^2 dy + v^3 dz$ をつくる．このとき

$$d\phi = \left(\frac{\partial v^2}{\partial x} - \frac{\partial v^1}{\partial y}\right) dx \wedge dy + \left(\frac{\partial v^3}{\partial y} - \frac{\partial v^2}{\partial z}\right) dy \wedge dz + \left(\frac{\partial v^1}{\partial z} - \frac{\partial v^3}{\partial x}\right) dz \wedge dx.$$

容易にわかるように，$*d\phi = \mathrm{rot}\,\mathbf{v}$. これと例9.12によって $\int_c d\phi = \int_D \langle \mathrm{rot}\,\mathbf{v}, d\mathbf{S} \rangle$ （右辺はベクトル場 $\mathrm{rot}\,\mathbf{v}$ の D に沿う面積分）．他方，$\int_{\partial c} \phi = \int_{\partial D} \langle \mathbf{v}, d\mathbf{r} \rangle$. ゆえに，抽象的ストークスの定理によって

$$\int_D \langle \mathrm{rot}\,\mathbf{v}, d\mathbf{S} \rangle = \int_{\partial D} \langle \mathbf{v}, d\mathbf{r} \rangle \tag{9.36}$$

を得る．これを**3次元ユークリッドベクトル空間** $\mathbb{R}^3$ **におけるストークスの定理**とよぶ．

---

[6] 点 $\mathbf{C}(t)$ での接ベクトルは $\mathbf{T}(\mathbf{C}(t)) := \dot{C}^1(t)\mathbf{e}_1 + \dot{C}^2(t)\mathbf{e}_2$ で与えられることに注意．ベクトル $\mathbf{n}(\mathbf{C}(t))$ は，$\mathbf{n}(\mathbf{C}(t)) \wedge \mathbf{T}(\mathbf{C}(t))$ が $\mathbf{e}_1 \wedge \mathbf{e}_2$ と同じ同値類に属するようにとる．

[7] Karl Friedrich Gauss (1777–1855). ドイツの天才的な数学者，物理学者，天文学者．ゲッティンゲン大学教授兼天文台長を勤めた．整数論，複素関数論，数理物理学，測地学，曲面論，地磁気学など多岐にわたって第一級の業績を残す．

9.5.4 ガウス–オストグラッキーの定理

D を 3 次元ユークリッドベクトル空間 $\mathbb{R}^3$ のパラメータ付き 3 次元図形とし, 単射かつ連続微分可能な 3 曲方体 $c:[0,1]^3 \to V$ の像になっているとする. $\mathbf{v} = \sum_{i=1}^3 v^i \mathbf{e}_i : D \to \mathbb{R}^3$ を D 上の連続微分可能なベクトル場とする. 2 次微分形式 ψ を $\psi := v^3 dx \wedge dy + v^1 dy \wedge dz + v^2 dz \wedge dx$ によって定義する. このとき

$$d\psi = \mathrm{div}\, \mathbf{v}\, dx \wedge dy \wedge dz.$$

よって, 例 9.12 を使うことにより, 抽象的ストークスの定理は

$$\int_D \mathrm{div}\, \mathbf{v}\, dx dy dz = \int_{\partial D} \langle \mathbf{v}, d\mathbf{S}\rangle \qquad (9.37)$$

を与える. これを**ガウス–オストグラッキー**[8]**の定理**または **3 次元ユークリッドベクトル空間 $\mathbb{R}^3$ における発散定理**という.

9.5.5 $\mathbb{R}^n$ における発散定理

ガウス–オストグラッキーの定理は 4 次元以上のユークリッドベクトル空間へと拡張されうる. $n \geq 3$ としよう. D を n 次元ユークリッドベクトル空間 $\mathbb{R}^n = \{\mathbf{x} = (x^1, \cdots, x^n) \mid x^i \in \mathbb{R}, i = 1, \cdots, n\}$ のパラメータ付き n 次元図形とし, 単射かつ連続微分可能な n 曲方体 $c:[0,1]^n \to V$ の像になっているとする. $\mathbf{v} = \sum_{i=1}^n v^i \mathbf{e}_i : D \to \mathbb{R}^n$ を D 上の連続微分可能なベクトル場とする ($\mathbf{e}_1, \cdots, \mathbf{e}_n$ は $\mathbb{R}^n$ の標準基底). $(n-1)$ 次微分形式 ψ を $\psi := \sum_{j=1}^n (-1)^{j-1} v^j\, dx^1 \wedge \cdots \wedge \widehat{dx^j} \wedge \cdots \wedge dx^n$ によって定義する. このとき, $d\psi = \mathrm{div}\, \mathbf{v}\, dx^1 \wedge \cdots \wedge dx^n$. 他方, 例 9.12 によって, $\tilde{\psi} = \mathbf{v}$. よって, 抽象的ストークスの定理は

$$\int_D \mathrm{div}\, \mathbf{v}\, d\mathbf{x} = \int_{\partial D} \langle \mathbf{v}, d\mathbf{S}\rangle \qquad (9.38)$$

を与える. これを**発散定理**とよぶ.

演習問題

1. 3 次元ユークリッドベクトル空間 $\mathbb{R}^3$ における球面 $S_R^2 = \{\mathbf{x} \in \mathbb{R}^3 \mid |\mathbf{x}| = R\}$ について

$$\int_{S_R^2} \langle \mathbf{x}, d\mathbf{S}\rangle = 4\pi R^3$$

---

[8] Mikhall Vasilievich Ostogradsky (1801–1862) はウクライナ出身の物理数学者. パリでエコール・ポリテクニクに学ぶ.

を示せ.

2. 問題 1 と発散定理を用いて, 3 次元球 $B_R^3 := \{\mathbf{x} \in \mathbb{R}^3 \mid |\mathbf{x}| \leq R\}$ の体積を $\mathrm{Vol}(B_R^3)$ とすれば, $\mathrm{Vol}(B_R^3) = 4\pi R^3/3$ が成り立つことを示せ.

3. D は, n 次元ユークリッドベクトル空間 $\mathbb{R}^n$ のパラメータ付き n 次元図形であり, 単射かつ連続微分可能な n 曲方体 $c: [0,1]^n \to V$ の像になっているとする. このとき, D の体積 $\mathrm{Vol}(D)$ は

$$\mathrm{Vol}(D) = \frac{1}{n} \int_{\partial D} \langle \mathbf{x}, d\mathbf{S} \rangle$$

で与えられることを示せ.

4. $\mathbb{R}^n$ における半径 R の球 $B_R := \{\mathbf{x} \in \mathbb{R}^n \mid |\mathbf{x}| \leq R\}$ の体積 Ω_n と球面 $S_R^{n-1} := \{\mathbf{x} \in \mathbb{R}^n \mid |\mathbf{x}| = R\}$ の面積 Σ_n との間には

$$\Omega_n = \frac{R\Sigma_n}{n}$$

という関係式が成り立つことを示せ (Ω_n, Σ_n を陽に計算することなしに示すこと).

5. D は問題 3 のものとする. C^2 級の関数 $f, g : D \to \mathbb{R}$ に対して

$$\int_D (f\Delta g + \langle \mathrm{grad}\, f, \mathrm{grad}\, g \rangle) d\mathbf{x} = \int_{\partial D} \langle f\,\mathrm{grad}\, g, d\mathbf{S} \rangle$$

を証明せよ.

6. D は問題 3 のものとする. C^2 級の関数 $f, g : D \to \mathbb{R}$ に対して

$$\int_D (f\Delta g - g\Delta f) d\mathbf{x} = \int_{\partial D} \langle f\,\mathrm{grad}\, g - g\,\mathrm{grad}\, f, d\mathbf{S} \rangle$$

を証明せよ.

7. D は問題 3 のものとする. C^2 級の関数 $f : D \to \mathbb{R}$ に対して

$$\int_D \Delta f\, d\mathbf{x} = \int_{\partial D} \langle \mathrm{grad}\, f, d\mathbf{S} \rangle$$

を証明せよ.

8. D は問題 3 のものとし,∂D 上の各点 $\mathbf{x}$ で $\operatorname{grad} f(\mathbf{x})$ と ∂D の法線ベクトルは直交するとする.さらに,f は調和関数であるとする.このとき,f は D 上で定数であることを証明せよ.

9. D は問題 3 のものとする.f は D 上の調和関数であり,∂D 上で $f(\mathbf{x}) = 0$ とする.このとき,D 上で $f = 0$ であることを証明せよ.

10

物理学への応用

前章までの理論がどのように物理学へ応用されるうるか，その一端を見る．主眼は具体的な問題への応用ではなく，物理学の基礎的諸原理——特に特殊相対性理論と古典電磁気学の原理——が，本書における絶対的・抽象的・普遍的アプローチによって，いかに簡潔明瞭にとらえられるかということを示す点にある．

10.1 古典力学

古典力学は，巨視的な次元における物体の運動を原理的・統一的に解明する理論体系である．ここでは，この理論体系のうちで最も初歩的な部分だけを扱う．

物体の運動（位置の移動としてとらえられる運動）を定量的に定式化するにあたっては，さしあたり，物体の形状や大きさを無視して，物体を1つの点で代表させ，そこに物体の質量 $m>0$ が全部集中しているという設定がなされる．そのような点を質量 m をもつ**質点**とよぶ．変形しない物体の重心は質点の一例である．

古典力学の枠組みにおいては，質点を表す点が属する集合は3次元ユークリッドベクトル空間であると仮定される．質点の運動は3次元ユークリッドベクトル空間の中に曲線図形を描く．この曲線図形を**質点の軌道**とよぶ．1つの質点に限ってみても，その運動の仕方は多様であり，したがって，質点の軌道は数限りなく存在しうる．では，そうした多種多様な運動を統一的に記述する何らかの普遍的原理はあるであろうか．この根本的な問いに対する肯定的な解答を与える理論的範疇の1つが古典力学である．その最初の礎は，あの偉大なニュートンによって与えられた[1]．

---

[1] Sir Isaac Newton (1643 (ユリウス暦：1642) –1727)．イギリスの物理学者，天文学者，数学者．ケンブリッジ大学教授．その主著『自然哲学の数学的諸原理』(1687)（邦訳：世界の名著 26 ニュートン，中央公論社）において，古典力学の最初の体系を樹立した．無限級数の研究，2項定理の発見，微分積分法の展開等，独創的な数学的業績も多い．光学や神学の研究にも力を注いだ．

数学的に考察した場合，質点が運動を行うユークリッドベクトル空間の次元を3に限定する必然性はない．むしろ，一般の次元で理論展開を行うことにより，何が3次元の特殊性であるかを認識することが可能になる．そこで，以下，質点の運動が展開される空間は（抽象的）d次元ユークリッドベクトル空間であるとし$(d \in \mathbb{N})$，これをVで表す．

10.1.1 ニュートンの運動方程式

Vの中を1個の質点m——質量mの質点——が運動するとしよう．物体の運動は**力**とよばれる存在の作用によって引き起こされる．力にもさまざまなものがあるが，ある種の力は，Vの部分集合上のベクトル場の各点のベクトルによって表される（具体例についてはあとで見る）．このようなベクトル場を**力場**とよぶ．

いま，DをVの開集合とし，D上の連続なベクトル場$F: D \to V$によって記述される力場が与えられたとする．時刻$t \in \mathbb{R}$での質点の位置ベクトルを$X(t)$とする．位置ベクトルの微分

$$v(t) := \dot{X}(t) \tag{10.1}$$

は，物理的には，質点の位置の時刻tでの瞬間変化率を表し，**速度**とよばれる．速度の大きさ$\|\dot{X}(t)\|$を時刻tでの**速さ**という．また，速度$\dot{X}(t)$の微分$\ddot{X}(t) = X''(t)$は速度の瞬間変化率を表し，**加速度**とよばれる．

任意の位置$x \in D$での質点の速度の変化を起こすのが点xでの力の作用である（これは経験的にもある程度納得できるであろう）．この経験的知見を任意の1点での加速度とその点での力は比例する（これも経験的に洞察可能）という形で定式化したのが**ニュートンの運動方程式**

$$m \frac{d^2 X(t)}{dt^2} = F(X(t)) \tag{10.2}$$

である[2]．これは，古典力学の基本原理（公理）の1つとしてたてられるものである．古典力学では，微分方程式 (10.2) を，運動を表す曲線のできかたを根本において統制している原理と見るのである．これは，言い換えれば，力場Fの作用のもとでの可能な運動を表す曲線は，微分方程式 (10.2) の解に限定されるということである．とはいえ，(10.2) の解は，一般には，無数に存在しうる．こうして，単一の原理から多様な運動が記述されることになる．

---

[2] このように書いたとき，Xの2回微分可能性は仮定されているとする．

質量 m と速度 $v(t)$ の積

$$p(t) := mv(t) \tag{10.3}$$

を**運動量**とよぶ．これを用いるとニュートンの運動方程式 (10.2) は

$$\frac{dp(t)}{dt} = F(X(t)) \tag{10.4}$$

と書かれる．実は，こちらの形のほうがより普遍的なものであり，質量が時刻 t による場合にも適用されるのである．

次の点にも注意しよう．6 章，6.7.6 項で述べたように，微分方程式 (10.2) は，

$$\phi(t) := (X(t), \dot{X}(t)), \quad \mathcal{F}(x,v) := (v, F(x)/m), \ (x,v) \in D \times V \tag{10.5}$$

とおけば，1 階の常微分方程式

$$\frac{d\phi(t)}{dt} = \mathcal{F}(\phi(t)) \tag{10.6}$$

と同等である．この方程式の初期値問題の解の存在と一意性が保証される t の区間——$J \subset \mathbb{R}$ としよう——では，$\phi(0)$ の値，すなわち，時刻 0 での位置 $X(0)$ と速度 $\dot{X}(0)$ が与えられれば，任意の $t \in J$ に対して，$\phi(t)$，すなわち，時刻 t での位置 $X(t)$ と速度 $\dot{X}(t)$ が一意的に定まる．この意味でニュートンの運動方程式は，質点の運動を因果的に記述する．初期条件が異なれば，軌道も異なるので，初期条件を変えることにより，無数の多様な運動が生み出される（命題 6.30 を参照）．これが，上述の「単一の原理から多様な運動が記述される」ということのより精確な意味である．

もう 1 つ，ニュートンの運動方程式 (10.2) は，一般には，陽に解くこと，すなわち，初等関数（多項式，指数関数，対数関数，3 角関数等）や特殊関数を用いてその解を表すことはできない，ということを注意しておこう．それが陽な解をもつかどうかは，力場 F の形による．以下で，ニュートンの運動方程式が陽に解ける簡単な例をあげる．

■ **例 10.1** ■ 一番簡単な場合は，質点に力が働かない場合，すなわち，$F = 0$ の場合である．この場合は，(10.2) は簡単に解くことができ（定理 6.12 の応用），$v(t) = v_0 \in V$ （$t \in \mathbb{R}$ によらない定ベクトル）．したがって，定理 6.19 の応用により，$X(t) = X_0 + v_0 t$ （$X_0 \in V$ も t によらない定ベクトル）．これは，質点が，点 X_0 を通る直線上を一定の速度 v_0 で運動することを語る．この種の運動を**等速直線運動**という．

一般に，速度——これはベクトル——が時刻によらず一定である運動を**等速度運動**という．他方，等速度とは限らないが，速さ——これはスカラー——が時刻によらず一定である運動を**等速運動**という．

■ **例 10.2** ■ (**等速円運動**)　$k > 0$ を定数として，力場 $F_{\text{linear}} : V \to V$ を $F_{\text{linear}}(x) = -kx \in V$ によって定義する．このような力場を**線形復元力の場**という．この型の力場のもとで運動する質点は (***d* 次元**) **調和振動子**とよばれる．

いま，W を V の 2 次元部分空間とし，その任意の正規直交基底を e_1, e_2 とする．$R > 0$ を定数として，写像 $X : \mathbb{R} \to W$ を

$$X(t) = (R \cos \omega t) e_1 + (R \sin \omega t) e_2$$

によって定義する．ただし，$\omega := \sqrt{k/m}$ とする．このとき，直接の計算により，$X(t)$ はニュートンの運動方程式 $mX''(t) = F_{\text{linear}}(X(t))$ の解であることがわかる[3]．$\|X(t)\| = R$ であるから，この運動は円運動である．速度 $v(t) = \dot{X}(t)$ は

$$v(t) = R\omega[-(\sin \omega t) e_1 + (\cos \omega t) e_2]$$

であり，一定ではないが，$\|v(t)\| = R\omega$ であるので，この運動は等速運動である．こうして，線形復元力の場は，等速円運動を生み出すことがわかる．いまの場合，初期条件は $X(0) = Re_1, v(0) = R\omega e_2$ である．したがって，k, m が与えられた定数であるとすれば，初期条件の任意性は，円運動の半径 R の任意性になる．これは，初期条件を変えることにより，原理的には，同一の線形復元力の場において，原点を中心とする任意の半径の等速円運動が生成されうることを示す．これが，いまのコンテクストにおける，上述の「単一性 ⟶ 多様性」の意味である．

■ **例 10.3** ■ (**定力場における運動**)　力場がどの点でも一定である場合——このような力場を**定力場**とよぶ——，すなわち，$F_c(x) = f$ （$f \in V$ は定ベクトル）という場合を考えよう．この場合のニュートンの運動方程式は $X''(t) = f/m$ であるから，定理 6.19 の応用により，$v(t) = v_0 + (t/m)f$ （$v_0 \in V$ は定ベクトル）．したがって，再び，定理 6.19 を応用することにより，$X(t) = X_0 + v_0 t + \frac{t^2}{2m} f$, $t \in \mathbb{R}$.

定力場の卑近な例は，地表面近くの，地球の一様な重力場である．地表面の任意の 1 点を 3 次元ユークリッドベクトル空間 $\mathbb{R}^3$ の原点にとり，鉛直上向きを z 軸とし，$F_g := -g(0, 0, 1)$ とすれば （$g \approx 9.8 \,\text{m/s}^2$ は**重力加速度**とよばれる定数），これがその重力場を記述する．この重力場の中の質点 m は $f := mF_g = -mg(0, 0, 1)$ の力を受ける．したがって，この力場での運動曲線を $\mathbf{x}(t) = (x(t), y(t), z(t))$ とすれば，

---

[3] この方程式の一般解をみつける方法については，拙著『物理現象の数学的諸原理』（共立出版，2003）の 4 章，4.3.5, 4.3.6 項を参照．

上の結果の単純な応用として

$$x(t) = x_0 + v_0^{(1)}t, \quad y(t) = y_0 + v_0^{(2)}t,$$
$$z(t) = z_0 + v_0^{(3)}t - \frac{t^2}{2}g$$

を得る．ただし，$\mathbf{x}_0 = (x_0, y_0, z_0)$ は時刻 $t = 0$ での位置，$\mathbf{v}_0 = (v_0^{(1)}, v_0^{(2)}, v_0^{(3)})$ は時刻 $t = 0$ での速度である．たとえば，z 軸上で高さ $h > 0$ の位置で y 軸の正の向きに速さ v で質量 m の質点を投げたとすると，その軌道を表す曲線は――この場合，$\mathbf{x}_0 = (0, 0, h), \mathbf{v}_0 = (0, v, 0)$ であるので――

$$x(t) = 0, \quad y(t) = vt, \quad z(t) = h - \frac{t^2}{2}g$$

という形をとる．したがって

$$z(t) = h - \frac{y(t)^2}{2v^2}g^2.$$

他方，$z = h - gy^2/(2v^2)$ は，y-z 平面における放物線を表す．こうして，地表面近くでの物体の落下運動は放物線を描くことが証明される．この場合，軌道および速度は，質点の質量によらないことに注意しよう．

■ **例 10.4** ■ $\dim V = 3$ の場合，V の任意の 1 点 x_0 に質点 M が置かれると，そのまわりには

$$F_{\mathrm{N}}(x) := -G\frac{M}{\|x-x_0\|^2} \cdot \frac{x-x_0}{\|x-x_0\|}, \quad x \in V \setminus \{x_0\}$$

という力場が生じる．ただし，$G > 0$ は**万有引力定数**とよばれる物理定数である．F_{N} を**ニュートンの万有引力の場**という．この場の中に，質点 m が位置 x に置かれると，m は M から，大きさが $m\|F_{\mathrm{N}}\|$ の引力を受けるのである．

10.1.2　軌道の曲率

6.6 節において，曲線の曲がり具合を表す，曲率なる概念を導入した．ニュートンの運動方程式 (10.2) をみたす曲線の曲率がどうなるかを見ておこう．これは，単に命題 6.27 を $X''(t) = F(X(t))/m, X'(t) = v(t), T(t) = v(t)/\|v(t)\|$ として応用すればよい．この場合，定理 6.13(i) の $X(t)$ として $v(t)$ を選んだときに導かれる式

$$\frac{d\|v(t)\|}{dt} = \frac{\langle v(t), F(X(t))\rangle}{m\|v(t)\|} \tag{10.7}$$

を用いる．こうして，点 $X(t)$ での曲率 $\kappa(t)$ に対して

$$\kappa(t) = \frac{1}{m\|v(t)\|^2}\left(F(X(t)) - \frac{\langle v(t), F(X(t))\rangle}{\|v(t)\|^2}v(t)\right) \quad (10.8)$$

という表示が得られる．これは曲率が速度と力場からどのように決まるかを示す．

■ **例 10.5** ■ $R > 0$ を定数とし，任意の時刻 t に対して，$\|X(t)\| = R$ をみたす運動は，原点を中心とする，**半径 R の円運動**とよばれる．ただし，等速円運動，すなわち，速さが一定の円運動とは限らない．この場合，系 6.14 によって，$\langle X(t), v(t)\rangle = 0$. したがって，$F$ が

$$F(x) = \phi(x)x$$

($\phi : D \to \mathbb{R}$) という形であれば，$\langle v(t), F(X(t))\rangle = 0$. ゆえに，この場合

$$\kappa(t) = \frac{F(X(t))}{m\|v(t)\|^2}$$

というきれいな形になる．

10.1.3　力学的エネルギー保存則

ニュートンの運動方程式 (10.2) から出てくる一般的事実を導く．(10.7) から

$$\frac{m}{2}\frac{d}{dt}\|v(t)\|^2 = \langle F(X(t)), v(t)\rangle$$

を得る．そこで，両辺を t_0 から t ($t_0, t \in J$) まで積分すれば

$$\frac{m}{2}\|v(t)\|^2 - \frac{m}{2}\|v(t_0)\|^2 = \int_{t_0}^{t}\langle F(X(s)), v(s)\rangle\,ds \quad (10.9)$$

を得る．

式 (10.9) の左辺に現れた特徴的な量

$$T(t) := \frac{m}{2}\|v(t)\|^2 \quad (10.10)$$

を**運動エネルギー** (kinetic energy) とよぶ．これを用いると (10.9) は

$$T(t) - T(t_0) = \int_{t_0}^{t}\langle F(X(s)), v(s)\rangle\,ds \quad (10.11)$$

と書き直せる．これをさらに変形するために，力場として，ある特殊なクラスをとる．すなわち，あるスカラー場 $U : D \to \mathbb{R}$ があって

$$F = -\operatorname{grad} U \quad (10.12)$$

となっているとする．このとき，定理 7.15 によって

$$\int_{t_0}^{t} \langle F(X(s)), v(s)\rangle \, ds = -U(X(t)) + U(X(t_0)).$$

したがって

$$T(t) + U(X(t)) = T(t_0) + U(X(t_0)). \tag{10.13}$$

これは

$$E(t) := T(t) + U(X(t)) \tag{10.14}$$

という量が，t によらず一定であることを示す．

古典力学では，U を**ポテンシャルエネルギー**または**ポテンシャル**といい，$E(t)$ を**力学的エネルギー**とよぶ．いま得た結果は**力学的エネルギーの保存則**とよばれる．$-U$ の勾配ベクトル場として表される力場を**保存力の場**とよぶ．

■ **例 10.6** ■ 線形復元力の場（例 10.2）は保存力の場である．実際，$U(x) = k\|x\|^2/2$, $x \in V$（$k > 0$ は定数）とおけば，$F_{\text{linear}}(x) = -\operatorname{grad} U(x)$（問題 1）．

■ **例 10.7** ■ 例 10.3 における一様重力場 F_g は保存力の場であり，そのポテンシャルを U_g とすれば，$U_g(\mathbf{x}) = gx^3, \mathbf{x} = (x^1, x^2, x^3) \in \mathbb{R}^3$.

■ **例 10.8** ■ 例 10.4 の力場 F_N は保存力の場である．実際，$\boldsymbol{x} \in V \setminus \{x_0\}$ に対して

$$U(\boldsymbol{x}) := -G\frac{M}{\|x - x_0\|} + c$$

（c は任意の実定数）とおけば

$$\operatorname{grad} U(\boldsymbol{x}) = G\frac{M}{\|x - x_0\|^2}\frac{x - x_0}{\|x - x_0\|}. \tag{10.15}$$

である（問題 2）．

10.1.4 ハミルトン方程式

$E(t)$ は，運動量 $p(t) = mv(t)$ を用いて表すと

$$E(t) = \frac{1}{2m}\|p(t)\|^2 + U(X(t)) \tag{10.16}$$

と書ける．そこで，写像 $H : D \times V \to \mathbb{R}$ を

$$H(x, p) := \frac{1}{2m}\|p\|^2 + U(x), \quad (x, p) \in D \times V \tag{10.17}$$

を導入すれば
$$E(t) = H(X(t), p(t)) \tag{10.18}$$
が成り立つ．関数 H を**ハミルトン関数**または**ハミルトニアン**という．

$p \in V$ をとめると対応：$x \mapsto H(x,p)$ は x のスカラー値関数である．その微分係数を $H_x(x,p)$ と記す．同様に，$H(x,p)$ を x をとめて p のスカラー値関数と見たときのその微分係数を $H_p(x,p)$ と表す．容易にわかるように（V^* と V との自然な同一視を用いる）

$$H_x(x,p) = \operatorname{grad} U(x), \quad H_p(x,p) = \frac{p}{m} \tag{10.19}$$

である（問題 3）．したがって，ニュートンの運動方程式は

$$\frac{dX(t)}{dt} = H_p(X(t), p(t)), \quad \frac{dp(t)}{dt} = -H_x(X(t), p(t)) \tag{10.20}$$

という 1 階の連立常微分方程式に書き直せる．これを**ハミルトン方程式**という．この書き換えは力学系に対する新たな視点を提供するものであり，実際に，ここから，美しい，深い理論が展開されていくのであるが，残念ながら，本書では，これ以上，解説する余裕はない[4]．なお，問題 5 も参照のこと．

10.1.5 軌道角運動量

$d \geq 2$ とし，点 $x_0 \in V$ を任意に固定する．ベクトル $X(t) - x_0$ と運動量 $p(t)$ の外積として定義される 2 階の反対称テンソル

$$L(t; x_0) := (X(t) - x_0) \wedge p(t) \in \bigwedge^2 V \tag{10.21}$$

を点 x_0 のまわりの**軌道角運動量** (angular momentum) とよぶ．特に，原点のまわりの軌道角運動量を $L(t)$ と記す：

$$L(t) := L(t; 0) = X(t) \wedge p(t). \tag{10.22}$$

軌道角運動量 $L(t; x_0)$ は，物理的には，時刻 t における質点の運動を点 x_0 のまわりの"瞬時の無限小回転"と見た場合の"回転に関する運動量"の尺度を与え

---

[4] 拙著『現代物理数学ハンドブック』（朝倉書店，2005）の 5 章，5.11 節と 13 章，13.14 節にその骨格を叙述しておいた．もっと詳しい具体的な展開については，たとえば，アーノルド『古典力学の数学的方法』（岩波書店，1980）の第 III 部や伊藤秀一『常微分方程式と解析力学』（共立出版，1998）を参照．

る[5].

容易にわかるように
$$\frac{dL(t;x_0)}{dt} = v(t) \wedge p(t) + (X(t) - x_0) \wedge \frac{dp(t)}{dt}.$$

そこで，$v(t) \wedge p(t) = mv(t) \wedge v(t) = 0$ とニュートンの運動方程式 (10.4) に注意すれば
$$\frac{dL(t;x_0)}{dt} = (X(t) - x_0) \wedge F(X(t)) \tag{10.23}$$

が導かれる．右辺に現れたテンソル $(X(t) - x_0) \wedge F(X(t))$ を点 x_0 のまわりの**力のモーメント**とよぶ．

$L(t;x_0)$ が t によらず一定のとき，x_0 のまわりの軌道角運動量は保存されるという．

(10.23) の右辺に注目すると次の重要な結論が得られる．

【定理 10.1】(軌道角運動量保存則)　点 x_0 のまわりの軌道角運動量が保存するための必要十分条件は
$$(X(t) - x_0) \wedge F(X(t)) = 0 \tag{10.24}$$

が成り立つことである．

証明　(10.23) により，$dL(t;x_0)/dt = 0$（軌道角運動量保存）は (10.24) と同等である．■

D 上の実数値関数 $\Phi : D \to \mathbb{R}$ があって，力場 $F : D \to V$ が $F(x) = \Phi(x)(x - x_0)$ という形に書けるとき，F を x_0 を中心とする**中心力** (central force) という．中心力の場を**中心力場**とよぶ．

点 x_0 を中心とする中心力場というのは，各点 $x \in V$ に働く力の向きが $x - x_0$ の向きと同じか反対向きであるような力場のことである．

【系 10.2】　点 x_0 を中心とする中心力場のもとでの運動においては，点 x_0 のまわりの軌道角運動量は保存する．

---

[5] 通常，点 x_0 のまわりの軌道角運動量は，運動が行われる空間が 3 次元ユークリッドベクトル空間 $\mathbb{R}^3$ の場合に，ベクトル積 $(X(t) - x_0) \times p(t)$ によって定義される．しかし，ベクトル積は，ベクトル空間の向きを 1 つ固定して定義される．だが，ベクトル空間の向きを固定する理由は，先験的には，特に見出されない．ベクトル積に呼応する量で，ベクトル空間の向きの取り方にも依存しない量ということになれば，2 階の反対称テンソルを考えるのは自然であり，より普遍的である．本書では，軌道角運動量の本性は，2 階の反対称テンソルであると考える．

証明　$F(x) = \Phi(x)(x-x_0)$ ならば，$(x-x_0) \wedge F(x) = \Phi(x)(x-x_0) \wedge (x-x_0) = 0$．したがって，定理 10.1 により，結論を得る．∎

10.2　特殊相対性理論

　特殊相対性理論は，1905 年に，アインシュタインによって提出された革命的な理論である[6]．その論文 [Zur Elektrodynamik bewegter Körper（運動している物体の電気力学について），Annalen der Physik, **17** (1905), 891–921][7] の冒頭で示唆されているように，特殊相対性理論は，物理理論の歴史的展開という観点から見ると，ニュートン力学がマクスウェルの電磁気学と整合的になるように，ニュートン力学を修正・拡張したものとして理解されうる．他方，特殊相対性理論を理論構造的ないし数理物理学的に見るならば，それは純数学的理論としての 4 次元ミンコフスキー空間の幾何学にある種の物理的解釈をほどこしたものとして把握される[8]．

10.2.1　原理的側面

　$\mathbb{M}$ を（抽象的）4 次元ミンコフスキー空間，すなわち，（抽象的）4 次元ミンコフスキーベクトル空間 V_M を基準ベクトル空間とするアフィン空間とする（4 章，4.6 節および 5 章，5.6 節を参照）．$\mathbb{M}$ に 1 点をとり，これを始点とする位置ベクトルの全体を V_M と同一視することにより，$\mathbb{M}$ の任意の点は V_M の元によって表される．

　V_M は不定計量であるので，V_M のベクトル x は次の 3 つのクラスに分類される：(i) $\langle x, x \rangle > 0$ のとき，x を**時間的ベクトル**という．ここで $\langle \cdot, \cdot \rangle$ は V_M の計量を表す．(ii) $\langle x, x \rangle < 0$ のとき，x を**空間的ベクトル**という．(iii) $\langle x, x \rangle = 0$ のとき，x を**光的ベクトル**という．

　特殊相対性理論における質点の運動は $\mathbb{M}$ の曲線によって表される．この曲線

---

[6] Albert Einstein (1879–1955)．ドイツ生まれの理論物理学者．スイス連邦チューリヒ工科大学教授，ベルリン大学教授，カイザー・ヴィルヘルム研究所物理部長，プリンストン高等研究所名誉教授を歴任．1905 年には，ブラウン運動の分子運動論的解明，光量子概念の導入による光電効果の説明という偉業も成し遂げている．これらの業績の 100 周年を記念して，2005 年は，世界物理学年と称され，世界各地で種々の国際的研究集会や催しがなされた．なお，特殊相対性理論は，一般相対性理論へと拡張され（1913–16），さらなる飛躍を遂げる．
[7] 湯川秀樹監修『アインシュタイン選集 I』（共立出版，1971）に邦訳がある．この選集には，前脚注で言及した他の 2 つの業績に関する論文の邦訳も載っている．
[8] 哲学的に言うと，ミンコフスキー空間という理念が，物理現象として現れる際のその現れ方の 1 つの範疇をとらえたもの．

を**運動曲線**あるいは**世界線**とよぶ．いま，J を $\mathbb{R}$ の区間とし，運動曲線を $\gamma : J \to V_\mathrm{M}; \ J \ni s \mapsto \gamma(s) \in V_\mathrm{M}$ とする．当然予想されるように，運動の性質は，運動曲線の接ベクトル $\dot{\gamma}(s)$ がどのクラスのベクトルに属するかによって異なりうる．そこで，次の分類を行う：

(i) 任意の $s \in J$ に対して，$\dot{\gamma}(s) \in V_\mathrm{M}$ が時間的ベクトルである場合，すなわち，$\langle \dot{\gamma}(s), \dot{\gamma}(s) \rangle > 0, \ t \in J$ の場合．このような運動を**時間的運動**とよぶ．

(ii) 任意の $s \in J$ に対して，$\dot{\gamma}(s) \in V_\mathrm{M}$ が空間的ベクトルである場合，すなわち，$\langle \dot{\gamma}(s), \dot{\gamma}(s) \rangle < 0, \ s \in J$ の場合．このような運動を**空間的運動**とよぶ．

(iii) 任意の $s \in J$ に対して，$\dot{\gamma}(s) \in V_\mathrm{M}$ が光的ベクトルである場合，すなわち，$\langle \dot{\gamma}(s), \dot{\gamma}(s) \rangle = 0, \ s \in J$ の場合．このような運動を**光的運動**とよぶ．

ここでは，簡単のため，時間的運動だけを考察する．曲線 γ 上の 1 点 $\gamma(a) \ (a \in J)$ から点 $\gamma(s)$ までの曲線の長さは

$$L(s) = \int_a^s \|\dot{\gamma}(s')\| ds' = \int_a^s \sqrt{\langle \dot{\gamma}(s'), \dot{\gamma}(s') \rangle} ds'$$

で与えられる（6 章，6.6 節を参照）．これは，曲線とその向きだけから決まる純幾何学的な量である．特殊相対性理論のコンテクストでは，$\|\gamma(s)\|$ は長さの次元をもつと仮定する．このとき，$L(s)$ は長さの次元をもつ．c を真空中の光速としよう．このとき，時間の次元をもつ量

$$T(s) := \frac{L(s)}{c}$$

が定義される．これを点 $\gamma(a)$ から測った点 $\gamma(s)$ の**固有時** (proper time) とよぶ．写像 T の値域 $T(J)$ の点 τ を**固有時パラメータ**という．

容易にわかるように，関数 T は微分可能であり，$T'(s) = \|\dot{\gamma}(s)\|/c > 0$．特に，$T$ は狭義単調増加で単射である．したがって，逆写像 $T^{-1} : T(J) \to J$ が存在する．

写像

$$X : T(J) \to V_\mathrm{M}$$

を

$$X(\tau) := \gamma(T^{-1}(\tau)), \quad \tau \in T(J)$$

によって定義する．これは質点の運動を，固有時をパラメータとする曲線として表したものである．

曲線 $X(\tau)$ の固有時 τ に関する導関数

$$u(\tau) := \frac{dX(\tau)}{d\tau} \tag{10.25}$$

を **4 次元速度** という．4 次元速度の導関数

$$a(\tau) := \frac{du(\tau)}{d\tau} = \frac{d^2 X(\tau)}{d\tau^2} \tag{10.26}$$

を **4 次元加速度** という．

$X(\tau), u(\tau), a(\tau)$ はいずれもミンコフスキー空間の純幾何学的量である．次の事実は基本的である．

【命題 10.3】 任意の $\tau \in T(J)$ に対して

$$\langle u(\tau), u(\tau) \rangle = c^2, \tag{10.27}$$

$$\langle u(\tau), a(\tau) \rangle = 0. \tag{10.28}$$

証明 (10.27) は命題 6.25, (6.40) の応用にすぎない（そこでの τ は，いまの文脈では，$c\tau$ である）．(10.28) は命題 6.26(ii) を応用すればただちに得られる．∎

(10.27) は 4 次元速度の計量は運動曲線に沿って一定であること，(10.28) は 4 次元加速度と 4 次元速度が直交することを示す．

4 次元運動量 は

$$p(\tau) := mu(\tau) \tag{10.29}$$

によって定義される．ただし，$m > 0$ は質点の質量を表す定数である．

(10.27) より

$$\langle p(\tau), p(\tau) \rangle = m^2 c^2 \tag{10.30}$$

が成り立つ．また，(10.28) は

$$\langle p(\tau), a(\tau) \rangle = 0 \tag{10.31}$$

を与える．

質点が V_{M} の中の開集合 D を運動するとき，質点に働く力の一般形は，写像

$$F : D \times V_{\mathrm{M}} \times T(J) \to V_{\mathrm{M}}; \ (x, v, \tau) \mapsto F(x, v, \tau) \in V_{\mathrm{M}}$$

によって表される．このとき，質点の運動方程式は

$$\frac{dp(\tau)}{d\tau} = F(X(\tau), u(\tau), \tau) \tag{10.32}$$

で与えられる（公理）．これが (10.27), (10.28) と矛盾しないためには

$$\langle F(X(\tau), u(\tau), \tau), u(\tau) \rangle = 0 \tag{10.33}$$

がみたされることが必要である．すなわち，特殊相対論的力学における力には付加的条件が同伴する．

10.2.2　ローレンツ座標系

　以上は，座標から自由な方式による特殊相対論的力学の運動の定式化である．したがって，当然のことながら，この存在の次元——特殊相対論的力学の絶対的な相——では，通常の観測に関わる時間と空間はまだ現れていない．それらの現出は $\mathbb{M}$ あるいは V_M に座標系（基底）を設定することに対応する．そこで $(e_\mu) := \{e_0, e_1, e_2, e_3\}$ を V_M のローレンツ基底とする（4.6 節）．この基底から定まる線形座標系を**ローレンツ座標系**とよぶ[9]．任意の点 $x \in V_\mathrm{M}$ を

$$x = \sum_{\mu=0}^{3} x^\mu e_\mu$$

と展開するとき，$(x^0, x^1, x^2, x^3) \in \mathbb{R}^4$ をローレンツ座標系 (e_μ) に関する x の成分表示という．x がミンコフスキー空間における質点の位置を表すベクトルである場合には，各成分 x^μ は長さの次元をもつとし，時間の次元をもつ量

$$t = \frac{x^0}{c}$$

をローレンツ座標系 (e_μ) における**座標時間**，(x^1, x^2, x^3) を**空間座標**とよぶ．座標時間は通常の観測に関わる物理的時間として，また空間座標は通常の観測が行われる空間（3 次元ユークリッド空間）の座標を表すと解釈される．こうして，通常の意味での時間と空間が現れる．だが，当然のことながら，座標時間，空間座標は基底の取り方によっている．言い換えれば，ローレンツ座標系の設定を変えれば，その表示は変わる．この場合，新しいローレンツ座標系での時間座標は，一般には，旧ローレンツ座標系での座標時間と空間座標の関数になる．したがって，

---

[9] 物理の文献では（特殊相対論的）**慣性座標系**あるいは単に**慣性系**という場合が多い．

座標時間は，ニュートン力学の場合のように絶対的な意味をもたない．空間座標についても同様．特殊相対性理論においては，座標時間も相対的になるのである．

座標時間および3次元的空間がそこから"分節"として現れてくる絶対的本体 $\mathbb{M}$ を**時空融合体**という．

ローレンツ座標系 (e_μ) で運動方程式 (10.32) がどういう形をとるかを見ておく．ローレンツ座標系で運動を観測する場合には，運動曲線のパラメータ s として座標時間 t をとることができる．そこで

$$X(\tau) = cte_0 + \sum_{j=1}^{3} X^j(t) e_j \tag{10.34}$$

と展開する．このとき

$$\frac{dX(\tau)}{dt} = ce_0 + \sum_{j=1}^{3} v^j(t) e_j.$$

ただし

$$v^j(t) := \dot{X}^j(t) = \frac{dX^j(t)}{dt}. \tag{10.35}$$

これはローレンツ座標系での**3次元的速度**

$$\mathbf{v}(t) := (v^1(t), v^2(t), v^3(t))$$

の成分である．したがって，$\mathbf{v}(t)^2 := \sum_{i=1}^{3} v^i(t)^2$ とおくと

$$\left\langle \frac{dX(\tau)}{dt}, \frac{dX(\tau)}{dt} \right\rangle = c^2 - \mathbf{v}(t)^2. \tag{10.36}$$

X は時間的運動であると仮定しているので $c^2 > \mathbf{v}(t)^2$ である．したがって，時間的運動にあっては，3次元的速度の大きさはつねに光速よりも小さい．固有時 $T(t)$ の定義と (10.36) により

$$\frac{dT(t)}{dt} = \sqrt{1 - \frac{\mathbf{v}(t)^2}{c^2}}. \tag{10.37}$$

これは固有時と座標時間の関係を与える式である．これから，運動量のローレンツ座標系での表示は $(dX(T(t))/dt = T'(t)(dX(\tau)/d\tau)|_{\tau=T(t)}$ に注意)

$$p(\tau) = \frac{m}{\sqrt{1 - \frac{\mathbf{v}(t)^2}{c^2}}} \left(ce_0 + \sum_{j=1}^{3} v^j(t) e_j \right).$$

となる．したがって

$$p(\tau) = p^0(t)e_0 + \sum_{j=1}^{3} p^j(t)e_j \tag{10.38}$$

と展開すれば

$$p^0(t) = \frac{mc}{\sqrt{1 - \frac{\mathbf{v}(t)^2}{c^2}}}, \quad p^j(t) = \frac{mv^j(t)}{\sqrt{1 - \frac{\mathbf{v}(t)^2}{c^2}}} \tag{10.39}$$

が成り立つ．

力 F のローレンツ座標系 (e_μ) での表示を

$$F(X(\tau), u(\tau), \tau) = \sum_{\mu=0}^{3} F^\mu(t)e_\mu \tag{10.40}$$

とすれば，ローレンツ座標系での座標時間を用いての運動方程式は，(10.32) と (10.37) より

$$\frac{dp^\mu(t)}{dt} = \sqrt{1 - \frac{\mathbf{v}(t)^2}{c^2}} F^\mu(t), \quad \mu = 0, 1, 2, 3 \tag{10.41}$$

となる．

4次元運動量 $p(\tau)$ のローレンツ座標系における第 0 成分 $p^0(t)$ の c 倍 $E(t) = cp^0(t)$ を**エネルギー成分**とよぶ．(10.39) の第 1 式によって

$$E(t) \geq mc^2. \tag{10.42}$$

この場合，等号が成り立つのは，3次元的速度が 0 の場合かつこのときに限ることも明らかである．3次元的速度が 0 の場合のエネルギー成分

$$E = mc^2 \tag{10.43}$$

は質点 m の**静止エネルギー**とよばれる．こうして，エネルギーと質量の"等価性"が導かれる．

詳細は省略するが，特殊相対性理論は，任意のローレンツ座標系において，非相対論的極限 $\|\mathbf{v}(t)\|/c \to 0$ をとることにより，適切な意味において，ニュートン力学へと移行することが示される．この意味において，特殊相対性理論はニュートン力学を包摂するものなのである[10]．

---

[10] 特殊相対性理論のさらに詳しい理論展開については，拙著『物理現象の数学的諸原理』（共立出版，2003）の 8 章を参照されたい．

10.3 古典電磁気学

前節に引き続き，V_M を 4 次元ミンコフスキーベクトル空間とし，D を V_M の開集合とする．V_M の向きを 1 つ固定し，D 上の微分形式に作用する外微分作用素を d_M，余微分作用素を δ_M とする（8 章，8.4 節と 8.7 節を参照）．

通常，3 次元空間の中で観測される電場，磁場あるいは電場と磁場の共存形態である電磁場を生み出す根源は，より高次の観点から見ると，D 上の 1 次微分形式 A である．これを**電磁ポテンシャル** (electromagnetic potential) という．A の外微分として定まる 2 階反対称共変テンソル場

$$F := d_\mathrm{M} A \tag{10.44}$$

を**電磁テンソル場** (electromagnetic tensor field) または単に**電磁場テンソル**という．外微分作用素の性質 $d_\mathrm{M}^2 = 0$ によって

$$d_\mathrm{M} F = 0. \tag{10.45}$$

電磁場は物理的には 3 次元的電流や電荷の存在によって生み出される．3 次元的電流密度と電荷は，4 次元的に融合して，数学的には，D 上の 1 次微分形式 J によって表される．これを **4 次元電流密度**という．J と電磁場の関わりを決める方程式は

$$\delta_\mathrm{M} F = J \tag{10.46}$$

で与えられる．

ここに提示された極めて美しい連立方程式 (10.45), (10.46) を**電磁場の基礎方程式**とよぶ．この方程式に則って，あらゆる電磁現象が生成されるのである（ただし，量子論的な電磁現象は除く）．

通常の電場，磁場はローレンツ座標系を設定するとき，F の成分として現れる．同様に，電荷密度，3 次元的電流密度は，J の成分として現れる．したがって，電場および磁場――同様に電荷密度と 3 次元的電流密度――は絶対的な意味をもたず，相対的なものである．

電場と磁場に関する，いわゆる**マクスウェル方程式**は，(10.45), (10.46) を，ローレンツ座標系において，磁場，電場，電荷密度，3 次元的電流密度に関する方程式として書き下したものである．詳しくは，拙著『物理現象の数学的諸原理』（共立出版，2003）の 7 章，7.8 節を参照されたい．

$\Lambda : D \to \mathbb{R}$ を D 上の 2 回連続微分可能なスカラー場として，写像 $G_\Lambda :$ $A_1^1(D) \to A_1^1(D)$ を

$$G_\Lambda(A) := A - d_M\Lambda, \quad A \in A_1^1(D) \tag{10.47}$$

によって定義し，これを**ゲージ関数** Λ **に関するゲージ変換** (gauge transformation) という．

$F = F(A)$ と書くと，$d_M^2\Lambda = 0$ であるから

$$F(G_\Lambda(A)) = F(A).$$

すなわち，電磁テンソル場はゲージ変換のもとで不変である．この性質を**ゲージ対称性** (gauge symmetry) または**ゲージ不変性**という．

10.4 流体力学

流体（気体，液体）は，内部摩擦の有無によって 2 つに分けられる．内部摩擦のない流体を**完全流体**といい，内部摩擦のある流体を**粘性流体**という．

流体の運動は 3 次元ユークリッドベクトル空間 V（具象的には $\mathbb{R}^3$）で行われるとし，流体は連結開集合 Ω を占めているとする[11]．この運動は，時刻 $t \in \mathbb{R}$ と点 $\mathbf{x} \in \Omega$ での流体密度 $\rho(t,\mathbf{x}) > 0$（単位体積あたりの質量）および速度 $\mathbf{v}(t,\mathbf{x}) \in V$ を用いて記述される．ρ と $\mathbf{v}$ の間には**連続の方程式**

$$\frac{\partial \rho}{\partial t} + \mathrm{div}\,(\rho \mathbf{v}) = 0 \tag{10.48}$$

が成り立つ（公理）．これについては，すでに，7 章，例 7.10 でふれた．

密度 ρ が各点および各時刻に対して変わらないような流体（したがって，ρ は定数）を**非圧縮性流体**という．したがって，非圧縮性流体対しては，連続の方程式は

$$\mathrm{div}\,\mathbf{v} = 0 \tag{10.49}$$

という形をとる．

完全流体の運動方程式は

$$\frac{\partial \mathbf{v}}{\partial t} - \mathbf{v} \times \mathrm{rot}\,\mathbf{v} = -\frac{1}{2}\mathrm{grad}\,\|\mathbf{v}\|^2 + \mathbf{F} - \frac{1}{\rho}\mathrm{grad}\,p \tag{10.50}$$

---

[11] Ω が連結であるとは，Ω に属する任意の 2 点が Ω の中に像をもつ曲線で結ばれる場合をいう．

で与えられる（公理）．ただし，$\mathbf{F} = \mathbf{F}(t, \mathbf{x})$ は流体に作用する力場，$p(t, \mathbf{x})$ は圧力（時刻 t，位置 $\mathbf{x}$ において単位面積あたりに働く力の大きさ）を表す実数値関数である．この方程式は**オイラーの運動方程式**とよばれる[12]．

他方，非圧縮性の粘性流体の運動方程式は

$$\frac{\partial \mathbf{v}}{\partial t} - \mathbf{v} \times \operatorname{rot} \mathbf{v} = \nu \Delta \mathbf{v} - \frac{1}{2} \operatorname{grad} \|\mathbf{v}\|^2 + \mathbf{F} - \frac{1}{\rho} \operatorname{grad} p \qquad (10.51)$$

で記述されると考えられている（公理）．ただし，$\nu > 0$ は流体の粘性を表す定数である．連立方程式 (10.49), (10.51) を**ナヴィエ–ストークスの方程式**という．

ベクトル場 $\mathbf{a} : \Omega \to V$, $\mathbf{F} : \Omega \to V$ が与えられたとする．初期条件 $\mathbf{v}(0, \mathbf{x}) = \mathbf{a}(\mathbf{x})$，境界条件 $\mathbf{v}(t, \mathbf{x}) = 0$, $t \geq 0$, $x \in \partial\Omega$（Ω が無限領域の場合は，$\lim_{\|x\| \to \infty} \mathbf{v}(t, \mathbf{x}) = 0$ とする），連続の方程式 (10.48)（非圧縮性流体の場合は (10.49)）および流体の運動方程式 [(10.50) または (10.51)] をみたすベクトル場 $\mathbf{v}$ とスカラー場 p の組 $(\mathbf{v}, p)$——これを流体の運動方程式の解とよぶ——を求める問題を流体の運動方程式の**初期値境界値問題**という．この問題は，初期条件 $\mathbf{a}$ や力場 $\mathbf{F}$ の形にもよるが，一般には，たいへん難しい問題である．ナヴィエ–ストークス方程式の解を求める問題は，いわゆるミレニアム賞金問題の 1 つにさえなっている[13]．

10.4.1 静止流体

流体の状態のうちで最も単純なものは，速度ベクトル場が 0 の場合，すなわち，$\mathbf{v} = 0$ の場合で，このような流体を**静止流体**という．この場合，完全流体でも非圧縮性粘性流体の場合でも運動方程式は

$$\mathbf{F} = \frac{1}{\rho} \operatorname{grad} p$$

となる．

$\mathbf{F}$ は時刻 t によらない保存力の場であるとし——$\mathbf{F} = -\operatorname{grad} U$ となるポテンシャル $U : \Omega \to \mathbb{R}$ がある——，ρ は定数であるとしよう．このとき，上の式は，

---

[12] Leonhard Euler (1707–1783). スイスの天才的数学者，物理学者．当時の数学の全分野にわたって重要な寄与をしたといわれる．特に，解析学の体系化，変分学の発展，関数概念の定立と分類はその顕著な貢献の例である．数学，物理学だけでなく，医学，植物学，化学，神学，さらには東洋諸国語にわたって該博な知識を有し，論文数は 700 篇，著書は 45 種にのぼるといわれる．

[13] ボストンの実業家クレイ氏の創設になるクレイ数学研究所は，2000 年 5 月に，数学の未解決問題を 7 問選び，それぞれの問題の解決に 100 万ドルの賞金が与えられる懸賞金問題を提出した．その問題の 1 つがナヴィエ–ストークス方程式の解の存在の問題である．問題の解説とより正確な言明については，たとえば，一松信ほか『数学七つの未解決問題』（森北出版，2002）の 7 章を参照．

$\mathrm{grad}(U + \frac{p}{\rho}) = 0$ を意味する.したがって

$$p(t, \mathbf{x}) = -\rho U(\mathbf{x}) + C(t) \tag{10.52}$$

($C(t)$ は t だけに依存しうる定数).これは次のことを意味する:等ポテンシャル面 $U = c$(定数)においては,各時刻 t ごとに,圧力 p は空間点の位置 $\mathbf{x}$ によらず一定である.

具体的な例として,地表面の一様な重力場の中にある非圧縮性静止流体を考えよう.よく知られているように,この流体の中に物体が置かれると物体は浮力を受ける.この現象に対する定性的な説明は次の通りである:物体は,流体から圧力を受ける.重力が存在するために,この圧力は下方に行くほど大きくなる.他方,物体の上方の部分に対しては,圧力は下向きに働き,下方の部分に対しては上向きに働く.いま述べたことによって,後者の圧力のほうが大きいから,物体は,全体として,鉛直上向きに力を受けることになる.この力が浮力である.

次に浮力の概念を厳密に定義し,それを求めよう.$V = \mathbb{R}^3 = \{\mathbf{x} = (x^1, x^2, x^3) \mid x^i \in \mathbb{R}, i = 1, 2, 3\}$ の場合を考え,鉛直上向きを x^3 軸の正の向きにとる.開直方体 $\Omega = (0, a) \times (0, b) \times (0, c)$ $(a, b, c > 0)$ の中に非圧縮性流体が静止しているとし,地表面における一様な重力場だけが外力として働いているとする.したがって,そのポテンシャルは $U_g(\mathbf{x}) = gx^3$ である(例 10.7).大気圧を p_0 とし,簡単のため,これは定数であるとする.このとき,(10.52)によって,点 $\mathbf{x} \in \Omega$ における圧力は $p(t, \mathbf{x}) = -g\rho x^3 + C(t)$ と書ける.$p(t, (0, 0, c)) = p_0$(境界条件)であるから,$C(t) = p_0 + g\rho c$.したがって $p(t, \mathbf{x}) = p_0 + g\rho(c - x^3)$ であり,p は時刻 t によらない.そこで,$p(t, \mathbf{x})$ をあらためて $p(\mathbf{x})$ と書く:

$$p(\mathbf{x}) = p_0 + g\rho(c - x^3). \tag{10.53}$$

いま,物体が流体の内部の領域 $D \subset \mathbb{R}^3$ にあるとし,D はパラメータ付き 3 次元集合で,単射かつ連続微分可能な曲 3 方体の像になっているとする.∂D の各点 $\mathbf{x}$ の外向き単位法線ベクトルを $\mathbf{n}(\mathbf{x})$ とすれば,点 $\mathbf{x}$ において,物体は,流体から,単位面積あたり,$-p(\mathbf{x})\mathbf{n}(\mathbf{x})$ の力を受ける.したがって,物体全体が流体から受ける力は,面積分

$$\mathbf{B}_D := -\int_{\partial D} p(\mathbf{x})\mathbf{n}(\mathbf{x}) dS$$

で与えられる.ベクトル $\mathbf{B}_D$ を物体 D が流体から受ける**浮力**とよぶ.

任意のベクトル $u = (u^1, u^2, u^3) \in \mathbb{R}^3$ に対して，$\langle u, \mathbf{B}_D \rangle = -\int_{\partial D} \langle p(\mathbf{x})u, d\mathbf{S} \rangle$．
したがって，発散定理により，$\langle u, \mathbf{B}_D \rangle = -\int_D \operatorname{div} p(\mathbf{x}) u\, d\mathbf{x}$．(10.53) によって，$\operatorname{div} p(\mathbf{x})u = -g\rho u^3 = -\langle u, g\rho \mathbf{e}_3 \rangle$．したがって $\langle u, \mathbf{B}_D \rangle = \langle u, g\rho \operatorname{Vol}(D)\mathbf{e}_3 \rangle$．ただし，$\operatorname{Vol}(D) := \int_D 1\, d\mathbf{x}$ は D の体積である．$u \in \mathbb{R}^3$ は任意であったから

$$\mathbf{B}_D = g\rho \operatorname{Vol}(D)\mathbf{e}_3 \tag{10.54}$$

を得る．右辺のノルム $g\rho \operatorname{Vol}(D)$ は，流体の重さに等しいことに注意しよう（$\rho \operatorname{Vol}(D)$ は D を占める流体の全質量）．こうして「非圧縮性静止流体中の物体に働く浮力は，それによって排除される流体の重さに等しい大きさをもち，向きは鉛直上向きである」という**アルキメデスの原理**が厳密に証明される．

10.4.2 渦なしの流れ

Ω 上で $\operatorname{rot} \mathbf{v} = 0$ をみたす流体は**渦なしの流れ**とよばれる．この場合，もし，Ω が星型集合ならば，定理 8.15 によって，$\mathbf{v}(t, \mathbf{x}) = \operatorname{grad} \phi(t, \mathbf{x})$ となるスカラー場 $\phi(t, \cdot) : \Omega \to \mathbb{R}$ が存在する．

一般に，$\mathbf{v}(t, \mathbf{x}) = \operatorname{grad} \phi(t, \mathbf{x})$ をみたすスカラー場 $\phi(t, \cdot) : \Omega \to \mathbb{R}$ があるとき，ϕ を**速度ポテンシャル**という．この場合，流体は速度ポテンシャルをもつという．$\operatorname{rot} \operatorname{grad} = 0$ であるから（命題 7.33），速度ポテンシャルをもつ流体は渦なしの流れである．

【命題 10.4】 非圧縮性流体が速度ポテンシャル ϕ をもつとき，ϕ は調和関数である．

証明 (10.49) と $\operatorname{div} \operatorname{grad} = \Delta$ により，$\Delta \phi = 0$ がしたがう．ゆえに ϕ は調和関数である． ∎

$\partial \mathbf{v}/\partial t = 0$ をみたす流体は**定常流**であるとよばれる．

【命題 10.5】（ベルヌーイ[14]の定理） $U : \Omega \to \mathbb{R}$ があって，$\mathbf{F} = -\operatorname{grad} U$ が成り立つとする．このとき，渦なしの非圧縮性完全流体が定常流であるならば，$U + \frac{p}{\rho} + \frac{1}{2}\|\mathbf{v}\|^2$ は $\mathbf{x} \in \Omega$ によらず t だけによる．

---

[14] Daniel Bernoulli (1700–1782). スイスの物理学者，数学者．ペテルブルク大学，バーゼル大学教授を歴任．植物学，解剖学も講じる．特に流体力学に顕著な業績をあげた．ベルヌーイ家は，17世紀～18世紀を通じて，卓越した数学者を 10 人も輩出した．

証明 仮定により，オイラーの運動方程式は $\mathrm{grad}(U + \frac{p}{\rho} + \frac{1}{2}\|\mathbf{v}\|^2) = 0$ という形をとる．したがって，$U + \frac{p}{\rho} + \frac{1}{2}\|\mathbf{v}\|^2$ は x によらない定数である． ∎

以上のようにして，ベクトル解析の種々の定理を応用することにより，流体力学についても，いろいろな結果を導くことができる．この場合，一般的結果を導くに際しては，座標表示をいちいち使う必要がないということに注意されたい．こういう点は，まさに，抽象的・普遍的アプローチの利点なのである．流体力学のさらに詳しい事柄については，流体力学の教科書を参照されたい．ただし，おそらくほとんどの流体力学の教科書は本書のようなスタイルで書かれていないので，数学系の人にとっては，その種の本を読みこなすのは難しいかもしれない．しかし，本書で学んだことを土台にして，自分で納得のいくように書き直しながら読むのも一興であろうと思われる[15]．

演習問題

V は d 次元ユークリッドベクトル空間であるとし，D は V の開集合であるとする．

1. $U(x) = k\|x\|^2/2,\ x \in V$ （$k > 0$ は定数）に対して，$\mathrm{grad}\,U(x) = kx$ を示せ．

2. (10.15) を示せ．

3. (10.19) を示せ．

4. 写像 $\Phi : (0, \infty) \to \mathbb{R}$ は連続微分可能な関数で $\int_r^\infty |f(s)|ds < \infty$ $(r > 0)$ をみたすものとし，$F(x) = \Phi(\|x\|)\frac{x}{\|x\|},\ U(x) = \int_{\|x\|}^\infty \Phi(s)ds$ とおく．このとき，$F = -\mathrm{grad}\,U$ を証明せよ．

5. $U : D \to \mathbb{R}$ は連続微分可能であるとし，$L : D \times V \to \mathbb{R}$ を
$$L(x, v) := \frac{m}{2}\|v\|^2 - U(x), \quad (x, v) \in D \times V$$
によって定義する．ただし，$m > 0$ は定数である．$F := -\mathrm{grad}\,U$ とする．

---

[15] 定評のある流体力学の本として，今井 功『流体力学』(岩波書店，1970) がある．しかし，この本は，物理系の人にとっては適切かもしれないが，数学系の人が読むには，やはり，ちょっと難しいかもしれない．いずれにしても，自分が読破できそうな本をさがすことである．

(i) v を固定したときの, x に関する $L(x,v)$ の微分係数を $L_x(x,v)$ で表す. $L_x(x,v) = F(x)$ を示せ.

(ii) x を固定したときの, v に関する $L(x,v)$ の微分係数を $L_v(x,v)$ で表す. $L_v(x,v) = mv$ を示せ.

(iii) ニュートンの運動方程式 $m\ddot{X}(t) = F(X(t))$ は

$$\frac{d}{dt}L_v(X(t),v(t)) - L_x(X(t),v(t)) = 0 \cdots (*)$$

と表されることを示せ. ただし, $v(t) := \dot{X}(t)$.

注意: 関数 L をポテンシャル U から定まる**ラグランジュ関数**といい, 方程式 $(*)$ を**オイラー–ラグランジュ方程式**とよぶ[16].

この方程式は, 通常, 座標表示で表されることが多い. この表示を得るには, V の中に正規直交基底 $e_1, \cdots, e_d$ を任意にとって, $x = \sum_{i=1}^{d} x^i e_i, v = \sum_{i=1}^{d} v^i e_i$ と展開し, 各成分について, $(*)$ を書き直せばよい. 実際, $\|v\|^2 = \sum_{i=1}^{d}(v^i)^2$ に注意すれば,

$$L_v(x,v) = \sum_{i=1}^{d} mv^i e_i = \sum_{i=1}^{d} (\partial L(x,v)/\partial v^i) e_i,$$

$$L_x(x,v) = \sum_{i=1}^{d} (-1)(\partial U/\partial x^i) e_i = \sum_{i=1}^{d} (\partial L(x,v)/\partial x^i) e_i$$

であるから, $(*)$ は, 各成分ごとに

$$\frac{d}{dt}\frac{\partial L(X(t),v(t))}{\partial v^i} - \frac{\partial L(X(t),v(t))}{\partial x^i} = 0$$

と表される. しかし, 座標から自由な形 $(*)$ のほうが理念的に普遍性があり美しく, しかも明解であろう.

上述の $(*)$ は解析力学という普遍的な力学形式の特殊な現れである.

6. 4次元ミンコフスキーベクトル空間 $V_{\rm M}$ において, ローレンツ座標系 (e_μ) をとり, t をその座標時間とし, $X(t) = cte_0 + \sum_{j=1}^{3}(a^j + tv^j)e_j$ という運動を考える. ただし, $(a^1, a^2, a^3) \in \mathbb{R}^3, \mathbf{v} := (v^1, v^2, v^3) \in \mathbb{R}^3$ は定ベクトルであり, $c^2 > \mathbf{v}^2$ をみたすとする.

---

[16] Joseph Louis Lagrange (1736–1813). フランスの天才的数学者, 数理物理学者. 歴史に残る多方面の業績がある. その主著の1つ『解析力学』は力学の歴史における画期的な書物の1つである.

(i) X は時間的運動であることを示せ.

(ii) $t = 0$ から測った曲線 X の固有時 $T_0(t) := c^{-1} \int_0^t \sqrt{\left\langle \dot{X}(s), \dot{X}(s) \right\rangle} ds$ $(t > 0)$ は $T_0(t) = \sqrt{1 - (\mathbf{v}^2/c^2)}\, t$ であることを示せ.

注意: (ii) で $\mathbf{v} = 0$ の場合を考えると, $T_0(t) = t$ であるから, ローレンツ座標系で静止している質点の固有時と座標時間は等しい. しかし, (ii) は, $\mathbf{v} \neq 0$ ならば, $0 < T_0(t) < t$ を意味する. これは, ローレンツ座標系においては, 等速直線運動をしている質点の固有時のほうが座標時間よりも小さいことを意味する. 言い換えれば, そのような運動をしている質点の時間の進み方は静止している質点に比べて遅いことになる. この現象は, "時計の遅れ" とよばれ, 実験的に確認されている. 時計の遅れの現象は, いま扱った等速直線運動だけでなく, 一般の時間的運動においても起こりうることが証明される[17].

7. $m > 0$ を質点の質量とし, $k > 0$ を定数として, $\lambda = \sqrt{mc^2/k}$ とおく. ω を正の定数とする. V_M において, 曲線 $\gamma(s) = \lambda[(\sinh \omega s)e_0 + (\cosh \omega s)e_1]$, $s \in \mathbb{R}$ で表される運動を考える.

(i) γ は時間的運動であることを示せ.

(ii) γ の軌道は, x^1-x^0 平面の双曲線 $(x^1)^2 - (x^0)^2 = \lambda^2$, $x^1 > 0$ であることを示せ.

(iii) 点 $\gamma(0)$ から測った, $\gamma(t)$ の固有時 $\tau = T(t)$ を求めよ.

(iv) $X(\tau) = \gamma(T^{-1}(\tau))$ の 2 階導関数 $d^2 X(\tau)/d\tau^2$ を計算し, この運動を生み出す 4 次元的力 $F(x)$ は $F(x) = kx$, $x \in V_\mathrm{M}$ であることを示せ.

---

[17] 拙著『物理現象の数学的諸原理』(共立出版, 2003) の 8 章, 定理 8.26 を参照.

付録 A

集合と写像

現代的な数学を展開する上での基礎となる集合および写像の概念について，本書で必要な範囲に限定して，叙述する．

A.1 基本的概念

思考の対象の集まり X が次の 2 つの条件をみたすとき，X を**集合** (set) とよぶ[1]：(i) 任意の思考の対象 x について，x が X に属するか否かが明確に規定されている．このことを「X に属する対象の範囲は確定している」という．(ii) X に属する任意の対象 a, b について，a と b が同じであるか否かが明確に規定されている．このことを「X に属する対象は互いに明確に区別されている」という．

集合 X に属する対象を X の**元** (element) または**要素**という．対象 x が集合 X に属することを $x \in X$ または $X \ni x$ と記し，対象 y が集合 X に属さないことを $y \notin X$ と記す．

集合の表し方には，基本的に 2 通りの方法がある．対象 $x_1, x_2, \cdots$ からなる集合を $\{x_1, x_2, \cdots\}$ のように表す仕方を列記法とよび，集合 X に属し，条件 C を満足する対象 x の集合を $\{x \in X \mid C\}$ と表す仕方を説明法という．

集合は象徴的に円またはその類似物によって図示される（図 A.1）．

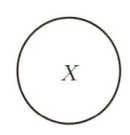

図 **A.1** 集合 X の象徴的描像

---

[1] 集合の概念の，より厳密な定義は，公理論的方法によらねばならないが，本書を読む上では，それは特に必要ない．集合論について，本章で扱わない部分については，たとえば，赤 摂也『集合論入門』（培風館，1957）を参照のこと．

有限個の元からなる集合を**有限集合**といい,有限集合でない集合を**無限集合**とよぶ.

対象 A(記号,概念等)を対象 B によって定義することを $A := B$ と書く[2].

Λ を集合とし,Λ の各元 λ に対して,集合 A の元 a_λ がただ 1 つ定まり,$A = \{a_\lambda \mid \lambda \in \Lambda\}$ が成り立つとき,A を Λ によって**添え字付けられた集合**といい,Λ を A の**添え字集合** (index set) とよぶ.この場合,$A = \{a_\lambda\}_{\lambda \in \Lambda}$ という記法も用いる.

A, B を集合としよう.A の元がすべて B に属するとき(すなわち,$x \in A$ ならば $x \in B$),A は B の**部分集合** (subset) であるといい,$A \subset B$ または $B \supset A$ と記す[3].

!注意 A.1 A は A の部分集合である($\because x \in A \Longrightarrow x \in A$).

$A \subset B$ かつ $B \subset A$ のとき,A と B は**集合として等しい**といい,$A = B$ と記す.

A と B が等しくないことを $A \neq B$ と表す.

$A \subset B$ かつ $A \neq B$ のとき,A は B の**真部分集合**であるという.このことを記号的に $A \underset{\neq}{\subset} B$ と表す.

集合
$$A \cup B := \{x \mid x \in A \text{ または } x \in B\} \tag{A.1}$$
を A と B の**和集合** (union) という[4].これは感覚的に言えば,A のすべての元と B のすべての元を集めてできる集合のことである.

A に属する B の元をすべて取り去り,残った元の集まりからできる集合を $A - B$ または $A \setminus B$ と書き,A と B の**差集合**または単に**差** (difference) という:
$$A - B := \{x \mid x \in A \text{ かつ } x \notin B\}. \tag{A.2}$$

しかし,ここで,ある問題が生じる.すなわち,もし,A の元がすべて B に属するならば,A に属する B の元をすべて取り去ると何も残らない——正確に言えば,$x \in A$ かつ $x \notin B$ をみたす x は存在しない——から,$A - B$ は,本来の意味では集合にはなりえない.そこで,このような事態をも整合的に記述するため

---

[2] これは,等号が定義であることをはっきりと指示したいときに用いる.「$A := B$」を「$A \overset{\text{def}}{=} B$」と書く場合もある.
[3] 文献によっては,$A \subset B$, $B \supset A$ をそれぞれ,$A \subseteq B$, $B \supseteq A$ と書く場合がある.
[4] **合併集合**または**結び**ともいう.

に，言葉の使い方を拡張し，"元をもたない集合"なる概念を導入する．これを**空集合** (emptyset) とよび，記号的に $\emptyset$ または $\{\ \}$ で表す．したがって，条件 C をみたす対象 x が存在しないとき，$\{x \mid C\} = \emptyset$ と書かれる．

前述の例で言えば，$A \subset B$ ならば $A - B = \emptyset$ である．

集合 A が空集合でないとき，A を**空でない集合**とよぶ．

空集合は，任意の集合の部分集合とみなす：任意の集合 X に対して，$\emptyset \subset X$ （規約）．

集合
$$A \cap B := \{x \mid x \in A \text{ かつ } x \in B\} \tag{A.3}$$

(A と B の双方に属する元の全体) を A と B の**共通部分** (intersection) という[5]．A と B の両方に属する対象（共通の元ともいう）がなければ，$A \cap B = \emptyset$ である．この場合，A, B は**互いに素**であるとか**交わらない**という．

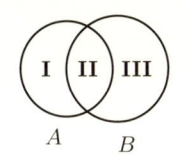

$$\mathbf{I} = A \setminus B, \ \mathbf{II} = A \cap B, \ \mathbf{III} = B \setminus A$$
$$\mathbf{I} \text{ と } \mathbf{II} \text{ と } \mathbf{III} \text{ の合併} = A \cup B$$

図 **A.2** 集合の演算に関する象徴的描像

次の命題は容易に証明される（問題 1）．

【**命題 A.1**】 任意の集合 A, B, C に対して，次の (i)～(iii) が成り立つ：

(i) （可換法則）$A \cup B = B \cup A, \ A \cap B = B \cap A.$

(ii) （結合法則）$(A \cup B) \cup C = A \cup (B \cup C), \ A \cap (B \cap C) = (A \cap B) \cap C.$

(iii) （分配法則）
$$A \cup (B \cap C) = (A \cup B) \cap (A \cup C), \quad A \cap (B \cup C) = (A \cap B) \cup (A \cap C).$$

---

[5] **積**または**交わり**ともいう．

A が集合 X の部分集合であるとき

$$A^c := X \setminus A \qquad (A.4)$$

を X における A の**補集合** (complement) という．

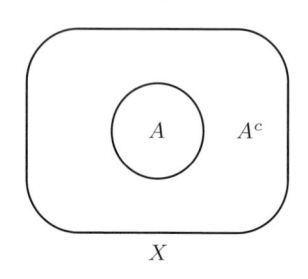

図 A.3 補集合

次の命題も容易に証明される（問題 2）．

【命題 A.2】 $A, B \subset X$ とする．このとき，次の (i)〜(iii) が成立する：

(i) $A \subset B$ ならば $B^c \subset A^c$.

(ii) $X = A \cup A^c$, $\quad A \cap A^c = \emptyset$, $\quad (A^c)^c = A$.

(iii) （ド・モルガン（デ・モーガン）[6]の法則）

$$(A \cup B)^c = A^c \cap B^c, \quad (A \cap B)^c = A^c \cup B^c.$$

集合の集まりを**集合族**という．

■ **例 A.1** ■ 集合 X の部分集合の全体からなる集合 $P(X) := \{A \mid A \subset X\}$ は 1 つの集合族である．これを X の**ベキ集合** (power set) とよぶ．空集合に関する既述の規約により，$\emptyset \in P(X)$ である．

■ **例 A.2** ■ 自然数 n に対して，1 から n までの自然数の集合 $\mathbb{N}_n := \{1, \cdots, n\}$ のベキ集合 $P(\mathbb{N}_n)$ は 2^n 個の元からなる（問題 3）．

■ **例 A.3** ■ 有界閉区間の全体 $\{[a, b] \mid a, b \in \mathbb{R}, a \leq b\}$ は集合族である．

---

[6] Augustus De Morgan (1806–1871)．イギリスの数学者．数学の論理的側面に関する研究を開拓．

集合 Λ の各元 λ に対して,集合 A_λ がただ1つ定まるとき,集合族 $\mathsf{A} = \{A_\lambda\}_{\lambda \in \Lambda}$ ができる.この場合,Λ を集合族 A の **添え字集合** (index set) と呼ぶ.

集合族 $\mathsf{A} = \{A_\lambda\}_{\lambda \in \Lambda}$ の和集合は

$$\bigcup_{\lambda \in \Lambda} A_\lambda := \{x \mid \text{ある } \lambda \in \Lambda \text{ が存在して,} x \in A_\lambda\} \tag{A.5}$$

によって,**共通部分**は

$$\bigcap_{\lambda \in \Lambda} A_\lambda := \{x \mid \text{すべての } \lambda \in \Lambda \text{ に対して } x \in A_\lambda\} \tag{A.6}$$

によって定義される.

次の事実(ド・モルガンの法則の一般化)は容易に証明される(問題 4):

$$\left(\bigcup_{\lambda \in \Lambda} A_\lambda\right)^c = \bigcap_{\lambda \in \Lambda} A_\lambda^c, \quad \left(\bigcap_{\lambda \in \Lambda} A_\lambda\right)^c = \bigcup_{\lambda \in \Lambda} A_\lambda^c. \tag{A.7}$$

A.2 直積

A, B を空でない集合とし,A の元 a と B の元 b の対(つい)(a, b) の全体

$$A \times B := \{(a, b) \mid a \in A, b \in B\} \tag{A.8}$$

を A と B の **直積** (direct procuct) という.この場合,2つの対 $(a, b), (a', b')$ $(a, a' \in A, b, b' \in B)$ が等しいとは,$a = a'$ かつ $b = b'$ が成り立つときをいう(対の相等の定義).$A \times B$ の元を **順序対** ともいう[7].$A = B$ の場合の直積を A^2 と記す:$A^2 := A \times A$.

2つの集合の直積の概念は n 個の集合の直積の概念へと拡張される.$A_1, \cdots, A_n$ を空でない集合とする.各集合 A_i の元 a_i からつくられる組 $(a_1, \cdots, a_n)$ $(a_i \in A_i)$ の全体

$$A_1 \times \cdots \times A_n := \{(a_1, \cdots, a_n) \mid a_i \in A_i, i = 1, \cdots, n\} \tag{A.9}$$

を $A_1, \cdots, A_n$ の **直積** とよぶ.ただし,2つの組 $(a_1, \cdots, a_n), (b_1, \cdots, b_n) \in A_1 \times \cdots \times A_n$ が等しいとは,$a_i = b_i, i = 1, \cdots, n$ が成り立つときをいう(相等の定義).このように相等が定義されている n 個の対象の組を順序づけられた組とい

---

[7] $A = B$ の場合,$a \neq b$ ならば,(a, b) と (b, a) は異なる元である.

う．$A_1 \times \cdots \times A_n = \prod_{i=1}^{n} A_i$ と記す場合もある．元 $a = (a_1, \cdots, a_n)$ の構成要素 a_i を a の**第 i 成分**という．$a = (a_i)_{i=1}^{n}$ という記法も用いられる．

$A_i = A, i = 1, \cdots, n$ の場合の直積を A^n と記す：$A^n := \underbrace{A \times \cdots \times A}_{n \text{ 個}}$．これを A の n 個の直積あるいは **n 直積**という．

■ **例 A.4** ■ 実数全体 $\mathbb{R}$ の n 直積 $\mathbb{R}^n = \underbrace{\mathbb{R} \times \cdots \times \mathbb{R}}_{n \text{ 個}} = \{(x_1, \cdots, x_n) \mid x_i \in \mathbb{R}, i = 1, \cdots, n\}$ は，n 個の実数の組の全体である．

■ **例 A.5** ■ n 個の閉区間 $[a_i, b_i] \subset \mathbb{R}$ $(i = 1, \cdots, n)$ の直積

$$[a_1, b_1] \times [a_2, b_2] \times \cdots \times [a_n, b_n] = \{(x_1, \cdots, x_n) \mid a_i \leq x_i \leq b_i, i = 1, \cdots, n\}$$

を **n 次元矩形**という[8]．

■ **例 A.6** ■ 複素数全体 $\mathbb{C}$ の n 直積 $\mathbb{C}^n := \underbrace{\mathbb{C} \times \cdots \times \mathbb{C}}_{n \text{ 個}} = \{(z_1, \cdots, z_n) \mid z_i \in \mathbb{C}, i = 1, \cdots, n\}$ は，n 個の複素数の組の全体である．

A.3 同値関係と商集合

集合を形成する対象の間には，広義の意味において，さまざまな"関係"が存在しうる．私たちが日常的に素朴な意味でいだいている"関係"の概念を数学的に厳密な仕方で普遍化すると次の定義に到達する：

【定義 A.3】 G を X の直積集合 $X \times X$ の空でない部分集合とする．$x, y \in X$ に対して，$x \overset{G}{\sim} y$ であることを $(x, y) \in G$ によって定義し，これを **G によって定まる関係**または単に**関係** (relation) という．G が何であるかが了解されているとき，または一般論においては，$x \overset{G}{\sim} y$ をしばしば単に $x \sim y$ と記す．

■ **例 A.7** ■ $G = \{(x, x) \mid x \in X\} \subset X \times X$ のとき，$x \overset{G}{\sim} y$ は $x = y$ と同値である．すなわち，この場合の関係は X における相等の関係である．

■ **例 A.8** ■ $G = \{(x, y) \mid x, y \in \mathbb{R}, x < y\} \subset \mathbb{R}^2$ のとき，$x \overset{G}{\sim} y$ は $x < y$ と同値である．すなわち，この場合の関係は $\mathbb{R}$ における大小関係である．

---

[8] より精密には，**n 次元閉矩形**とよばれる．

集合 X における関係は，これを定める集合 $G \subset X \times X$ にいちいち言及しなくても，より簡潔に定義できる場合がある．すなわち，関係 $x \sim y$ を "$P(x,y)$ によって定義する" という言い方が可能な場合がある（$P(x,y)$ は x, y に関する条件）．たとえば，例 A.7 の場合には，$P(x,y)$ は「$x = y$」であり，例 A.8 の場合には，「$x < y$」が $P(x,y)$ である．以下，適宜，この手法も用いる．

【定義 A.4】 $\sim$ を集合 X における関係とする．

(i) すべての $x \in X$ に対して，$x \sim x$ が成り立つとき，関係 $\sim$ は**反射律**をみたすという．

(ii) $x \sim y$ ならば $y \sim x$ が成り立つとき，関係 $\sim$ は**対称律**をみたすという．

(iii) $x \sim y, y \sim z$ ならば $x \sim z$ が成り立つとき，関係 $\sim$ は**推移律**をみたすという．

!注意 A.2 上述の3つの律は互いに独立である．すなわち，3つの中の任意の1つの律はみたすが，他の2つの律は満たさないような関係の例が存在する（以下の例 A.9〜A.11）．

■ 例 A.9 ■ 例 A.8 の関係（$\mathbb{R}$ における大小関係）は推移律をみたすが反射律と対称律はみたさない．

■ 例 A.10 ■ $G = \{(x, -x) \mid x \in \mathbb{R}\} \subset \mathbb{R}^2$ によって定まる関係 $\overset{G}{\sim}$ は対称律はみたすが反射律と推移律はみたさない．

■ 例 A.11 ■ 集合 $G = \{(x, x) \mid x \in \mathbb{R}\} \cup \{(x, x+1) \mid x \in \mathbb{R}\} \subset \mathbb{R}^2$ によって定まる関係 $\overset{G}{\sim}$ は反射律をみたすが対称律と推移律はみたさない．

■ 例 A.12 ■ 例 A.7 における関係は反射律，対称律，推移律のすべてをみたす．

容易に想像されるように，関係に関する上記の律をすべてみたす関係は性質のよい関係と見ることができる．そこで，この関係に名前をつけておく：

【定義 A.5】 集合 X における関係 $\sim$ が反射律，対称律，推移律をみたすとき，この関係を X における**同値関係** (equivalence relation) という．この場合，$x \sim y$ のとき，x と y は**同値**であるという．

■ 例 A.13 ■ 例 A.7 における関係は同値関係である．

■ **例 A.14** ■ p を自然数とする．自然 n, m について，関係 $n \sim m$ を「$n - m = pk$ となる整数 k がある」によって定義する．この関係は同値関係である．

同値関係は，同一性（相等）の概念を拡大すると同時に，実は，その普遍的本質をとらえたものである．同値関係は数学の世界のいたるところで極めて重要で本質的な役割を演じるが，それは，まさにこの理由による[9]．

X における同値関係 $\sim$ を用いると，X の元を次のようにして分類することができる．X の元 x と同値な元の全体を $[x]$ で表し，これを x の**同値類** (equivalence class) という：

$$[x] := \{y \in X \mid y \sim x\} = \{y \in X \mid x \sim y\}. \tag{A.10}$$

（第 2 の等号は対称律による．）これに関して次の命題が成り立つ：

【命題 A.6】

(i) すべての $x \in X$ に対して，$x \in [x]$.

(ii) $[x] = [y]$ であるための必要十分条件は $x \sim y$ である．

(iii) $[x] \neq [y]$ であるための必要十分条件は $[x] \cap [y] = \emptyset$ である．

証明 (i) $x \sim x$ による．

(ii)（必要性）$[x] = [y]$ ならば，(i) によって，$x \in [y]$. したがって，$x \sim y$.

（十分性）$x \sim y$ とする．任意の $z \in [x]$ に対して，$z \sim x$. したがって，推移律により，$z \sim y$. ゆえに $z \in [y]$. よって $[x] \subset [y]$. 同様にして，$[y] \subset [x]$ が示される．ゆえに，$[x] = [y]$.

(iii)（必要性）対偶を示す．そこで，$[x] \cap [y] \neq \emptyset$ とする．このとき，$z \in [x]$ かつ $z \in [y]$ となる元 $z \in X$ がある．これは $z \sim x, z \sim y$ を意味する．したがって，対称律と推移律により，$x \sim y$ が出る．ゆえに $[x] = [y]$.

（十分性）対偶を示す．$[x] = [y]$ とすれば，(ii) によって，$x \sim y$. したがって，$x \in [y]$ を意味する．これと (i) により，$x \in [x] \cap [y]$. ゆえに $[x] \cap [y] \neq \emptyset$. ∎

---

[9] ここでは，詳しく論じる余裕はないが，同値関係という普遍概念の把握は自然哲学的にもたいへん重要な意味をもつ．

命題 A.6 により

$$X = \bigcup_x [x] \tag{A.11}$$

と表される（和集合をとる x の範囲は，実質的には，互いに同値でない元にわたる）．このことを X の元は，同値関係 $\sim$ に対する同値類によって類別されるという．

X の同値類の全体 $\{[x] \mid x \in X\}$ を同値関係 $\sim$ による**商集合** (quotient set) とよび，記号 $X/\sim$ で表す：

$$X/\sim := \{[x] \mid x \in X\}. \tag{A.12}$$

同値類 $[x]$ に属する任意の元を同値類 $[x]$ の**代表元**とよぶ．

■ **例 A.15** ■　例 A.7 の同値関係（例 A.13）による商集合は $\{\{x\} \mid x \in \mathbb{R}\}$ である．

■ **例 A.16** ■　例 A.14 の同値関係について，$n \in \mathbb{N}$ の同値類は $[n] = \{n+pk \mid k \in \mathbb{Z}\}$ である．したがって，本質的に異なる同値類は，$[1], [2], \cdots, [p]$ という p 個の同値類である．

A.4　写像

2 つの集合 X, Y が与えられたとき，X の元と Y の元との間にはさまざまな関連が存在しうる．そのような関連を表現するための普遍概念の 1 つがこれから定義する写像という概念である．

A.4.1　定義と例

X, Y を空でない集合とする．

【定義 A.7】　X の各元 x に対して，Y の元 y をただ 1 つ定める対応（規則）$f: x \mapsto y$ を X から Y への**写像** (mapping) という．この場合，$y = f(x)$ と記し（x に対応する，Y の元），y を $\boldsymbol{f}$ による $\boldsymbol{x}$ の像という．

X を f の**定義域** (domain) または**始域**，Y を f の**終域**または**標的空間** (target space) という．

f が X から Y への写像であることを $f: X \to Y$ と表す．対応関係を具体的に示したい場合には，

$$f: X \to Y;\ x \mapsto f(x)$$

と書く.

$x \in X$ に対して,$f(x)$ を対応させる働きを x に対する f の**作用**とよぶ.

f による X の元の像の全体

$$f(X) := \{f(x) \mid x \in X\} \tag{A.13}$$

を f の**値域** (range) または f の**像**とよぶ.

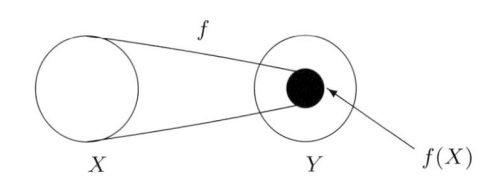

図 A.4 写像の象徴的描像

X からそれ自身への写像 $f: X \to X$ を **X 上の写像**という.

■ **例 A.17** ■ $I_X: X \to X$,$I_X(x) := x$,$x \in X$ によって定義される写像 I_X(つまり,何も変えない写像)を X 上の**恒等写像** (identity mapping) という.X が文脈から明らかな場合には,I_X を単に I あるいは Id と書く場合が多い.

■ **例 A.18** ■ X から $\mathbb{R}$ への写像を **X 上の実数値関数**という.通常の微分積分学で学ぶ関数の多くは,$X = \mathbb{R}^n$ ($n = 1, 2, 3, \cdots$) の場合における,この種の写像である.

■ **例 A.19** ■ X から $\mathbb{C}$ への写像を **X 上の複素数値関数**という.$X = \mathbb{C}^n$ ($n = 1, 2, 3, \cdots$) の場合には,複素解析学で扱う関数の 1 つのクラスを与える.

■ **例 A.20** ■ $\mathbb{K}$ は $\mathbb{R}$ または $\mathbb{C}$ を表すとする.各 $i = 1, \cdots, n$ に対して,$\pi_i^{\mathbb{K}}: \mathbb{K}^n \to \mathbb{K}$ を $\pi_i^{\mathbb{K}}(\mathbf{x}) := x_i$,$\mathbf{x} = (x_1, \cdots, x_n) \in \mathbb{K}^n$ によって定義する.これは,$\mathbb{K}^n$ の点 $\mathbf{x}$ に対して,その第 i 成分を対応させる写像である.そこで $\pi_i^{\mathbb{K}}$ を**第 i 座標関数**とよぶ.$\pi_1^{\mathbb{K}}, \cdots, \pi_n^{\mathbb{K}}$ を総称的に $\mathbb{K}^n$ 上の**座標関数**という.

■ **例 A.21** ■(**例 A.20 の普遍化**) $n \in \mathbb{N}$ とし,$A_1, \cdots, A_n$ を空でない集合とする.$i = 1, \cdots, n$ を任意に 1 つ固定する.各 $(a_1, \cdots, a_n) \in A_1 \times \cdots \times A_n$ ($A_1, \cdots, A_n$ の直積)に対して,A_i の元 a_i を割りあてる対応を π_i とすれば ($\pi_i(a_1, \cdots, a_n) := a_i$),これは $A_1 \times \cdots \times A_n$ から A_i への写像である.π_i を $A_1 \times \cdots \times A_n$ から A_i への**射影** (projection) とよぶ.

例 A.18 と例 A.19 からわかるように，写像の概念は，通常の関数の概念の普遍的形態と見ることができる．そこで，言葉の使い方を拡張して，一般に，写像 $f: X \to Y$ の定義域 X の元を f の**変数** (variable) とよぶ．これは，写像論のコンテクストでの「変数」という言葉の定義である．当然のことながら，この意味での「変数」は，もはや，通常の数，すなわち，実数や複素数とは限らないことに注意しよう[10]．

A.4.2　いくつかの概念

X の任意の部分集合 $D \neq \emptyset$ に対して，D の元に対する，写像 $f: X \to Y$ の像の全体を $f(D)$ で表す：

$$f(D) := \{f(x) \mid x \in D\} \subset Y. \tag{A.14}$$

これを D の f による**像** (image) または D に対する f の**値域** (range) という．なお，$f(\emptyset) = \emptyset$ と規約する．

Y の部分集合 $B \subset Y$ に対して

$$f^{-1}(B) := \{x \in X \mid f(x) \in B\} \subset X \tag{A.15}$$

（X の元で f による像が B に含まれるものの全体）を f のもとでの（あるいは f に関する）B の**逆像**または**原像**という．

$A \neq \emptyset$ を X の部分集合とし，$f: X \to Y$ とするとき，各 $x \in A$ に対して，$f(x) \in Y$ を対応させると，これは A から Y への写像である．この写像を f の A への**制限**とよび，記号的に $f|A$ で表す：$(f|A)(x) := f(x), \; x \in A$．

写像 $f: X \to Y$ に対して，$X \subset W$ となる集合 W と写像 $g: W \to Y$ があって，$g|X = f$ が成立するとき，g は f の**拡大**または**拡張**であるという．

写像 $f: X \to Y$ に対して，直積 $X \times Y$ の部分集合

$$\Gamma(f) := \{(x, f(x)) \mid x \in X\} \tag{A.16}$$

を**写像 f のグラフ**という．これは，言うまでもなく，通常の関数のグラフの一般化であり，その普遍的本質をとらえたものである．

---

[10] 数学では，新しい理論や，より普遍的な理論を構築する際には，それまでに用いられていた言葉の使い方や概念を拡張することを頻繁に行う．「変数」という言葉もその一例である．数学の世界における言葉の使い方は，日常的な世界の次元でのそれとは異なることをつねにはっきりと意識している必要がある．哲学的に言うならば，数学の言語の使用法は本質的にメタ言語的である，ということである．だが，まさにこのことによって，日常的な意識には映らない（あるいは隠されている），より高次の世界あるいは現実への参入が可能になるのである．

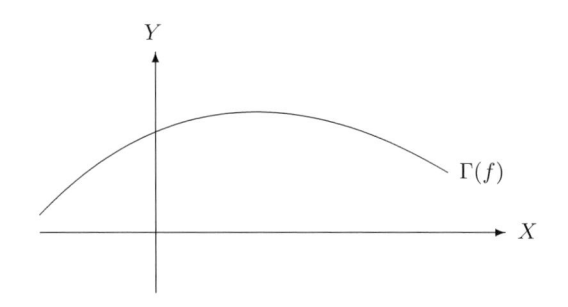

図 **A.5** 写像 $f: X \to Y$ のグラフ $\Gamma(f)$ の象徴的描像

【定義 A.8】(写像の相等) 2つの写像 $f: X \to Y$, $g: U \to V$ (U, V は集合) について, $X = U$ (定義域が等しい) および $Y = V$ (終域が等しい) かつすべての $x \in X$ に対して, $f(x) = g(x)$ (作用が等しい) が成り立つとき, f と g は**等しい**といい, $f = g$ と記す. f と g が等しくない場合は, $f \neq g$ と書く.

この定義で注意すべき点は, 2つの写像の相等の概念においては, それらの定義域と作用の形だけでなく, 終域も等しいことが課されているという点である. したがって, 2つの写像の作用が等しくても, それらの定義域または終域が異なれば, それらは等しくない.

2つの写像 $f: X \to Y$, $g: Y \to Z$ (Z は集合) が与えられると, 各 $x \in X$ に対して, Z の元 $g(f(x))$ が1つ定まる. したがって, この対応: $x \mapsto g(f(x))$ は X から Z への写像を定める. この写像を $g \circ f$ と書き, f と g の**合成写像**とよぶ:

$$(g \circ f)(x) := g(f(x)), \quad x \in X.$$

合成写像の概念は, 通常の微分積分学で学ぶ合成関数の普遍化である.

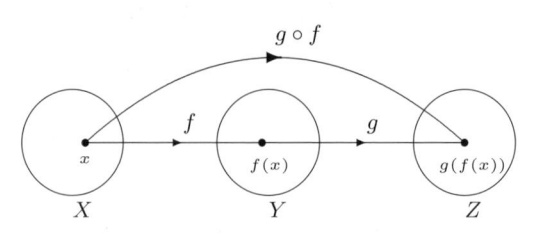

図 **A.6** 合成写像に対する描像

一般に, $X_1, \cdots, X_{n+1}$ ($n \in \mathbb{N}$) を集合とし, $f_i: X_i \to X_{i+1}$ ($i = 1, \cdots, n$)

を写像とするとき

$$(f_n \circ \cdots \circ f_2 \circ f_1)(x) := f_n(f_{n-1}(\cdots(f_2(f_1(x)))\cdots)), \quad x \in X_1$$

によって定義される写像 $f_n \circ \cdots \circ f_2 \circ f_1 : X_1 \to X_{n+1}$ を $f_1, \cdots, f_n$ の**合成写像**という．特に，$X_1 = \cdots = X_{n+1} = X$ で $f_1 = \cdots = f_n = f$ のとき，$\underbrace{f \circ \cdots \circ f}_{n\text{個}} = f^n$ と書き，これを f の $\boldsymbol{n}$ **乗**という．

A.4.3　写像の分類

写像を分類する上での基本的な概念を定義する．$f : X \to Y$ を写像とする．

$f(X) = Y$ のとき，f は**全射** (surjection) または $\boldsymbol{Y}$ **の上への写像**であるという．$x \neq x'$ $(x, x' \in X)$ ならば，つねに $f(x) \neq f(x')$ であるとき，f は **1 対 1** または**単射** (injection) であるという．

全射かつ単射である写像は**全単射** (bijection) であるという．

以上から，X から Y への写像の全体は互いに素な 4 つの集合に分かれる：(1) 全単射である写像の集合，(2) 単射であるが全射でない写像の集合，(3) 全射であるが単射でない写像の集合，(4) 全射でも単射でもない写像の集合．

$f : X \to Y$ が単射のとき，$f(X) = Z$ とすれば，Z から X への写像 $g : Z \to X$ を $g(y) = x$ によって定義できる．ただし，x は $f(x) = y$ となる $x \in X$ である（このような x は f の単射性により，y から一意的に決まる）．g を単射 f の**逆写像** (inverse mapping) とよび，記号的に $g = f^{-1}$ と表す．

$f : X \to Y$ が単射のとき，逆写像 f^{-1} の定義域は $f(X)$ である．逆写像の定義から

$$f \circ f^{-1} = I_{f(X)}, \quad f^{-1} \circ f = I_X \tag{A.17}$$

が成り立つ．特に，第 1 式からは，f^{-1} も単射であることがしたがう（$\because f^{-1}(y_1) = f^{-1}(y_2)$ $(y_1, y_2 \in f(X))$ とすれば，$y_1 = f(f^{-1}(y_1)) = f(f^{-1}(y_2)) = y_2$）．他方，第 2 式は，$f^{-1}$ が全射であることを示す．したがって，$f^{-1} : f(X) \to X$ は全単射である．

!注意 A.3　逆写像と逆像を混同しないように注意されたい．写像 $f : X \to Y$ の逆写像は，f が単射のときにのみ定義される，$f(X)$ から Y への写像であり，f の逆像というのは，f が単射であるか否かにかかわらず，Y の部分集合に対して，つねに定義できる集合概念である．f が単射の場合には，容易にわかるように，任意の $B \subset Y$ に対して，$f^{-1}(B \cap f(X)) = \{f^{-1}(y) \mid y \in B \cap f(X)\}$（左辺は f に関す

る，$B \cap f(X)$ の逆像，右辺は，写像 f^{-1} による，$B \cap f(X)$ の像）．したがって，記法上も整合性がある．しかし，それでもなお無用の混乱を避けるため，本書では，特に断らない限り，$f^{-1}(B)$ は，つねに，f に関する，B の逆像を意味するものとする．

■ **例 A.22** ■（**置換全体の集合**） n を任意の自然数とする．集合 $\{1, \cdots, n\}$ 上の単射 $\sigma : \{1, \cdots, n\} \to \{1, \cdots, n\}$ を $1, \cdots, n$ の**置換** (permutation) という．$i \neq j$ $(i, j = 1, \cdots, n)$ ならば $\sigma(i) \neq \sigma(j)$ であるから，σ は実は全射であり，$\sigma(1), \cdots, \sigma(n)$ は $1, \cdots, n$ の 1 つの順列になっている．逆に，$1, \cdots, n$ の任意の順列 $k_1, \cdots, k_n$ に対して，$\sigma(i) = k_i$ となる置換 σ がただ 1 つ定まる．したがって，$1, \cdots, n$ の置換と順列との間には 1 対 1 の対応関係がある．置換 σ の逆写像 σ^{-1} を σ の**逆置換**とよぶ．また，$\{1, \cdots, n\}$ 上の恒等写像——通常，1 で表す——を**恒等置換**という[11]．

$1, \cdots, n$ の置換全体の集合を S_n で表す：

$$\mathsf{S}_n := \{\sigma \mid \sigma \text{ は } 1, \cdots, n \text{ の置換 }\}. \tag{A.18}$$

前述のことにより，S_n の元の個数は，$1, \cdots, n$ の順列の個数 $n!$ に等しい．

$n \geq 2$ のとき，$i \neq j$ に対して，$\sigma_{ij}(i) = j, \sigma_{ij}(j) = i, \sigma_{ij}(k) = k, k \neq i, j$ をみたす置換 $\sigma_{ij} \in \mathsf{S}_n$ を i と j の**互換**という．要するにこれは，i と j を入れ換え，i, j 以外の数はそのままに保つ置換のことである．互換 σ_{ij} を (i, j) と記す．

$\sigma \in \mathsf{S}_n$ と $\tau \in \mathsf{S}_n$ の積 $\sigma\tau$ を

$$\sigma\tau := \sigma \circ \tau$$

によって定義すれば，$\sigma\tau \in \mathsf{S}_n$ である．したがって，特に任意の $\sigma \in \mathsf{S}_n$ に対して，$\sigma\sigma^{-1} = 1 = \sigma^{-1}\sigma$ が成り立つ．

行列論で学ぶように，任意の置換 $\sigma \in \mathsf{S}_n$ は互換の積で表される．この表示の仕方は一意的ではないが，積の個数は，偶数または奇数のどちらかに定まる[12]．偶数個の互換の積で表される置換を**偶置換**，奇数個の互換の積で表される置換を**奇置換**という．いま述べた事実に基づいて，写像 $\mathrm{sgn} : \mathsf{S}_n \to \mathbb{R}$ を

$$\mathrm{sgn}(\sigma) = \begin{cases} 1; & \sigma \text{ が偶置換のとき} \\ -1; & \sigma \text{ が奇置換のとき} \end{cases}$$

によって定義できる．$\mathrm{sgn}(\sigma)$ を置換 σ の**符号**とよぶ．

次の定理は，与えられた写像が全単射であるかどうかを判定する上で有用である．

---

[11] 数 1 との区別は文脈で行う．
[12] たとえば，佐武一郎『線形代数』（共立出版，1997）の 5.2 節または同著者『線型代数学』（裳華房，1976）の p.44，定理 1 を参照．

【定理 A.9】 写像 $f: X \to Y$ が全単射であるための必要十分条件は，写像 $g: Y \to X$ で

$$f \circ g = I_Y, \quad g \circ f = I_X \tag{A.19}$$

をみたすものが存在することである．この場合，$g = f^{-1}$ である．

証明 （必要性）f は全単射であるとしよう．全射性より，$f(X) = Y$．これと (A.17) より，$g = f^{-1}$ として，(A.19) が成り立つ．

（十分性）(A.19) が成り立つとしよう．このとき，第1式より，任意の $y \in Y$ に対して，$x = g(y)$ とおけば $f(x) = y$．したがって，f は全射である．$x \neq x', x, x' \in X$，とすれば，(A.19) の第2式により，$x = g(f(x)), x' = g(f(x'))$ であるから，$g(f(x)) \neq g(f(x'))$．これは $f(x) \neq f(x')$ を意味する． ■

【系 A.10】 写像 $f: X \to Y$ が全単射ならば，その逆写像 $f^{-1}: Y \to X$ も全単射であり，$(f^{-1})^{-1} = f$ が成り立つ．

証明 $F = f^{-1}$ とおけば，定理 A.9 により，$f \circ F = I_Y, F \circ f = I_X$．そこで，再び，定理 A.9 を使えば（$X$ と Y の役割を入れ換え，そこでの f として F を考える），F は全単射であり，$F^{-1} = f$． ■

次の定理も重要である．

【定理 A.11】 $f: X \to Y, g: Y \to Z$ (Z は集合) はいずれも全単射であるとする．このとき，合成写像 $g \circ f: X \to Z$ も全単射であり，$(g \circ f)^{-1} = f^{-1} \circ g^{-1}$ が成り立つ．

証明 $G = f^{-1} \circ g^{-1}: Z \to X$，$F = g \circ f$ とおけば，$F \circ G = I_Z, G \circ F = I_X$ であることは容易に確かめられる．したがって，定理 A.9 の応用によって（そこでの f として F を考える），F は全単射であり，$F^{-1} = G$ である． ■

A.5 集合の写像特性

この節では，集合の交わりや共通部分などが写像によってどのように写されるかを論じる．

X, Y を空でない集合とし，$f: X \to Y$ とする．

【命題 A.12】 $A, B \subset X$ を任意にとる.

(i) $$f(A) \setminus f(B) \subset f(A \setminus B). \tag{A.20}$$

(ii) f が単射ならば
$$f(A) \setminus f(B) = f(A \setminus B). \tag{A.21}$$

証明 (i) $y \in f(A) \setminus f(B)$ としよう. このとき, ある $a \in A$ があって, $y = f(a)$ と書ける. だが, $y = f(b)$ となる $b \in B$ は存在しない. したがって, $a \in A \setminus B$. ゆえに, $y \in f(A \setminus B)$. よって, (A.20) が成立する.

(ii) $y \in f(A \setminus B)$ とする. したがって, $y = f(x)$ をみたす $x \in A \setminus B$ がある. これは, $y \in f(A)$ を意味する. 仮に $y = f(b)$ となる $b \in B$ があったとすれば, $f(x) = f(b)$. だが, f の単射性により, $x = b \in B$ となって矛盾. したがって, $y \notin f(B)$. ゆえに, $y \in f(A) \setminus f(B)$. よって, (A.20) とは逆の包含関係を示せたので, (A.21) が結論される. ∎

!注意 A.4 f が単射でない場合には, (A.21) は一般には成立しない. たとえば, $f : \mathbb{R} \to \mathbb{R}$; $f(x) = x^2$, $x \in \mathbb{R}$ とし, $A = [-1, 0], B = [0, 1]$ とすれば, $f(A) \setminus f(B) = \emptyset$, $f(A \setminus B) = (0, 1]$ であるから, $f(A) \setminus f(B) \neq f(A \setminus B)$.

$\{A_\lambda\}_{\lambda \in \Lambda}$ を X の部分集合からなる集合族 $(A_\lambda \subset X, \lambda \in \Lambda)$, $\{B_\lambda\}_{\lambda \in \Lambda}$ を Y の部分集合からなる集合族 $(B_\lambda \subset X, \lambda \in \Lambda)$ とする.

【定理 A.13】 任意の写像 $f : X \to Y$ に対して, 次の (A.22)〜(A.25) が成立する:

$$f\left(\bigcup_{\lambda \in \Lambda} A_\lambda\right) = \bigcup_{\lambda \in \Lambda} f(A_\lambda), \tag{A.22}$$

$$f\left(\bigcap_{\lambda \in \Lambda} A_\lambda\right) \subset \bigcap_{\lambda \in \Lambda} f(A_\lambda), \tag{A.23}$$

$$f^{-1}\left(\bigcup_{\lambda \in \Lambda} B_\lambda\right) = \bigcup_{\lambda \in \Lambda} f^{-1}(B_\lambda), \tag{A.24}$$

$$f^{-1}\left(\bigcap_{\lambda \in \Lambda} B_\lambda\right) = \bigcap_{\lambda \in \Lambda} f^{-1}(B_\lambda). \tag{A.25}$$

証明 (A.22) だけを証明し，あとは演習問題とする (問題 6)．(A.22) の左辺と右辺をそれぞれ，L, R とする．まず，$L \subset R$ を示すために，$y \in L$ とする．このとき，$x \in \bigcup_{\lambda \in \Lambda} A_\lambda \cdots (*)$ があって，$y = f(x)$ が成り立つ．$(*)$ はある $\lambda_0 \in \Lambda$ があって，$x \in A_{\lambda_0}$ を意味する．したがって，$y \in f(A_{\lambda_0}) \subset R$．ゆえに $L \subset R$．

次に $R \subset L$ を示すために，$y \in R$ とする．このとき，ある $\lambda_0 \in \Lambda$ があって，$y \in f(A_{\lambda_0})$．したがって，あるる $x \in A_{\lambda_0}$ があって，$y = f(x)$．明らかに，$x \in \bigcup_{\lambda \in \Lambda} A_\lambda$ である．したがって，$y \in L$．ゆえに，$R \subset L$．

以上，2 つの結果により，(A.22) が結論される． ■

A.6 集合の対等と濃度

2 つの集合 X, Y について，X から Y への全単射が存在するとき，X と Y は**対等**であるといい，$X \sim Y$ と記す．系 A.10 と定理 A.11 を用いることにより，この関係 $\sim$ は，すべての集合の集まりにおける同値関係であること，すなわち，次の (i)〜(iii) が成立することがわかる (問題 7) [13]：

(i) $X \sim X$；

(ii) $X \sim Y \Longrightarrow Y \sim X$；

(iii) $X \sim Y, Y \sim Z \Longrightarrow X \sim Z$．

そこで，集合 X の同値類を X の**濃度**または**基数**とよび，記号的に $|X|$ と表す．基本的な濃度を以下に列挙する．

$X \sim \{1, \cdots, n\}$ $(n \in \mathbb{N})$ であるとき，X の**濃度**は n であるといい，この場合，$|X| = n$ と記し，X の濃度と元の個数を同一視する．

$X \sim \mathbb{N}$ $(n \in \mathbb{N})$ であるとき，X の**濃度**は**可算無限**または**可付番**であるいい，この場合，$|X| = \aleph_0$ と表す[14]．

$X \sim \mathbb{R}$ であるとき，X は**連続体濃度**をもつといい，この場合，$|X| = \aleph$ と表す．

---

[13] すべての集合の集まりは，実は集合ではなく，領域とよばれるものの 1 つである (たとえば，赤攝也『集合論入門』(培風館，1957) の p.144, 付録 §3 を参照)．だが，同値関係の概念は集合の場合と同様に定義される．

[14] $\aleph_0$ は「アレフゼロ」と読む．アレフ $\aleph$ はヘブライ語の子音の最初のもの．

演習問題

1. 命題 A.1 を証明せよ.

2. 命題 A.2 を証明せよ.

3. 例 A.2 における集合 $\mathbb{N}_n$ のベキ集合の元の個数は 2^n 個であることを証明せよ.

4. (A.7) 式を証明せよ.

5. $x, y \in \mathbb{R}$ について, 関係 $x \sim y$ を「$x \sim y \stackrel{\text{def}}{\iff} x^2 + y^2 = 1$」によって定義する (これは, 集合 $\{(x, y) \mid x^2 + y^2 = 1\} \subset \mathbb{R}^2$ によって定まる関係). この関係は, 対称律をみたすが, 反射律と推移律をみたさないことを示せ.

6. (A.23), (A.24), (A.25) を証明せよ.

7. A.6 節のはじめのところで述べた事実, すなわち, 集合が対等であるという関係は, 集合の全体における同値関係であることを証明せよ.

8. ユークリッド平面 $\mathbb{R}^2 = \{\mathbf{r} = (x, y) \mid x, y \in \mathbb{R}\}$[15] において, 点 $\mathbf{a} \in \mathbb{R}^2$ を中心とする, 半径 $R > 0$ の円を $C_R(\mathbf{a})$ と記す: $C_R(\mathbf{a}) = \{\mathbf{r} \in \mathbb{R}^2 \mid |\mathbf{r} - \mathbf{a}| = R\}$ ($|\mathbf{r}| := \sqrt{x^2 + y^2}$). ユークリッド平面上の円の全体を $\mathsf{C}_{\mathbb{R}^2}$ で表す. 2 つの円 $C_R(\mathbf{a}), C_{R'}(\mathbf{a}') \in \mathsf{C}_{\mathbb{R}^2}$ について, $\mathbf{a} = \mathbf{a}'$ であるとき (すなわち, 中心が一致するとき), $C_R(\mathbf{a}) \sim C_{R'}(\mathbf{a}')$ と定義する.

   (i) この関係 $\sim$ は $\mathsf{C}_{\mathbb{R}^2}$ における同値関係であることを示せ.

   (ii) 商集合 $\mathsf{C}_{\mathbb{R}^2} / \sim$ は $\mathbb{R}^2$ と対等であることを示せ.

---

[15] アファイン空間 $\mathbb{R}^2$ の 2 点 $\mathbf{r} = (x, y)$, $\mathbf{r}' = (x', y')$ の間の距離が $|\mathbf{r} - \mathbf{r}'| := \sqrt{(x - x')^2 + (y - y')^2}$ によって定められているとき, $\mathbb{R}^2$ を**ユークリッド平面**という.

参考文献

本書の論述のスタイルや基本的な着想，内容は

[1] K. K. ニッカーソン，D. C. スペンサー，N. E. スティーンロッド『現代ベクトル解析——ベクトル解析から調和積分へ——』(原田重春・佐藤正次 訳)，岩波書店，1974

によっている．この本は，米国の名門プリンストン大学の第3年次の学生に対するAdvanced Calculus と題する講義の原稿がもとになっているとのことで，レヴェルはたいへん高い．だが，その論述は実に明晰であり，ベクトル解析学の書物の中で数少ない名著と言えよう．この名著に比べたら，本書の密度は2倍くらい薄い．ただ，その分読みやすくなっていることを期待するものである．なお，[1] では，不定計量は扱っていない．

不定計量ベクトル空間について，詳しく書かれている邦書は少ないように思われる．たとえば，次の書物がある．

[2] 野水克巳『現代微分幾何学入門』，裳華房，1981．
[3] 前原昭二『線形代数と特殊相対論』，数学セミナー増刊，入門現代の数学4，日本評論社，1981．
[4] 有馬 哲ほか『ミンコフスキー空間と特殊相対性』，東京図書，1993．
[5] 有馬 哲・浅枝 陽『ベクトル場と電磁場』，東京図書，1993．

本書の9章における抽象的ストークスの定理の定式化と証明のアイデアに対するヒントは次の書物から得ている．

[6] スピヴァック『多変数解析学——古典理論への現代的アプローチ——』(齋藤正彦 訳)，東京図書，1972．

この本も実に明晰で素晴らしい．

古典力学の数学についてさらに詳しいことを知りたい読者は，たとえば，次の書物が参考になろう．

[7] アーノルド『古典力学の数学的方法』(安藤ほか訳)，岩波書店，1980．
[8] 伊藤秀一『常微分方程式と解析力学』，共立出版，1998．
[9] 新井朝雄『物理現象の数学的諸原理』，共立出版，2003．

特殊相対性理論の数理については，[3], [4] や [9] の 8 章を，古典電磁気学の数理については，[5] や [9] の 7 章を参照されたい．もちろん，古典力学も含めて，これらの理論を総合的に理解するには，物理もやらねばならない．そのためには，物理的直観力を養う必要がある．

本書を読破したあとは，幾何学系では，ベクトル解析のさらなる一般化としての多様体論——現代的な幾何学を展開するための必須の理論——に進むこともできるし，解析系ならば，現代解析学展開の基盤となる関数解析学，より具体的には，ヒルベルト空間論やバナッハ空間論に進むこともできるであろう．

多様体論の本もたくさん出ているので，店頭や図書館に行って，自分にあったものを探すとよい．ここでは，次の 1 冊だけをあげておく．

[10] 松島与三『多様体入門』，裳華房，13 版，1976．

これは，多様体論に関する名著の 1 つである．上記の [6] の 5 章にも多様体の簡潔明瞭な見事な記述がある．

関数解析学全般については，たとえば

[11] 加藤敏夫『位相解析——理論と応用への入門——』，共立出版，1975．
[12] 黒田成俊『関数解析』，共立出版，1980

は初心者向けの名著である．ヒルベルト空間論については，量子力学の数学的基礎づけを射程にいれて書かれた拙著

[13] 新井朝雄『ヒルベルト空間と量子力学』，共立出版，1997

をあげさせていただく．

数理物理学ないし物理数学全般に興味のある人は，自分の学習の計画を立てる上で，次の書物が参考になろう．

[14] 新井朝雄『現代物理数学ハンドブック』，朝倉書店，2005．

演習問題の解答（略解）

1章

1. 任意の $T, S \in \mathsf{ST}_n(\mathbb{K})$ と $a, b \in \mathbb{K}$ に対して，${}^t(aT+bS) = {}^t(aT) + {}^t(bS) = a\,{}^tT + b\,{}^tS = aT + bS$. したがって，$aT + bS \in \mathsf{ST}_n(\mathbb{K})$.

2. 任意の $T, S \in \mathsf{AM}_n(\mathbb{K})$ と $a, b \in \mathbb{K}$ に対して，${}^t(aT+bS) = {}^t(aT) + {}^t(bS) = a\,{}^tT + b\,{}^tS = a(-T) + b(-S) = -(aT+bS)$. したがって，$aT + bS \in \mathsf{AM}_n(\mathbb{K})$.

3. 任意の $T, S \in \mathsf{T}_0(\mathbb{K})$ と $a, b \in \mathbb{K}$ に対して，$\mathrm{Tr}(aT+bS) = a\,\mathrm{Tr}\,T + b\,\mathrm{Tr}\,S = a0 + b0 = 0$. したがって，$aT + bS \in \mathsf{T}_0(\mathbb{K})$.

4. $M = \{u_1, \cdots, u_n\}$ とし $S = \{u_1, \cdots, u_n, u_{n+1}, \cdots, u_m\}$ とする ($u_i \neq u_j, i \neq j$). $\sum_{i=1}^n a_i u_i = 0$ ($a_i \in \mathbb{K}$) とする. $a_k := 0, k = n+1, \cdots, m$, とすれば，$\sum_{i=1}^m a_i u_i = 0$. S の線形独立性により，$a_i = 0, i = 1, \cdots, m$. したがって，$M$ は線形独立である.

5. 任意の $a_i \in \mathbb{K}$ ($i = 1, \cdots, n$) に対して，$\sum_{i=1}^n a_i \mathbf{e}_i = (a_1, \cdots, a_n)$ が成り立つ. したがって，$\sum_{i=1}^n a_i \mathbf{e}_i = 0$ ならば，$(a_1, \cdots, a_n) = 0$. ゆえに，$a_i = 0, i = 1, \cdots, n$. したがって，$\mathbf{e}_1, \cdots, \mathbf{e}_n$ は線形独立である.

6. 任意の $a_{ij} \in \mathbb{K}$ ($i = 1, \cdots, n, j = 1, \cdots, m$) に対して，$\sum_{i=1}^n \sum_{j=1}^m a_{ij} E_{ij} = (a_{ij})$ （(i,j) 成分が a_{ij} の行列) が成り立つ. したがって，$\sum_{i=1}^n \sum_{j=1}^m a_{ij} E_{ij} = 0$ ならば，$(a_{ij}) = 0$. ゆえに，$a_{ij} = 0, i = 1, \cdots, n, j = 1, \cdots, m$. したがって，$\{E_{ij} \mid i = 1, \cdots, n, j = 1, \cdots, m\}$ は線形独立である.

7. (i) $X = \{x_1, \cdots, x_m\}$ ($x_i \neq x_j, i \neq j$) とする. 各 $i = 1, \cdots, m$ に対して，写像 $f_i : X \to \mathbb{K}$ を $f_i(x_j) = \delta_{ij}, j = 1, \cdots, m$, によって定義する. このとき，$f_1, \cdots, f_m$ は線形独立である (∵ $\sum_{i=1}^m a_i f_i = 0$ ($a_i \in \mathbb{K}$) とすれば，任意の $x \in X$ に対して，$\sum_{i=1}^m a_i f_i(x) = 0$. $x = x_j$ の場合を考えると，左辺は a_j に等しいので $a_j = 0, j = 1, \cdots, m$). さらに，任意の $f \in \mathsf{Map}(X; \mathbb{K})$ に対して，$c_i := f(x_i)$ とおけば，$f(x) = \sum_{i=1}^m c_i f_i(x), x \in X$ と書ける. したがって，$f = \sum_{i=1}^m c_i f_i$. 以上から，$\dim \mathsf{Map}(X; \mathbb{K}) = m$.

(ii) X が無限集合であれば, X は互いに異なる可算無限個の元 $x_1, x_2, \cdots, x_n, \cdots$ を含む. 任意の $n \in \mathbb{N}$ に対して, $f_1, \cdots, f_n \in \mathsf{Map}(X; \mathbb{K})$ を $f_i(x) = 1, x = x_i; f_i(x) = 0, x \neq x_i$ によって定義すれば, (i) と同様にして, $f_1, \cdots, f_n$ は線形独立であることがわかる. $n \in \mathbb{N}$ は任意であるから, $\mathsf{Map}(X; \mathbb{K})$ は無限次元である.

8. (i) まず, $\dim V = n < \infty$ の場合を考え, V の基底を $\{e_i\}_{i=1,\cdots,n}$ とする. $X = \{x_1, \cdots, x_m\}$ ($x_i \neq x_j, i \neq j$) とし, 各 $i = 1, \cdots, n$ と $j = 1, \cdots, m$ に対して, 写像 $f_{ij} : X \to V$ を $f_{ij}(x_k) = \delta_{jk} e_i, k = 1, \cdots, m,$ によって定義する. このとき, $\{f_{ij} \mid i = 1, \cdots, n, j = 1, \cdots, m\}$ は線形独立である ($\because \sum_{i=1}^{n} \sum_{j=1}^{m} a_{ij} f_{ij} = 0$ ($a_{ij} \in \mathbb{K}$) とすれば, 任意の $x \in X$ に対して, $\sum_{i=1}^{n} \sum_{j=1}^{m} a_{ij} f_{ij}(x) = 0$. $x = x_k$ の場合を考えると, 左辺は $\sum_{i=1}^{n} a_{ik} e_i$ に等しい. これと $e_1, \cdots, e_n$ の線形独立性により, $a_{ik} = 0, i = 1, \cdots, n, j = 1, \cdots, m$). 任意の $f \in \mathsf{Map}(X; V)$ と $x \in X$ に対して, $f(x) = \sum_{i=1}^{n} c^i(x) e_i$ と展開できる ($c^i(x) \in \mathbb{K}$ は $f(x)$ の $\{e_i\}_{i=1,\cdots,n}$ に関する成分). そこで, $d_j^i := c^i(x_j)$ とおけば, $f(x) = \sum_{i=1}^{n} \sum_{j=1}^{m} d_j^i f_{ij}(x), x \in X$ と書ける. したがって, $f = \sum_{i=1}^{n} \sum_{j=1}^{m} d_j^i f_{ij}$. 以上から, $\dim \mathsf{Map}(X; V) = \#\{f_{ij} \mid i = 1, \cdots, n, j = 1, \cdots, m\} = nm = m \dim V$.

V が無限次元の場合は, V の可算無限の部分集合 $\{e_n\}_{n=1,2,\cdots}$ で任意の $N \in \mathbb{N}$ に対して, $\{e_n\}_{n=1,\cdots,N}$ が線形独立であるものがとれる. したがって, 前段で定義した型の写像 f_{nj} は可算無限個存在し, その任意の有限個は線形独立である. ゆえに $\dim \mathsf{Map}(X; V) = \infty$ である.

(ii) X が無限集合であれば, X は互いに異なる可算無限個の元 $x_1, x_2, \cdots, x_n, \cdots$ を含む. $u \in V \setminus \{0\}$ を任意に固定する. 任意の $m \in \mathbb{N}$ に対して, $f_1, \cdots, f_m \in \mathsf{Map}(X; V)$ を $f_j(x) = u, x = x_j; f_j(x) = 0, x \neq x_j$ によって定義すれば, (i) と同様にして, $f_1, \cdots, f_m$ は線形独立であることがわかる. $m \in \mathbb{N}$ は任意であるから, $\mathsf{Map}(X; \mathbb{K})$ は無限次元である.

9. 任意の $T = (T_{ij}) \in \mathsf{SM}_n(\mathbb{R})$ は $T = \sum_{i=1}^{n} T_{ii} E_{ii} + \sum_{i<j} T_{ij}(E_{ij} + E_{ji})$ と書ける. そこで, $F_{ii} := E_{ii}, F_{ij} := E_{ij} + E_{ji}, i < j$ とすれば, $F_{ij} \in \mathsf{SM}_n(\mathbb{R})$ ($i \leq j$) であり, $T = \sum_{i \leq j} T_{ij} F_{ij} \cdots (*)$ と表される. 集合 $\{F_{ij}\}_{i \leq j}$ が線形独立であることを示すために, $\sum_{i \leq j} a_{ij} F_{ij} = 0 \cdots (**)$ としよう ($a_{ij} \in \mathbb{R}$). 行列 $A = (A_{ij})$ を $A_{ii} := a_{ii}, A_{ij} := a_{ij}, A_{ji} := a_{ij}$ によって定義すれば, $(**)$ は $A = 0$ を意味する. したがって, $a_{ij} = 0, i \leq j$. ゆえに, $\{F_{ij}\}_{i \leq j}$ は線形独立である. この事実と $(*)$ によって, $\{F_{ij}\}_{1 \leq i \leq j \leq n}$ は $\mathsf{SM}_n(\mathbb{R})$ の基底である. この集合の元の個数は, $1 + 2 + \cdots + n = n(n+1)/2$ であるので, $\dim \mathsf{SM}_n(\mathbb{R}) = n(n+1)/2$.

10. 任意の $T = (T_{ij}) \in \mathsf{AM}_n(\mathbb{R})$ は $T = \sum_{i<j} T_{ij}(E_{ij} - E_{ji})$ と書ける ($\because$ 反対称行列の対角成分はゼロ: $T_{ii} = 0, i = 1, \cdots, n$). そこで, $G_{ij} := E_{ij} - E_{ji}, i < j$ とすれば, $G_{ij} \in \mathsf{AM}_n(\mathbb{R})$ ($i < j$) であり, $T = \sum_{i<j} T_{ij} G_{ij} \cdots (\dagger)$ と表される. $\{G_{ij}\}_{i \leq j}$ が線形独立であることを示すために, $\sum_{i<j} b_{ij} G_{ij} = 0 \cdots (\dagger\dagger)$ としよう ($b_{ij} \in \mathbb{K}$). 行列 $B = (B_{ij})$ を $B_{ii} := 0, B_{ij} := b_{ij}, B_{ji} := -b_{ij}$ によって定義す

演習問題の解答（略解）　339

れば，(††) は $B=0$ を意味する．したがって，$b_{ij}=0, i<j$. ゆえに，$\{G_{ij}\}_{i\leq j}$ は線形独立である．この事実と (†) によって，$\{G_{ij}\}_{1\leq i<j\leq n}$ は $\mathsf{AM}_n(\mathbb{R})$ の基底である．この集合の元の個数は，$1+2+\cdots+(n-1)=n(n-1)/2$ であるので，$\dim \mathsf{AM}_n(\mathbb{R})=n(n-1)/2$．

11. 任意の $T=(T_{ij})\in \mathsf{T}_0(\mathbb{K})$ は $\sum_{i=1}^n T_{ii}=0$ をみたす．したがって，$T_{11}=-\sum_{i=2}^n T_{ii}$. ゆえに，$T=\sum_{i\neq j}T_{ij}E_{ij}+\sum_{k=2}^n T_{kk}(E_{kk}-E_{11})$ と書ける．前問と同様にして，$E_{ij}, E_{kk}-E_{11}, i\neq j, k=2,\cdots,n$ は線形独立であることがわかる．したがって，これらは $\mathsf{T}_0(\mathbb{K})$ の基底をなす．ゆえに $\dim \mathsf{T}_0(\mathbb{K})=(n-1)+n(n-1)=n^2-1$.

12. 和の交換法則は，V, W における和の交換法則から出る．任意の $(v,w), (v',w'), (v'',w'')\in V\oplus W$ に対して，$\{(v,w)+(v',w')\}+(v'',w'')=(v+v',w+w')+(v'',w'')=((v+v')+v'',(w+w')+w'')=(v+(v'+v''),w+(w'+w''))$ (ここで，V, W における和の結合法則を用いた) $=(v,w)+(v'+v'',w'+w'')=(v,w)+\{(v',w')+(v'',w'')\}$. したがって，結合法則も成り立つ．$0_{V\oplus W}:=(0_V,0_W)$ とおけば，$(v,w)+0_{V\oplus W}=(v+0_V,w+0_W)=(v,w)$. したがって，$0_{V\oplus W}$ は零ベクトルである．$(v,w)+(-v,-w)=(v+(-v),w+(-w))=(0_V,0_W)=0_{V\oplus W}$ であるから，$(-v,-w)$ は (v,w) の逆ベクトルである．スカラー倍に関する法則のうち (II.1), (II.2) は定義から容易に証明される．(II.3) は次のようにして示される：任意の $\alpha\in\mathbb{K}$ に対して，$\alpha\{(v,w)+(v',w')\}=\alpha(v+v',w+w')=(\alpha(v+v'),\alpha(w+w'))=(\alpha v+\alpha v',\alpha w+\alpha w')=(\alpha v,\alpha w)+(\alpha v',\alpha w')=\alpha(v,w)+\alpha(v',w')$.

13. $n=2$ のときに主張が成立することはすでに知っている．$n=m$ で主張が成立したとしよう．$\bigoplus_{i=1}^{m+1}V_i=(\bigoplus_{i=1}^m V_i)\oplus V_{m+1}$ と見ることができる．したがって，$\bigoplus_{i=1}^m V_i$ の基底を $E_1,\cdots,E_l$ ($l=\sum_{i=1}^m \dim V_i$) とすれば，$n=2$ の場合により，$(E_k, 0_{V_{m+1}}), (0_{\bigoplus_{i=1}^m V_i}, e_j^{(m+1)}), k=1,\cdots,l, j=1,\cdots,\dim V_{m+1}\cdots(*)$ は $(\bigoplus_{i=1}^m V_i)\oplus V_{m+1}$ の基底，すなわち，$\bigoplus_{i=1}^{m+1}V_i$ の基底である．$(*)$ が，主張における，$n=m+1$ の場合のベクトルの集合に他ならないことは容易にわかる．よって，主張は $n=m+1$ でも成り立つ．

14. 任意の $u\in V$ に対して，$u-u=0\in M$ であるから，$u\sim u$. したがって，反射律が成り立つ．任意の $u,v\in V$ に対して，$u\sim v$ ならば $u-v\in M$ であり，M は部分空間であるから，$v-u=(-1)(u-v)\in M$. したがって，$v\sim u$. ゆえに対称律も成立する．最後に，$u\sim v, v\sim w$ $(u,v,w\in V)$ とすれば，$u-v\in M, v-w\in M$ であるから，$u-w=(u-v)+(v-w)\in M$. したがって，$u\sim w$. ゆえに推移律も成り立つ．

2 章

1. $N=1$ のときは，線形性の定義から明らか．$N=k$ のとき，(2.3) が成り立つとする．$\sum_{i=1}^{k+1}a_iu_i=\left(\sum_{i=1}^k a_iu_i\right)+a_iu_i$ と線形性により，$T\left(\sum_{i=1}^{k+1}a_iu_i\right)=$

$T\left(\sum_{i=1}^{k} a_i u_i\right) + a_{k+1} T(u_{k+1})$. 帰納法の仮定により，右辺は $\sum_{i=1}^{k} a_i T(u_i) + a_{k+1} T(u_{k+1}) = \sum_{i=1}^{k+1} a_i u_i$ に等しい．したがって，$N = k+1$ のときも，(2.3) は成立する．

2. $u, v \in \ker T, a, b \in \mathbb{K}$ ならば $T(au+bv) = aT(u)+bT(v) = a 0_W + b 0_W = 0_W$. したがって，$au + bv \in \ker T$. ゆえに $\ker T$ は V の部分空間である．

3. 任意の $w_1, w_2 \in \mathrm{Ran}(T)$ に対して，$w_1 = T u_1, w_2 = T u_2$ をみたす $u_1, u_2 \in V$ がある．したがって，任意の $a, b \in \mathbb{K}$ に対して，$a w_1 + b w_2 = a T u_1 + b T u_2 = T(a u_1 + b u_2)$（$\because T$ の線形性）．ゆえに $a w_1 + b w_2 \in \mathrm{Ran}(T)$. よって，$\mathrm{Ran}(T)$ は W の部分空間である．

4. 任意の $u, v \in V, a, b \in \mathbb{K}$ に対して，$(S \circ T)(au + bv) = S(T(au+bv)) = S(aTu + bTv) = aS(Tu) + bS(Tv) = a(S \circ T)(u) + b(S \circ T)(v)$.

5. $u \sim v$ とすれば，$u - v \in \ker T$ であるから，$T(u - v) = 0$. したがって，$Tu = Tv$.

6. 任意の $P \in \mathcal{A}$ は $P = \sum_{i=1}^{n} \lambda_i u_i \cdots (*)$ と書ける．ただし，$\sum_{i=1}^{n} \lambda_i = 1$. したがって，$\lambda_1 = 1 - \sum_{i=2}^{n} \lambda_i$. これを $(*)$ に代入すると $P = u_1 + \sum_{i=2}^{n} \lambda_i (u_i - u_1)$. そこで，$W := \mathcal{L}(\{u_i - u_1 \mid i = 2, \cdots, n\})$ とすれば，$P \in W + u_1$. したがって，$\mathcal{A} \subset W + u_1$. 逆に，$P \in W + u_1$ とすれば，$P = \sum_{i=2}^{n} \lambda_i (u_i - u_1) + u_1$ と書ける．そこで，$\lambda_1 = 1 - \sum_{i=2}^{n} \lambda_i$ とおけば，$\sum_{i=1}^{n} \lambda_i = 1$ であり，$P = \sum_{i=1}^{n} \lambda_i u_i$ が成り立つ．したがって，$P \in \mathcal{A}$, ゆえに $W + u_1 \subset \mathcal{A}$. よって，$\mathcal{A} = W + u_1$. 右辺は V の部分アフィン空間である（例 2.14, 例 2.15）．

7. 線形作用素 $L'_F : V \to V'$ があって，$F(P+u) = F(P) + L'_F(u), P \in \mathcal{A}, u \in V$ ならば，$L'_F(u) = L_F(u), u \in V$ でなければならない．したがって，$L'_F = L_F$.

8. （単射性）$u \in \ker L_F$ とすれば，任意の $P \in \mathcal{A}$ に対して，$F(P + u) = F(P)$. F は単射であるから，$P + u = P$. これは $u = 0$ を意味する．したがって，$\ker L_F = \{0\}$ であるから，L_F は単射である．（全射性）点 $P \in \mathcal{A}$ を任意に 1 つ固定し，任意の $v \in V'$ に対して，$P' = F(P) + v$ とおけば，F の全単射性により，$P' = F(Q)$ となる $Q \in \mathcal{A}$ がただ 1 つ存在する．そこで，$u := Q - P \in V$ とおけば，$F(P + u) = F(P) + v$. したがって，$v = L_F(u)$. ゆえに，L_F は全射である．

9. $H := G \circ F$ が全単射であることは写像の合成に関する一般的事実（付録 A, 定理 A.11）による．H のアフィン性を示そう．任意の $P \in \mathcal{A}$ と $u \in V$ に対して $H(P + u) = G(F(P) + L_F(u)) = G(F(P)) + L_G(L_F(u))$. そこで，$L_H(u) := (L_G L_F)(u), u \in V$ とすれば，L_H は V から V''（$\mathcal{A}''$ の基準ベクトル空間）への線形作用素で全単射である．そして，$H(P + u) = H(P) + L_H(u)$ と書けることになる．したがって，H はアフィン変換である．

10. (単射性) $F(P) = F(Q)$ $(P, Q \in \mathcal{A})$ とすると $O' + T(P - O) = O' + T(Q - O)$. したがって, $T(P - O) = T(Q - O)$. T は単射であるから, $P - O = Q - O$. これは $P = Q$ を意味する. したがって, F は単射である.

(全射性) 任意の $P' \in \mathcal{A}'$ に対して, $P := O + T^{-1}(P' - O') \in \mathcal{A}$ とすれば, $P' - O' = T(P - O)$ であるから, $F(P) = O' + (P' - O') = P'$. したがって, F は全射である.

3章

1. $u_2 \in V_2, \cdots, u_p \in V_p$ を任意に固定するとき, 対応: $V_1 \ni u \mapsto T(u, u_2, \cdots, u_p)$ は V_1 から W への線形写像であるから, 線形作用素の基本的性質 (2.3) によって $T\left(\sum_{k_1=1}^{N_1} \alpha_{k_1}^{(1)} v_{k_1}^{(1)}, u_2, \cdots, u_p\right) = \sum_{k_1=1}^{N_1} \alpha_{k_1}^{(1)} T(v_{k_1}^{(1)}, u_2, \cdots, u_p)$. 次に $u_2 = \sum_{k_2=1}^{N_2} \alpha_{k_2}^{(2)} v_{k_2}^{(2)}$ の場合を考え, 同様の議論をすれば $T\left(\sum_{k_1=1}^{N_1} \alpha_{k_1}^{(1)} v_{k_1}^{(1)}, \sum_{k_2=1}^{N_2} \alpha_{k_2}^{(2)} v_{k_2}^{(2)}, \cdots, u_p\right) = \sum_{k_1=1}^{N_1} \alpha_{k_1}^{(1)} \sum_{k_2=1}^{N_2} \alpha_{k_2}^{(2)} T(v_{k_1}^{(1)}, v_{k_2}^{(2)}, u_3, \cdots, u_p)$. 以下, 同様の手続きを繰り返すことにより, (3.2) が得られる.

2. 例 1.7 によって, $\mathsf{L}_p(V_1, \cdots, V_p; W)$ が $\mathrm{Map}(V_1 \times \cdots \times V_p; W)$ の部分空間であることを示せばよい. 任意の $T, S \in \mathsf{L}_p(V_1, \cdots, V_p; W)$, $a, b \in \mathbb{K}$ と $v_j \in V_j, u_i \in V_i, \alpha, \beta \in \mathbb{K}$ に対して

$$(aS + bT)(v_1, \cdots, \overset{i\text{番目}}{\alpha v_i + \beta u_i}, \cdots, v_p)$$
$$= aS(v_1, \cdots, \overset{i\text{番目}}{\alpha v_i + \beta u_i}, \cdots, v_p) + bT(v_1, \cdots, \overset{i\text{番目}}{\alpha v_i + \beta u_i}, \cdots, v_p)$$
$$= a[\alpha S(v_1, \cdots, v_p) + \beta S(v_1, \cdots, u_i, \cdots, v_p)] + b[\alpha T(v_1, \cdots, v_p)$$
$$\quad + \beta T(v_1, \cdots, u_i, \cdots, v_p)]$$
$$= \alpha[aS(v_1, \cdots, v_p) + bT(v_1, \cdots, v_p)] + \beta[aS(v_1, \cdots, u_i, \cdots, v_p)$$
$$\quad + bT(v_1, \cdots, u_i, \cdots, v_p)]$$
$$= \alpha(aS + bT)(v_1, \cdots, v_p) + \beta(aS + bT)(v_1, \cdots, u_i, \cdots, v_p).$$

したがって, $aS + bT$ は p-線形であるので, $aS + bT \in \mathsf{L}_p(V_1, \cdots, V_p; W)$.

3. 任意の $v_i \in V_i, u_1 \in V_1, \phi_i \in V_i^*, i = 1, \cdots, p$ と $a, b \in \mathbb{K}$ に対して

$$((av_1 + bu_1) \otimes v_2 \otimes \cdots \otimes v_p)(\phi_1, \cdots, \phi_p)$$
$$= \phi_1(av_1 + bu_1) \prod_{i=2}^{p} \phi_i(v_i)$$
$$= a\phi_1(v_1) \prod_{i=2}^{p} \phi_i(v_i) + b\phi_1(u_1) \prod_{i=2}^{p} \phi_i(v_i)$$
$$= a(v_1 \otimes \cdots \otimes v_p)(\phi_1, \cdots, \phi_p) + b(u_1 \otimes \cdots \otimes v_p)(\phi_1, \cdots, \phi_p)$$
$$= [a(v_1 \otimes \cdots \otimes v_p) + b(u_1 \otimes \cdots \otimes v_p)](\phi_1, \cdots, \phi_p).$$

したがって
$$(av_1 + bu_1) \otimes v_2 \otimes \cdots \otimes v_p = a(v_1 \otimes v_2 \otimes \cdots \otimes v_p) + b(u_1 \otimes v_2 \otimes \cdots \otimes v_p).$$
すなわち, $\Phi(av_1 + bu_1, v_2, \cdots, v_p) = a\Phi(v_1, v_2, \cdots, v_p) + b\Phi(u_1, v_2, \cdots, v_p)$. 他の変数 v_i ($i \geq 2$) についても同様.

4. (i) $S, T \in \bigotimes_{i=1}^p V_i, U \in \bigotimes_{i=p+1}^q V_i$ とする. このとき, 任意の $\phi_i \in V_i^*, i = 1, \cdots, q$ に対して

$$\begin{aligned}
&((aS + bT) \otimes U)(\phi_1, \cdots, \phi_q) \\
&= (aS + bT)(\phi_1, \cdots, \phi_p) U(\phi_{p+1}, \cdots, \phi_q) \\
&= aS(\phi_1, \cdots, \phi_p) U(\phi_{p+1}, \cdots, \phi_q) + bT(\phi_1, \cdots, \phi_p) U(\phi_{p+1}, \cdots, \phi_q) \\
&= a(S \otimes U)(\phi_1, \cdots, \phi_q) + b(T \otimes U)(\phi_1, \cdots, \phi_q) \\
&= [a(S \otimes U) + b(T \otimes U)](\phi_1, \cdots, \phi_q).
\end{aligned}$$

したがって, $(aS + bT) \otimes U = aS \otimes U + bT \otimes U$.

(ii) (i) と同様.

(iii) $S \in \bigotimes_{i=1}^p V_i, T \in \bigotimes_{i=p+1}^q V_i, U \in \bigotimes_{i=q+1}^r V_i$ とする. このとき, 任意の $\phi_i \in V_i^*, i = 1, \cdots, r$ に対して

$$\begin{aligned}
[(S \otimes T) \otimes U](\phi_1, \cdots, \phi_r) &= (S \otimes T)(\phi_1, \cdots, \phi_q) U(\phi_{q+1}, \cdots, \phi_r) \\
&= S(\phi_1, \cdots, \phi_p) T(\phi_{p+1}, \cdots, \phi_q) U(\phi_{q+1}, \cdots, \phi_r) \\
&= S(\phi_1, \cdots, \phi_p)(T \otimes U)(\phi_{p+1}, \cdots, \phi_r) \\
&= [S \otimes (T \otimes U)](\phi_1, \cdots, \phi_r).
\end{aligned}$$

したがって, $(S \otimes T) \otimes U = S \otimes (T \otimes U)$.

5. $\phi^j = \sum_{l=1}^n P_l^j \bar{\phi}^l, e_j = \sum_{k=1}^n (P^{-1})_j^k \bar{e}_k$ を (3.15) の右辺に代入し, T の多重線形性を使えばよい.

6. $T, S \in \bigotimes_{i=1}^p V_i$ とし, $T = \sum_{k=1}^N v_k^{(1)} \otimes \cdots \otimes v_k^{(p)}, S = \sum_{j=1}^M w_j^{(1)} \otimes \cdots \otimes w_j^{(p)}$ ($N, M \in \mathbb{N}, v_k^{(i)}, w_j^{(i)} \in V_i$) と表されたとしよう. このとき, 任意の $a, b \in \mathbb{K}$ に対して, $x_j^{(1)} := aw_j^{(1)}, j = 1, \cdots, M, x_{M+k}^{(1)} := bv_k^{(1)}, k = 1, \cdots, N, x_j^{(i)} := w_j^{(i)}, j = 1, \cdots, M, x_{N+k}^{(i)} := v_k^{(i)}, k = 1, \cdots, N, i = 2, \cdots, p$ とおけば $aS + bT = \sum_{l=1}^{M+N} x_l^{(1)} \otimes \cdots \otimes x_l^{(p)}$ と書けるので, $P_\sigma(aS + bT) = \sum_{l=1}^{M+N} x_l^{(\sigma(1))} \otimes \cdots \otimes x_l^{(\sigma(p))}$. 右辺の和を $\sum_{l=1}^M$ と $\sum_{l=M+1}^{M+N}$ に分け, テンソル積の多重線形性を使えば, 右辺 $= aP_\sigma(S) + bP_\sigma(T)$ となることがわかる. したがって, $P_\sigma(aS + bT) = aP_\sigma(S) + bP_\sigma(T)$ が成り立つので, 題意がしたがう.

演習問題の解答（略解）　343

7. 任意の $T, S \in \bigotimes^p(V)$ と $a, b \in \mathbb{K}$ に対して，$P_\sigma(aS + bT) = aP_\sigma(S) + bP_\sigma(T), \forall \sigma \in \mathsf{S}_p \cdots (*)$.

(i) $S, T \in \mathcal{S}^p(V)$ ならば，$P_\sigma(S) = S, P_\sigma(T) = T$ であるから，$(*)$ によって，$P_\sigma(aS + bT) = aS + bT, \forall \sigma \in \mathsf{S}_p$. したがって，$aS + bT \in \mathcal{S}^p(V)$. ゆえに，$\mathcal{S}^p(V)$ は部分空間である．

(ii) $S, T \in \mathcal{A}^p(V)$ ならば，$P_\sigma(S) = \text{sgn}(\sigma)S, P_\sigma(T) = \text{sgn}(\sigma)T$ であるから，$(*)$ によって，$P_\sigma(aS+bT) = \text{sgn}(\sigma)(aS+bT), \forall \sigma \in \mathsf{S}_p$. したがって，$aS+bT \in \mathcal{A}^p(V)$. ゆえに，$\mathcal{A}^p(V)$ は部分空間である．

8. 内部積の定義から，すべての $u_1, \cdots, u_{p-1} \in V$ に対して

$$\begin{aligned}(\iota(u)\phi_1 \otimes \cdots \otimes \phi_p)(u_1, \cdots, u_{p-1}) &= (\phi_1 \otimes \cdots \otimes \phi_p)(u, u_1, \cdots, u_{p-1}) \\ &= \phi_1(u)\phi_2(u_1)\cdots\phi_p(u_{p-1}) \\ &= \phi_1(u)(\phi_2 \otimes \cdots \otimes \phi_p)(u_1, \cdots, u_{p-1}).\end{aligned}$$

9. T が別に $T = \sum_{j=1}^M v_j \otimes x_j \in V \otimes W$ と表されたとし，$D := \mathcal{L}(\{u_1, \cdots, u_N, v_1, \cdots, v_M\})$, $F := \mathcal{L}(\{w_1, \cdots, w_N, x_1, \cdots, x_M\})$ とする．D, F は有限次元であるから，基底が存在する．D, F の基底をそれぞれ，$\{e_1, \cdots, e_n\}, \{f_1, \cdots, f_m\}$ とすれば，$u_i = \sum_{\alpha=1}^n u_i^\alpha e_\alpha$, $v_j = \sum_{\alpha=1}^n v_j^\alpha e_\alpha$, $w_i = \sum_{\beta=1}^m w_i^\beta f_\beta$, $x_j = \sum_{\alpha=1}^m x_j^\beta f_\beta$ と展開できる．$\sum_{i=1}^N u_i \otimes w_i = \sum_{j=1}^M v_j \otimes x_j$ は $\sum_{i=1}^N u_i^\alpha w_i^\beta = \sum_{j=1}^M v_j^\alpha x_j^\beta$ を意味する．したがって

$$\begin{aligned}\sum_{i=1}^N Au_i \otimes Bw_i &= \sum_{\alpha=1}^n \sum_{\beta=1}^m \left(\sum_{i=1}^N u_i^\alpha w_i^\beta\right) Ae_\alpha \otimes Bf_\beta \\ &= \sum_{\alpha=1}^n \sum_{\beta=1}^m \left(\sum_{j=1}^M v_j^\alpha x_j^\beta\right) Ae_\alpha \otimes Bf_\beta \\ &= \sum_{j=1}^M Av_j \otimes Bx_j.\end{aligned}$$

10.

$$\begin{aligned}\iota(u)\phi_1 \wedge \cdots \wedge \phi_p &= \sum_{\sigma \in \mathsf{S}_p} \text{sgn}(\sigma)\phi_{\sigma(1)}(u)\phi_{\sigma(2)} \otimes \cdots \otimes \phi_{\sigma(p)} \\ &= \phi_1(u) \sum_{\sigma \in \mathsf{S}_p, \sigma(1)=1} \text{sgn}(\sigma)\phi_{\sigma(2)} \otimes \cdots \otimes \phi_{\sigma(p)} \\ &\quad + \phi_2(u) \sum_{\sigma \in \mathsf{S}_p, \sigma(1)=2} \text{sgn}(\sigma)\phi_{\sigma(2)} \otimes \cdots \otimes \phi_{\sigma(p)} + \cdots \\ &\quad + \phi_p(u) \sum_{\sigma \in \mathsf{S}_p, \sigma(1)=p} \text{sgn}(\sigma)\phi_{\sigma(2)} \otimes \cdots \otimes \phi_{\sigma(p)}\end{aligned}$$

$$= \phi_1(u)\phi_2 \wedge \cdots \wedge \phi_p - \phi_2(u)\phi_1 \wedge \phi_3 \wedge \cdots \wedge \phi_p + \cdots$$
$$+ (-1)^{p-1}\phi_p(u)\phi_1 \wedge \cdots \wedge \phi_{p-1}$$
$$= \sum_{i=1}^{p}(-1)^{i-1}\phi_i(u)\phi_1 \wedge \cdots \wedge \hat{\phi}_i \wedge \cdots \wedge \phi_p.$$

4章

1. (i) $au + bv = 0$ とする $(a, b \in \mathbb{K})$. したがって, $0 = g(u, au + bv) = ag(u,u) + bg(u,v)$, $0 = g(v, au+bv) = ag(v,u) + bg(v,v)$. もし, $a \neq 0$ ならば, 第1式より, $g(u,u) = -bg(u,v)/a$. 第2式より, $g(v,u) = -bg(v,v)/a$. したがって, $g(u,u) = |b|^2 g(v,v)/|a|^2$. だが, 左辺は正で, 右辺は非正であるから, これは矛盾である. ゆえに $a = 0$. すると, $bg(v,v) = 0$ となる. $g(v,v) < 0$ であるから, $b = 0$. よって, $a = b = 0$.

(ii) $w = u + \alpha v$ $(\alpha \in \mathbb{K})$ の形で求める. まず, $g(w,w) = g(u,u) + \alpha g(u,v) + \alpha^* g(v,u) + |\alpha|^2 g(v,v)$ と計算される. $g(u,v) = re^{i\theta}$ と極形式で書く $(r = |g(u,v)|$, $\theta = \arg g(u,v))$. そこで, $\alpha = ae^{-i\theta}, a > 0$ とおけば, $g(w,w) = g(u,u) + 2ar + a^2 g(v,v)$. したがって, $g(v,v) < 0$ に注意して, $a = (r + \sqrt{r^2 + |g(v,v)|g(u,u)})/|g(v,v)| > 0$ とすれば, $g(w,w) = 0$ となる.

2. $F, G \in V^*, \alpha, \beta \in \mathbb{K}$ とする. このとき, 任意の $u \in V$ に対して, $(\alpha F + \beta G)(u) = \alpha F(u) + \beta G(u) = \alpha \langle i_*(F), u \rangle + \beta \langle i_*(G), u \rangle = \langle \alpha^* i_*(F) + \beta^* i_*(G), u \rangle$. 他方, $(\alpha F + \beta G)(u) = \langle i_*(\alpha F + \beta G), u \rangle$. したがって $\langle i_*(\alpha F + \beta G), u \rangle = \langle \alpha^* i_*(F) + \beta^* i_*(G), u \rangle, \forall u \in V$. これと計量の非退化性により, $i_*(\alpha F + \beta G) = \alpha^* i_*(F) + \beta^* i_*(G)$.

3. (i) $u \in \ker(T - \lambda), u \neq 0$ かつ $\langle u, u \rangle \neq 0$ とすれば, $\lambda \langle u, u \rangle = \langle u, Tu \rangle = \langle Tu, u \rangle = \lambda^* \langle u, u \rangle$. したがって, $\lambda = \lambda^*$. ゆえに, λ は実数.

(ii) $\lambda, \mu \in \sigma_p(T) \cap \mathbb{R}, \lambda \neq \mu, Tu = \lambda u, Tv = \mu v$ $(u, v \neq 0)$ とする. このとき, $\lambda \langle u, v \rangle = \langle Tu, v \rangle = \langle u, Tv \rangle = \mu \langle u, v \rangle$. これは, $\langle u, v \rangle = 0$ を意味する. すなわち, u と v は直交する.

4. まず, T が $T = T_1 = T_2$ と2通りに表されたとする. ただし, $T_1 = \sum_{i=1}^{N_1} u_i^{(1)} \otimes w_i^{(1)}$, $T_2 = \sum_{j=1}^{N_2} u_j^{(2)} \otimes w_j^{(2)}$, $u_i^{(1)}, u_j^{(2)} \in V, w_i^{(1)}, w_j^{(2)} \in W$. $M := \mathcal{L}(\{u_i^{(1)}, u_j^{(2)} \mid i = 1, \cdots, N_1, j = 1, \cdots, N_2\})$, $K := \mathcal{L}(\{w_i^{(1)}, w_j^{(2)} \mid i = 1, \cdots, N_1, j = 1, \cdots, N_2\})$ とおき, M の基底を $e_1, \cdots, e_p$, K の基底を $f_1, \cdots, f_q$ とする $(p, q \in \mathbb{N})$. そこで, $u_l^{(\alpha)} = \sum_{k=1}^{p} c_l^{(\alpha,k)} e_k$, $w_l^{(\alpha)} = \sum_{m=1}^{q} d_l^{(\alpha,m)} f_m$ と展開する $(c_l^{(\alpha,k)}, d_l^{(\alpha,m)} \in \mathbb{K}, \alpha = 1, 2; \alpha = 1$ のとき, $l = 1, \cdots, N_1, \alpha = 2$ のとき, $l = 1, \cdots, N_2)$. このとき, $T_\alpha = \sum_{k=1}^{p} \sum_{m=1}^{q} \left(\sum_{l=1}^{N_\alpha} c_l^{(\alpha,k)} d_l^{(\alpha,m)} \right) e_k \otimes f_m$. したがって, $T_1 = T_2$ は $\sum_{i=1}^{N_1} c_i^{(1,k)} d_i^{(1,m)} = \sum_{j=1}^{N_2} c_j^{(2,k)} d_j^{(2,m)} \cdots (*)$ を意味す

る. 任意の $u \in V, w \in W$ に対して

$$\begin{aligned}
g_{V \otimes W}(T_1, u \otimes w) &= \sum_{i=1}^{N_1} \left\langle u_i^{(1)}, u \right\rangle_V \left\langle w_i^{(1)}, w \right\rangle_W \\
&= \sum_{k=1}^{p} \sum_{m=1}^{q} \left(\sum_{i=1}^{N_1} c_i^{(1,k)} d_i^{(1,m)} \right)^* \langle e_k, u \rangle_V \langle f_m, w \rangle_W \\
&= \sum_{k=1}^{p} \sum_{m=1}^{q} \left(\sum_{j=1}^{N_2} c_j^{(2,k)} d_j^{(2,m)} \right)^* \langle e_k, u \rangle_V \langle f_m, w \rangle_W \quad (\because (*)) \\
&= \sum_{j=1}^{N_2} \left\langle u_j^{(2)}, u \right\rangle_V \left\langle w_j^{(2)}, w \right\rangle_W \\
&= g_{V \otimes W}(T_2, u \otimes w).
\end{aligned}$$

したがって，任意の $S \in V \otimes W$ に対して，$g_{V \otimes W}(T_1, S) = g_{V \otimes W}(T_2, S)$. 同様に，$S = S_1 = S_2 \in V \otimes W$ (S_1, S_2 はそれぞれ，純テンソルの線形結合) と 2 通りに表されたとすれば，いま行った議論により，任意の $U \in V \otimes W$ に対して，$g_{V \otimes W}(U, S_1) = g_{V \otimes W}(U, S_2)$. 以上から，$g_{V \otimes W}(T_1, S_1) = g_{V \otimes W}(T_2, S_1) = g_{V \otimes W}(T_2, S_2)$. よって題意がしたがう.

5. 3角不等式により，$\|u\| = \|(u-v) + v\| \leq \|u - v\| + \|v\|$. したがって，$\|u\| - \|v\| \leq \|u - v\|$. u と v の役割を入れ換えると $\|v\| - \|u\| \leq \|v - u\| = \|u - v\|$. ゆえに $|\|u\| - \|v\|| \leq \|u - v\|$.

6. $\langle \phi_n, \phi_n \rangle = \int_0^{2\pi} 1/(2\pi) dx = 1$. $n \neq m$ のとき，$\langle \phi_n, \phi_m \rangle = (2\pi)^{-1} \times \int_0^{2\pi} e^{i(m-n)x} dx = (2\pi)^{-1} [i(m-n)]^{-1} (e^{2\pi i(m-n)} - 1) = 0$.

7. 正規直交系 $\{\phi_n\}_{n=-N}^{N}$ にベッセルの不等式を適用すれば，$\sum_{n=-N}^{N} |\langle \phi_n, f \rangle|^2 \leq \|f\|^2$. 一方，$\langle \phi_n, f \rangle = (2\pi)^{-1/2} \int_0^{2\pi} (\cos nx) f(x) dx - i(2\pi)^{-1/2} \int_0^{2\pi} 2\pi(\sin x) \times f(x) dx$ であり，仮定により $f(x)$ は実数であるから

$$|\langle \phi_n, f \rangle|^2 = \frac{1}{2\pi} \left\{ \left(\int_0^{2\pi} f(x) \cos nx \, dx \right)^2 + \left(\int_0^{2\pi} f(x) \sin nx \, dx \right)^2 \right\}.$$

よって，求める不等式を得る.

8. e_1, e_2, e_3 を V の正規直交基底で $e_1 \wedge e_2 \wedge e_3$ が正の元になるように向きづけられているとする. 任意のベクトル $x \in V$ に対して，この基底に関する成分を (x^1, x^2, x^3) で表す.

(i) $\langle u, v \times w \rangle = u^1(v^2 w^3 - v^3 w^2) + u^2(v^3 w^1 - v^1 w^3) + u^3(v^1 w^2 - v^2 w^1) = (u^2 v^3 - u^3 v^2) w^1 + (u^3 v^1 - u^1 v^3) w^2 + (u^1 v^2 - u^2 v^1) w^3 = \langle u \times v, w \rangle$.

(ii) $(u \times (v \times w))^1 = u^2(v \times w)^3 - u^3(v \times w)^2 = u^2(v^1w^2 - v^2w^1) - u^3(v^3w^1 - v^1w^3) = \langle u, w \rangle v^1 - \langle u, v \rangle w^1$. 第2成分，第3成分についても同様．したがって，$u \times (v \times w) = \langle u, w \rangle v - \langle u, v \rangle w$.

9. $Te_i = \sum_{j=1}^{n} T_i^j e_j$ とすれば，$\sum_{i=1}^{n} \epsilon(e_i) \langle e_i, Te_i \rangle = \sum_{i,j=1}^{n} \epsilon(e_i) T_i^j \langle e_i, e_j \rangle = \sum_{i,j=1}^{n} \epsilon(e_i) T_i^j \epsilon(e_i) \delta_{ij} = \sum_{i=1}^{n} T_i^i = \text{Tr}\, T$.

10. 補題 4.65 によって，$\|u \wedge v\|^2 = \|u\|^2 \|v\|^2 - |\langle u, v \rangle|^2 \leq \|u\|^2 \|v\|^2$.

11. 例 4.24 と $S^* = S$ により，$(\hat{S})^* = \hat{S}$.

12. 例 4.24 と $A^* = -A$ により，$(\hat{A})^* = -\hat{A}$.

13. (i) $i, j = 1, \cdots, n$ に対して
$$(S_{E,E})_j^i = \langle e_i, Se_j \rangle = \langle S^* e_i, e_j \rangle = \langle Se_i, e_j \rangle$$
$$= \langle e_j, Se_i \rangle^* = ((S_{E,E})_i^j)^*.$$

したがって，$S_{E,E}$ は自己共役行列．

(ii)
$$(A_{E,E})_j^i = \langle e_i, Ae_j \rangle = \langle A^* e_i, e_j \rangle = -\langle Ae_i, e_j \rangle$$
$$= -\langle e_j, Ae_i \rangle^* = -((A_{E,E})_i^j)^*.$$

したがって，$A_{E,E}$ は反自己共役行列．

14. S を対称作用素とすれば，命題 4.51(i) によって，$(iS)^* = -iS^* = -iS$. したがって，iS は反対称である．

逆に iS が反対称ならば，$(iS)^* = -iS$. 命題 4.51(i) によって，左辺は $-iS^*$ に等しい．したがって，$S = S^*$. ゆえに S は対称である．

15. $Au = \lambda u, u \neq 0, \lambda \in \mathbb{R}$ とする．このとき，$\langle u, Au \rangle = \lambda \|u\|^2$. A の反対称性により，左辺は $\langle (-A)u, u \rangle = -\langle \lambda u, u \rangle = -\lambda \|u\|^2$ と計算される．したがって，$\lambda = 0$.

16. (i) 問題 14 により，iA は対称作用素である．したがって，命題 4.53(i) によって，iA の固有値は実数である．λ が A の固有値ならば，$i\lambda$ は iA の固有値である．したがって，$i\lambda$ は実数である．ゆえに，λ は純虚数でなければならない．

(ii) (i) によって，A の相異なる固有値に属する固有ベクトルは，対称作用素 iA の相異なる固有値に属する固有ベクトルである．したがって，命題 4.53(ii) によって，それらは直交する．

演習問題の解答（略解） 347

5章

1. $D = \{v \in V \mid \|u-v\| > r\}$ とおく. $v_0 \in D$ を任意にとる. $\delta := \|v_0 - u\| - r$ とおく. このとき, $\|v - v_0\| < \delta$ ならば, 3角不等式により, $\|u - v\| \geq \|u - v_0\| - \|v_0 - v\| > \|u - v_0\| - \delta = r$. したがって, $v \in D$. ゆえに $B_\delta(v_0) \subset D$. よって, D は開集合.

2. $S_r(u_0)^c = B_r(u_0) \cup \{u \in V \mid \|u - u_0\| > r\}$. 問題1と定理 5.5(iii) によって, 右辺は開集合である. したがって, $S_r(u_0)$ は閉集合である.

3. $\mathcal{A}$ に1点 O をとり, $u_\mathrm{P} := \mathrm{P} - \mathrm{O}$ とおく. このとき, $\rho_g(\mathrm{P}, \mathrm{Q}) = \|u_\mathrm{P} - u_\mathrm{Q}\|_V = d_V(u_\mathrm{P}, u_\mathrm{Q})$ (4章, 4.4.2項参照). これと d_V が V 上の距離関数であることから, 主張がしたがう.

4. 前問の解答におけるのと同じ記号を用いる. $F_\mathrm{O} := \{u_\mathrm{P} \mid \mathrm{P} \in F\}$ が V の閉集合であることを示せばよい（命題 5.14(ii)）. $v_n \in F_\mathrm{O}, v_n \to v \in V$ $(n \to \infty)$ とする. $v_n = u_{\mathrm{P}_n}$ となる点 $\mathrm{P}_n \in F$ がただ1つ存在する. 同様に $v = u_\mathrm{P}$ となる点 $\mathrm{P} \in \mathcal{A}$ がただ1つある. $v_n - v = \mathrm{P}_n - \mathrm{P}$ であるので, $\mathrm{P}_n \to \mathrm{P}$ $(n \to \infty)$. 仮定により, $\mathrm{P} \in F$. したがって, $v \in F_\mathrm{O}$. ゆえに, 系 5.8 によって, F_O は閉集合である.

5. $\mathrm{P}_n \in \mathbb{H}_{\mathrm{dS}}(\mathrm{P}_0), \mathrm{P}_n \to \mathrm{P}$ $(n \to \infty)$ とする. したがって, $g(\mathrm{P}_n - \mathrm{P}_0, \mathrm{P}_n - \mathrm{P}_0) = -a^2$. $\lim_{n \to \infty}(\mathrm{P}_n - \mathrm{P}_0) = \mathrm{P} - \mathrm{P}_0$ であるから, 定理 5.13 によって, $g(\mathrm{P} - \mathrm{P}_0, \mathrm{P} - \mathrm{P}_0) = -a^2$. したがって, $\mathrm{P} \in \mathbb{H}_{\mathrm{dS}}(\mathrm{P}_0)$ であるので, 前問の事実により, $\mathbb{H}_{\mathrm{dS}}(\mathrm{P}_0)$ は閉集合である.

6. $\langle \cdot, \cdot \rangle$ を V の任意の内積とし, そのノルムを $\|\cdot\|$ とする. このとき, $\|u_n \wedge v_n - u \wedge v\| = \|(u_n - u) \wedge v_n + u \wedge (v_n - v)\| \leq \|(u_n - u) \wedge v_n\| + \|u \wedge (v_n - v)\| \leq \|u_n - u\|\|v_n\| + \|u\|\|v_n - v\|$. ここで, 4章演習問題10の不等式を用いた. 最右辺は, $n \to \infty$ のとき, 0に収束するから, 題意が成立する.

6章

1. $F = \{f_1, \cdots, f_N\}$ を V の別の基底とし, 基底 F に関する, X の成分関数を $X_F^i, i = 1, \cdots, N$ とする. 底変換 $E \mapsto F$ の行列を $P = (P_i^j)$ とすれば, $f_i = \sum_{j=1}^N P_i^j e_j$, $X_F^i(t) = \sum_{k=1}^N (P^{-1})_k^i X^k(t)$. したがって,

$$\sum_{i=1}^N \left(\int_a^b X_F^i(t)dt\right) f_i = \sum_{i=1}^N \sum_{k=1}^N \sum_{j=1}^N (P^{-1})_k^i P_i^j \left(\int_a^b X^k(t)dt\right) e_j.$$

そこで, $\sum_{i=1}^N (P^{-1})_k^i P_i^j = \delta_k^j$ に注意すれば, 上式の右辺は $\sum_{k=1}^N \left(\int_a^b X^k(t)dt\right) e_k$ に等しいことがわかる.

2. (i) $\mathbf{X}'(t) = (-R\sin t, R\cos t, h)\cdots(*)$. したがって，点 A での接ベクトルは $\mathbf{X}'(0) = (0, R, h)$. ゆえに点 A での接線の方程式は $(x, y. z) = (R, 0, 0) + s(0, R, h) = (R, Rs, hs), s \in \mathbb{R}$. これを座標で表せば $x = R, z = hy/R$ （答）．

(ii) $\ell = \int_t^{t+2\pi} \|\mathbf{X}'(s)\|ds$. $(*)$ によって，$\|\mathbf{X}'(s)\| = \sqrt{R^2 + h^2} \cdots (**)$. したがって，$\ell = 2\pi\sqrt{R^2 + h^2}$ （答）．

(iii) $(*)$ と $(**)$ によって，単位接ベクトル $\mathbf{T}(t)$ は $\mathbf{T}(t) = (-R\sin t, R\cos t, h)/\sqrt{R^2 + h^2}$. したがって，$\mathbf{T}'(t) = -(R\cos t, R\sin t, 0)/\sqrt{R^2 + h^2}$. よって，曲率ベクトル κ は $\kappa = -(R\cos t, R\sin t, 0)/(R^2 + h^2)$ （答）．

(iv) (iii) の結果により，$k = |\kappa| = R/(R^2 + h^2)$ （答）．

3. (i) $X'(t) = (1, F'(t)) \cdots (*)$. したがって，$\|X'(t)\| = \sqrt{1 + \|F'(t)\|^2} \cdots (**)$. ゆえに，$L(t) = \int_a^t \|X'(s)\|ds = \int_a^t \sqrt{1 + \|F'(s)\|^2}ds$.

(ii) $(*)$ と $(**)$ により，$T(t) = (1 + \|F'(t)\|^2)^{-1/2}(1, F'(t))$ （答）．

(iii) (ii) より
$$T'(t) = \left(\frac{d}{dt}\frac{1}{\|X'(t)\|}\right)(1, F'(t)) + \frac{1}{\|X'(t)\|}(0, F''(t)).$$

合成関数の微分法と定理 6.13 により
$$\frac{d}{dt}\frac{1}{\|X'(t)\|} = -\frac{1}{\|X'(t)\|^3} \cdot \langle X'(t), X''(t) \rangle$$
$$= -\frac{1}{\|X'(t)\|^3} \cdot \langle F'(t), F''(t) \rangle.$$

したがって
$$T'(t) = \left(-\frac{\langle F'(t), F''(t) \rangle}{\|X'(t)\|^3}, \frac{F''(t)}{\|X'(t)\|} - \frac{\langle F'(t), F''(t) \rangle}{\|X'(t)\|^3}F'(t)\right).$$

これと $(*)$ により，示すべき式が得られる．

(iv) $a = (1 + \|F'(t)\|^2), b = \langle F', F'' \rangle$ とおくと $\kappa = (-b, aF'' - bF')/a^2$. したがって，$k = \sqrt{b^2 + \|aF'' - bF'\|^2}/a^2$. 一方
$$b^2 + \|aF'' - bF'\|^2 = b^2 + a^2\|F''\|^2 - 2ab^2 + b^2\|F'\|^2$$
$$= a(a\|F''\|^2 - b^2).$$

ゆえに $k = \sqrt{a\|F''\|^2 - b^2}/a^{3/2}$.

(v) 条件のもとでは $|\langle F', F'' \rangle| = \|F'\|\|F''\|$. これを (iv) の式に代入すればよい．

演習問題の解答（略解）　349

4. $X'(t) = Re^{at}(a\cos t - \sin t, a\sin t + \cos t)$. したがって，$\|X'(t)\| = Re^{at}\sqrt{a^2+1}$. したがって，単位接ベクトル $T(t)$ は $T(t) = (a\cos t - \sin t, a\sin t + \cos t)/\sqrt{a^2+1}$. これは $T'(t) = (-a\sin t - \cos t, a\cos t - \sin t)/\sqrt{a^2+1}$ を意味する．したがって，曲率ベクトル κ は $\kappa = (-a\sin t - \cos t, a\cos t - \sin t)/[Re^{at}(a^2+1)]$. これから，スカラー曲率 k は $k = 1/Re^{at}\sqrt{a^2+1} = 1/\|X'(t)\|$ である．したがって，曲率半径 $1/k$ は $\|X'(t)\|$ に等しい．

5. $a \in D$ を任意にとる．まず，V が内積空間の場合を考える．このとき，$F(x) - F(a) = [\Phi(\|x\|) - \Phi(\|a\|)]x + \Phi(\|a\|)(x-a)$ と変形し，3角不等式を使えば

$$\|F(x) - F(a)\| \leq C_{x,a}\|x\| + |\Phi(\|a\|)|\|x-a\| \cdots (*)$$

ただし，$C_{x,a} := |\Phi(\|x\|) - \Phi(\|a\|)|$. 内積空間におけるノルムの連続性 ($\lim_{x \to a} \|x\| = \|a\|$) と Φ の連続性により，$\lim_{x \to a} C_{x,a} = 0$. したがって，$(*)$ により，$\lim_{x \to a} \|F(x) - F(a)\| = 0 \cdots (**)$. ゆえに，$F$ は点 a で連続である．

次に V が不定計量空間の場合を考える．この場合には，V に内積を任意に1つ固定し，そのノルムを $\|\cdot\|$ とすれば，前半の結果 $(**)$ が成立する．これは，V の標準位相で，F が点 a において連続であることを意味する．

6. (i) 初期値がともに u である解が2つあったとして，それらを $X(t), Y(t)$ とする $(X(t_0) = Y(t_0) = u)$. $Z(t) := X(t) - Y(t)$ とおけば，これは，微分方程式 $dZ(t)/dt = P(t)Z(t)$ をみたす．そこで，$R(t) := \int_{t_0}^{t} P(s)ds, t \in [a,b]$ とし，$W(t) := e^{-R(t)}Z(t)$ とおく．このとき，W は微分可能であり，$W' = 0$ がわかる（$R'(t) = P(t)$ に注意）．したがって，定理 6.12 によって，定ベクトル $w_0 \in V$ があって $W(t) = w_0$ が成り立つ．だが，$W(0) = 0$ であるから，$w_0 = 0$. したがって，$W(t) = 0, t \in [a,b]$. ゆえに，$Z(t) = 0, t \in [a,b]$，すなわち，$X(t) = Y(t), t \in [a,b]$. よって，解は一意的である．

(ii) $A(t) := e^{-R(t)}X(t)$ とおくと，A は微分可能であり，$A'(t) = e^{-R(t)}Q(t)$ がわかる．したがって，定理 6.19 によって，$A(t) = A(t_0) + \int_{t_0}^{t} e^{-R(s)}Q(s)ds$. 一方，$A(t_0) = X(t_0) = u$. したがって，$e^{-R(t)}X(t) = u + \int_{t_0}^{t} e^{-R(s)}Q(s)ds$. ゆえに

$$X(t) = e^{R(t)}\left(u + \int_{t_0}^{t} e^{-R(s)}Q(s)ds\right) \cdots (答).$$

7章

1. $h \in \mathbb{R} \setminus \{0\}$, $|h|$ は十分小とする．2変数関数に関する平均値の定理により（微分積分学または解析学の本を参照），$f(x_1 + hy_1, x_2 + hy_2) - f(x_1, x_2) = hy_1(\partial_1 f)(x_1 + \theta hy_1, x_2 + hy_2) + hy_2(\partial_2 f)(x_1, x_2 + \theta hy_2)$ をみたす θ $(0 < \theta < 1)$ が存在する．したがって

$$\frac{f(\mathbf{x} + h\mathbf{y}) - f(\mathbf{x})}{h} = y_1(\partial_1 f)(x_1 + \theta hy_1, x_2 + hy_2) + y_2(\partial_2 f)(x_1, x_2 + \theta hy_2).$$

偏導関数の連続性により，右辺は，$h \to 0$ のとき，$y_1(\partial_1 f)(\mathbf{x}) + y_2 \partial_2 f(\mathbf{x})$ に収束する．したがって，題意が成立する．

2. $e_1, \cdots, e_n$ を V の正規直交基底とする．$x = \sum_{i=1}^n x^i e_i$ と展開すれば，$\|x\| = \sqrt{\sum_{i=1}^n (x^i)^2}$．したがって，$\partial_i \|x\|^{-1} = -x^i \|x\|^{-3}$ $(\partial_i := \partial/\partial x^i)$．ゆえに，$\partial_i^2 \|x\|^{-1} = -\|x\|^{-3} + 3(x^i)^2 \|x\|^{-5}$．これは $\Delta \phi(x) = \alpha(-n\|x\|^{-3} + 3\|x\|^{-3}) = (n-3) \times \alpha \|x\|^{-3}$ を意味する．したがって，$\Delta \phi(x) = 0 \iff n = 3$．

3. $e_0, e_1, \cdots, e_s$ をローレンツ基底とし，$k = \sum_{\mu=0}^s k^\mu e_\mu, x = \sum_{\mu=0}^s x^\mu e_\mu$ と展開する．このとき，合成関数の微分法により，$\partial_\mu \phi(x) = (\partial_\mu \langle k, x \rangle) f'(\langle k, x \rangle)$, $\partial_\mu^2 \phi(x) = (\partial_\mu^2 \langle k, x \rangle) f'(\langle k, x \rangle) + (\partial_\mu \langle k, x \rangle)^2 f''(\langle k, x \rangle)$．したがって，$\square_{s+1} \phi(x) = (\square_{s+1} \langle k, x \rangle) f'(\langle k, x \rangle) + \{(\partial_0 \langle k, x \rangle)^2 - \sum_{i=1}^s (\partial_i \langle k, x \rangle)^2\} f''(\langle k, x \rangle)$．一方，$\langle k, x \rangle = k^0 x^0 - \sum_{i=1}^x k^i x^i$ であるから，$\partial_0 \langle k, x \rangle = k^0, \partial_i \langle k, x \rangle = -k^i$．したがって，$\square_{s+1} \langle k, x \rangle = 0, (\partial_0 \langle k, x \rangle)^2 - \sum_{i=1}^s (\partial_i \langle k, x \rangle)^2 = \langle k, k \rangle = 0$．ゆえに，$\square_{s+1} \phi(x) = 0$．

4. 仮に $T \neq 0$ とすると $Ty \neq 0$ となる $y \in V, y \neq 0$ が存在する．そこで，$x_n = y/n$ $(n \in \mathbb{N})$ とおけば，$\|x_n\| \to 0$ $(n \to \infty)$ であるが，$\|Tx_n\|/\|x_n\| = \|Ty\|/\|y\|$．したがって，$\lim_{n \to \infty} \|Tx_n\|/\|x_n\| \neq 0$．ゆえに矛盾である．

5. (i) V が内積空間の場合は $V_+ = V \setminus \{0_V\}$ であるから，例 5.5 により，V_+ は開集合である．V が不定計量ベクトル空間の場合，$V_+^c = \{x \in V \mid \langle x, x \rangle \leq 0\}$ が閉集合であることを示せばよい．$x_n \in V_+^c, x_n \to x$ $(n \to \infty)$ とすれば，計量の連続性（定理 5.13）により，$\lim_{n \to \infty} \langle x_n, x_n \rangle = \langle x, x \rangle$．左辺は 0 以下であるから，$\langle x, x \rangle \leq 0$．したがって，$x \in V_+^c$．ゆえに V_+^c は閉集合である．

(ii) $e_1, \cdots, e_n$ を V の正規直交基底とし，$x = \sum_{i=1}^n x^i e_i \in V_+$ と展開する．このとき，$\langle x, x \rangle = \sum_{i=1}^n \epsilon(e_i)(x^i)^2 > 0$．したがって，$\|x\| = \sqrt{\sum_{i=1}^n \epsilon(e_i)(x^i)^2}$．合成関数の微分法により，$\partial_i f(x) = (\partial_i \|x\|) \Phi'(\|x\|) = x^i \epsilon(e_i) \Phi'(\|x\|)/\|x\|$．したがって，$\mathrm{grad}\, f(x) = \sum_{i=1}^n \epsilon(e_i) \partial_i f(x) e_i = \Phi'(\|x\|) x/\|x\|$．

6. $u'(x, e_i) = u'(x)(e_i) = \sum_{j=1}^3 \partial_i u^j(x) e_j$ $(u(x) = \sum_{j=1}^3 u^j(x) e_j)$．したがって，$e_1 \times u'(x, e_1) = \sum_{j=1}^3 \partial_1 u^j(x) e_1 \times e_j = \partial_1 u^2(x) e_3 - \partial_1 u^3(x) e_2$．同様に，$e_2 \times u'(x, e_2) = \partial_2 u^3(x) e_1 - \partial_2 u^1(x) e_3, e_3 \times u'(x, e_3) = \partial_3 u^1(x) e_2 - \partial_3 u^2(x) e_1$．したがって，$\sum_{i=1}^3 e_i \times u'(x, e_i) = (\partial_2 u^3(x) - \partial_3 u^2(x)) e_1 + (\partial_3 u^1(x) - \partial_1 u^3(x)) e_2 + (\partial_1 u^2(x) - \partial_2 u^1(x)) e_3 = \mathrm{rot}\, u(x)$．

7. (i) 任意の $y \in V, h \in \mathbb{R}, h \neq 0$ に対して，$[u_w(x+hy) - u_w(x)]/h = w \times y$．したがって，$h \to 0$ とすれば，$u'_w(x, y) = w \times y$．ゆえに $u'_w(x)(y) = w \times y$．

（別解）$u_w(x)$ の成分表示を使って，$u'_w(x)$ の関数行列を求めてもよい．

(ii) 共役作用素の定義により，任意の $z \in V$ に対して，$\langle z, u'_w(x)(y) \rangle = \langle u'_w(x)^*(z), y \rangle$．(i) によって，左辺は，$\langle z, w \times y \rangle$ に等しい．正規直交基底に関する成分を用

いる計算により $\langle z, w \times y \rangle = \langle z \times w, y \rangle$ がわかる [4章演習問題 8(i)]. よって, $u'_w(x)^*(z) = z \times w = -w \times z$.

（別解） $u'_w(x)$ の関数行列を $(u'_w(x))^i_j$ とすれば，$u'_w(x)^*$ の関数行列の (i,j) 成分は $u'_w(x)^j_i$ であることを用いてもよい.

(iii) $(\operatorname{rot} u_w(x)) \times y = u'_w(x)(y) - u'_w(x)^*(y) = 2w \times y$. したがって, $\operatorname{rot} u_w(x) \wedge y = 2w \wedge y, \forall y \in V$. これと外積の非退化性により, $\operatorname{rot} u_w(x) = 2w$.

（別解） 直接に成分計算をしてもよい.

8. (i) $e_1, \cdots, e_n$ を V の任意の正規直交基底とし, $u(x) = \sum_{i=1}^n u^i(x) e_i, x = \sum_{i=1}^n x^i e_i$ と展開する．このとき，$\operatorname{div} f(x) u(x) = \sum_{i=1}^n \partial_i (f(x) u^i(x)) = \sum_{i=1}^n (\partial_i f(x)) u^i(x) + \sum_{i=1}^n f(x) \partial_i u^i(x) = df(x)(u(x)) + f(x) \operatorname{div} u(x) = \langle \operatorname{grad} f(x), u(x) \rangle + f(x) \operatorname{div} u(x)$.

(ii) $\operatorname{grad} 1/f(x) = \sum_{i=1}^n \epsilon(e_i) \partial_i \frac{1}{f(x)^*} e_i = \sum_{i=1}^n \epsilon(e_i)(-1) \partial_i f(x)^* e_i / (f(x)^*)^2 = -\operatorname{grad} f(x) / (f(x)^*)^2$.

9. (i) $h \in \mathbb{R}, h \neq 0$ として, $[F(x+hy) - F(x)]/h = \{[u(x+hy) - u(x)]/h\} \times v(x+hy) + u(x) \times \{[v(x+hy) - v(x)]/h\}$. 外積の連続性（5章, 演習問題6）により, 右辺は, $h \to 0$ のとき, $u'(x,y) \times v(x) + u(x) \times v'(x,y)$ に収束する．したがって, F は微分可能であり, $F'(x,y) = u'(x,y) \times v(x) + u(x) \times v'(x,y)$ が成り立つ.

(ii) e_1, e_2, e_3 を正規直交基底とする. 4章, 演習問題9によって, $\operatorname{div} u(x) \times v(x) = \operatorname{Tr} F'(x) = \sum_{i=1}^3 \langle e_i, F'(x, e_i) \rangle = \sum_{i=1}^3 \langle e_i, u'(x, e_i) \times v(x) \rangle + \sum_{i=1}^3 \langle e_i, u(x) \times v'(x, e_i) \rangle = \sum_{i=1}^3 \langle e_i \times u'(x, e_i), v(x) \rangle + \sum_{i=1}^3 \langle u(x), v'(x, e_i) \times e_i \rangle$. そこで, 上の問題6を使えば, 右辺は, $\langle \operatorname{rot} u(x), v(x) \rangle - \langle u(x), \operatorname{rot} v(x) \rangle$.

(iii) $G(x) = f(x) u(x)$ とおくと, $G'(x,y) = f'(x,y) u(x) + f(x) u'(x,y)$. したがって, 上の問題6によって, $\operatorname{rot} G(x) = \sum_{i=1}^3 f'(x, e_i) e_i \times u(x) + f(x) \sum_{i=1}^3 e_i \times u'(x, e_i) = \operatorname{grad} f(x) \times u(x) + f(x) \operatorname{rot} u(x)$.

（別解） (i), (ii), (iii) のいずれも, e_1, e_2, e_3 を正規直交基底とし，この基底に関する成分を用いて計算してもよい．だが，上記の解法のほうがはるかにエレガントであろう.

10. まず, D が開集合であることを示す．それには, $D^c = \{x \in V | v \times x = 0\}$ が閉集合であることを示せばよい. $x_n \in D^c, x_n \to x \in V \ (n \to \infty)$ とすれば, 成分で考察することにより, $v \times x_n \to v \times x \ (n \to \infty)$ がわかる. $v \times x_n = 0$ であるから, $v \times x = 0$. したがって, $x \in D^c$. ゆえに D^c は閉集合である.

$w(x) = v \times x, g(x) = \|v \times x\|^2$ とおくと, $\operatorname{div} u(x) = \operatorname{div}[w(x)/g(x)]$ と書ける. したがって, 上の問題 8(i), (ii) の応用により, $\operatorname{div} u(x) = \langle \operatorname{grad} 1/g(x), w(x) \rangle + g(x)^{-1} \operatorname{div} w(x) = -g(x)^{-2} \langle \operatorname{grad} g(x), w(x) \rangle + g(x)^{-1} \operatorname{div} w(x)$. 一方, $g(x) = \|v\|^2 \|x\|^2 - \langle v, x \rangle^2$ であるから, $\operatorname{grad} g(x) = 2(\|v\|^2 x - \langle v, x \rangle v)$. $\langle x, w(x) \rangle =$

$-\langle x \times x, v \rangle = 0$. 同様に $\langle v, w(x) \rangle = 0$. したがって, $\langle \operatorname{grad} g(x), w(x) \rangle = 0$. また, $\operatorname{div} w(x) = \partial_1(v^2 x^3 - v^3 x^2) + \partial_2(v^1 x^2 - v^2 x^1) + \partial_3(v^1 x^2 - v^2 x^1) = 0 + 0 + 0 = 0$. 以上から, $\operatorname{div} u(x) = 0$.

次に, 上の問題 9(iii) と問題 7(iii) によって, $\operatorname{rot} u(x) = (\operatorname{grad} 1/g(x)) \times w(x) + g(x)^{-1} \operatorname{rot} w(x) = -g(x)^{-2} 2(\|v\|^2 x - \langle v, x \rangle v) \times (v \times x) + g(x)^{-1} 2v$. 4 章の演習問題 8(ii) を使って計算すると $(\|v\|^2 x - \langle v, x \rangle v) \times (v \times x) = g(x)v$ がわかる. したがって, $\operatorname{rot} u(x) = 0$.

以上から, $u(x)$ は調和ベクトル場である.

(別解) 成分計算で直接示すこともできる. だが, これは本当に単なる計算になる. このような方法では, 上記の解法のように, $u(x)$ がどういうしかけで調和ベクトル場になるのかを理解するのは困難であろうし, 見通しもよくないであろう.

11. $e_1, \cdots, e_n$ の双対基底を $\phi^1, \cdots, \phi^n$ とすれば, $df(x) = \sum_{i=1}^n \partial_i f(x) \phi^i$. $\operatorname{grad} f(x) = i_*(df(x))$ であるから, 4 章, 4.11.3 項に述べた事実により, $(\operatorname{grad} f(x))^i = \sum_{j=1}^n g^{ij} \partial_j f(x)^*$.

12. C のパラメーター表示として, $\mathbf{X}(t) = (R \cos t) \mathbf{e}_1 + (R \sin t) \mathbf{e}_2, t \in [0, 2\pi)$ がとれる. $\|\mathbf{X}(t)\|^2 = R^2, \dot{\mathbf{X}}(t) = -(R \sin t) \mathbf{e}_1 + (R \cos t) \mathbf{e}_2$ であるから, $\langle \mathbf{A}(\mathbf{X}(t)), \dot{\mathbf{X}}(t) \rangle = [R^2 (\sin t)^2 + R^2 (\cos t)^2]/R^2 = 1$. したがって, $\int_C \langle \mathbf{A}, d\mathbf{x} \rangle = \int_0^{2\pi} 1\, dt = 2\pi$ (答).

8 章

1. $dx^i \wedge dx^j = -dx^j \wedge dx^i (dx^i \wedge dx^i = 0)$ を使う. (i) $d\psi = 0$, (ii) $d\psi = dx^1 \wedge dx^2 - dx^2 \wedge dx^1 = 2 dx^1 \wedge dx^2$ (答), (iii) $f_i(x) = x^i/[(x^1)^2 + (x^2)^2], i = 1, 2$ とおくと $\partial_1 f_1 = [(x^2)^2 - (x^1)^2]/[(x^1)^2 + (x^2)^2]^2, \partial_2 f_2 = [(x^1)^2 - (x^2)^2]/[(x^1)^2 + (x^2)^2]^2$. $d\psi = (\partial_1 f_1) dx^1 \wedge dx^2 + (\partial_2 f_2) dx^2 \wedge dx^1 = 2[(x^2)^2 - (x^1)^2]/[(x^1)^2 + (x^2)^2]^2 dx^1 \wedge dx^2$ (答).

2. e_1, e_2 は正規直交基底であるから, $\langle x, x \rangle = \epsilon(e_1)(x^1)^2 + \epsilon(e_2)(x^2)^2$ である.

(i) $\partial_2 [ax^1 F(\langle x, x \rangle)] = 2a\epsilon(e_2) x^1 x^2 F'(\langle x, x \rangle)$. $\partial_1 [bx^2 F(\langle x, x \rangle)] = 2b\epsilon(e_1) \times x^1 x^2 F'(\langle x, x \rangle)$. したがって, $d\psi = 2[b\epsilon(e_1) - a\epsilon(e_2)] x^1 x^2 F'(\langle x, x \rangle) dx^1 \wedge dx^2$ (答).

(ii) $\partial_2 [ax^2 F(\langle x, x \rangle)] = aF(\langle x, x \rangle) + 2a(x^2)^2 \epsilon(e_2) F'(\langle x, x \rangle). \partial_1 [bx^1 F(\langle x, x \rangle)] = (bF(\langle x, x \rangle) + 2b(x^1)^2 \epsilon(e_1) F'(\langle x, x \rangle)$. したがって, $d\phi = \{[(bF(\langle x, x \rangle) + 2b(x^1)^2 \epsilon(e_1) F'(\langle x, x \rangle)] - [aF(\langle x, x \rangle) + 2a(x^2)^2 \epsilon(e_2) F'(\langle x, x \rangle)]\} dx^1 \wedge dx^2 = \{(b-a) F(\langle x, x \rangle) + 2[b(x^1)^2 \epsilon(e_1) - a(x^2)^2 \epsilon(e_2)] F'(\langle x, x \rangle)\} dx^1 \wedge dx^2$ (答).

3. (i) $d\psi = 3 dx^1 \wedge dx^2 \wedge dx^3$.

(ii) $r = \sqrt{(x^1)^2 + (x^2)^2 + (x^3)^2}$ とし，$p(t) := t^3, t > 0, g_i(x) = x^i/p(r)$ とおくと $\partial_i g_i(x) = p(r)^{-1} - x^i p'(r) p(r)^{-2}(\partial_i r) = r^{-3} - 3(x^i)^2 r^{-5}$. したがって，$d\psi = (\partial_1 g_1 + \partial_2 g_2 + \partial_3 g_3) dx^1 \wedge dx^2 \wedge dx^3 = 0$ （答）．

4. $d\psi = n dx^1 \wedge \cdots \wedge dx^n$.

5. $d\omega = (\partial_1 g - \partial_2 f) dx^1 \wedge dx^2$. したがって，$d\omega = 0 \iff \partial_1 g = \partial_2 f$. これが求める必要十分条件．

6. (i) $f = \eta(x^1)^2 - 2x^1 x^2, g = \chi(x^2) - (x^1)^2$ とおくと，$\partial_1 g = -2x^1, \partial_2 f = -2x^1$. したがって，$\partial_1 g = \partial_2 f$ であるから，前問より，ψ は閉である．

(ii) $h = (x^1)^2 - (x^2)^2$ とし，$f = x^2/h, g = -x^1/h$ とおく．$\partial_2 f = h^{-1} - x^2(\partial_2 h) h^{-2} = [(x^1)^2 + (x^2)^2] h^{-2}$. $\partial_1 g = -h^{-1} + x^1(\partial_1 h) h^{-2} = [(x^1)^2 + (x^2)^2] h^{-2}$. したがって，$\partial_2 f = \partial_1 g$ であるから，前問より，ψ は閉である．

7. (i) $f : \mathbb{R}^2 \to \mathbb{R}$ で $\partial_1 f = \eta(x^1) - 2x^1 x^2, \partial_2 f = \chi(x^2) - (x^1)^2$ をみたすものが存在するかどうかを調べればよい．これらの連立微分方程式は簡単にとけて，F, G をそれぞれ，η, χ の原始関数とれば，$f = F + G - (x^1)^2 x^2 + C$ （C は定数）となる．実際，$df = \psi$ となる．したがって，ψ は完全形式である．

(ii) 考え方は (i) と同様．恒等式

$$\frac{x^2}{(x^1)^2 - (x^2)^2} = \frac{1}{2}\left\{\frac{1}{x^1 - x^2} - \frac{1}{x^1 + x^2}\right\}$$

に注意して，微分方程式 $\partial f/\partial x^1 = x^2/[(x^1)^2 - (x^2)^2], \partial f/\partial x^2 = -x^1/[(x^1)^2 - (x^2)^2]$ を解くことにより，$f = (1/2) \log[(x^1 - x^2)/(x^1 + x^2)] + C$ （C は定数）が得られる．これに意味をもたせるために，f の定義域を $D = \{(x^1, x^2) \in \mathbb{R}^2 \mid -1 < x^2/x^1 < 1\}$ に制限して考える．このとき，$df = \psi$. したがって，ψ は $\{x^1 e_1 + x^2 e_2 \mid (x^1, x^2) \in D\}$ 上で完全である．

8. (i) $d\psi = \left(\sum_{i=1}^{n} \partial_i(x^i \rho(r)^{-1})\right) dx^1 \wedge \cdots \wedge dx^n = \left(\frac{n}{\rho} - \frac{r\rho'(r)}{\rho(r)^2}\right) dx^1 \wedge \cdots \wedge dx^n$.

(ii) $d\psi = 0 \iff \rho'/\rho = n/r$. 微分方程式 $\rho'/\rho = n/r$ は容易に解くことができ $\rho(r) = cr^n \cdots (*)$ （$c \neq 0$ は定数）という形にかぎられることがわかる．$(*)$ が求める必要十分条件である．

9章

1. 点 $\mathbf{x} \in S_R^2$ における外向き単位法線ベクトル $\mathbf{n}(\mathbf{x})$ は $\mathbf{n}(\mathbf{x}) = \mathbf{x}/R$ であるから，$\langle \mathbf{x}, \mathbf{n}(\mathbf{x}) \rangle = R$. したがって，$\int_{S_R^2} \langle \mathbf{x}, d\mathbf{S} \rangle = R \times (S_R^2 \text{ の面積}) = 4\pi R^3$.

2. 発散定理の応用により，$\int_{B_R^3} \operatorname{div} \mathbf{x}\, d\mathbf{x} = \int_{S_R^2} \langle \mathbf{x}, d\mathbf{S}\rangle \cdots (*)$（本書で記述した定式化では，厳密に言えば，$S_R^2$ と B_R^3 の北極と南極は除かなければならないが，これらの点は積分に寄与しないことがわかるので，結果的に $(*)$ が成り立つ）．$\operatorname{div}\mathbf{x} = 3$ であるから，問題 1 の結果と合わせると，$3\operatorname{Vol}(B_R^3) = 4\pi R^3$．したがって，$\operatorname{Vol}(B_R^3) = 4\pi R^3/3$．

3. 発散定理を $\mathbf{v}(\mathbf{x}) = \mathbf{x}$ の場合に応用すれば，$\operatorname{div}\mathbf{x} = n$ であるから，求める式を得る．

4. 前問により，$\Omega_n = (1/n)\int_{S_R^{n-1}}\langle \mathbf{x}, d\mathbf{S}\rangle$．点 $\mathbf{x} \in S_R^{n-1}$ における外向き単位法線ベクトル $\mathbf{n}(\mathbf{x})$ は $\mathbf{n}(\mathbf{x}) = \mathbf{x}/R$ で与えられる．したがって，$\langle \mathbf{x}, \mathbf{n}(\mathbf{x})\rangle = R$．ゆえに，$\int_{S_R^{n-1}}\langle \mathbf{x}, d\mathbf{S}\rangle = R\Sigma_n$．よって $\Omega_n = R\Sigma_n/n$．

5. $\mathbf{v}(\mathbf{x}) = f(\mathbf{x})\operatorname{grad}g(\mathbf{x})$ とおくと 7 章の演習問題 8(i) によって
$$\operatorname{div}\mathbf{v}(\mathbf{x}) = \langle \operatorname{grad}f(\mathbf{x}), \operatorname{grad}g(\mathbf{x})\rangle + f(\mathbf{x})\Delta g(\mathbf{x}).$$
したがって，発散定理により，示すべき式を得る．

6. 前問で f と g を入れ換えると
$$\int_D (g\Delta f + \langle \operatorname{grad}f, \operatorname{grad}g\rangle)d\mathbf{x} = \int_{\partial D}\langle g\operatorname{grad}f, d\mathbf{S}\rangle.$$
この式を前問の式から，辺々引けば，示すべき式が得る．

7. $\mathbf{v}(\mathbf{x}) = \operatorname{grad}f(\mathbf{x})$ として，発散定理を応用すればよい．この場合，$\operatorname{div}\mathbf{v}(\mathbf{x}) = \Delta f(\mathbf{x})$ に注意．

8. 仮定と問題 5 より，$\int_D \{f(\mathbf{x})\Delta f(\mathbf{x}) + \|\operatorname{grad}f(\mathbf{x})\|^2\}d\mathbf{x} = 0$．$f$ は調和関数であるから，$\Delta f = 0$．したがって，$\int_D \|\operatorname{grad}f(\mathbf{x})\|^2 d\mathbf{x} = 0$．これは，$\|\operatorname{grad}f(\mathbf{x})\|^2 = 0$, $\mathbf{x} \in D$ を意味する．したがって，$\operatorname{grad}f(\mathbf{x}) = 0$．ゆえに f は定数．

9. この問題の f は前問の仮定をみたす．したがって，$f(\mathbf{x}) = c, \mathbf{x} \in D$（$c$ は定数）．任意の $\mathbf{x} \in \partial D$ に対して，$\mathbf{x}_n \to \mathbf{x}\,(n\to\infty)$ となる $\mathbf{x}_n \in D$ がとれる．$f(\mathbf{x}_n) = c$ である．そこで，$n \to \infty$ とすれば，f の連続性により，$f(\mathbf{x}) = c$．しかし，$f(\mathbf{x}) = 0$ であるから，$c = 0$．よって，$f(\mathbf{x}) = 0, \mathbf{x} \in D$．

10 章

1. 任意の $x, y \in V, h \in \mathbb{R}\setminus\{0\}$ に対して，$U(x+hy) = k(\|x\|^2 + 2h\langle x, y\rangle + h^2\|y\|^2)/2$．これは h について微分可能であり，$dU(x+hy)/dh|_{h=0} = \langle kx, y\rangle$．これと命題 7.2 によって，$\operatorname{grad}U(x) = kx$．

（別解）V に正規直交基底 $e_1, \cdots, e_d$ をとって，$x = \sum_{i=1}^d x^i e_i$ と展開すれば，$U(x) = (k/2)\sum_{i=1}^d (x^i)^2$．したがって，$\partial U(x)/\partial x^i = kx^i$．ゆえに，$\operatorname{grad}U(x) = k\sum_{i=1}^n \partial_i U(x)e_i = kx$.

演習問題の解答（略解）　　355

2. 任意の $x \setminus \{x_0\}, y \in V, h \in \mathbb{R} \setminus \{0\}$ に対して

$$U(x+hy) = -\frac{GM}{\sqrt{\|x-x_0\|^2 + 2h\langle x-x_0, y\rangle + h^2\|y\|^2}} + c.$$

これは h について微分可能であり，$dU(x+hy)/dh|_{h=0} = GM\frac{\langle x-x_0, y\rangle}{\|x-x_0\|^3}$. したがって，$\operatorname{grad} U(x) = GM(x-x_0)/\|x-x_0\|^3$.

（別解）問題1の別解のように成分表示でやってもよい．

3. $f(t) = H(x+ty, p), x \in D, y, p \in V$ （$t \in \mathbb{R}$ で $|t|$ は十分小）とおくと，$f'(t) = (d/dt)U(x+ty) = U'(x+ty, y)$. したがって，$f'(0) = U'(x, y) = \langle \operatorname{grad} U(x), y\rangle$. ゆえに $H_x(x,p) = \operatorname{grad} U(x)$. 同様に，$g(t) = H(x, p+ty)$ とおくと，$g'(0) = (d/dt)\|p+ty\|^2/(2m)|_{t=0} = \langle p/m, y\rangle$. したがって，$H_p(x,p) = p/m$.

4. $g(r) := \int_r^\infty \Phi(s)ds, r > 0$ とおくと

$$U(x+hy) = g(\|x+hy\|) = g(\sqrt{\|x\|^2 + 2h\langle x, y\rangle + h^2\|y\|^2}).$$

合成関数の微分法により，$U(x+hy)$ は h について微分可能であり，$dU(x+hy)/dh|_{h=0} = \langle x, y\rangle g'(\|x\|)/\|x\| = -\langle x, y\rangle \Phi(\|x\|)/\|x\|$. したがって，$\operatorname{grad} U(x) = -\Phi(\|x\|)x/\|x\|$.

5. (i) $x \in D, t \in \mathbb{R}, v, y \in V$（$|t|$ は十分小）に対して，$L(x+ty, v) = m\|v\|^2/2 - U(x+ty)$ であるから，$dL(x+ty, v)/dt|_{t=0} = -U'(x, y) = -\langle \operatorname{grad} U(x), y\rangle = \langle F(x), y\rangle$. したがって，$L_x(x, v) = F(x)$.

(ii) $L(x, v+ty) = m\|v+ty\|^2/2 - U(x)$ であるから，$dL(x, v+ty)/dt = \langle mv, y\rangle$. これは $L_v(x, v) = mv$ を意味する．

(iii) (ii) と運動方程式および (i) から，$(d/dt)L_v(X(t), v(t)) = (d/dt)mv(t) = m\ddot{X}(t) = F(x) = L_x(x, v)$.

6. (i) $\dot{X}(t) = ce_0 + \sum_{j=1}^3 v^j e_j$. したがって，$\langle \dot{X}(t), \dot{X}(t)\rangle = c^2 - \sum_{j=1}^3 (v^j)^2 = c^2 - \mathbf{v}^2 > 0$.

(ii) (i) により，$T_0(t) = c^{-1}\int_0^t \sqrt{c^2 - \mathbf{v}^2}ds = \sqrt{1 - (\mathbf{v}^2/c^2)}t$.

7. (i) $\dot{\gamma}(s) = \lambda\omega[(\cosh\omega s)e_0 + (\sinh\omega s)e_1]$. したがって，$\langle\dot{\gamma}(s), \dot{\gamma}(s)\rangle = \lambda^2\omega^2[(\cosh\omega s)^2 - (\sinh\omega s)^2] = \lambda^2\omega^2 > 0 \cdots (*)$. ゆえに，この運動は時間的である．

(ii) $\gamma^0(s) = \lambda\sinh\omega s, \gamma^1(s) = \lambda\cosh\omega s$ であるから，$\gamma^1(s) > 0$ であり，$(\gamma^1(s))^2 - (\gamma^0(s))^2 = \lambda^2$. したがって，$\gamma$ の像は双曲線 $(x^1)^2 - (x^0)^2 = \lambda^2, x^1 > 0$ の中にある．逆に，この双曲線の任意の1点 (x^0, x^1) に対して $(x^0, x^1) = (\gamma^0(s), \gamma^1(s))$ となる s があることは容易にわかる．

(iii) (∗) により，$T(t) = c^{-1}\int_0^t \lambda\omega ds = \lambda\omega t/c$.

(iv) (iii) より，$T^{-1}(\tau) = \nu\tau$. ただし，$\nu := c/(\omega\lambda)$. したがって，$X(\tau) = \gamma(\nu\tau)$. これから，$dX(\tau)/d\tau = \nu\dot\gamma(\nu\tau)$, $d^2X(\tau)/d\tau^2 = \nu^2\ddot\gamma(\nu\tau)$. 他方，$\ddot\gamma(s) = \omega^2\gamma(s)$. したがって，$d^2X(\tau)/d\tau^2 = \nu^2\omega^2X(\tau) = (c^2/\lambda^2)X(\tau) = (k/m)X(\tau)$. したがって，$F(x) = kx$.

付録 A

1. (i) は，和集合と共通部分の定義からすぐにわかる．

(ii) $x \in (A \cup B) \cup C \iff$ 「$x \in A \cup B$ または $x \in C$」 $\iff$ 「$x \in A$ または $x \in B$ または $x \in C$」 $\iff$ 「$x \in A$ または $x \in B \cup C$」 $\iff x \in A \cup (B \cup C)$. したがって，$(A \cup B) \cup C = A \cup (B \cup C)$.

$x \in (A \cap B) \cap C \iff$ 「$x \in A \cap B$ かつ $x \in C$」 $\iff$ 「$x \in A$ かつ $x \in B$ かつ $x \in C$」 $\iff$ 「$x \in A$ かつ $x \in B \cap C$」 $\iff x \in A \cap (B \cap C)$. したがって，$(A \cap B) \cap C = A \cap (B \cap C)$.

(iii) $A \cup (B \cap C) = (A \cup B) \cap (A \cup C)$ の証明：$x \in A \cup (B \cap C)$ とすれば，$x \in A$ または 「$x \in B$ かつ $x \in C$」．$x \in A$ ならば，$x \in A \cup B$ かつ $x \in A \cup C$. したがって，$x \in (A \cup B) \cap (A \cup C)$. また，$x \in B$ かつ $x \in C$ ならば，$x \in A \cup B$ かつ $x \in A \cup C$. ゆえに，いずれの場合でも，$x \in (A \cup B) \cap (A \cup C)$. よって，$A \cup (B \cap C) \subset (A \cup B) \cap (A \cup C)$.

次に $x \in (A \cup B) \cap (A \cup C)$ としよう．このとき，$x \in A \cup B$ かつ $x \in A \cup C$. これから，次の4つの場合が可能：(a) $x \in A$；(b) $x \in A$ かつ $x \in C$；(c) $x \in B$ かつ $x \in A$；(d) $x \in B$ かつ $x \in C$. したがって，$x \in A \cup (A \cap C) \cup (A \cap B) \cup (B \cap C)$. 容易にわかるように，$A \cup (A \cap C) \cup (A \cap B) = A$. したがって，$x \in A \cup (B \cap C)$.

$A \cap (B \cup C) = (A \cap B) \cup (A \cap C)$ の証明：$x \in A \cap (B \cup C)$ ならば，$x \in A$ かつ $x \in B \cup C$. したがって，$x \in A \cap B$ または $x \in A \cap C$. ゆえに，$A \cap (B \cup C) \subset (A \cap B) \cup (A \cap C)$.

次に $x \in (A \cap B) \cup (A \cap C)$ とする．このとき，$x \in A \cap B$ または $x \in A \cap C$. $x \in A \cap B$ ならば，$x \in A$ かつ $x \in B$ であるから，$x \in A \cap (B \cup C)$. また，$x \in A \cap C$ ならば，$x \in A$ かつ $x \in C$ であるから，$x \in A \cap (B \cup C)$. したがって，いずれの場合でも，$x \in A \cap (B \cup C)$. ゆえに，$(A \cap B) \cup (A \cap C) \subset A \cap (B \cup C)$.

2. (i) $A \subset B$ とする．$x \in B^c$ ならば，$x \notin B$. したがって，$x \notin A$. ゆえに $x \in A^c$. よって $B^c \subset A^c$.

(ii) これは補集合の定義からただちにしたがう．

(iii) $(A \cup B)^c = A^c \cap B^c$ の証明：$x \in (A \cup B)^c$ ならば $x \notin A \cup B$. これは，$x \notin A$ かつ $x \notin B$ を意味する．すなわち，$x \in A^c \cap B^c$. したがって，$(A \cup B)^c \subset A^c \cap B^c$.

逆に，$x \in A^c \cap B^c$ とすれば，$x \in A^c$ かつ $x \in B^c$. したがって，$x \notin A \cup B$. ゆえに $x \in (A \cup B)^c$. よって $A^c \cap B^c \subset (A \cup B)^c$.

$(A \cap B)^c = A^c \cup B^c$ の証明：前半で証明した式 $(A \cup B)^c = A^c \cap B^c$ において，A, B をそれぞれ，A^c, B^c に置き換え，(ii) の第3式を用いると，$(A^c \cup B^c)^c = A \cap B$. そこで，両辺の補集合を考え，再び (ii) の第3式を使えば，証明すべき式が得られる．

3. $\mathbb{N}_n$ の任意の空でない部分集合は $i_1, \cdots, i_p$ $(1 \leq i_1 < \cdots < i_p \leq n)$ という形をもつ．このような部分集合の個数は $(n$ 個の中から相異なる p 個の対象を選ぶ場合の数に等しいから) ${}_nC_p := n!/[(n-p)!p!]$ である．したがって，$P(\mathbb{N}_n)$ の元の個数は $1 + \sum_{p=1}^{n} {}_nC_p = (1+1)^n = 2^n$.

4. $\left(\bigcup_{\lambda \in \Lambda} A_\lambda\right)^c = \bigcap_{\lambda \in \Lambda} A_\lambda^c$ の証明：$x \in \left(\bigcup_{\lambda \in \Lambda} A_\lambda\right)^c$ とすれば，$x \notin \bigcup_{\lambda \in \Lambda} A_\lambda$. したがって，$x \notin A_\lambda, \forall \lambda \in \Lambda$. ゆえに $x \in A_\lambda^c, \forall \lambda \in \Lambda$. すなわち，$x \in \bigcap_{\lambda \in \Lambda} A_\lambda^c$. よって $\left(\bigcup_{\lambda \in \Lambda} A_\lambda\right)^c \subset \bigcap_{\lambda \in \Lambda} A_\lambda^c$. いまの議論を逆にたどることにより，逆の包含関係が示される．

$\left(\bigcap_{\lambda \in \Lambda} A_\lambda\right)^c = \bigcup_{\lambda \in \Lambda} A_\lambda^c$ の証明：前半に証明した式において，A_λ のかわりに A_λ^c を考えると $\left(\bigcup_{\lambda \in \Lambda} A_\lambda^c\right)^c = \bigcap_{\lambda \in \Lambda} A_\lambda$. そこで，両辺の補集合をとればよい．

5. $x \neq 1/\sqrt{2}$ ならば，$x \sim x$ は成立しない．したがって，反射律はみたされない．$x^2 + y^2 = 1$ ならば $y^2 + x^2 = 1$ であるから，対称律はみたされる．$x^2 + y^2 = 1, y^2 + z^2 = 1 (x, y, z \in \mathbb{R})$ のとき，$x^2 + z^2 = 2x^2 = 2z^2$ であるから，推移律はみたされない．

6. (A.23) の証明：$y \in f(\bigcap_{\lambda \in \Lambda} A_\lambda)$ ならば，$x \in \bigcap_{\lambda \in \Lambda} A_\lambda$ で $y = f(x)$ をみたすものがある．$x \in A_\lambda, \forall \lambda \in \Lambda$ であるから，$y \in \bigcap_\lambda f(A_\lambda)$. したがって，$f(\bigcap_{\lambda \in \Lambda} A_\lambda) \subset \bigcap_\lambda f(A_\lambda)$.

(A.24) の証明：$x \in f^{-1}(\bigcup_{\lambda \in \Lambda} B_\lambda) \iff f(x) \in \bigcup_{\lambda \in \Lambda} B_\lambda \iff$ 「ある $\lambda_0 \in \Lambda$ があって，$f(x) \in B_{\lambda_0}$. すなわち，$x \in f^{-1}(B_{\lambda_0}) \iff x \in \bigcup_{\lambda \in \Lambda} f^{-1}(B_\lambda)$.

(A.25) の証明：$x \in f^{-1}(\bigcap_{\lambda \in \Lambda} B_\lambda) \iff f(x) \in \bigcap_{\lambda \in \Lambda} B_\lambda \iff f(x) \in B_\lambda, \forall \lambda \in \Lambda \iff x \in f^{-1}(B_\lambda), \forall \lambda \in \Lambda \iff x \in \bigcap_{\lambda \in \Lambda} f^{-1}(B_\lambda)$.

7. (i) $I_X : X \to X$ は全単射であるから，$X \sim X$. (ii) $X \sim Y$ とすれば，全単射 $f : X \to Y$ がある．系 A.10 によって，$f^{-1} : Y \to X$ は全単射である．したがって，$Y \sim X$. (iii) $X \sim Y, Y \sim Z$ とすれば，全単射 $f : X \to Y$ と全単射 $g : Y \to Z$ がある．定理 A.11 によって，$g \circ f : X \to Z$ は全単射である．したがって，$X \sim Z$.

8. (i) $\mathbf{a} = \mathbf{a}$ であるから，$C_R(\mathbf{a}) \sim C_R(\mathbf{a})$. ゆえに反射律が成立．$C_R(\mathbf{a}) \sim C_{R'}(\mathbf{a'})$ ならば，$\mathbf{a} = \mathbf{a'}$ であるから，$\mathbf{a'} = \mathbf{a}$. したがって，$C_{R'}(\mathbf{a'}) \sim C_R(\mathbf{a})$. ゆえに対称律が成立．$C_R(\mathbf{a}) \sim C_{R'}(\mathbf{a'}), C_R(\mathbf{a'}) \sim C_{R''}(\mathbf{a''})$ としよう．このとき，

$\mathbf{a} = \mathbf{a}', \mathbf{a}' = \mathbf{a}''$ であるから,$\mathbf{a} = \mathbf{a}''$. したがって,$C_R(\mathbf{a}) \sim C_{R''}(\mathbf{a}'')$. ゆえに推移律が成立.

(ii) 写像 $f : \mathsf{C}_{\mathbb{R}^2}/\sim \to \mathbb{R}^2$ を $f([C_R(\mathbf{a})]) := \mathbf{a}$ ($[C_R(\mathbf{a})]$ は円 $C_R(\mathbf{a})$ の同値類) によって定義できる($\because$ 各同値類に対して,それに属する円の中心は同一).$f([C_R(\mathbf{a})]) = f([C_{R'}(\mathbf{a}')])$ ならば,f の定義によって,$\mathbf{a} = \mathbf{a}'$. したがって,$C_R(\mathbf{a}) \sim C_{R'}(\mathbf{a}')$. ゆえに $[C_R(\mathbf{a})] = [C_{R'}(\mathbf{a}')]$. したがって,$f$ は単射.次に,任意の $\mathbf{r} \in \mathbb{R}^2$ に対して,$f([C_R(\mathbf{r})]) = \mathbf{r}$ であるから,f は全射である.

索引

【欧文】

f による x の像　325
f による像　327
f の n 乗　329
f の像　326
f の値域　327
f の変数　327

G によって定まる関係　322

$(n+1)$ 次元の標準ミンコフスキーベクトル空間　97
n 階導関数　180
n 階微分係数　219, 229
n 回連続微分可能　230
n 次元矩形　322
n 次元実座標空間　5
n 次元数空間　50
n 次元数ベクトル空間　5
n 次元の標準複素ユークリッドベクトル空間　97
n 次元の標準ユークリッドベクトル空間　97
n 次元複素座標空間　5
n 次元閉矩形　322
n 次元ユニタリ空間　97
n 次元ラプラシアン　221, 273
n 次の行列　6
n 直積　322

p 階共変テンソル　67
p 階対称テンソル　72
p 階反変テンソル　66
p 鎖体　279
p 鎖体の台　279
p 次線形形式　61

p 次線形汎関数　61
p 重テンソル積　65
p-線形写像　60
p-線形写像の空間　62
p-線形性　60
p チェイン　279
p 直方体　276
p-ベクトル　72
p 方体　275

(r,s) 型テンソル空間　67
$\mathbb{R}^n$ におけるラプラシアン　221
r 近傍　155

V 上の 1 次式　227

x_i 軸　8
X 上の実数値関数　326
X 上の写像　326
X 上の複素数値関数　326

【ア】

跡　9
アファイン空間　48
アファイン座標系　55
アファイン座標変換　56
アファイン写像　56
アファイン性　56
アファイン的計量同型写像　164
アファイン同型　57
アファイン変換　56
アーベル変換群　197
アルキメデスの原理　313

【イ】

位相　157
位相空間　157
一意性の問題　195
一意的　195
1 次形式　38
1 次結合　9
1 次従属　11
1 次独立　11
1 対 1　329
1 パラメータ変換群　197
位置ベクトル　52
位置ベクトル空間　52
1 階の常微分作用素　45
一般線形変換群　197

【ウ】

上への写像　329
渦なしの流れ　313
運動エネルギー　299
運動曲線　304

【エ】

エネルギー成分　308
エルミート共役　9
エルミート行列　9
円環領域　278
円柱螺線　200

【オ】

オイラーの運動方程式　311
オイラー–ラグランジュ方程式　315
同じ向き　90, 185

【カ】

開球　155

索引

解曲線　192
開集合　155, 161, 163
開集合の全体　156
階数　29
外積　81
　　——の反対称性　82
　　——の非退化性　87
解析力学　315
回転　235
外点　158
解の存在の問題　195
外微分　257
外微分作用素　257, 263
ガウス-オストグラッキーの定理　291
ガウスの定理　290
可換変換群　197
可逆　21
核　29
角　109
拡大　327
拡張　327
角度　108
可算無限　333
加速度　295
合併集合　318
可微分　279
　　——な曲 p 方体　275
可付番　333
関係　322
関数行列　226
関数行列式　245
慣性系　306
慣性座標系　306
完全　266
完全形式　266
完全流体　310

【キ】

幾何学的対象　186
幾何学的な量　186
幾何学的ベクトル　53
規格化　102
基準ベクトル空間　48
基数　333
奇置換　330
基底　14
軌道角運動量　301
軌道角運動量保存則　302
逆作用素　30
逆写像　329
逆置換　330

逆の向き　90
逆ベクトル　2
逆向き　185
　　——のパラメータ表示　187
球面　157, 166
境界　159
境界作用素　283
境界集合　159
境界点　159
境鎖体　280, 281, 283
共通部分　319, 321
共変次数　68
共変対称テンソルの標準形　79
共変テンソルの成分　67
　　——の変換　67
共変テンソル場　250
境面　280
共役作用素　128
共役写像　128
共役ベクトル　42
行列から定まる線形作用素　29
行列式　45
行列成分　5
行列表示　36
行列要素　5
曲 p 方体　275
曲 p 方体 c の台　276
極限　153, 162
極限値　170
曲線　174
　　——の長さ　182
　　——の向き　185
　　——のリーマン積分　181
曲線図形　184
　　——に沿うベクトル場の線積分　216
曲面　276
曲率半径　188
曲率ベクトル　188
距離　108, 154
距離関数　154
距離空間　155
近傍　155

【ク】

空間座標　306
空間的運動　304
空間的ベクトル　303
空集合　319
偶置換　330
区分的に滑らか　175
グラディエント　212

グラム-シュミットの直交化　109
グリーン-ストークスの定理　289
グリーンの公式　289
グリーンの定理　289
クロネッカーのデルタ　6

【ケ】

係数体　1
計量　94
　　——の成分　114
　　——の符号数　112
　　——を用いてのトレースの表示　150
計量アフィン空間　162
計量関数　170
計量関数の連続性　172
計量行列　115
計量全体からなる集合　118
計量テンソル　95
計量テンソル場　252
計量同型　122, 164
計量同型写像　121
計量ベクトル空間　94
　　——の全体　122
ゲージ関数　310
ゲージ対称性　310
ゲージ不変性　310
ゲージ変換　310
原点　2

【コ】

合成写像　328, 329
交代行列　9, 150
交代テンソル　72
恒等作用素　28
恒等写像　326
恒等置換　330
勾配　212
勾配作用素　212
勾配ベクトル　212
勾配ベクトル場　234
互換　330
コーシー・シュヴァルツの不等式　107
弧長　187
弧長パラメータ表示　188
古典電磁気学　309
古典力学　294
固有空間　45
固有時　304

固有時パラメータ 304
固有値 44
固有ベクトル 44
固有ベクトル方程式 45
混合テンソル 68
混合テンソル場 251

【サ】
差 4, 318
差集合 318
座標 20, 55
座標関数 208, 326
座標系 20
　——の変換行列 22
座標時間 306
座標軸 56
座標表示 20
座標変換公式 22
作用 326
作用素の分解定理 129
3 回微分可能 218
3 階微分係数 218
3 角不等式 107
3 次元的速度 307

【シ】
始域 325
時間的運動 304
時間的ベクトル 303
時空融合体 307
次元定理 34
自己共役行列 115
自己準同型写像 36
自己随伴行列 115
実 n 次元数ベクトル空間 5
実行列 6
実計量ベクトル空間 94
実スカラー場 204
実線形汎関数 39
実対称行列 8
質点 294
　——の軌道 294
実内積空間 96
実反対称行列 9
実ベクトル空間 2
始点 174
磁場 232
自明な部分空間 8
射影 326
写像 325
　——のグラフ 327
　——の相等 328

シュヴァルツの不等式 106
終域 325
集合から生成されるベクトル空間 10
集合族 320
集合の相等 318
収束する 153
従属する 13
収束列 153
終点 174
自由ベクトル 53
重力加速度 297
重力定数 191
縮退 45
縮約 69
瞬間変化率 199
準距離 163
順序対 321
順序づけられた組 321
準双線形性 95
純テンソル 62
商集合 325
商線形空間 25
商ベクトル空間 25
初期条件 194
初期値 194
初期値境界値問題 311
初期値問題 194
シルヴェスターの慣性の法則 80
真空の誘電率 191
真部分集合 318

【ス】
推移律 323
随伴作用素 128
数ベクトル 5
スカラー 1
スカラー曲率 188
スカラー乗法 2
スカラー値関数 204
スカラー場 204
スカラー倍 2
スカラー場の体積積分 242
スター作用素 142
ストークスの定理 238, 287, 290

【セ】
正規直交基底 102
　——の完全性 120
正規直交座標 166

正規直交座標系 102, 166
制限 327
静止エネルギー 308
正射影 105, 121
静止流体 311
生成される部分空間 10
正則 21
　——な可微分曲線 184
　——な曲線図形 184
　——な自己共役行列の全体 118
正則曲面 241
正値計量アフィン空間 162
正定値 96, 117
　——の自己共役行列の全体 118
正定値行列 117
正の基底 91
正の元 91
正の向きのパラメータ表示 187
成分 20
成分関数 172, 180
成分表示 20
正方行列 6
世界線 304
積 319
積分 181, 243
　——に関するシュヴァルツの不等式 107
積分曲線 192
積分方程式 194
接空間 242
接線 177
絶対値 98
絶対的同型 32
接ベクトル 176, 242
接ベクトル空間 52
ゼロベクトル 2
線形演算子 28
線形空間 1
線形形式 39
線形結合 9
線形構造 4
線形座標系 20, 55
線形作用素 28
　——の一意性定理 30
　——の積 31
　——のテンソル積 87
線形写像 28
線形従属 11
線形性 28

線形独立　11
線形汎関数　124
線形汎関数　38
線形復元力の場　297
線形部分空間　7
全射　329
線積分　215
全単射　329
前ヒルベルト空間　96

【ソ】

素 p 鎖体　276
素 p チェイン　276
双一次形式　61
双一次汎関数　61
双線形形式　61
双線形写像　61
双線形汎関数　61
相対的同型　32
双対基底　40
　　——の変換則　41
双対空間　39
　　——の計量　127
双対作用素　43
双対写像　43
双対直交補空間　43
双対ベクトル場　250
添え字上げ　126
添え字下げ　126
添え字集合　318, 321
添え字付けられた集合　318
速度　199, 295
速度ポテンシャル　313
束縛ベクトル　52
外向き法ベクトル　246

【タ】

第 2 双対空間　42
第 i 座標関数　326
第 i 座標軸　20
第 i 成分　322
第 n 項　152
第 n 成分　152
対称　129
対称化作用素　75
対称共変テンソル場　251
対称行列　8
対称積　80
　　——の可換性　80
対称テンソル積空間の計量　134
対称部分　77, 130, 236

対称律　323
代数的同型　122
対数螺線　202
対等　333
代表元　325
互いに素　319
高階の導関数　179
多項式の全体　9
多重指数　135
多重線形写像　61
多重線形性　61, 62
多重度　45
多様体　242
ダランベールシャン　221, 273
単位行列　6
単位接ベクトル　188
単位ベクトル　102
単射　329
単純　45
単テンソル　62

【チ】

値域　29, 326
力のモーメント　302
置換　330
　　——の符号　330
置換作用素　71
置換全体の集合　330
抽象的ストークスの定理　287
抽象ベクトル空間　4
中心力場　302
中心力　302
超平面　54
調和関数　220, 272
調和形式　272
調和振動子　297
調和ベクトル場　239
直積　321
直線　54
直線座標系　20
直和　11
直和計量ベクトル空間　99
直和ベクトル空間　23, 24
直交行列　121
直交系　102
直交座標系　102
直交射影　105
直交する　102
直交変換　121
直交補空間　104

【ツ】

通常点　176

【テ】

底　14
定義域　325
定常である　199
定常流　199, 313
定数作用素　45
底変換の行列　22
定力場　297
　　——における運動　297
展開　20
展開係数　20
展開定理　119
電気的クーロン力の場　191
電磁テンソル場　309
電磁場テンソル　309
電磁場の基礎方程式　309
電磁ポテンシャル　309
点スペクトル　45
テンソル　62
　　——の成分　66
　　——の成分の反対称化　86
　　——の積　65
　　——の展開式　65
テンソル空間　62
テンソル縮約　69
テンソル積　62, 65
　　——の p-線形性　62
テンソル積空間　62
　　——の計量　131
テンソル積作用素　88
　　——のトレース　89
テンソル場　250
　　——の引き戻し　252
電場　232
点列　152, 163

【ト】

等位面　214
導関数　175, 224
同型　32
同型写像　31
同型定理　35, 124
等速運動　297
等速円運動　297
等速直線運動　296, 316
等速度運動　297
同値　186, 323
同値関係　323
同値類　324

索　引　363

同伴する計量　127
等ポテンシャル面　214
特異 p 鎖体　279
特異 p チェイン　279
特異 p 方体　275
特異点　176
特殊相対性理論　303
時計の遅れ　316
ド・ジッター空間　167
ド・モルガンの法則　320
トレース　9, 47

【ナ】

内積　96
　——の正定値性　99
　——の連続性　153
内積空間　96
内点　158
内部積　76
内部積作用素　76
ナヴィエ–ストークスの方程式　311
滑らか　175

【ニ】

2 階導関数　179
2 回微分可能　217
2 階微分係数　218
2 回連続微分可能　179
ニュートンの運動方程式　295
ニュートンの万有引力の場　298

【ネ】

熱　232
粘性流体　310

【ノ】

濃度　333
ノルム　95
　——の連続性　153

【ハ】

発散　231
発散作用素　234
発散定理　290, 291
場の流れ　232
場の流出量密度　233
場の流量　232
ハミルトニアン　301
ハミルトン関数　301
ハミルトン方程式　301

速さ　295
パラメータ空間　184
パラメータ付き m 次元図形　241
パラメータ表示　184, 241
パラメータ変換　184
反エルミート行列　150
反自己共役　150
反射律　323
反線形　125
反線形作用素　125
反線形性　95
反対称　129
反対称化作用素　75
反対称共変テンソル場　251
反対称行列　9, 150
反対称テンソル　72
　——の外積　81
　——の成分　85
反対称テンソル空間の基底　84
反対称テンソル積空間の計量　136
反対称反変テンソル場　259
　——に関する外微分作用素　260
反対称部分　77, 130, 236
反変次数　68
反変テンソルの成分の変換　66
反変テンソル場　251
反変ベクトル　42
万有引力定数　298
万有引力の場　191

【ヒ】

非圧縮性流体　310
光的運動　304
光的ベクトル　303
引き戻し　253
非相対論的極限　308
ピタゴラスの定理　104
左手系　91
微分可能　175, 223
微分形式　207, 251
微分係数　175, 207, 223, 224
微分方程式に同伴する流れ　198
微分方程式の解　192
表現定理　124
標準 p 方体　275
標準位相　161
　——で収束する　162

標準型正規直交基底　112, 116
標準基底　17, 18
標準形　116
標準的同型　32
標準同型　128
標準内積　97
標準ミンコフスキー計量　97
標的空間　325

【フ】

複素 n 次元数ベクトル空間　5
複素共役　9
複素行列　6
複素計量ベクトル空間　94
複素スカラー場　204
複素線形汎関数　39
複素対称行列　8
複素内積空間　96
複素反対称行列　8
複素ベクトル空間　2
複素ミンコフスキー空間　166
複素ミンコフスキーベクトル空間　97, 123
複素ユークリッド空間　165
複素ユークリッドベクトル空間　111, 123
符号　103
符号数　80, 112, 116
不定計量　97
不定計量アファイン空間　162
不定計量空間　97
不定計量ベクトル空間　97
負定値　97
不定内積　97
不定内積空間　97
負の基底　91
負の元　91
部分アファイン空間　53
部分空間　7
　——の和　10
部分集合　318
不変体積要素　244
浮力　312

【ヘ】

閉円盤　277
閉球　157
閉曲線　174
平均値の定理　206
閉形式　266
平行　53, 55

平行4辺形　139
平行6面体　140
平行移動　49, 50
平行類　51
閉集合　157, 162, 163
並進　49, 50
閉包　157
平面波　222
ベキ集合　320
ベキ等作用素　74
ベクトル　1
　——の差　4
　——の符号　103
ベクトル空間　1
　——の公理系　1
ベクトル空間同型　122
ベクトル積　145
ベクトル値関数　7, 170
ベクトル値積分　181
ベクトル場　7, 190
　——から定まる流れ　199
　——に関するテイラーの公式　226
　——に同伴する1階の微分方程式　192
　——に同伴するn階の微分方程式　192
　——の回転　235
　——の積分　215
　——の微分　223
　——の面積分　245
ベクトル列　152
　——の収束　153
ベッセルの不等式　106
ベルヌーイの定理　313
変換群　196

【ホ】
ポアンカレの補題　267
方向微分　223
方向微分可能　205
方向微分係数　205
法線ベクトル　245
法ベクトル　245
法ベクトル場　245
星型集合　211
補集合　320

保存力の場　300
ホッジのスター作用素　142
ポテンシャル　234, 300
ポテンシャルエネルギー　300
ポテンシャル関数　234

【マ】
マクスウェル方程式　309
正則超曲面　241
交わり　319

【ミ】
右手系　91
ミンコフスキー空間　166
ミンコフスキー計量　113
ミンコフスキーベクトル空間　113, 123

【ム】
向きづけ　91, 187
向きづけられた基底　90
向きを逆にするパラメータ変換　185
向きを保つ底変換　91
向きを保つパラメータ変換　185, 246
無限次元　16
無限集合　318
結び　318

【メ】
面ベクトル　139

【ヤ】
ヤコビアン　245
ヤコビ行列　226

【ユ】
有限次元　16
有限集合　318
有限生成　10
ユークリッド空間　165
ユークリッド平面　334
ユークリッドベクトル空間　110, 123
ユニタリ行列　121
ユニタリ変換　121

【ヨ】
4次元運動量　305
4次元加速度　305
4次元速度　305
4次元電流密度　309
余微分　269
余微分作用素　269

【ラ】
ラグランジュ関数　315
ラプラシアン　220
ラプラス作用素　220
ラプラス–ベルトラーミ作用素　272
ラプラス方程式　220

【リ】
力学的エネルギー　300
　——の保存則　300
力場　295
流線　199
流束密度　233
流体　232

【レ】
零行列　6
0次元　16
零写像　6, 7, 37
零ベクトル　2
連続　170
　——なベクトル場　190
　——な力学系　198
　——の方程式　233, 310
連続関数の全体　6
連続体濃度　333
連続微分可能　175

【ロ】
ローレンツ基底　114
ローレンツ座標系　306

【ワ】
歪対称行列　9, 150
和集合　318, 321

著者紹介

新井 朝雄(あらい あさお)

1976年　千葉大学理学部物理学科卒業
1979年　東京大学大学院理学研究科修士課程修了
現　在　北海道大学名誉教授，理学博士
研究分野　数理物理学，数学，哲学，数理芸術学
主要著書　『フォック空間と量子場　上下』(日本評論社)，
　　　　　『多体系と量子場』(岩波書店)，
　　　　　『ヒルベルト空間と量子力学』(共立出版)，
　　　　　『対称性の数理』(日本評論社)，
　　　　　『量子力学の数学的構造Ⅰ，Ⅱ』(共著，朝倉書店)，
　　　　　『場の量子論と統計力学』(共著，日本評論社)，
　　　　　『現代物理数学ハンドブック』(朝倉書店)，
　　　　　『物理現象の数学的諸原理』(共立出版)，
　　　　　『量子現象の数理』(朝倉書店)，
　　　　　『物理の中の対称性』(日本評論社)，
　　　　　『美の中の対称性』(日本評論社)，
　　　　　『複素解析とその応用』(共立出版)，
　　　　　『量子統計力学の数理』(共立出版)，
　　　　　『量子数理物理学における汎関数積分法』(共著，共立出版)

現代ベクトル解析の原理と応用

2006年2月10日　初版1刷発行
2022年4月25日　初版4刷発行

著　者　新井朝雄 ⓒ2006
発行者　南條光章
発行所　共立出版株式会社
　　　　東京都文京区小日向 4-6-19
　　　　電話　東京 (03)3947-2511 番(代表)
　　　　郵便番号 112-0006
　　　　振替口座 00110-2-57035
　　　　URL www.kyoritsu-pub.co.jp

印　刷　加藤文明社
製　本　ブロケード

検印廃止
NDC 413, 414.7, 415.5, 421.5
ISBN 978-4-320-01817-4

一般社団法人
自然科学書協会
会員
Printed in Japan

JCOPY　<出版者著作権管理機構委託出版物>
本書の無断複製は著作権法上での例外を除き禁じられています．複製される場合は，そのつど事前に，出版者著作権管理機構（TEL: 03-5244-5088, FAX: 03-5244-5089, e-mail: info@jcopy.or.jp）の許諾を得てください．

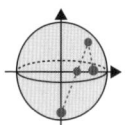

◆ **色彩効果の図解と本文の簡潔な解説により数学の諸概念を一目瞭然化！**

ドイツ Deutscher Taschenbuch Verlag 社の『dtv-Atlas事典シリーズ』は，見開き２ページで１つのテーマが完結するように構成されている。右ページに本文の簡潔で分り易い解説を記載し，かつ左ページにそのテーマの中心的な話題を図像化して表現し，本文と図解の相乗効果で理解をより深められるように工夫されている。これは，他の類書には見られない『dtv-Atlas 事典シリーズ』に共通する最大の特徴と言える。本書は，このシリーズの『dtv-Atlas Mathematik』と『dtv-Atlas Schulmathematik』の日本語翻訳版である。

カラー図解 数学事典

Fritz Reinhardt・Heinrich Soeder［著］
Gerd Falk［図作］
浪川幸彦・成木勇夫・長岡昇勇・林　芳樹［訳］

数学の最も重要な分野の諸概念を網羅的に収録し，その概観を分り易く提供。数学を理解するためには，繰り返し熟考し，計算し，図を書く必要があるが，本書のカラー図解ページはその助けとなる。

【主要目次】　まえがき／記号の索引／序章／数理論理学／集合論／関係と構造／系系の構成／代数学／数論／幾何学／解析幾何学／位相空間論／代数的位相幾何学／グラフ理論／実解析学の基礎／微分法／積分法／関数解析学／微分方程式論／微分幾何学／複素関数論／組合せ論／確率論と統計学／線形計画法／参考文献／索引／著者紹介／訳者あとがき／訳者紹介

■菊判・ソフト上製本・508頁・定価6,050円(税込)■

カラー図解 学校数学事典

Fritz Reinhardt［著］
Carsten Reinhardt・Ingo Reinhardt［図作］
長岡昇勇・長岡由美子［訳］

『カラー図解 数学事典』の姉妹編として，日本の中学・高校・大学初年級に相当するドイツ・ギムナジウム第５学年から13学年で学ぶ学校数学の基礎概念を１冊に編纂。定義は青で印刷し，定理や重要な結果は緑色で網掛けし，幾何学では彩色がより効果を上げている。

【主要目次】　まえがき／記号一覧／図表頁凡例／短縮形一覧／学校数学の単元分野／集合論の表現／数集合／方程式と不等式／対応と関数／極限値概念／微分計算と積分計算／平面幾何学／空間幾何学／解析幾何学とベクトル計算／推測統計学／論理学／公式集／参考文献／索引／著者紹介／訳者あとがき／訳者紹介

■菊判・ソフト上製本・296頁・定価4,400円(税込)■

www.kyoritsu-pub.co.jp　　共立出版　　(価格は変更される場合がございます)